21世纪高等院校计算机网络工程专业规划教材

# 基于Windows的网络构建

王明昊 主 编

李然 董会国 孙莉娜 副主编

清华大学出版社

北京

## 内 容 简 介

本书以实际应用出发,将基于 Windows 的网络组建按组网的规模、难易程度编排了 3 个大的应用项目,分别是组建家庭小型网络、组建中小型企业网、组建校园网。每个项目中按功能分为不同的模块,全书共有网线制作、网卡的安装、中小型企业网络规划、交换机及 VLAN 的配置、大型网络中的路由和路由选择及各项目综合练习等共 25 个模块。

本书对于每一个项目中的模块都有相关知识的介绍,在理论基础上配以实际案例介绍具体的配置方法,使读者容易掌握、快速上手,并在案例介绍之后介绍与之相关的当前较为流行的技术来扩展读者的知识面。

本书可作为高职高专计算机相关专业的教材,也可作为自学和相关技术人员的参考书。

**图书在版编目(CIP)数据**

基于 Windows 的网络构建/王明昊主编. --北京:清华大学出版社,2012.10(2018.1重印)
21 世纪高等院校计算机网络工程专业规划教材
ISBN 978-7-302-29670-6

Ⅰ. ①基⋯  Ⅱ. ①王⋯  Ⅲ. ①Windows 操作系统-网络服务器-高等学校-教材  Ⅳ. ①TP316.86

中国版本图书馆 CIP 数据核字(2012)第 185255 号

责任编辑:高买花  李  晔
封面设计:常雪影
责任校对:李建庄
责任印制:沈  露

出版发行:清华大学出版社
         网    址:http://www.tup.com.cn,http://www.wqbook.com
         地    址:北京清华大学学研大厦 A 座          邮    编:100084
         社 总 机:010-62770175                      邮    购:010-62786544
         投稿与读者服务:010-62776969,c-service@tup.tsinghua.edu.cn
         质量反馈:010-62772015,zhiliang@tup.tsinghua.edu.cn
         课件下载:http://www.tup.com.cn,010-62795954
印 装 者:北京中献拓方科技发展有限公司
经    销:全国新华书店
开    本:185mm×260mm      印  张:25           字    数:619 千字
版    次:2012 年 10 月第 1 版                     印    次:2018 年 1 月第 5 次印刷
印    数:3901~4400
定    价:44.50 元

产品编号:045251-01

# 前　言

近年来,随着计算机网络技术的发展和高等职业教育注重应用型人才培养政策的实施,计算机网络已经成为了高职院校中计算机相关专业的专业基础课程。为了能有一本适合高职院校的教师授课同时也适合学生学习的实用性教材,我们联合了几所高职院校的计算机网络骨干教师共同编写了本书。

《基于 Windows 的网络构建》是讲解基于 Windows 操作系统来构建网络的图书。本书以 3 个组建网络的实际项目来阐述网络组建所需要的理论和技能。本书针对计算机网络的初学者、高校计算机相关专业学生以及企业 IT 员工编写,所有理论都和实际问题相联系,对于工作中可能遇到的问题与技术给予了较为详尽的介绍,同时增加了大量案例实验,让初学者了解网络变得轻松容易。

本书侧重应用,将理论尽量深入浅出地介绍给读者,并强调在实践中的应用。书中对于路由器和交换机部分使用了思科的路由器和交换机,考虑到多数学校很难为每一个学生提供实验所需的网络环境和自学人员没有网络设备的情况,本书使用思科路由器模拟软件 Packet Tracer 来搭建实验环境。

全书共 3 个项目,按照由简到繁、由易到难的顺序组织,每个项目按照网络组建的步骤与网络功能分为若干模块,每个模块按照应用环境、学习目标、相关知识、案例介绍、知识扩展、问题与思考几个部分来编写。第一个项目是组建家庭小网络,主要介绍网络的制作、网卡的安装、家庭网络的连接方法、IP 地址的设置、如何共享网络资源以及如何接入 Internet;第二个项目是组建中小型企业网络,主要介绍中小型网络的规划、交换机的配置、DHCP 服务器的配置、邮件服务器的配置、防火墙的配置、常用路由器的配置以及企业常用的办公软件使用等内容;第三个项目是组建校园网,主要介绍校园网的规划、子网编址、三层交换、路由选择、Windows Server 2003 服务器配置、网络安全技术、校园网接入 Internet 的方法等内容。

本书由大连职业技术学院王明昊主编,李然(四川江油工业学校)、董会国(邢台职业技术学院)、孙莉娜(辽宁机电职业技术学院)、邓少华(大连职业技术学院)、闫永霞(辽宁机电职业技术学院)、王昕(西北农林科技大学)、林莉(大连东软信息职业技术学院)参加编写。全书由王明昊统稿。

由于编者水平有限,加之时间仓促,书中如有不足之处敬请广大读者批评指正,以便修订时改进。如读者在使用本书的过程中有其他意见或建议,请向编者提出宝贵意见(wmh_513@163.com)。

2012 年 7 月

编　者

# 目　录

## 项目一　组建家庭小型网络

## 项目二　组建中小型企业网络

# 项目三　组建校园网

# 项目一
# 组建家庭小型网络

# 模块 1 　　　网线制作

## 1.1　应用环境

　　不论是作为家庭上网还是单位上网,现在只有一台计算机的场合越来越少,怎么让多台计算机连接成小型网络一起上网或相互之间共享资源呢,那就是把它们组成局域网。组成局域网的首要条件是把它们连接在一起,通过网线可以把它们有效地连接起来。但这个网线是怎么制作完成的呢? 这是本节要学习和掌握的内容。

## 1.2　学习目标

　　通过本节内容的学习要达到熟练掌握双绞线 RJ-45 接头的制作方法,了解掌握网线有哪些分类,都有什么特性,应用于什么场合。

## 1.3　相关知识

### 1.3.1　双绞线的由来

　　局域网内组网所采用的网线,使用最为广泛的为双绞线(Twisted-Pair Cable,TP),双绞线采用了一对互相绝缘的金属导线互相绞合的方式来抵御一部分外界电磁波干扰。将两根绝缘的铜导线按一定密度互相绞在一起,可以降低信号干扰的程度,每一根导线在传输中辐射的电波会被另一根线上发出的电波抵消。"双绞线"的名字也是由此而来。

　　双绞线作为一种价格低廉、性能优良的传输介质,在综合布线系统中被广泛应用于建筑内布线。双绞线价格低廉、连接可靠、维护简单,可提供高达 1000Mbps 的传输带宽,不仅可用于数据传输,而且还可以用于语音和多媒体传输。目前的超五类和六类非屏蔽双绞线可以轻松提供 155Mbps 的通信带宽,并拥有升级至千兆的带宽潜力,因此,成为当今建筑内布线的首选线缆。

### 1.3.2　双绞线的分类

　　从结构上,双绞线一般分为屏蔽与非屏蔽双绞线,屏蔽双绞线当然在电磁屏蔽性能方面比非屏蔽双绞线要好些,但价格也要贵些。

　　从功能上,双绞线分为有一类线、二类线、三类线等,前者线径细而后者线径粗,型号及功能如下。

（1）一类线：主要用于传输语音（一类标准主要用于 20 世纪 80 年代初之前的电话线缆），不同于数据传输。

（2）二类线：传输频率为 1MHz，用于语音传输和最高传输速率 4Mbps 的数据传输，常见于使用 4Mbps 规范令牌传递协议的旧的令牌网。

（3）三类线：指目前在 ANSI 和 EIA/TIA568 标准中指定的电缆，该电缆的传输频率 16MHz，用于语音传输及最高传输速率为 10Mbps 的数据传输主要用于 10BASE-T。

（4）四类线：该类电缆的传输频率为 20MHz，用于语音传输和最高传输速率 16Mbps 的数据传输主要用于基于令牌的局域网和 10BASE-T/100BASE-T。

（5）五类线：该类电缆增加了绕线密度，外套一种高质量的绝缘材料，传输率为 100MHz，用于语音传输和最高传输速率为 100Mbps 的数据传输，主要用于 100BASE-T 和 10BASE-T 网络。这是最常用的以太网电缆。

（6）超五类线：超五类具有衰减小，串扰少，并且具有更高的衰减与串扰的比值（ACR）和信噪比（StructuralReturnLoss）、更小的时延误差，性能得到很大提高。超五类线主要用于千兆位以太网（1000Mbps）。

（7）六类线：如图 1-1-1 所示，该类电缆的传输频率为 1MHz～250MHz，六类布线系统在 200MHz 时综合衰减串扰比（PS-ACR）应该有较大的余量，它提供 2 倍于超五类的带宽。六类布线的传输性能远远高于超五类标准，最适用于传输速率高于 1Gbps 的应用。六类与超五类的一个重要的不同点在于：改善了在串扰以及回波损耗方面的性能，对于新一代全双工的高速网络应用而言，优良的回波损耗性能是极重要的。六类标准中取消了基本链路模型，布线标准采用星形的拓扑结构，要求的布线距离为：永久链路的长度不能超过 90m，信道长度不能超过 100m。

图 1-1-1　六类屏蔽双绞线

（8）超六类线：超六类线是六类线的改进版，同样是 ANSI/EIA/TIA-568B.2 和 ISO6 类/E 级标准中规定的一种非屏蔽双绞线电缆，主要应用于千兆位网络中。在传输频率方面与六类线一样，也是 200MHz～250MHz，最大传输速度也可达到 1000Mbps，只是在串扰、衰减和信噪比等方面有较大改善。

（9）七类线：该线是 ISO7 类/F 级标准中最新的一种双绞线，它主要为了适应万兆位以太网技术的应用和发展。但它不再是一种非屏蔽双绞线了，而是一种屏蔽双绞线，所以它的传输频率至少可达 500MHz，是六类线和超六类线的 2 倍以上，传输速率可达 10Gbps。

## 1.3.3　常用网线接头顺序

双绞线是由不同颜色的 4 对 8 芯线组成，每两条按一定规则绞织在一起，成为一个芯线对。正常情况下，生产厂家都是按（橙白、橙）、（绿白、绿）、（蓝白、蓝）、（棕白、棕）这样两两一对生产制造的。

在双绞线接头的制作方法上，国际组织 EIA/TIA 制定的布线标准中规定了两种双绞线的线序 568B 与 568A。其中标准 568B 的线序为：橙白—1，橙—2，绿白—3，蓝—4，蓝白—5,绿—6,棕白—7,棕—8；标准568A的线序为：绿白—1,绿—2,橙白—3,蓝—4,蓝白—5,橙—6,棕白—7,棕—8；我们国家一般采用的是标准568B,在后面的案例中重点介绍这种线序的制作方法。

### 1.3.4 关于RJ-45水晶头

首先大家应该先熟悉网线和RJ-45水晶头的结构。RJ-45插头之所把它称为"水晶头",主要是因为它的外表晶莹透亮的原因而得名的。RJ-45接口是连接非屏蔽双绞线的连接器,为模块式插孔结构。RJ-45接口前端有8个凹槽,简称8P(Position),凹槽内的金属接点共有8个,简称8C(Contact),因而也有8P8C的别称。

在市场上十分常见的二叉式RJ-45接口,如图1-1-2所示,从侧面观察RJ-45接口,可以看到平行排列的金属片,一共有8片,每片金属片前端都有一个突出透明框的部分,从外表来看就是一个金属接点,按金属片的形状来划分,又有"二叉式RJ-45"以及"三叉式RJ-45"接口之分。二叉式的金属片只有两个侧刀,三叉式的金属片则有3个侧刀。金属片的前端有一小部分穿出RJ-45的塑料外壳,形成与RJ-45插槽接触的金属脚。在压接网线的过程中,金属片的侧刀必须刺入双

图1-1-2　RJ-45水晶头

绞线的线芯,并与线芯总的铜质导线内芯接触,以联通整个网络。一般地,叉数目越多,接触的面积也越大,导通的效果也越明显,因此三叉式的接口比二叉式接口更适合用于高速网络。

## 1.4　案例介绍

本案例中,我们使用超五类双绞线来制作一根直通线。

第一步——**长度计划**：我们首先利用压线钳的剪线刀口剪裁出计划需要使用到的双绞线长度。

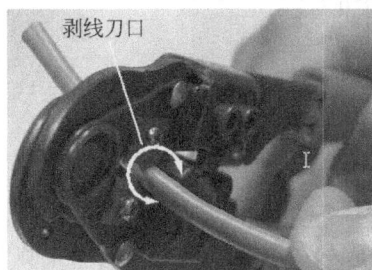

剥线刀口

图1-1-3　剥去网线的绝缘胶皮

第二步——**剥线**：需要把双绞线的灰色保护层剥掉,可以利用到压线钳的剪线刀口将线头剪齐,再将线头放入剥线专用的刀口,稍微用力握紧压线钳慢慢旋转,让刀口划开双绞线的保护胶皮,如图1-1-3所示。

**注意**：这里应注意用力的大小,不能在剥掉双绞线外层绝缘的同时损伤了内部线芯的绝缘层。

把一部分的保护胶皮去掉,如图1-1-4所示。在这个步骤中需要注意的是,压线钳挡位离剥线刀口长度通常恰好为水晶头长度,这样可以有效避免剥线过长或过短。若剥线过长看上去肯定不美观,另一方面因网线不能被水晶头卡住,容易松动;若剥线过短,则因有保护层塑料的存在,不能完全插到水晶头底部,造成水晶头插针不能与网线芯线好好接触,当然也会影响到了线路的质量。

**提示**：在实际操作中,为了便于后面的操作,剥线长度一般要比挡位距离长5毫米。

剥除灰色的塑料保护层之后即可见到双绞线网线的4对8条芯线,并且可以看到每对

的颜色都不同,如图 1-1-5 所示。每对缠绕的两根芯线是由一种染有相应颜色的芯线加上一条只染有少许相应颜色的白色相间芯线组成。4 条全色芯线的颜色为:棕色、橙色、绿色、蓝色。每对线都是相互缠绕在一起的,制作网线时必须将 4 个线对的 8 条细导线逐一解开、理顺、扯直,然后按照规定的线序排列整齐。我国一般使用 568B 类接法,顺序为:橙白、橙、绿白、蓝、蓝白、绿、棕白、棕,如图 1-1-6 所示。

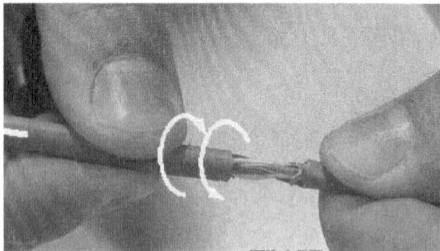

图 1-1-4  取下绝缘胶皮

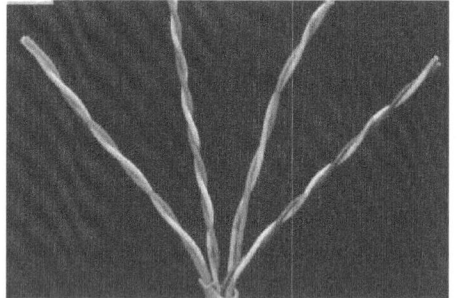

图 1-1-5  剥开后的双绞线

RJ-45插头

适用范围:

一、直连线互连
网线的两端均按T568B接
1. 计算机 ←——→ ADSL调制解调器
2. ADSL调制解调器 ←——→ ADSL路由器的WAN口
3. 计算机 ←——→ ADSL路由器的LAN口
4. 计算机 ←——→ 集线器或交换机

二、交叉互连
网线的一端按T568B接,另一端按T568A接
1. 计算机 ←——→ 计算机,即对等网连接
2. 集线器 ←——→ 集线器
3. 交换机 ←——→ 交换机

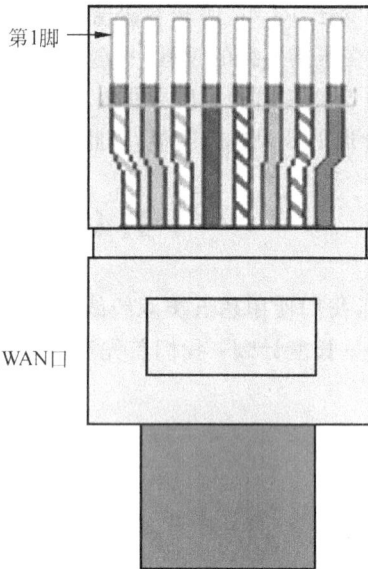

图 1-1-6  586B 标准线序

  第三步——**整形排序**:需要把每对都是相互缠绕在一起的线缆逐一解开。解开后则根据 568B 类接线的规则把几组线缆依次地排列好并理顺,排列的时候应该注意尽量避免线路的缠绕和重叠。

  把线缆依次排列并理顺之后,由于线缆之前是相互缠绕着的,因此线缆会有一定的弯曲,因此应该把线缆尽量扯直并尽量保持线缆平扁。把线缆扯直的方法也十分简单,利用双手抓着线缆然后向两个相反方向用力,并上下扯一下即可,如图 1-1-7 所示。

  第四步——**剪齐**:把线缆依次排列好并理顺压直之后,应该细心检查一遍,之后利压线钳的剪线刀口把线缆顶部裁剪整齐,如图 1-1-8 所示。

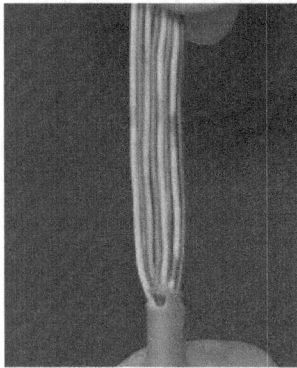

图 1-1-7　列整齐后

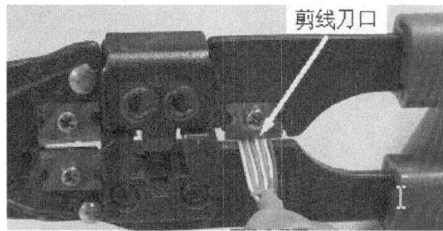

剪线刀口

图 1-1-8　剪线口剪齐

**注意**：裁剪的时候应该是水平方向插入，否则线缆长度不一会影响到线缆与水晶头的正常接触。若之前把保护层剥下过多的话，可以在这里将过长的细线剪短，保留的去掉外层保护层的部分约为 15mm 左右，如图 1-1-9 所示。这个长度正好能将各细导线插入到各自的线槽。如果该段留得过长，一来会由于线对不再互绞而增加串扰，二来会由于水晶头不能压住护套而可能导致电缆从水晶头中脱出，造成线路的接触不良甚至中断。裁剪之后，大家应该尽量把线缆按紧，并且应该避免大幅度的移动或者弯曲网线，否则也可能会导致几组已经排列且裁剪好的线缆出现不平整的情况。

第五步——**插线**：我们需要做的就是把整理好的线缆插入水晶头内，如图 1-1-10 所示。

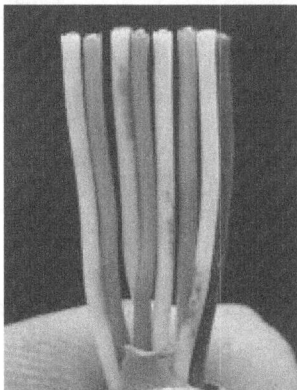

图 1-1-9　剪齐后的线头

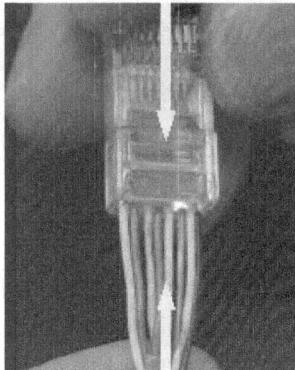

图 1-1-10　将线头插入 RJ-45 水晶头

**注意**：要将水晶头有塑造料弹簧片的一面向下，有针脚的一方向上，使有针脚的一端指向远离自己的方向，有方型孔的一端对着自己。此时，最左边的是第 1 脚，最右边的是第 8 脚，其余依次顺序排列。插入的时候需要注意缓缓地用力把 8 条线缆同时沿 RJ-45 头内的 8 个线槽插入，一直插到线槽的顶端。在最后一部的压线之前，可以从水晶头的顶部检查，看看是否每一组线缆都紧紧地顶在水晶头的末端。

第六步——**压线**：确认无误之后就可以把水晶头插入压线钳的 8P 槽内压线了，如图 1-1-11 所示，把水晶头插入后，用力握紧线钳，若力气不够的话，可以使用双手一起压，这样一压使得水晶头凸出在外面的针脚全部压入水晶并头内，受力之后听到轻微的"啪"一声即可,如图 1-1-12 所示。压线之后水晶头凸出在外面的针脚全部压入水晶并头内,而且水晶头下部的塑料扣位也压紧在网线的灰色保护层之上。

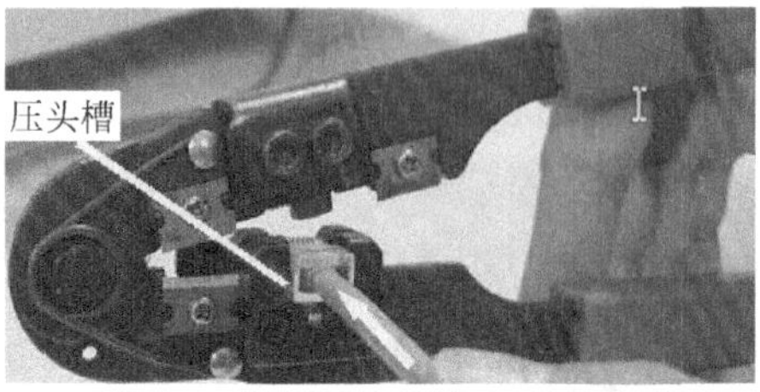

图 1-1-11　压线(一)

图 1-1-12　压线(二)

这样一个 RJ-45 的插头就做好了,如图 1-1-13 所示,按照同样的方法把网线的另一头也制作完成,下面用网线测试仪测试一下。

第七步——校线:如图 1-1-14 所示,这个测试仪可以对 RJ-45 接口的网线进行测试。在把 RJ-45 两端的接口插入测试仪的两个接口之后,打开测试仪可以看到测试仪上的两组指示灯都在闪动。若测试的线缆为直通线缆,在测试仪上的 8 个指示灯应该依次为绿色闪过,证明了网线制作成功,可以顺利地完成数据的发送与接收。

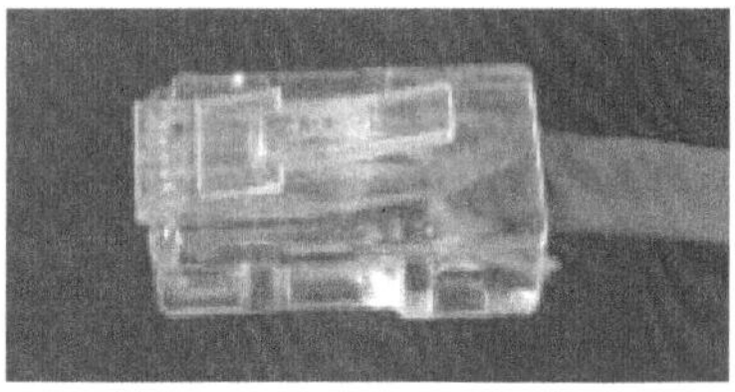

图 1-1-13　完成后的接头

图 1-1-14　测线仪

若出现任何一个灯为红灯或黄灯,都证明存在断路或者接触不良现象,此时最好先对两端水晶头再用网线钳压一次,再测,如果故障依旧,再检查一下两端芯线的排列顺序是否一样,如果不一样,随剪掉错误的一端重新按顺序制作水晶头。如果芯线顺序没错,但测试仪在重夺后仍显示红色灯或黄色灯,则表明其中肯定存在对应芯线接触不好。此时没办法了,只好先剪掉一端按另一端芯线顺序重做一个水晶头了,再测,如果故障消失,则不必重做另一端水晶头,否则还得把原来的另一端水晶头也剪掉重做。直到测试全为绿色指示灯闪过为止。

# 1.5　知　识　拓　展

## 1.5.1　网线分类

网线除了双绞线常见的还有同轴电缆和光缆以及无线传输。

## 1. 同轴电缆

同轴电缆是由一层层的绝缘线包裹着中央铜导体的电缆线,如图 1-1-15 所示。它的特点是抗干扰能力好,传输数据稳定,价格也便宜,同样被广泛使用,如闭路电视线等。同轴细电缆线一般市场售价几元一米,不算太贵。同轴电缆用来和 BNC 头相连,市场上卖的同轴电缆线一般都是已和 BNC 头连接好了的成品。

## 2. 光缆

如图 1-1-16 所示,是目前常用的光缆,它的价格较贵,在家用场合很少使用。它是由许多根细如发丝的玻璃纤维外加绝缘套组成的。由于靠光波传送,它的特点就是抗电磁干扰性极好、保密性强、速度快、传输容量大等。这里介绍一下多模和单模光纤的区别。

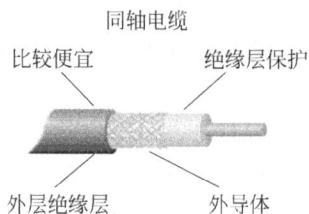

图 1-1-15　同轴电缆

图 1-1-16　光缆

### 1) 多模光纤

多模光纤从发射机到接收机的有效距离大约是 5 英里。可用距离还受发射/接收装置的类型和质量影响;光源越强、接收机越灵敏,距离越远。研究表明,多模光纤的带宽大约为 4000Mbps。单模光纤是为了消除脉冲展宽。由于纤芯尺寸很小(7~9μs),因此消除了光线的跳跃。在 1310nm 和 1550nm 波长使用聚焦激光源。这些激光直接照射进微小的纤芯、并传播到接收机,没有明显的跳跃。如果可以把多模比作猎枪,能够同时把许多弹丸装入枪筒;那么单模就是步枪,单一光线就像一颗子弹,如图 1-1-17 所示。

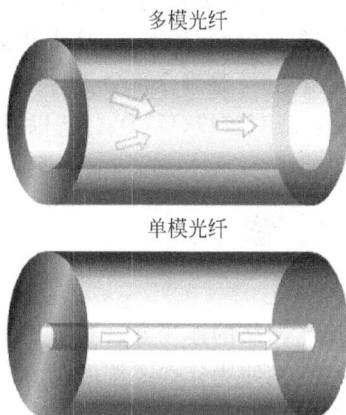

图 1-1-17　多模光纤(上)和单模光纤(下)

### 2) 单模光纤

单模光纤的纤芯较细,使光线能够直接发射到中心。另外,单模信号的距离损失比多模的小。在头 3000 英尺的距离下,多模光纤可能损失其 LED 光信号强度的 50%,而单模在同样距离下只损失其激光信号的 6.25%。

单模的带宽潜力使其成为高速和长距离数据传输的唯一选择。最近的测试表明,在一根单模光缆上可将 40Gbps 以太网的 64 信道传输长达 2840 英里的距离。在安全应用中,选择多模还是单模的最常见决定因素是距离。如果只有几英里,则首选多模,因为 LED 发射/接收机比单模需要的激光便宜得多。如果距离大于 5 英里,则单模光纤最佳。另外一个要考虑的问题是带宽,如果将来的应用可能包括传输大带宽数据信号,那么单模将是最佳选择。

### 3. 无线网络

除了上面介绍的有线网可以进行网络数据传输外,网络还可以通过无线网进行连接,这方面的内容在后面模块 6 接入 Internet 中再详细介绍。

## 1.5.2 在双绞线的选择和使用上应注意的问题

### 1. 双绞线的质量影响网络的传输速度

作为以太局域网最基本的连接、传输介质,人们对双绞网线的重视程度是不够的,总认为它无足轻重,其实搭建过网络的人都知道绝对不是这样的,相反它在一定程度上决定了整个网络性能。这一点其实很容易理解,一般来说越是基础的东西越是起着决定性的作用。双绞线作为网络连接的传输介质,将来网络上的所有信息都需要在这样一个信道中传输,因此其作用是十分重要的,如果双绞线本身质量不好,传输速率受到限制,那么即使其他网络设备的性能再好,传输速度再高又有什么用呢?因为双绞线已成为整个网络传输速度的一个瓶颈。

### 2. 屏蔽线和非屏蔽线的选择

目前在一般局域网中常见的是五类、超五类或者六类非屏蔽双绞线。屏蔽的五类双绞线外面包有一层屏蔽用的金属膜,它的抗干扰性能好些,但应用的条件比较苛刻,不是用了屏蔽的双绞线,在抗干扰方面就一定强于非屏蔽双绞线。屏蔽双绞线的屏蔽作用只在整个电缆均有屏蔽装置,并且两端正确接地的情况下才起作用。所以,要求整个系统全部是屏蔽器件,包括电缆、插座、水晶头和配线架等,同时建筑物需要有良好的地线系统。事实上,在实际施工时,很难全部完美接地,从而使屏蔽层本身成为最大的干扰源,导致性能甚至远不如非屏蔽双绞线(UTP)。所以,除非有特殊需要,否则通常在综合布线系统中只采用非屏蔽双绞线。

# 1.6 问题与思考

1. 网络的连接方法有哪些?都采用什么介质进行的传输?

2. 网线为什么要按橙白、橙、绿白、蓝、蓝白、绿、棕白、棕的顺序制作,不按此顺序制作行不行?会有什么结果?

# 模块 2　　　　网卡的安装

## 2.1　应　用　环　境

一台计算机要连接上网络,除了需要网线之外,计算机本身要有和网络连接的网卡,安装上网卡插上网线,并进行相关的配置工作后,才能连接上网络。

## 2.2　学　习　目　标

熟练掌握家庭用户计算机中网卡的正确安装和网络属性的配置,掌握添加通信协议的方法。了解和认识计算机主板上的 PCI 插槽。

## 2.3　相　关　知　识

### 2.3.1　网卡的功能

网卡的主要功能就是用于计算机之间信号的输入与输出。说简单点,就像电子信号的翻译一样,网络上传输的都是电子信号,这个信号传到哪台计算机上,是什么意思等,都由网卡及网卡上配置的程序来完成相关的翻译和操作。

### 2.3.2　网卡的分类

网卡的分类形式有很多种。

(1) 按插口类型分为 ISA 网卡、PCI 网卡、USB 网卡。如图 1-2-1 和图 1-2-2 所示,可以看到 ISA 网卡和 PCI 网卡的插槽是不一样,而且 ISA 网卡传输速度慢,现在已经基本上很少见了;PCI 网卡体积小,速度快,现在正被广泛应用中,所以本节以 PCI 网卡的安装为案例给大家介绍。

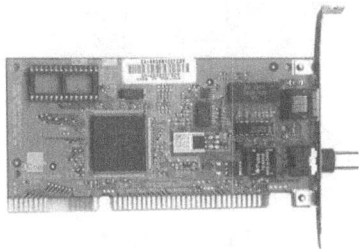

图 1-2-1　ISA 网卡　　　　　　　　　　　　　图 1-2-2　PCI 网卡

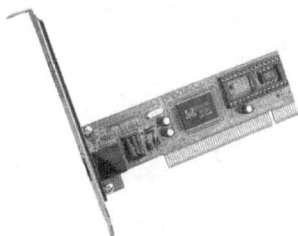

USB 网卡外形和大家常见的 U 盘一样,使用 USB 接口,为外置式网卡,安装方便,配置上和 PCI 网卡是完全一样的。

(2)按传输方法分为有线网卡和无线网卡。有线网卡常见的就是上面介绍过的 ISA 和 PCI 网卡,无线网卡常见的就是 USB 网卡。

(3)按速度分为百兆网卡、千兆网卡。其实网卡的速度不同厂家生产的不同型号会有不同的速度,但我们常见的常说的百兆卡和千兆卡大多数是指 PCI 网卡。已经很少使用的 ISA 网卡大部分是十兆,后后期才出现百兆的 ISA 卡,但也很快被 PCI 卡替代了。而无线网卡是百花争艳,什么速度的都有,常见的有 54Mbps、128Mbps、256Mbps 等。

(4)按安装位置分为内置式网卡和外置式网卡。内置式网卡常见的就是我们上面介绍的 ISA 和 PCI 网卡,外置式网卡常见的就是我们说的 USB 网卡。

# 2.4 案 例 介 绍

因为主流机型还是以 PCI 网卡为主,所以下面介绍 PCI 网卡的安装过程。在整台计算机连接网络的过程中,总的来说可以分为如下几个步骤。

**1. 网线制作**

关于网线制作,在模块 1 中已经做过了练习,这里就不再重复了。

**2. 网卡的硬件安装**

现代计算机的网一般是 PCI 插口的,图 1-2-3 就是计算机中的 PCI 插槽,下面将网卡安装在第三个插槽上。

**注意**:在打开计算机机箱后应先对操作者进行放电处理,因为人身体上所带静电可能会损坏计算机主机电子元件,特别是在春秋的干燥季节。

取掉第三个插槽的背板挡条,如图 1-2-4 和图 1-2-5 所示。

安装上网卡,上紧背板螺丝,如图 1-2-6 和图 1-2-7 所示。

图 1-2-3　PCI 插槽

图 1-2-4　取掉背板挡条图

图 1-2-5　取掉挡条后

图 1-2-6 　插入网卡图

图 1-2-7 　并上紧背板螺丝

这样,网卡就安装完成了。

**3. 网卡的连接**

将做好两头的网线一头插在刚才安装好的网卡上,另一头插在路由器上。路由器的安装和配置将在下面的章节中详细介绍。

**4. 网卡驱动程序的安装与系统配置**

(1)安装网卡后,操作系统一般会自动检测到有新硬件,就会提示你安装驱动程序。如果系统没有检测出来有新硬件,可能是网卡的安装有问题,应重新插一下。

(2)大部分的网卡驱动程序系统都能自动安装完成。不能自动安装的网卡,系统会弹出一个驱动程序安装窗口出来,这时选择"从列表或指定位置安装"单选按钮,单击"下一步"按钮,如图 1-2-8 所示。

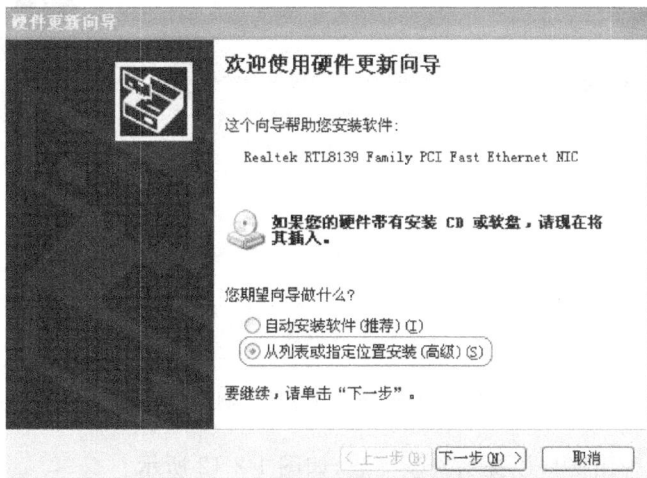

图 1-2-8 　选择从列表或指定位置安装

选中"在搜索中包括这个位置"复选框,并单击"浏览"按钮,如图 1-2-9 所示。

指定到驱动程序文件所在文件夹的位置,单击"确定"按钮,如图 1-2-10 所示。

**注意:**

① 不同厂家报提供的驱动程序的安装程序的目录结构不一样,可能你所用的网卡安装程序的文件夹和图 1-2-10 不一样。

② 不同的操作系统要选择相应的驱动程序,比如 Windows 2000 系统就要选择如图 1-2-10 所示的 Win 2000 文件夹。

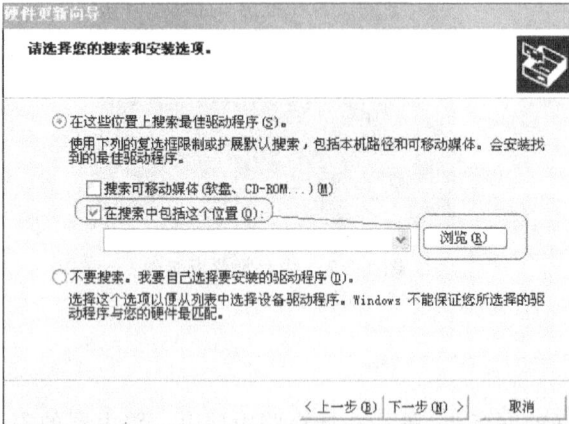

图 1-2-9 选中"在搜索中包括这个位置"复选框

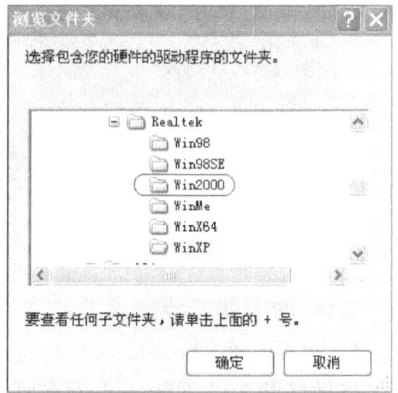

图 1-2-10 指定驱动程序文件所在文件夹的位置

这样即可在上一页面中选中驱动程序文件所在的文件夹地址,单击"下一步"按钮,即开始驱动程序文件的复制安装,如图 1-2-11 所示。

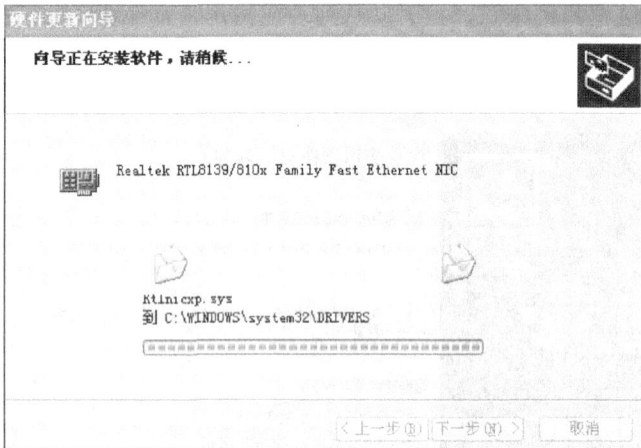

图 1-2-11 驱动程序的复制安装

完成安装后会弹出窗口以提示安装完成,如图 1-2-12 所示。

单击"完成"按钮后即会出现是否现在重新启动的对话框,单击"是"按钮重新启动机器,如图 1-2-13 所示。

如果安装正常重启动系统后,网卡已经正常驱动了,下面就是网卡的配置了。

(3)网卡的配置。

① 首先选择"开始"→"控制面板"→"网络和 Internet 连接"→"网络连接"→"本地连接"选项,右击,在弹出的快捷菜单中选择"属性"命令,打开如图 1-2-14 所示的对话框。

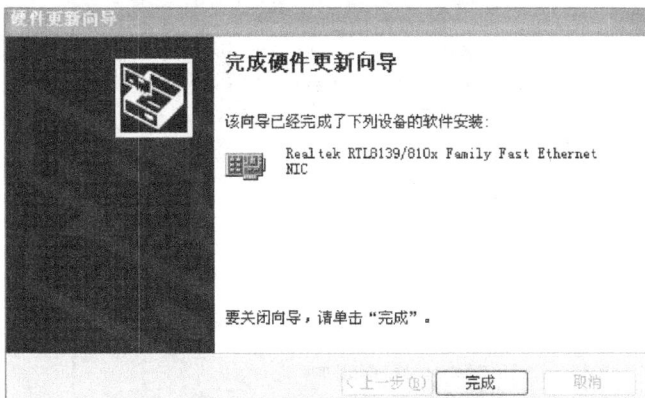

图 1-2-12　完成驱动程序的安装

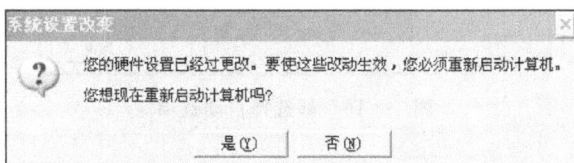

图 1-2-13　重新启动计算机

② 其次,在"Internet 协议(TCP/IP)"属性里设置网卡参数:在图 1-2-15 中先选中"Internet 协议(TCP/IP)"复选框,然后再单击"属性"按钮。然后按图 1-2-16 进行设置。

图 1-2-14　打开本地连接属性

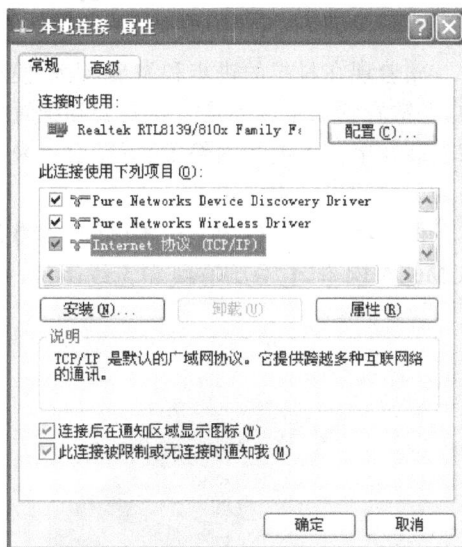

图 1-2-15　选择 Internet 协议(TCP/IP)

依次单击"确定"按钮后,退出网络设置。通过以上配置,这台计算机的网卡安装完成,并能连接入网络内了。

需要注意的一点是,在这里对 IP 地址和 DNS 服务器的设置都选择了自动获得,而在实

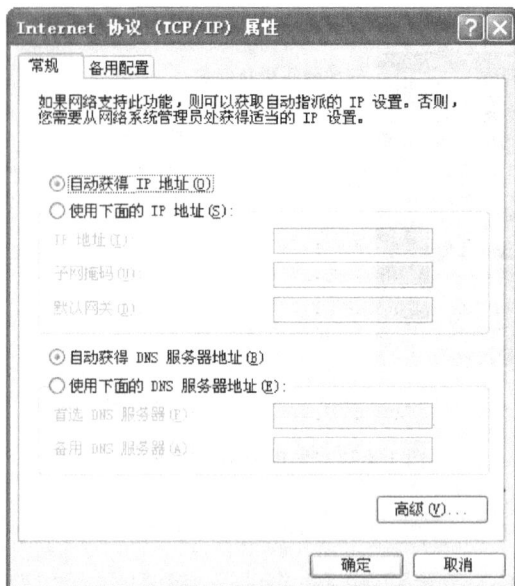

图 1-2-16　都选择自动选项

际网络应用中 IP 地址、子网掩码等使用自动获得可能会不成功,具体会在后面的 TCP、IP 配置的模块中专门介绍。

**注意**:在以上 4 步中,最重要、最复杂的是网卡驱动程序的安装与系统配置,要多加练习。

## 2.5　知 识 拓 展

随着现在科技的进步和发展,人们使用笔记本电脑的时候越来越多了。在台式计算机中,经常看到的是网卡是需要安装和配置的,而大部分笔记本电脑中的网卡是出厂时就由厂家安装在笔记本电脑内部了,不需要再来安装硬件,只需要安装相应的驱动程序,并做好相关的配置就能正常使用了。

但一些较老一代的笔记本电脑,本身是没有安装网卡的,这些笔记本电脑一般采用的是 PCMCIA 网卡,它分为有线和无线两种,如图 1-2-17 和图 1-2-18 所示。

图 1-2-17　PCMCIA 有线网卡

图 1-2-18　PCMCIA 无线网卡

将买回的网卡直接插在笔记本电脑的 PCMCIA 插槽上,再安装相应的驱动程序,并做好相关的配置就能正常使用了。

# 2.6 问题与思考

1. 网卡的功能是什么？它有哪些分类?

2. TCP/IP 的作用是怎样？为什么要配置它？DNS 的作用是怎样的？为什么要配置它？

# 模块 3　　　网　络　连　接

## 3.1　应　用　环　境

家庭局域网有通过集线器构成的,有通过交换机构成的,在建网的过程中也会碰到很多实际的问题,本节针对这些概念和问题做一些介绍。

## 3.2　学　习　目　标

通过相关知识的学习,掌握 MAC 地址的概念;掌握 ARP 协议的作用;掌握集线器和交换机的工作原理,以及它们的区别。

在案例练习中,要熟练掌握常用的网络管理命令用法,并反复练习。

了解和掌握网络的拓扑结构的分类及各类拓扑结构的优缺点。

## 3.3　相　关　知　识

### 3.3.1　MAC 地址

**1. MAC 地址的意义**

MAC(Medium/Media Access Control)地址是烧录在网卡里的,MAC 地址,也叫硬件地址,是由 48 比特长,十六进制的数字组成。0～23 位叫做组织唯一标志符,是识别 LAN(局域网)结点的标识。24～47 位是由厂家自己分配.其中第 40 位是组播地址标志位。网卡的物理地址通常是由网卡生产厂家烧入网卡的 EPROM(一种闪存芯片,通常可以通过程序擦写),它存储的是发出数据的计算机和接收数据的主机的地址。如:00-45-53-54-A6-E9 就是一个标准的 MAC 地址。

以太网地址管理机构将以太网地址,也就是 48 比特的不同组合,分为若干独立的连续地址组,生产以太网网卡的厂家就购买其中一组,具体生产时,逐个将唯一地址赋予以太网卡。形象地说,MAC 地址就如同身份证上的身份证号码,具有全球唯一性,也就是说全世界的每一台计算机上的网卡都有自己的 MAC 地址。

**2. MAC 地址的作用**

网络中数据的传输是由 ARP 协议负责并通过 IP 地址来完成的,那么 IP 地址与 MAC 地址又是什么关系呢?

IP 地址就如同一个职位,而 MAC 地址则好像是去应聘这个职位的人才,职位既可以让甲坐,也可以让乙坐。也就是说,IP 地址与 MAC 地址并不存在着绑定关系。比如,如果一个网卡坏了,可以被更换,而无须取得一个新的 IP 地址。如果一个 IP 主机从一个网络移到另一个网络,可以给它一个新的 IP 地址,而无须换一个新的网卡。

无论是局域网,还是广域网中的计算机之间的通信,最终都表现为将数据包从某种形式的链路上的初始结点出发,从一个结点传递到另一个结点,最终传送到目的结点。数据包在这些结点之间的移动都是由 ARP(Address Resolution Protocol,地址解析协议)负责将 IP 地址映射到 MAC 地址上来完成的。比如,甲要捎个口信给丁,就会通过乙和丙中转一下,最后由丙转告给丁。在网络中,这个口信就好比是一个网络中的一个数据包。数据包在传送过程中会不断询问相邻结点的 MAC 地址,这个过程就好比是人类社会的口信传送过程。

**3. 如何获取本机的 MAC 地址**

具体将在下面的案例介绍中介绍。

## 3.3.2 ARP 协议

**1. ARP 协议的解释**

ARP 是 Address Resolution Protocol(地址解析协议)的缩写。在局域网中,网络中实际传输的数据包也叫"帧",帧里面是有目标主机的 MAC 地址的。在以太网中,一个主机要和另一个主机进行直接通信,必须要知道目标主机的 MAC 地址。但这个目标 MAC 地址是如何获得的呢? 它就是通过地址解析协议(ARP)获得的。所谓"地址解析"就是主机在发送帧前将目标 IP 地址转换成目标 MAC 地址的过程。ARP 协议的基本功能就是通过目标设备的 IP 地址,查询目标设备的 MAC 地址,以保证通信的顺利进行。

**2. ARP 协议的作用**

为了解释 ARP 协议的作用,就必须理解数据在网络上的传输过程。这里举一个简单数据帧传输的例子。

假设我们的计算机 IP 地址是 192.168.1.1,要把一个数据包传送到 192.168.1.2。该过程需要经过下面的步骤:

(1) 应用程序构造数据包,被提交给内核(网络驱动程序)。

(2) 内核检查是否能够直接转化该 IP 地址为 MAC 地址,也就是在本地的 ARP 缓存中查看 IP-MAC 对应表。

(3) 如果存在该 IP-MAC 对应关系,那么跳到步骤(7);如果不存在该 IP-MAC 对应关系,那么接续下面的步骤。

(4) 内核在本网络进行 ARP 广播,目的地的 MAC 地址是 FF-FF-FF-FF-FF-FF(假设的一个 MAC 地址),同时 ARP 广播中包含有自己的 MAC 地址;本网络中每一台计算机都将收到这一广播。

(5) 其他主机收到这个广播都会丢弃,当 192.168.1.2 主机接收到该 ARP 广播后,将源主机的 IP 地址及 MAC 更新至自己的 ARP 缓冲中,然后给 192.168.1.1 发送一个 ARP 的响应命令,其中包含自己的 MAC 地址。

(6) 192.168.1.1 主机获得 192.168.1.2 主机的响应命令后,得到 IP-MAC 地址对应关系,并保存到 ARP 缓存中。

（7）内核将把 IP 转化为 MAC 地址，然后封装在以太网头结构中，再把我们要发送的数据发送出去。

**提示**：如果你的数据包是发送到不同网段的目的地，那么就一定存在一条到达网关的 IP-MAC 地址对应的记录。

知道了 ARP 协议的作用，就能够很清楚地知道，数据包的向外传输很依靠 ARP 协议，当然，也就是依赖 ARP 缓存。要知道，ARP 协议的所有操作都是内核自动完成的，同其他的应用程序没有任何关系。同时需要注意的是，ARP 协议只使用于本网络。

### 3.3.3　集线器

**1. 集线器的作用**

集线器英文缩写是 HUB，集线器是网络最底层的设备。它起的作用主要是两个：

一个是把信号放大，因为在双绞线中，由于存在阻抗，所以信号会发生衰减，一般规定双绞线中，一般不能超过 100m。如果超过 100m 的话，就必须加一个集线器，把信号放大后再继续往前传。但是最多不能超过 4 个集线器。

还有一个功能就是把机器集中起来。比如在办公室里只布置了一个信息点，但是有 3 台机器上网，怎么办？就可以买一个集线器，3 台机器都先连到集线器上去，再通过集线器连到那个信息点就行了。

**提示**：如果两个地方很远，远远超过 4 个集线器连起的长度，那怎么办？这种情况下就必须要考虑使用光纤代替双绞线的使用。因为光纤衰减很小，信号可以跑很远的地方都不需要放大。

**2. 集线器的外观**

如图 1-3-1 所示为常见集线器。

如图 1-3-2 所示为一个信息点通过集线器连接了 3 台主机。

**3. 集线器的工作原理**

我们知道在环型网络中只存在一个物理信号传输通道，都是通过一条传输介质来传输的，这样就存在各结点争抢信道的矛盾，传输效率较低。引入集线器这一网络集线设备后，每一个站是用它自己专用的传输介质连接到集线器的，各结点间不再只有一个传输通道，各结点发回来的信号通过集线器集中，集线器再把信号整形、放

图 1-3-1　常见集线器

大后发送到所有结点上，这样至少在上行通道上不再出现碰撞现象。但基于集线器的网络仍然是一个共享介质的局域网，这里的"共享"其实就是集线器内部总线，所以当上行通道与下行通道同时发送数据时仍然会存在信号碰撞现象。当集线器将从其内部端口检测到碰撞时，产生碰撞强化信号(Jam)向集线器所连接的目标端口进行传送。这时所有数据都将不能发送成功，形成网络"大塞车"。

对于这种网络现象，可以用一个形象的现实情形来说明，那就是单车道上同时有两个方向的车驰来，如图 1-3-3 所示。

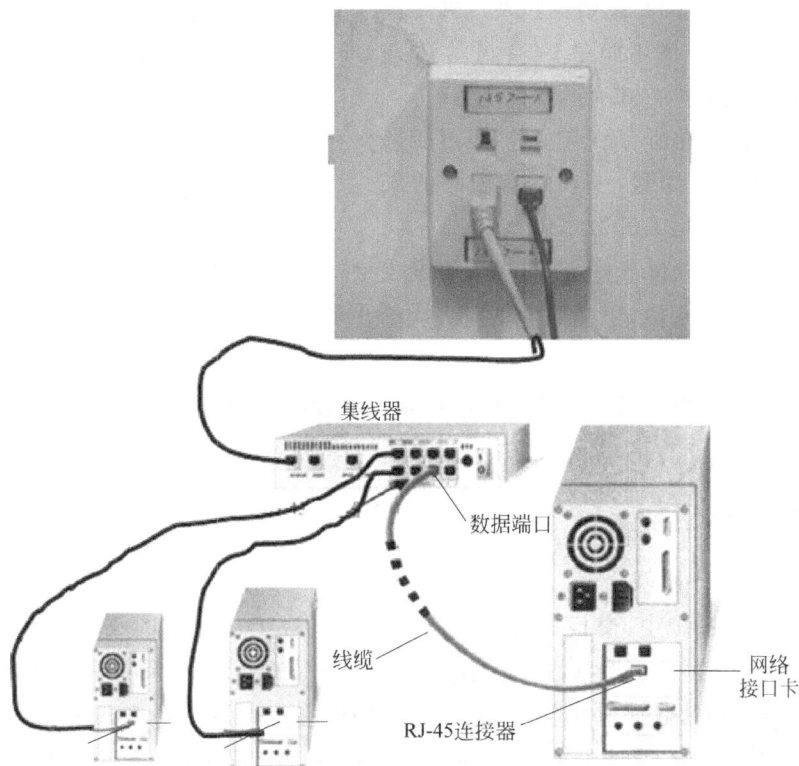

图 1-3-2　一个信息点通过集线器连接了 3 台主机

我们知道,单车道上通常只允许一个行驶方向的车通过,但是在小城镇,条件有限通常没有这样的规定,单车道也很有可能允许两个行驰方向的车通过,但是必须是不同时刻经过。在集线器中也一样,虽然各结点与集线器的连接已有各自独立的通

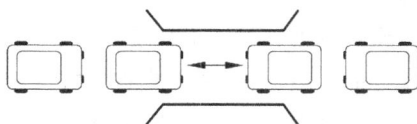

图 1-3-3　单行道上的塞车

道,但是在集线器内部却只有一个共同的通道,上、下行数据都必须通过这个共享通道发送和接收数据,这样有可能像单车道一样,当上、下行通道同时有数据发送时,就可能出现塞车现象。

正因为集线器的这一不足之处,所以它不能单独应用于较大网络中(通常是与交换机等设备一起分担小部分的网络通信),就像在大城市中心不能有单车道一样,因为网络越大,出现网络碰撞现象的机会就越大。也正因如此,集线器的数据传输效率是比较低的,因为它在同一时刻只能有一个方向的数据传输,也就是所谓的“单工”方式。如果器网络中要选用集线器作为单一的集线设备,则网络规模最好在 10 台以内,而且集线器带宽应为 10/100Mbps以上。

集线器除了共享带宽这一不足之处外,还有一个方面在选择集线器时必须要考虑到,那就是它的广播方式。因为集线器属于纯硬件网络底层设备,基本上不具有“智能记忆”能力,更别说“学习”能力了。它也不具备交换机所具有的 IP-MAC 地址表,所以它发送数据时都是没有针对性的,而是采用广播方式发送。也就是说,当它要向某结点发送数据时,不是直接把数据发送到目的结点,而是把数据包发送到与集线器相连的所有结点,图示如图 1-3-4 所示。

这种广播发送数据方式有两方面不足:

(1)用户数据包向所有结点发送,很可能带来数据通信的不安全因素,一些别有用心的人很容易就能非法截获他人的数据包。

图 1-3-4 集线器上使用广播方式传递数据

(2)由于所有数据包都是向所有结点同时发送,加上以上所介绍的共享带宽方式,就更加可能造成网络塞车现象,更加降低了网络执行效率。

**4. 总结**

集线器是物理层的设备。它的工作原理就是将接收到的信号放大,然后向所有的端口转发。

### 3.3.4 交换机

**1. 交换机的工作原理**

在计算机网络系统中,交换概念的提出是对于共享工作模式的改进。前面介绍过的 HUB 集线器就是一种共享设备,HUB 本身不能识别目的地址,当同一局域网内的 A 主机给 B 主机传输数据时,数据包在以 HUB 为架构的网络上是以广播方式传输的,由每一台终端通过验证数据包头的地址信息来确定是否接收。也就是说,在这种工作方式下,同一时刻网络上只能进行一组数据帧的通信,如果发生碰撞还得重试。这种方式就是共享网络带宽。

交换机拥有一条很高带宽的背部总线和内部交换矩阵。交换机的所有的端口都挂接在这条背部总线上,控制电路收到数据包以后,处理端口会查找内存中的地址对照表以确定目的 MAC(网卡的硬件地址)的 NIC(网卡)挂接在哪个端口上,通过内部交换矩阵迅速将数据包传送到目的端口,目的 MAC 若不存在才广播到所有的端口,接收端口回应后交换机会"学习"新的地址,并把它添加入内部 MAC 地址表中。

使用交换机也可以把网络"分段",通过对照 MAC 地址表,交换机只允许必要的网络流量通过交换机。通过交换机的过滤和转发,可以有效地隔离广播风暴,减少误包和错包的出现,避免共享冲突。

交换机在同一时刻可进行多个端口对之间的数据传输。每一端口都可视为独立的网段,连接在其上的网络设备独自享有全部的带宽,无须同其他设备竞争使用。当结点 A 向结点 D 发送数据时,结点 B 可同时向结点 C 发送数据,而且这两个传输都享有网络的全部带宽,都有着自己的虚拟连接。假使这里使用的是 10Mbps 的以太网交换机,那么该交换机这时的总流通量就等于 $2 \times 10\text{Mbps} = 20\text{Mbps}$,而使用 10Mbps 的共享式 HUB 时,一个 HUB 的总流通量也不会超出 10Mbps。

总之,交换机是一种基于 MAC 地址识别,能完成封装转发数据包功能的网络设备。交换机可以"学习"MAC 地址,并把其存放在内部地址表中,通过在数据帧的始发者和目标接收者之间建立临时的交换路径,使数据帧直接由源地址到达目的地址。

### 2. 交换机的分类

从广义上来看,交换机分为两种:广域网交换机和局域网交换机。广域网交换机主要应用于电信领域,提供通信用的基础平台。而局域网交换机则应用于局域网络,用于连接终端设备,如 PC 及网络打印机等。

从传输介质和传输速度上可分为以太网交换机、快速以太网交换机、千兆以太网交换机、FDDI 交换机、ATM 交换机和令牌环交换机等。

从规模应用上又可分为企业级交换机、部门级交换机和工作组交换机等。各厂商划分的尺度并不是完全一致的,一般来讲,企业级交换机都是机架式,部门级交换机可以是机架式(插槽数较少),也可以是固定配置式,而工作组级交换机为固定配置式(功能较为简单)。另一方面,从应用的规模来看,作为骨干交换机时,支持 500 个信息点以上大型企业应用的交换机为企业级交换机,支持 300 个信息点以下中型企业的交换机为部门级交换机,而支持 100 个信息点以内的交换机为工作组级交换机。

### 3. 网络交换机的功能

交换机的主要功能包括物理编址、网络拓扑结构、错误校验、帧序列以及流控。目前交换机还具备了一些新的功能,如对 VLAN(虚拟局域网)的支持、对链路汇聚的支持,甚至有的还具有防火墙的功能。

学习:以太网交换机了解每一端口相连设备的 MAC 地址,并将地址同相应的端口映射一起来存放在交换机缓存中的 MAC 地址表中。

转发/过滤:当一个数据帧的目的地址在 MAC 地址表中有映射时,它被转发到连接目的结点的端口而不是所有端口(如该数据帧为广播/组播帧则转发至所有端口)。

消除回路:当交换机包括一个冗余回路时,以太网交换机通过生成树协议避免回路的产生,同时允许存在后备路径。

交换机除了能够连接同种类型的网络之外,还可以在不同类型的网络(如以太网和快速以太网)之间起到互连作用。

# 3.4 案例介绍

在了解掌握了相关知识的基础上,下面介绍一些网络应用中的相关操作指令,可以通过这些命令来测试和管理网络。

## 3.4.1 IPConfig 命令

### 1. IPConfig 的功能

IPConfig 命令可用于显示当前主机的 TCP/IP 配置的设置值。这些信息一般用来检验人工配置的 TCP/IP 设置是否正确。但是,如果你的计算机和所在的局域网使用了动态主机配置协议(一种把较少的 IP 地址分配给较多主机使用的协议,类似于拨号上网的动态 IP 分配),这个程序所显示的信息也许更加实用。这时,IPConfig 可以让你了解计算机是否成功地租用到一个 IP 地址,如果租用到,则可以了解它目前分配到的是什么地址。

提示:了解计算机当前的 IP 地址、子网掩码和默认网关实际上是进行测试和故障分析的必要项目。

### 2. IPConfig 的使用方法

在 Windows XP 中,单击"开始"→"运行"命令,打开"运行"窗口,如图 1-3-5 所示。

在"打开"文本框中输入 cmd 命令,这时就能打开 MS-DOS 窗口,如图 1-3-6 所示,在窗口中就可以在命令控制符下输入 IPConfig 等所有的 MS-DOS 命令。

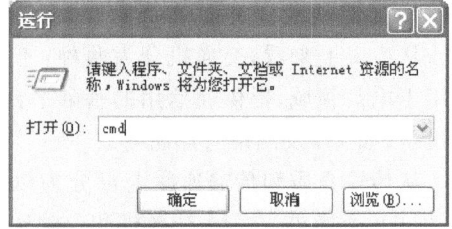

图 1-3-5 "运行"窗口

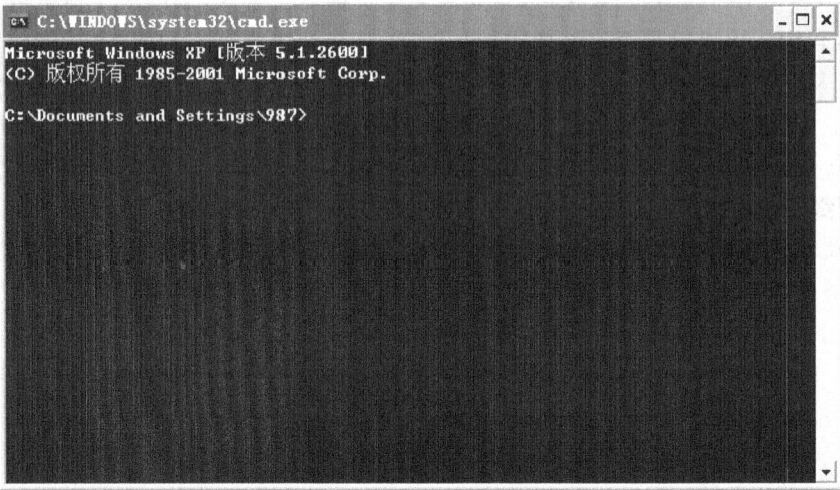

图 1-3-6 MS-DOS 命令行窗口

### 3. IPConfig 的常用选项

ipconfig——当使用 IPConfig 时不带任何参数选项,那么它为每个已经配置了的接口显示 IP 地址、子网掩码和默认网关值,如图 1-3-7 所示。

图 1-3-7 ipconfig 不带任何参数

ipconfig/all——当使用 all 选项时,IPConfig 能为 DNS 和 WINS 服务器显示它已配置且所要使用的附加信息(如 IP 地址等),并且显示内置于本地网卡中的物理地址(MAC)。如果 IP 地址是从 DHCP 服务器租用的,IPConfig 将显示 DHCP 服务器的 IP 地址和租用地址预计失效的日期,如图 1-3-8 所示。

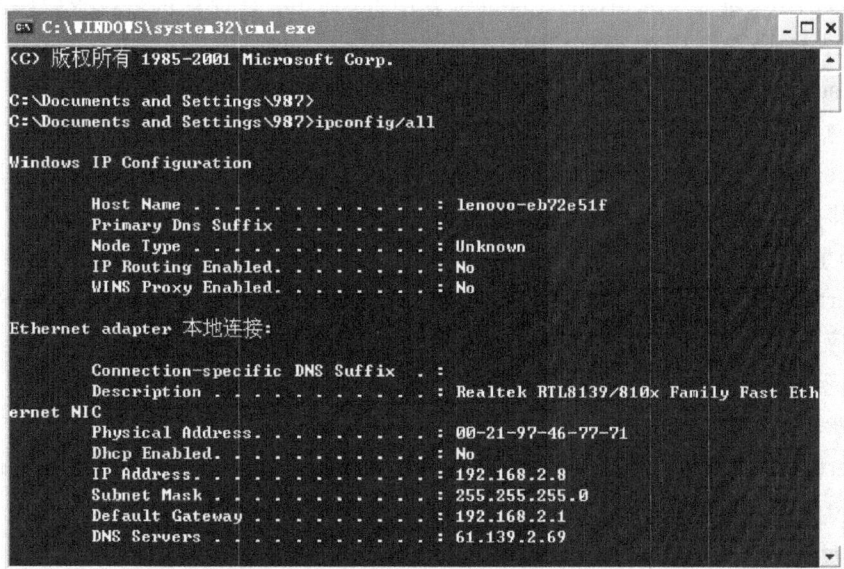

```
C:\WINDOWS\system32\cmd.exe                                    _ □ ×

(C) 版权所有 1985-2001 Microsoft Corp.

C:\Documents and Settings\987>
C:\Documents and Settings\987>ipconfig/all

Windows IP Configuration

        Host Name . . . . . . . . . . . . : lenovo-eb72e51f
        Primary Dns Suffix  . . . . . . . :
        Node Type . . . . . . . . . . . . : Unknown
        IP Routing Enabled. . . . . . . . : No
        WINS Proxy Enabled. . . . . . . . : No

Ethernet adapter 本地连接:

        Connection-specific DNS Suffix  . :
        Description . . . . . . . . . . . : Realtek RTL8139/810x Family Fast Eth
ernet NIC
        Physical Address. . . . . . . . . : 00-21-97-46-77-71
        Dhcp Enabled. . . . . . . . . . . : No
        IP Address. . . . . . . . . . . . : 192.168.2.8
        Subnet Mask . . . . . . . . . . . : 255.255.255.0
        Default Gateway . . . . . . . . . : 192.168.2.1
        DNS Servers . . . . . . . . . . . : 61.139.2.69
```

图 1-3-8  ipconfig/all 命令

ipconfig/release 和 ipconfig/renew——这是两个附加选项,只能在向 DHCP 服务器租用其 IP 地址的计算机上起作用。如果输入 ipconfig/release,那么所有接口的租用 IP 地址便重新交付给 DHCP 服务器(归还 IP 地址)。如果输入 ipconfig/renew,那么本地计算机便设法与 DHCP 服务器取得联系,并租用一个 IP 地址。请注意,大多数情况下网卡将被重新赋予和以前所赋予的相同的 IP 地址。

提示:如果使用的是 Windows 95/98,那么应该使用 winipcfg 而不是 ipconfig,因为它是一个图形用户界面,而且所显示的信息与 ipconfig 相同;如果安装了 Windows NT ResourceKit(NT 资源包),那么 Windows NT 也包含了一个图形替代界面,该实用程序的名字是 wntipcfg,和 Windows 95/98 的 winipcfg 类似。

## 3.4.2  Tracert 命令

### 1. Tracert 命令的功能

Tracert(跟踪路由)是路由跟踪实用程序,用于确定 IP 数据报访问目标所采取的路径。Tracert 命令用 IP 生存时间(TTL)字段和 ICMP 错误消息来确定从一个主机到网络上其他主机的路由。

### 2. Tracert 命令的格式

tracert[-d][-hmaximum_hops][-jcomputer-list][-wtimeout]target_name

• -d 指定不将地址解析为计算机名。

- -hmaximum_hops 指定搜索目标的最大跃点数。
- -jcomputer-list 指定沿 computer-list 的稀疏源路由。
- -wtimeout 每次应答等待 timeout 指定的微秒数。
- target_name 目标计算机的名称。

最简单的用法就是"tracert hostname",其中 hostname 是计算机名或想跟踪器路径的计算机的 IP 地址,tracert 将返回它到达目的地的各种 IP 地址。

**3. Tracert 的工作原理**

通过向目标发送不同 IP 生存时间(TTL)值的"Internet 控制消息协议(ICMP)"回应数据包,Tracert 诊断程序确定到目标所采取的路由。要求路径上的每个路由器在转发数据包之前至少将数据包上的 TTL 递减 1。数据包上的 TTL 减为 0 时,路由器应该将"ICMP 已超时"的消息发回源系统。

Tracert 先发送 TTL 为 1 的回应数据包,并在随后的每次发送过程将 TTL 递增 1,直到目标响应或 TTL 达到最大值,从而确定路由。通过检查中间路由器发回的"ICMP 已超时"的消息确定路由。某些路由器不经询问直接丢弃 TTL 过期的数据包,这在 Tracert 实用程序中看不到。

Tracert 命令按顺序打印出返回"ICMP 已超时"消息的路径中的近端路由器接口列表。如果使用-d 选项,则 Tracert 命令不在每个 IP 地址上查询 DNS。

如图 1-3-9 所示,"Tracert 61.139.2.69 -d"执行后得到的结果。

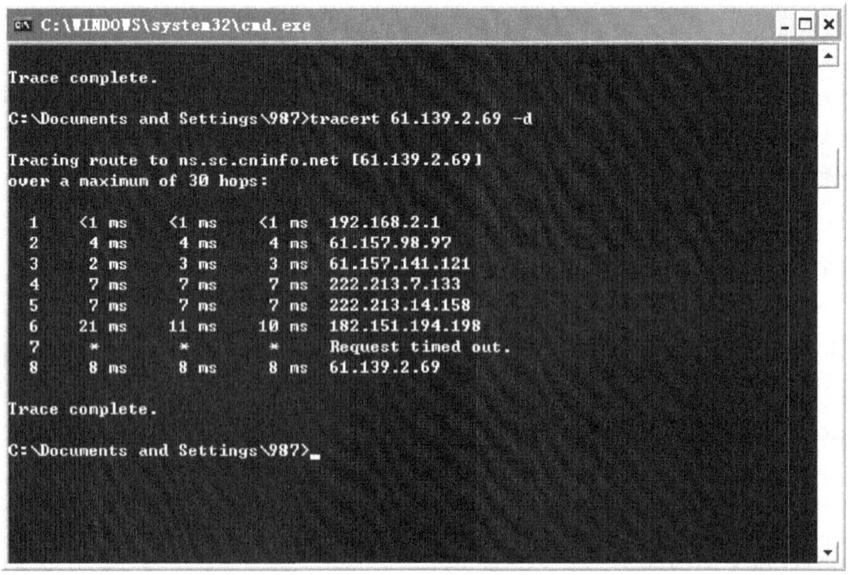

图 1-3-9　Tracert 命令

可以使用 Tracert 命令确定数据包在网络上的停止位置。下例中,默认网关确定192.168.10.99 主机没有有效路径。这可能是路由器配置的问题,或者是 192.168.10.0 网络不存在(错误的 IP 地址)。

```
C:\> tracert 192.168.10.99
Tracing route to 192.168.10.99 over amaximum of 30hops
```

```
110.0.0.1 reports:Destinationnetunreachable.
Trace complete.
```

# 3.5 知 识 拓 展

## 局域网拓扑结构

网络中的计算机等设备要实现互联,就需要以一定的结构方式进行连接,这种连接方式就叫做"拓扑结构",通俗地讲这些网络设备如何连接在一起的。

目前常见的网络拓扑结构主要有4大类:星状结构、环状结构、总线型结构和树状。

### 1. 星状拓扑结构

如图1-3-10所示,星状网通过点到点链路接到中央结点的各站点组成的。通过中心设备实现许多点到点连接。在数据网络中,这种设备是主机或集线器。在星状网中,可以在不影响系统其他设备工作的情况下,非常容易地增加和减少设备。

星状拓扑的优点是:利用中央结点可方便地提供服务和重新配置网络;单个连接点的故障只影响一个设备,不会影响全网,容易检测和隔离故障,便于维护;任何一个连接只涉及中央结点和一个站点,因此控制介质访问的方法很简单,因而访问协议也十分简单。

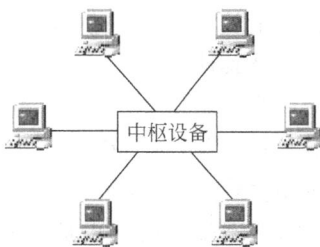

图 1-3-10　星状拓扑结构

星状拓扑的缺点是:每个站点直接与中央结点相连,需要大量电缆,因此费用较高;如果中央结点产生故障,则全网不能工作,所以对中央结点的可靠性和冗余度要求很高。

这种结构是目前在局域网中应用得最为普遍的一种,在企业网络中几乎都是采用这一方式。星状网络几乎是Ethernet(以太网)网络专用,它是因网络中的各工作站结点设备通过一个网络集中设备(如集线器或者交换机)连接在一起,各结点呈星状分布而得名。这类网络目前用得最多的传输介质是双绞线,如常见的六类线、超五类双绞线等。

星状结构的基本特点主要有如下几点:

(1) 容易实现。

它所采用的传输介质一般都是采用通用的双绞线,这种传输介质相对来说比较便宜,如目前正品五类双绞线每米也仅1.5元左右,而同轴电缆最便宜的也要2.00元左右一米,光缆那更不用说了。这种拓扑结构主要应用于IEEE 802.2、IEEE 802.3标准的以太局域网中。

(2) 结点扩展、移动方便。

结点扩展时只需要从集线器或交换机等集中设备中拉一条线即可,而要移动一个结点只需要把相应结点设备移到新结点即可,而不会像环状网络那样"牵其一而动全局"。

(3) 维护容易。

一个结点出现故障不会影响其他结点的连接,可任意拆走故障结点。

(4) 采用广播信息传送方式。

任何一个结点发送信息在整个网中的结点都可以收到,这在网络方面存在一定的隐患,但这在局域网中使用影响不大。

（5）网络传输数据快。

这一点可以从目前最新的 1000Mbps 到 10Gbps 以太网接入速度可以看出。

其实它的主要特点远不止这些，但因为后面我们还要具体介绍各类网络接入设备，而网络的特点主要是受这些设备的特点来制约的，所以其他一些方面的特点等在后面讲到相应网络设备时再补充。

### 2. 总线型拓扑结构

如图 1-3-11 所示，总线型网络采用单根传输线作为传输介质，所有的站点都通过相应的硬件接口直接连接到传输介质或称总线上。使用一定长度的电缆将设备连接在一起。设备可以在不影响系统中其他设备工作的情况下从总线中取下。任何一个站点发送的信号都可以沿着介质传播，而且能被其他所有站点接收。

总线型拓扑的优点是：电缆长度短，易于布线和维护；结构简单，传输介质又是无源元件，从硬件的角度看，十分可靠。

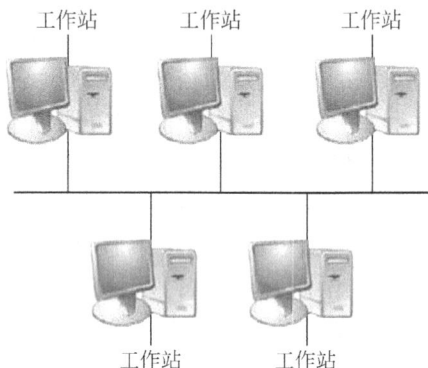

图 1-3-11　总线型拓扑结构

总线型拓扑的缺点是：因为总线型拓扑的网不是集中控制的，所以故障检测需要在网上的各个站点上进行；在扩展总线的干线长度时，需重新配置中继器、剪裁电缆、调整终端器等；总线上的站点需要介质访问控制功能，这就增加了站点的硬件和软件费用。

这种网络拓扑结构中所有设备都直接与总线相连，它所采用的介质一般也是同轴电缆（包括粗缆和细缆），不过现在也有采用光缆作为总线型传输介质的，如后面将要讲的 ATM 网、Cable Modem 所采用的网络等都属于总线型网络结构。

总线型拓扑结构具有以下几个方面的特点：

（1）组网费用低。

从示意图可以看出，这样的结构根本不需要另外的互联设备，是直接通过一条总线进行连接，所以组网费用较低。

（2）这种网络因为各结点是共用总线带宽的，所以在传输速度上会随着接入网络的用户的增多而下降。

（3）网络用户扩展较灵活。

需要扩展用户时只需要添加一个接线器即可，但所能连接的用户数量有限。

（4）维护较容易。

单个结点失效不影响整个网络的正常通信。但是如果总线一断，则整个网络或者相应主干网段就断了。

（5）可靠性不高。

如果总线出了问题，则整个网络都不能工作，网络中断后查找故障点也比较困难。

### 3. 环状拓扑结构

由连接成封闭回路的网络结点组成的，每一结点与它左右相邻的结点连接。环状网络的一个典型代表是令牌环局域网，它的传输速率为 4Mbps 或 16Mbps，这种网络结构最早由

IBM 推出,但现在被其他厂家采用。在令牌环网络中,拥有"令牌"的设备允许在网络中传输数据。这样可以保证在某一时间内网络中只有一台设备可以传送信息。在环状网络中信息流只能是单方向的,每个收到信息包的站点都向它的下游站点转发该信息包。信息包在环网中"旅行"一圈,最后由发送站进行回收,如图 1-3-12 所示。

这种结构的网络形式主要应用于令牌网中,在这种网络结构中各设备是直接通过电缆来串接的,最后形成一个闭环,整个网络发送的信息就是在这个环中传递,通常把这类网络称为"令牌环网"。实际上在大多数情况下,这种拓扑结构的网

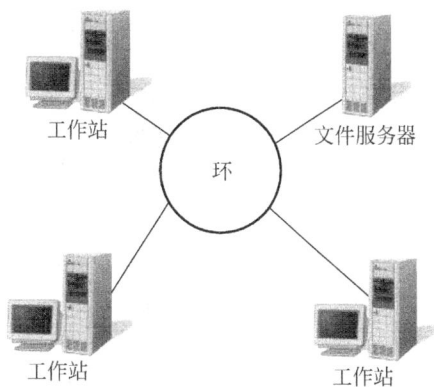

图 1-3-12　环状拓扑结构

络不会是所有计算机真的要连接成物理上的环状,一般情况下,环的两端是通过一个阻抗匹配器来实现环的封闭的,因为在实际组网过程中因地理位置的限制不方便真的做到环的两端物理连接。

环状拓扑结构的网络主要有如下几个特点:

(1)这种网络结构一般仅适用于 IEEE 802.5 的令牌网(token ring network),在这种网络中,"令牌"是在环型连接中依次传递,所用的传输介质一般是同轴电缆。

(2)这种网络实现也非常简单,投资最小。

可以从其网络结构示意图中看出,组成这个网络除了各工作站就是传输介质——同轴电缆,以及一些连接器材,没有价格昂贵的结点集中设备,如集线器和交换机。但也正因为这样,所以这种网络所能实现的功能最为简单,仅能当作一般的文件服务模式。

(3)传输速度较快。

在令牌网中允许有 16Mbps 的传输速度,它比普通的 10Mbps 以太网要快许多。当然随着以太网的广泛应用和以太网技术的发展,以太网的速度也得到了极大提高,目前普遍都能提供 100Mbps 的网速,远比 16Mbps 要高。

(4)维护困难。

从其网络结构可以看到,整个网络各结点间是直接串联,这样任何一个结点出了故障都会造成整个网络的中断、瘫痪,维护起来非常不便。另一方面因为同轴电缆所采用的是插针式的接触方式,所以非常容易造成接触不良,网络中断,而且这样查找起来非常困难,这一点相信维护过这种网络的人都会深有体会。

(5)扩展性能差。

也是因为它的环型结构,决定了它的扩展性能远不如星型结构的好,如果要新添加或移动结点,就必须中断整个网络,在环的两端作好连接器才能连接。

**4. 混合型拓扑结构**

这种网络拓扑结构是由前面所讲的星状结构和总线型结构的网络结合在一起的网络结构,如图 1-3-13 所示,这样的拓扑结构更能满足较大网络的拓展,解决星状网络在传输距离上的局限,而同时又解决了总线型网络在连接用户数量的限制。这种网络拓扑结构同时兼顾了星状网与总线型网络的优点,在缺点方面得到了一定的弥补。

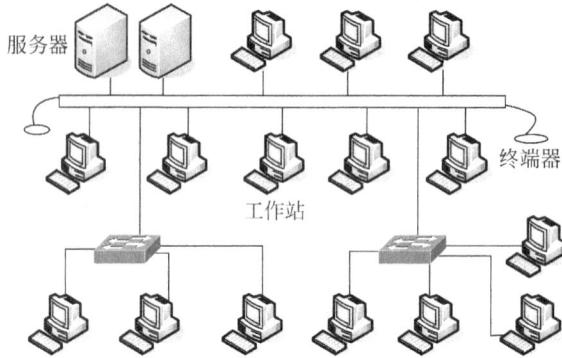

图 1-3-13　混合型拓扑结构

这种网络拓扑结构主要用于较大型的局域网中,如果一个单位有几栋在地理位置上分布较远(当然是同一小区中)的建筑,如果单纯用星状网来组整个公司的局域网,因受到星状网传输介质——双绞线的单段传输距离(100m)的限制很难成功;如果单纯采用总线型结构来布线则很难承受公司的计算机网络规模的需求。结合这两种拓扑结构,在同一楼层采用双绞线的星状结构,而在不同楼层采用同轴电缆的总线型结构,在楼与楼之间也必须采用总线型,传输介质当然要视楼与楼之间的距离,如果距离较近(500m 以内),可以采用粗同轴电缆作为传输介质;如果在 180m 之内,还可以采用细同轴电缆作为传输介质。但是如果超过 500m,则只有采用光缆或者粗缆加中继器来满足了。

混合型拓扑结构的特点

这种布线方式就是常见的综合布线方式。这种拓扑结构主要有以下几个方面的特点:

(1) 应用相当广泛。

这主要是因它解决了星状和总线型拓扑结构的不足,满足了大公司组网的实际需求。

(2) 扩展相当灵活。

这主要是继承了星状拓扑结构的优点。但由于仍采用广播式的消息传送方式,所以在总线长度和结点数量上也会受到限制,不过在局域网中是不存在太大的问题。

(3) 同样具有总线型网络结构的网络速率会随着用户的增多而下降的弱点。

(4) 较难维护。

这主要受到总线型网络拓扑结构的制约,如果总线断,则整个网络也就瘫痪了,但是如果是分支网段出了故障,则仍不影响整个网络的正常运作。再一个整个网络非常复杂,维护起来不容易。

(5) 速度较快。

因为其骨干网采用高速的同轴电缆或光缆,所以整个网络在速度上应不受太多的限制。

# 3.6　问题与思考

1. 什么是 MAC 地址,它和 IP 地址有什么关系?

2. 集线器与交换机有什么区别?

3. IPcongfig 命令的功能是什么? 常用参数有哪些?

4. 常见的网络拓扑结构有哪些? 请画图表达。

# 模块 4 | TCP/IP 协议

## 4.1 应用环境

在实际的网络中,数据是怎样进行传递的?为什么我们发出的数据,远端的计算机能够接收到?全世界这么多计算机接在网络上,为什么名字不会重复?相互之间又有什么样的约束机制?这些都将在本节介绍。

## 4.2 学习目标

通过本模块的学习,要理解和掌握什么是 TCP/IP 协议,它的作用是什么?它是怎么工作的? TCP/IP 协议有哪些分层?各分层的功能是什么?理解和掌握 IP 数据包的概念,掌握 IP 地址的分类和划分;了解 IP 数据包的分片传输机制;了解 IPv4 和 IPv6 的概念及发展状况。

熟练掌握 Ping 命令的使用技巧,能用 Ping 命令解决和分析常见网络故障。

## 4.3 相关知识

### 4.3.1 认识 TCP/IP 协议

TCP/IP 是 Transmission Control Protocol/Internet Protocol 的简写,中译名为传输控制协议/网际协议,又名网络通信协议,是 Internet 最基本的协议、Internet 国际互联网络的基础,由网络层的 IP 协议和传输层的 TCP 协议组成。TCP/IP 定义了电子设备如何连入因特网,以及数据如何在它们之间传输的标准。协议采用了 4 层的层级结构,每一层都呼叫它的下一层所提供的网络来完成自己的需求。

简单地说,网络是用来传输数据的,而这些数据怎样才能准确无误地传输到想要送达的地方呢?这任务就是由 TCP/IP 这两个协议来完成的。IP 协议是给因特网上的每一台计算机规定一个地址,让所有的数据包都能找到准确的目的地;有了目的地后就可以传输数据,而 TCP 协议负责发现传输的问题,一有问题就发出信号,要求重新传输,直到所有数据安全正确地传输到目的地。

### 4.3.2 深入了解 TCP/IP 协议

世界是最早出现通用网络模型是 OSI(Open System Interconnection,开放系统互连),OSI 七层网络模型称为开放式系统互联参考模型,是一个逻辑上的定义、一个规范,它把网络从逻辑上分为了 7 层。每一层都有相关、相对应的物理设备,作为现在网络常用的 TCP/IP 也要和 OSI 模型相对应,如表 1-4-1 所示。

表 1-4-1　TCP/IP 与 OSI 的结构对应

| TCP/IP 结构对应 OSI 结构 | |
| --- | --- |
| TCP/IP | OSI |
| 应用层 | 应用层 |
| | 表示层 |
| | 会话层 |
| 主机到主机层(TCP)(又称传输层) | 传输层 |
| 网络层(IP) | 网络层 |
| 网络接口层(又称链路层) | 数据链路层 |
| | 物理层 |

从协议分层模型方面来讲,TCP/IP 由 4 个层次组成:网络接口层、网络层、传输层、应用层。每一层都呼叫它的下一层所提供的网络来完成自己。

**1. 网络接口层**

由于 TCP/IP 的设计者注重的是网络互联,允许通信子网(网络接口层)采用已有的或是将来有的各种协议,所以这个层次中没有提供专门的协议。实际上,TCP/IP 协议可以通过网络接口层连接到任何网络上,例如 X.25 交换网或 IEEE 802 局域网。

(1) 物理层的作用是定义物理介质的各种特性:机械特性、电子特性、功能特性、规程特性。

(2) 数据链路层是负责接收 IP 数据报并通过网络发送之,或者从网络上接收物理帧,抽出 IP 数据报,交给 IP 层。

(3) 常见的接口层协议有:Ethernet 802.3、Token Ring 802.5、X.25、Frame relay、HDLC、PPP ATM 等。

**2. 网络层**

(1) 网络层是负责相邻计算机之间的通信。其功能包括 3 方面:

- 处理来自传输层的分组发送请求,收到请求后,将分组装入 IP 数据报,填充报头,选择去往信宿机的路径,然后将数据报发往适当的网络接口。
- 处理输入数据报:首先检查其合法性,然后进行寻径——假如该数据报已到达信宿机,则去掉报头,将剩下部分交给适当的传输协议;假如该数据报尚未到达信宿,则转发该数据报。
- 处理路径、流控、拥塞等问题。

(2) 网络层包括:IP 协议、ICMP 控制报文协议、ARP 地址转换协议、RARP 反向地址转换协议。

其中 IP 是网络层的核心,通过路由选择将下一跳 IP 封装后交给接口层。IP 数据报是无连接服务。

ICMP 是网络层的补充,可以回送报文。用来检测网络是否通畅。Ping 命令就是发送 ICMP 的 echo 包,通过回送的 echo relay 进行网络测试。

ARP 是正向地址解析协议,通过已知的 IP,寻找对应主机的 MAC 地址。

RARP 是反向地址解析协议,通过 MAC 地址确定 IP 地址。比如无盘工作站和 DHCP 服务。

**3. 传输层**

(1) 传输层的功能是提供应用程序间的通信。其功能包括:第一,格式化信息流;第二,提供可靠传输。为实现后者,传输层协议规定接收端必须发回确认,并且假如分组丢失,必须重新发送。

(2) 传输层协议主要是:传输控制协议 TCP 和用户数据报协议 UDP。

**4. 应用层**

(1) 应用层的功能是向用户提供一组常用的应用程序,比如电子邮件、文件传输访问、远程登录等。

(2) 应用层一般是面向用户的服务。如 FTP、TELNET、DNS、SMTP、POP3。

其中 FTP(File Transfer Protocol)是文件传输协议,一般上传下载用 FTP 服务,数据端口是 20H,控制端口是 21H。

Telnet 服务是用户远程登录服务,使用 23H 端口,使用明码传送,保密性差、简单方便。

DNS(Domain Name Service)是域名解析服务,提供域名到 IP 地址之间的转换。

SMTP(Simple Mail Transfer Protocol)是简单邮件传输协议,用来控制信件的发送、中转。

POP3(Post Office Protocol 3)是邮件协议第 3 版本,用于接收邮件。

**5. 总结**

最后将 TCP/IP 的各层功能及协议总结如表 1-4-2 所示。

表 1-4-2　TCP/IP 协议各层功能及常见协议

| 总　　　结 | | |
| --- | --- | --- |
| OSI 中的层 | 功　　能 | TCP/IP 协议族 |
| 应用层 | 文件传输,电子邮件,文件服务,虚拟终端 | TFTP,HTTP,SNMP,FTP,SMTP,DNS,RIP,Telnet |
| 表示层 | 数据格式化,代码转换,数据加密 | 没有协议 |
| 会话层 | 解除或建立与别的接点的联系 | 没有协议 |
| 传输层 | 提供端对端的接口 | TCP,UDP |
| 网络层 | 为数据包选择路由 | IP,ICMP,OSPF,BGP,IGMP,ARP,RARP |
| 数据链路层 | 传输有地址的帧以及错误检测功能 | SLIP,CSLIP,PPP,MTU,ARP,RARP |
| 物理层 | 以二进制数据形式在物理媒体上传输数据 | ISO 2110,IEEE 802,IEEE 802.2 |

## 4.3.3　认识 IP

IP 是英文 Internet Protocol(网际协议)的缩写,中文简称为"网协",也就是为计算机网络相互连接进行通信而设计的协议。在因特网中,它是能使连接到网上的所有计算机网络实现相互通信的一套规则,规定了计算机在因特网上进行通信时应当遵守的规则。任何厂家生产的计算机系统,只要遵守 IP 协议就可以与因特网互连互通。

**1. 网络互联**

IP 是怎样实现网络互连的?各个厂家生产的网络系统和设备,如以太网、分组交换网等,它们相互之间不能互通,不能互通的主要原因是因为它们所传送数据的基本单元(技术上称之为"帧")的格式不同。IP 协议实际上是一套由软件程序组成的协议软件,它把各种不同的"帧"统一转换成"IP 数据包"格式,如图 1-4-1 所示,这种转换是因特网的一个最重要的特点,使所有各种计算机都能在因特网上实现互通,即具有"开放性"的特点。

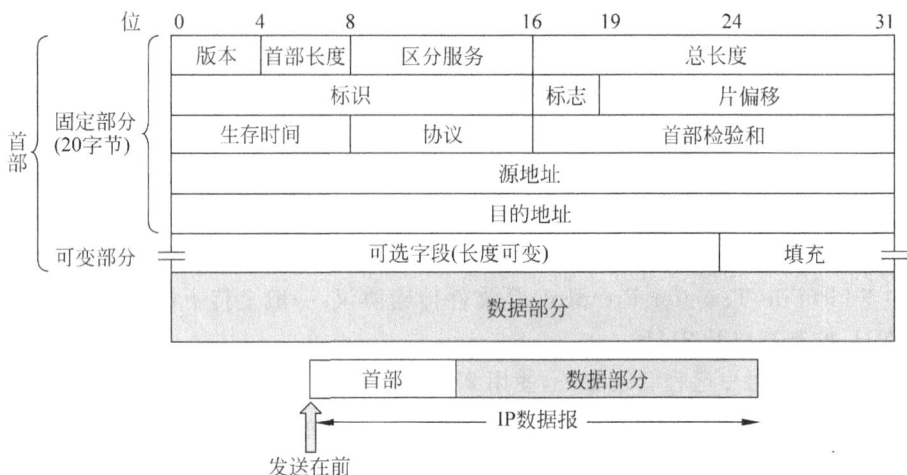

图 1-4-1　IP 数据包

### 2. TCP/IP 数据包

那么,"TCP/IP 数据包"是什么?它又有什么特点呢?TCP/IP 数据包也是分组交换的一种形式,就是把所传送的数据分段打成"包",再传送出去。

**提示:** 与传统的"连接型"分组交换不同,它属于"无连接型",是把打成的每个"包"(分组)都作为一个"独立的报文"传送出去,所以叫做"数据包"。这样,在开始通信之前就不需要先连接好一条电路,各个数据包不一定都通过同一条路径传输,所以叫做"无连接型"。这一特点非常重要,它大大提高了网络的坚固性和安全性。

如图 1-4-1 所示,每个 IP 数据包都有报头(首部)和报文(数据部分)这两个部分,报头中有目的地址等必要内容,使每个数据包不经过同样的路径都能准确地到达目的地。在目的地重新组合还原成原来发送的数据。这就要 IP 具有分组打包和集合组装的功能。

### 3. IP 数据报首部的固定部分中的各字段

(1)版本——占 4 位,指 IP 协议的版本。通信双方使用的 IP 协议版本必须一致。目前广泛使用的 IP 协议版本号为 4(即 IPv4)。关于 IPv6,将在 4.5 节介绍。

(2)首部长度——占 4 位,可表示的最大十进制数值是 15。请注意,这个字段所表示数的单位是 32 位字(1 个 32 位字长是 4 字节),因此,当 IP 的首部长度为 1111 时(即十进制的15),首部长度就达到 60 字节。当 IP 分组的首部长度不是 4 字节的整数倍时,必须利用最后的填充字段加以填充。因此数据部分永远在 4 字节的整数倍开始,这样在实现 IP 协议时较为方便。首部长度限制为 60 字节的缺点是有时可能不够用。但这样做是希望用户尽量减少开销。最常用的首部长度就是 20 字节(即首部长度为 0101),这时不使用任何选项。

(3)区分服务——占 8 位,用来获得更好的服务。这个字段在旧标准中叫做服务类型,但实际上一直没有被使用过。1998 年 IETF 把这个字段改名为区分服务(Differentiated

Services,DS)。只有在使用区分服务时,这个字段才起作用。

(4)总长度——总长度指首部和数据之和的长度,单位为字节。总长度字段为16位,因此数据报的最大长度为$2^{16}-1=65\ 535$字节。

**注意**:在IP层下面的每一种数据链路层都有自己的帧格式,其中包括帧格式中的数据字段的最大长度,这称为最大传送单元(Maximum Transfer Unit,MTU)。当一个数据报封装成链路层的帧时,此数据报的总长度(即首部加上数据部分)一定不能超过下面的数据链路层的MTU值。

(5)标识(identification)——占16位。IP软件在存储器中维持一个计数器,每产生一个数据报,计数器就加1,并将此值赋给标识字段。但这个"标识"并不是序号,因为IP是无连接服务,数据报不存在按序接收的问题。当数据报由于长度超过网络的MTU而必须分片时,这个标识字段的值就被复制到所有的数据报的标识字段中。相同的标识字段的值使分片后的各数据报片最后能正确地重装成为原来的数据报。

(6)标志(flag)——占3位,但目前只有2位有意义。

标志字段中的最低位记为MF(More Fragment)。MF=1即表示后面"还有分片"的数据报。MF=0表示这已是若干数据报片中的最后一个。

标志字段中间的一位记为DF(Don't Fragment),意思是"不能分片"。只有当DF=0时才允许分片。

(7)片偏移——占13位。片偏移指出:较长的分组在分片后,某片在原分组中的相对位置。也就是说,相对用户数据字段的起点,该片从何处开始。片偏移以8个字节为偏移单位。这就是说,每个分片的长度一定是8字节(64位)的整数倍。

(8)生存时间——占8位,生存时间字段常用的英文缩写是TTL(Time To Live),表明是数据报在网络中的寿命。由发出数据报的源点设置这个字段。其目的是防止无法交付的数据报无限制地在因特网中兜圈子,因而白白消耗网络资源。最初的设计是以秒作为TTL的单位。每经过一个路由器时,就把TTL减去数据报在路由器消耗掉的一段时间。若数据报在路由器消耗的时间小于1秒,就把TTL值减1。当TTL值为0时,就丢弃这个数据报。

(9)协议——占8位,协议字段指出此数据报携带的数据是使用何种协议,以便使目的主机的IP层知道应将数据部分上交给哪个处理过程。

(10)首部检验和——占16位。这个字段只检验数据报的首部,但不包括数据部分。这是因为数据报每经过一个路由器,路由器都要重新计算一下首部检验和(一些字段,如生存时间、标志、片偏移等都可能发生变化)。不检验数据部分可减少计算的工作量。

(11)源地址——占32位。

(12)目的地址——占32位。

**4. IP数据报首部的可变部分**

IP首部的可变部分就是一个可选字段。选项字段用来支持排错、测量以及安全等措施,内容很丰富。此字段的长度可变,从1个字节到40个字节不等,取决于所选择的项目。某些选项项目只需要1个字节,它只包括1个字节的选项代码。但还有些选项需要多个字节,这些选项一个个拼接起来,中间不需要有分隔符,最后用全0的填充字段补齐成为4字节的整数倍。

增加首部的可变部分是为了增加 IP 数据报的功能,但这同时也使得 IP 数据报的首部长度成为可变的。这就增加了每一个路由器处理数据报的开销。实际上这些选项很少被使用。新的 IP 版本 IPv6 就将 IP 数据报的首部长度做成固定的。

**5. IP 地址**

IP 协议中还有一个非常重要的内容,那就是给因特网上的每台计算机和其他设备都规定了一个唯一的地址,叫做"IP 地址"。正是有了这种唯一的地址,才保证了用户在连网的计算机上操作时,能够高效而且方便地从千千万万台计算机中选出自己所需的对象来。

所谓 IP 地址就是给每个连接在 Internet 上的主机分配的一个 32bit 地址。IP 地址就好像电话号码:有了某人的电话号码,你就能与他通话了。同样,有了某台主机的 IP 地址,你就能与这台主机通信了。

按照 TCP/IP 协议规定,IP 地址用二进制来表示,每个 IP 地址长 32bit,比特换算成字节,就是 4 个字节。例如一个采用二进制形式的 IP 地址是"00001010000000000000000000000001",这么长的地址,人们处理起来也太费劲了。为了方便人们的使用,IP 地址经常被写成十进制的形式,中间使用符号"."分开不同的字节。于是,上面的 IP 地址可以表示为"10.0.0.1"。IP 地址的这种表示法叫做"点分十进制表示法",这显然比 1 和 0 容易记忆得多。

有人会以为,一台计算机只能有一个 IP 地址,这种观点是错误的。可以指定一台计算机具有多个 IP 地址,因此在访问互联网时,不要以为一个 IP 地址就是一台计算机;另外,通过特定的技术,也可以使多台服务器共用一个 IP 地址,这些服务器在用户看起来就像一台主机似的。

**6. IP 地址的格式**

IP 地址格式为:

IP 地址 = 网络号 + 主机号

或

IP 地址 = 网络号 + 子网号 + 主机号

网络号是因特网协会的 ICANN(the Internet Corporation for Assigned Names and Numbers)分配的,下有负责北美地区的 InterNIC、负责欧洲地区的 RIPENIC 和负责亚太地区的 APNIC 目的是为了保证网络地址的全球唯一性。

主机号是由各个网络的系统管理员分配。因此,网络地址的唯一性与网络内主机地址的唯一性确保了 IP 地址的全球唯一性。

**7. IP 地址的分类**

如图 1-4-2 所示,IP 地址分为 5 类。

网络号:用于识别主机所在的网络。

主机号:用于识别该网络中的主机。

IP 地址分为 5 类,A 类保留给政府机构,B 类分配给中等规模的公司,C 类分配给任何需要的人,D 类用于组播,E 类用于实验,各类可容纳的地址数目不同。

A、B、C 3 类 IP 地址的特征:当将 IP 地址写成二进制形式时,A 类地址的第 1 位总是 0,B 类地址的前 2 位总是 10,C 类地址的前 3 位总是 110。

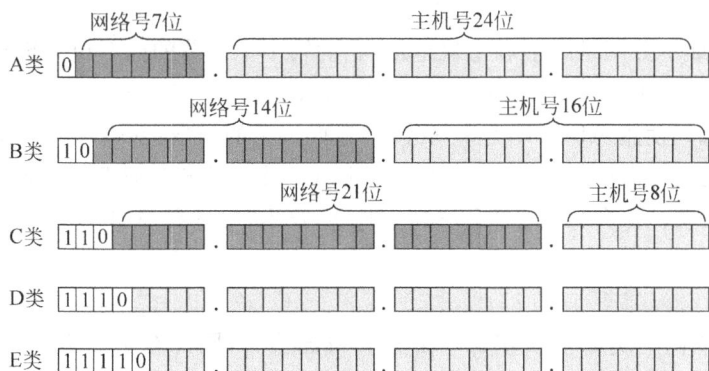

图 1-4-2　IP 地址的分类

1）A 类地址

（1）A 类地址第 1 字节为网络地址，其他 3 个字节为主机地址，它的第 1 个字节的第 1 位固定为 0。

（2）A 类地址范围：1.0.0.1～126.255.255.254。

（3）A 类地址中的私有地址和保留地址。

① 10.X.X.X 是私有地址（所谓的私有地址就是在互联网上不使用，而被用在局域网络中的地址）。范围为 10.0.0.0～10.255.255.255。

② 127.X.X.X 是保留地址，用作循环测试。

2）B 类地址

（1）B 类地址第 1 字节和第 2 字节为网络地址，其他 2 个字节为主机地址。它的第 1 个字节的前两位固定为 10

（2）B 类地址范围：128.0.0.1～191.255.255.254。

（3）B 类地址的私有地址和保留地址。

① 172.16.0.0～172.31.255.255 是私有地址。

② 169.254.X.X 是保留地址。

**提示**：如果你的 IP 地址是自动获取 IP 地址，而你在网络上又没有找到可用的 DHCP 服务器，就会得到其中一个 IP。

**注意**：191.255.255.255 是广播地址，不能分配。

3）C 类地址

（1）C 类地址第 1 字节、第 2 字节和第 3 个字节为网络地址，第 4 个字节为主机地址，另外第 1 个字节的前 3 位固定为 110。

（2）C 类地址范围：192.0.0.1～223.255.255.254。

（3）C 类地址中的私有地址

192.168.X.X 是私有地址。范围为 192.168.0.0～192.168.255.255。

4）D 类地址

（1）D 类地址不分网络地址和主机地址，它的第 1 个字节的前 4 位固定为 1110。

（2）D 类地址范围：224.0.0.1～239.255.255.254。

5）E 类地址

（1）E 类地址不分网络地址和主机地址，它的第 1 个字节的前 5 位固定为 11110。

（2）E 类地址范围：240.0.0.1～255.255.255.254

IP 地址如果只使用 ABCDE 类来划分，会造成大量的浪费：一个有 500 台主机的网络，无法使用 C 类地址。但如果使用一个 B 类地址，6 万多个主机地址只有 500 个被使用，造成 IP 地址的大量浪费。因此，IP 地址还支持 VLSM 技术，可以在 ABC 类网络的基础上，进一步划分子网。

**8. 实体 IP**

在网络的世界里，为了要辨识每一部计算机的位置，因此有了计算机 IP 位址的定义。一个 IP 就好似一个门牌！例如，你要去微软的网站的话，就要去"207.46.197.101"这个 IP 位置！这些可以直接在网际网络上沟通的 IP 就被称为"实体 IP"了。

**9. 虚拟 IP**

不过，众所皆知的，IP 位址仅为 xxx.xxx.xxx.xxx 的资料型态，其中，xxx 为 1～255 的整数，由于近来计算机的成长速度太快，实体的 IP 已经有点不足了，好在早在规划 IP 时就已经预留了 3 个网段的 IP 作为内部网域的虚拟 IP 之用。这 3 个预留的 IP 分别为：

A 级——10.0.0.0～10.255.255.255。

B 级——172.16.0.0～172.31.255.255。

C 级——192.168.0.0～192.168.255.255。

上述中最常用的是 192.168.0.0 这一组。不过，由于是虚拟 IP，所以当使用这些地址时，当然是有所限制的，限制如下：

- 私有位址的路由信息不能对外散播。
- 使用私有位置作为来源或目的地址的封包，不能通过 Internet 来转送。
- 关于私有位置的参考记录（如 DNS），只能限于内部网络使用。

由于虚拟 IP 的计算机并不能直接连上 Internet，因此需要特别的功能才能上网。不过，这给我们架设 IP 网络提供了很大的方便。如果使用公共 IP 的话，如果没经过注册，等到以后真正要连上网络的时候，就很可能和别人冲突了。也正如前面所分析的，到时候再重新规划 IP 的话，将是件非常头痛的问题。这时候，我们可以先利用私有位址来架设网络，等到真要连上 Internet 的时候，可以使用 IP 转换协定，如 NAT（Network Address Translation）等技术，配合新注册的 IP 就可以了。

**10. 固定 IP 与动态 IP**

基本上，它们都是由于近来网络公司大量的成长下的产物，例如，如果向中国电信申请一个商业形态的 ADSL 专线，那它会给你一个固定的实体 IP，这个实体 IP 就被称为"固定 IP"了。而若你是申请计时制的 ADSL，那由于你的 IP 可能是由数十人共同使用，因此每次重新开机上网时，你这台计算机的 IP 都不会是固定的！于是就被称为"动态 IP"。基本上，这两个都是"实体 IP"，只是网络公司用来分配给用户的方法不同而产生不同的名称而已。

**11. 特殊的 IP 地址**

1）组播地址

在 IP 地址空间中，有的 IP 地址不能为设备分配的，有的 IP 地址不能用在公网，有的 IP

地址只能在本机使用,诸如此类的特殊 IP 地址众
多,如图 1-4-3 所示。

请注意它和广播的区别。从 224.0.0.0 到
239.255.255.255 都是这样的地址。224.0.0.1 特
指所有主机,224.0.0.2 特指所有路由器。这样的
地址多用于一些特定的程序以及多媒体程序。如
果你的主机开启了 IRDP(Internet 路由发现协议,
使用组播功能)功能,那么你主机路由表中应该有
这样一条路由:

`169.254.x.x`

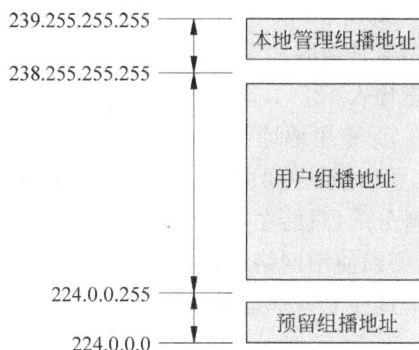

图 1-4-3　组播地址

如果你的主机使用了 DHCP 功能自动获得一个 IP 地址,那么当 DHCP 服务器发生故
障,或响应时间太长而超出了一个系统规定的时间时,Windows 系统会为你分配这样一个
地址。如果你发现主机 IP 地址是一个诸如此类的地址,那么很不幸,十有八九是你的网络
不能正常运行了。

2) 受限广播地址

广播通信是一对所有的通信方式。若一个 IP 地址的二进制数全为 1,也就是
255.255.255.255,则这个地址用于定义整个互联网。如果设备想使 IP 数据报被整个
Internet 所接收,就发送这个目的地址全为 1 的广播包,但这样会给整个互联网带来灾难性
的负担。因此网络上的所有路由器都阻止具有这种类型的分组被转发出去,使这样的广播
仅限于本地网段。

3) 直接广播地址

一个网络中的最后一个地址为直接广播地址,也就是 HostID 全为 1 的地址。主机使
用这种地址把一个 IP 数据报发送到本地网段的所有设备上,路由器会转发这种数据报到特
定网络上的所有主机。

**注意**:这个地址在 IP 数据报中只能作为目的地址。另外,直接广播地址使一个网段中
可分配给设备的地址数减少了 1 个。

4) IP 地址是 0.0.0.0

若 IP 地址全为 0,也就是 0.0.0.0,则这个 IP 地址在 IP 数据报中只能用作源 IP 地址,
这发生在当设备启动但又不知道自己的 IP 地址情况下。在使用 DHCP 分配 IP 地址的网
络环境中,这样的地址是很常见的。用户主机为了获得一个可用的 IP 地址,就给 DHCP 服
务器发送 IP 分组,并用这样的地址作为源地址,目的地址为 255.255.255.255(因为主机这
时还不知道 DHCP 服务器的 IP 地址)。

5) NetID 为 0 的 IP 地址

当某个主机向同一网段上的其他主机发送报文时就可以使用这样的地址,分组也不会
被路由器转发。比如 12.12.12.0/24 这个网络中的一台主机 12.12.12.2/24 在与同一网络
中的另一台主机 12.12.12.8/24 通信时,目的地址可以是 0.0.0.8。

6) 环回地址

127 网段的所有地址都称为环回地址,主要用来测试网络协议是否工作正常的作用。

比如使用"ping 127.1.1.1"命令,就可以测试本地 TCP/IP 协议是否已正确安装。另外一个用途是当客户进程用环回地址发送报文给位于同一台机器上的服务器进程,比如在浏览器里输入 127.1.2.3,这样可以在排除网络路由的情况下用来测试 IIS 是否正常启动。

7)专用地址

IP 地址空间中,有一些 IP 地址被定义为专用地址,这样的地址不能为 Internet 网络的设备分配,只能在企业内部使用,因此也称为私有地址。若要在 Internet 网上使用这样的地址,必须使用网络地址转换或者端口映射技术。

这些专有地址是:

- 10/8 地址范围——10.0.0.0 至 10.255.255.255 共有 $2^{24}$ 个地址。
- 172.16/12 地址范围——172.16.0.0 至 172.31.255.255 共有 $2^{20}$ 个地址。
- 192.168/16 地址范围——192.168.0.0 至 192.168.255.255 共有 $2^{16}$ 个地址。

# 4.4 案例介绍

本节来介绍另一个非常有用的网络管理指令,这就是 Ping 命令。

## Ping 命令

### 1. Ping 的基础知识

Ping 是潜水艇人员的专用术语,表示回应的声纳脉冲,在网络中 Ping 是一个十分好用的 TCP/IP 工具。它主要的功能是用来检测网络的连通情况和分析网络速度。

Ping 有好的一面也有不好的一面。先说一下好的一面吧。上面已经说过 Ping 的用途就是用来检测网络的连同情况和分析网络速度,但它是通过什么来显示连通呢？这首先要了解 Ping 的一些参数和返回信息。

### 2. Ping 命令详解

首先需要打开 DOS 命令界面,通过单击"开始"菜单中的"运行"命令,在"运行"窗口输入 cmd,如图 1-4-4 所示。

按回车键后打开命令提示符窗口,如图 1-4-5 所示。

输入"ping/?"列出 ping 命令帮助文档,其中提供了 Ping 的一些参数,如图 1-4-6 所示。

下面讲解一下,每个参数含义和用法。

图 1-4-4 "运行"窗口

```
ping[-t][-a][-ncount][-llength][-f][-ittl][-vtos][-rcount][-scount][-jcomputer
-list]|[-kcomputer-list][-wtimeout]destination-list
```

- -t Ping 指定的计算机直到中断。
- -a 将地址解析为计算机名。
- -ncount 发送 count 指定的 ECHO 数据包数。默认值为 4。
- -llength 发送包含由 length 指定的数据量的 ECHO 数据包。默认为 32 字节；最大值是 65 527。

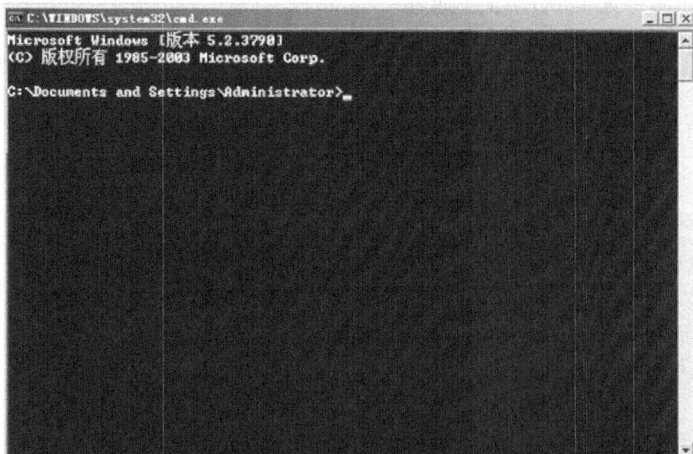

图 1-4-5  命令提示符窗口

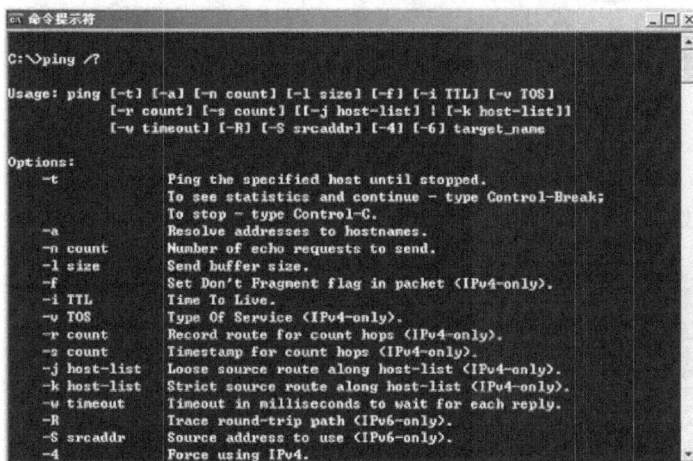

图 1-4-6  Ping 命令的一些参数

- -f 在数据包中发送"不要分段"标志。数据包就不会被路由上的网关分段。
- -ittl 将"生存时间"字段设置为 ttl 指定的值。
- -vtos 将"服务类型"字段设置为 tos 指定的值。
- -rcount 在"记录路由"字段中记录传出和返回数据包的路由。count 可以指定最少 1 台,最多 9 台计算机。
- -scount 指定 count 指定的跃点数的时间戳。
- -jcomputer-list 利用 computer-list 指定的计算机列表路由数据包。连续计算机可以被中间网关分隔(路由稀疏源)IP 允许的最大数量为 9。
- -kcomputer-list 利用 computer-list 指定的计算机列表路由数据包。连续计算机不能被中间网关分隔(路由严格源)IP 允许的最大数量为 9。
- -wtimeout 指定超时间隔,单位为毫秒。

destination-list 指定要 ping 的远程计算机。

组建家庭小型网络

**3. 使用 Ping 命令来测试网络连通性**

连通问题是由许多原因引起的,如本地配置错误、远程主机协议失效等,当然还包括设备等造成的故障。首先我们讲一下使用 Ping 命令的步骤。

使用 Ping 命令检查连通性有 5 个步骤:

(1) 使用 IPconfig/all 观察本地网络设置是否正确,如图 1-4-7 所示。

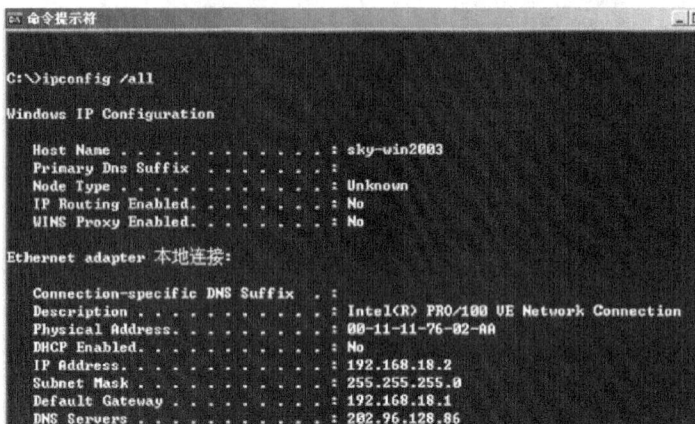

图 1-4-7　IPconfig/all 命令

(2) Ping 127.0.0.1,127.0.0.1 是回送地址,Ping 回送地址是为了检查本地的 TCP/IP 协议有没有设置好,如图 1-4-8 所示。

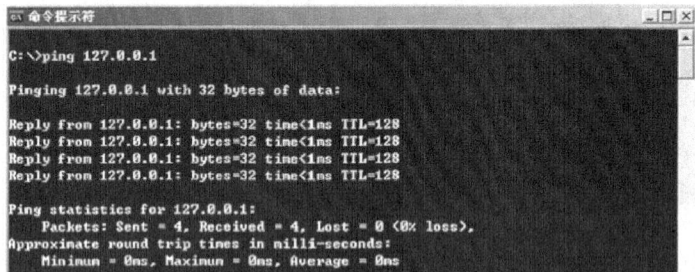

图 1-4-8　Ping 127.0.0.1

(3) Ping 本机 IP 地址,这样是为了检查本机的 IP 地址是否设置有误,如图 1-4-9 所示。

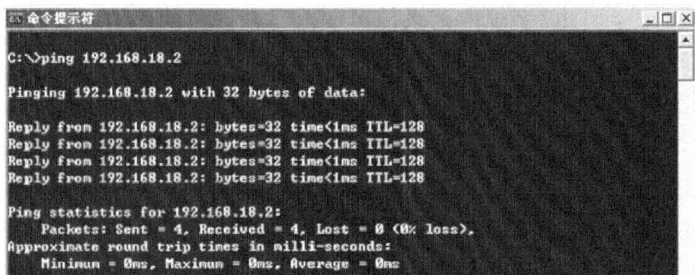

图 1-4-9　Ping 本机 IP 地址

**注意**：这里的 IP 地址要换成练习时所用的主机的 IP 地址。

（4）Ping 本网网关或本网 IP 地址，这样做是为了检查硬件设备是否有问题，也可以检查本机与本地网络连接是否正常（在非局域网中这一步骤可以忽略），如图 1-4-10 所示。

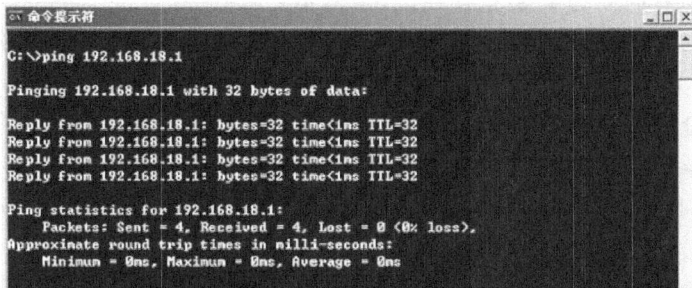

图 1-4-10　Ping 本网网关

（5）Ping 远程 IP 地址，这主要是检查本网或本机与外部的连接是否正常，如图 1-4-11 所示。

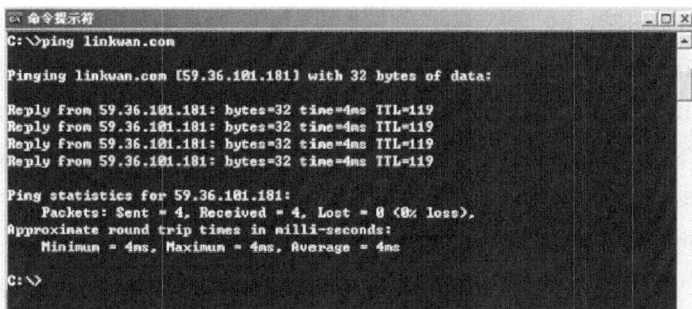

图 1-4-11　Ping 远程 IP 地址

### 4．如何用 Ping 命令来判断一条链路好坏

Ping 这个命令除了可以检查网络的连通和检测故障以外，还有一个比较有趣的用途，那就是可以利用它的一些返回数据，来估算你跟某台主机之间的速度是多少字节每秒

下面先来看看它有哪些返回数据，请参见图 1-4-11。

在例子中"bytes＝32"表示 ICMP 报文中有 32 个字节的测试数据，"time＝4ms"是往返时间。Sent 发送多个秒包、Received 收到多个回应包、Lost 丢弃了多少个 Minmum 最小值、MAXimun 最大值、Average 平均值。从图中看，来回只用了 4ms 时间，lost＝0 即是丢包数为 0，网络状态相当良好（更详细可以使用-n 参数"ping-n100IP 地址"ping100 次，查看 Sent Received Lost Minmum MAXimun Average 这些值的变化）。

### 5．对 Ping 命令 6 个返回信息的分析

1）Request timed out

这是大家经常碰到的提示信息，很多文章中说这是对方机器设置了过滤 ICMP 数据包，从上面的工作过程来看，这并不完全正确，至少有下几种情况。

（1）对方已关机，或者网络上根本没有这个地址：比如在图 1-4-12 中主机 A 中 ping

192.168.0.7,或者主机 B 关机了,在主机 A 中"ping 192.168.0.5"都会得到超时的信息。

（2）对方与自己不在同一网段内,通过路由也无法找到对方,但有时对方确实是存在的,当然不存在也会返回超时的信息。

（3）对方确实存在,但设置了 ICMP 数据包过滤（比如防火墙设置）。

图 1-4-12　Ping 测试拓扑

**提示**：怎样知道对方是存在,还是不存在呢,可以用带参数-a 的 Ping 命令探测对方,如果能得到对方的 NETBIOS 名称,则说明对方是存在的,是有防火墙设置的；如果得不到,多半是对方不存在或关机,或不在同一网段内。

（4）错误设置 IP 地址。

正常情况下,一台主机应该有一个网卡、一个 IP 地址,或多个网卡、多个 IP 地址（这些地址一定要处于不同的 IP 子网）。但如果一台计算机的"拨号网络适配器"（相当于一块软网卡）的 TCP/IP 设置中,设置了一个与网卡 IP 地址处于同一子网的 IP 地址,这样,在 IP 层协议看来,这台主机就有两个不同的接口处于同一网段内。当从这台主机 Ping 其他的机器时,会存在这样的问题：

① 主机不知道将数据包发到哪个网络接口,因为有两个网络接口都连接在同一网段。

② 主机不知道用哪个地址作为数据包的源地址。因此,从这台主机去 Ping 其他机器,IP 层协议会无法处理,超时后,Ping 就会给出一个"超时无应答"的错误信息提示。但从其他主机 Ping 这台主机时,请求包从特定的网卡来,ICMP 只需简单地将目的、源地址互换,并更改一些标志即可,ICMP 应答包能顺利发出,其他主机也就能成功 Ping 通这台机器了。

2）Destination host Unreachable

（1）对方与自己不在同一网段内,而自己又未设置默认的路由,比如上例中 A 机中不设定默认的路由,运行 ping 192.168.0.1.4 就会出现"Destination host Unreachable"。

（2）网线出了故障。

**提示**：这里要说明一下"destination host unreachable"和"timeout"的区别,如果所经过的路由器的路由表中具有到达目标的路由,而目标因为其他原因不可到达,这时候会出现"timeout",如果路由表中连到达目标的路由都没有,那就会出现"destination host unreachable"。

3）Bad IPaddress

这个信息表示可能没有连接到 DNS 服务器,所以无法解析这个 IP 地址,也可能是 IP 地址不存在。

4）Source quench received

这个信息比较特殊,它出现的几率很小。它表示对方或中途的服务器繁忙无法回应。

5）Unknown host——不知名主机

这种出错信息的意思是,该远程主机的名字不能被域名服务器（DNS）转换成 IP 地址。故障原因可能是域名服务器有故障,或者其名字不正确,或者网络管理员的系统与远程主机之间的通信线路有故障。

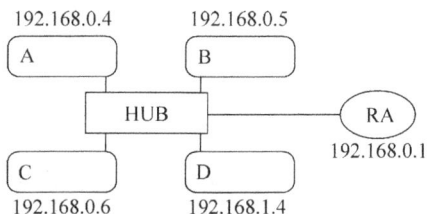

6）No answer——无响应

这种故障说明本地系统有一条通向中心主机的路由,但却接收不到它发给该中心主机的任何信息。故障原因可能是下列之一:中心主机没有工作;本地或中心主机网络配置不正确;本地或中心的路由器没有工作;通信线路有故障;中心主机存在路由选择问题。

7）no rout to host

这个信息表示网卡工作不正常。

8）transmit failed,errorcode

这个信息表示 10043 网卡驱动不正常。

9）unknown host name

这个信息表示 DNS 配置不正确。

# 4.5　知　识　扩　展

## 4.5.1　IP 数据报的传递方法

### 1. IP 数据包的分片

在应用程序中,必须关心 IP 数据报的长度。如果它超过了网络的 MTU(最大传输单位),那么就要对 IP 数据报进行分片。如果需要,源目的端之间的每个网络都要进行分片,并不只是发送端主机连接第一个网络才这样做。

分片是分组交换的思想体现,也是 IP 协议需要解决的两个主要问题之一。在 IP 协议中的分片算法主要解决异种网最大传输单元(MTU)的不同。但是分组在传输过程中不断地分片和重组会带来很大的工作量,而且会增加一些不安全因素。

1）什么是 IP 分片

IP 分片是网络上传输 IP 报文的一种技术手段。IP 协议在传输数据报时,将数据报文分为若干分片进行传输,并在目标系统中进行重组。这一过程称为分片(Fragmentation)。

2）为什么要进行 IP 分片

通常要传输的 IP 报文的大小超过最大传输单位(Maximum Transmission Unit,MTU)时就会产生 IP 分片情况。IP 分片通常发生在网络环境中。比如说,在以太网(Ethernet)环境中可传输最大 IP 报文大小(MTU)为 1500 字节。而传输的报文大小要比 1500 字节大,这个时候就需要利用到分片技术,经分片后才能传输此报文。另外,使用 UDP 很容易导致 IP 分片,而很难强迫 TCP 发送一个需要进行分片的报文。

3）IP 分片原理及分析

分片和重新组装的过程对传输层是透明的,其原因是当 IP 数据报进行分片之后,只有当它到达下一站时,才可进行重新组装,且它是由目的端的 IP 层来完成的。分片之后的数据报也可以根据需要再次进行分片。

IP 分片和完整 IP 报文差不多拥有相同的 IP 头,ID 域对于每个分片都是一致的,这样才能在重新组装的时候识别出来自同一个 IP 报文的分片。在 IP 头中,16 位识别号唯一记录了一个 IP 包的 ID,具有同一个 ID 的 IP 分片将会重新组装;而 13 位片偏移则记录了某 IP 片相对整个包的位置;这两个表中间的 3 位标志则标志着该分片后面是否还有新的分片。这 3 个标志就组成了 IP 分片的所有信息,接收方就可以利用这些信息对 IP 数据进行重新组织。

(1) 标志字段的作用。

标志字段在分片数据报中起了很大作用,在数据报分片时把它的值复制到每片中。标志字段的最低位表示"更多的片"(见图 1-4-1),因此,除了最后一片外,其他每个组成数据报的片都要把该比特置 1。片偏移字段指的是该片偏移原始数据报开始处的位置。另外,当数据报被分片后,每个片的总长度值要改为该片的长度值。如果将标志字段的比特置 1,则 IP 将不对数据报进行分片。相反,将把数据报丢弃并发送一个 ICMP 差错报文,然后通知源主机废弃的原因。如果没有特殊需要,则不应该置 1;若最右比特置 1,则表示该报文不是最后一个 IP 分片。

故意发送部分 IP 分片而不是全部,则会导致目标主机总是等待分片消耗并占用系统资源。某些分片风暴攻击就是基于这种原理。

(2) MTU 原理。

当两台远程 PC 互联的时候,它们的数据需要穿过很多的路由器和各种各样的网络媒介才能到达对端,网络中不同介质的 MTU 各不相同,就好比一长段水管,由不同粗细的水管(MTU 不同)组成,通过这段水管的最大水量就要由中间最细的水管决定。

对于网络层的上层协议而言(这里以 TCP/IP 协议族为例),它们并不在意水管粗细,它们认为这个是网络层的事情。网络层 IP 协议会检查每个从上层协议下来的数据报的大小,并根据本机 MTU 的大小决定是否作"分片"处理。分片最大的坏处就是降低了传输性能,本来一次可以完成的事情要分成多次完成,所以在网络层更高一层(就是传输层)的实现中往往会对此加以注意。有些高层因为某些原因就会要求我这个数据报不能分片,所以会在 IP 数据报报头里面加上一个标签 DF(Don't Fragment)。这样当这个 IP 数据报在一大段网络中(水管里面)传输的时候,如果遇到 MTU 小于 IP 数据报的情况,转发设备就会根据要求丢弃这个数据报。然后返回一个错误信息给发送者。这样往往会造成某些通讯上的问题,不过幸运的是大部分网络链路的 MTU 都是 1500 或者大于 1500。

对于 UDP 协议而言,这个协议本身是无连接的协议,对数据报的到达顺序以及是否正确到达不甚关心,所以一般 UDP 应用对分片没有特殊要求。

对于 TCP 协议而言就不一样了,这个协议是面向连接的协议,它非常在意数据报的到达顺序以及是否传输中有错误发生。所以有些 TCP 应用对分片有要求——不能分片(DF)。

(3) MSS 的原理

MSS 就是 TCP 数据报每次能够传输的最大数据分段。为了达到最佳的传输效能,TCP 协议在建立连接的时候通常要协商双方的 MSS 值,这个值 TCP 协议在实现的时候往往用 MTU 值代替(需要减去 IP 数据报报头的大小 20Bytes 和 TCP 数据段的报头 20Bytes),所以往往 MSS 为 1460。通讯双方会根据双方提供的 MSS 值的最小值确定为这次连接的最大 MSS 值。

当 IP 数据报被分片后,每一片都成为一个分组,具有自己的 IP 首部,并在选择路由时与其他分组独立。这样,当数据报的这些片到达目的端时有可能会失序,但是在 IP 首部中有足够的信息让接收端能正确组装这些数据报片。

尽管 IP 分片过程看起来是透明的,但有一点让人不想使用它:即使只丢失一片数据也要重传整个数据报。因为 IP 层本身没有超时重传的机制——由更高层来负责超时和重传(TCP 有超时和重传机制,但 UDP 没有。一些 UDP 应用程序本身也执行超时和重传)。当来自 TCP 报文段的某一片丢失后,TCP 在超时后会重发整个 TCP 报文段,该报文段对应于一份 IP 数据报。没有办法只重传数据报中的一个数据报片。事实上,如果对数据报分片的是中间路由器,而不是起始端系统,那么起始端系统就无法知道数据报是如何被分片的。就这个原因,经常要避免分片。

(4)IP 分片算法的原理

分片重组是 IP 层一个最重要的工作,其处理的主要思想是:当数据报从一个网络 A 进入另一个网络 B 时,若原网络的数据报大于另一个网络的最大数据报的长度,必须进行分片。因而在 IP 数据报的报头有若干标识域注明分片包的共同标识号、分片的偏移量、是否最后一片及是否允许分片。传输途中的网关利用这些标识域进行分片,目的主机把收到的分片进行重组以恢重数据。因此,分片包在经过网络监测设备、安全设备、系统管理设备时,为了获取信息、处理数据,都必须完成数据报的分片或重组。

**2. IP 数据报的重组**

重组是分片的逆过程,即在所有分片基础上重新还原成原数据报的一个副本的过程。IP 协议规定:只有最终目的主机才能对分片进行重组。因为每个分片头部基本是原数据报头部的副本,因此都有与原数据报相同的目的地址,那么目的主机能否进行重组取决于所有的分片是否都成功到达。

目的主机收到一个 IP 报文时,可以根据其分片偏移和 MF 标志判断其是否为一个分片。在数据报分片以后的传输过程中,还有两个问题要解决:一是片的丢失;二是片的进一步分解。

由于 IP 不能确保传递质量,如果底层网络丢失了包,则封装在其中的数据报或分片也随之丢失。这样,一个数据报的一部分分片到达目的主机后,很可能仍有一些分片被延迟或丢失。这时目的主机还不能重组这些分片,必须把它们保留在内存。当然,这些片不能无限期地保留下去。为节省内存资源,IP 规定了保留分片的最大时间。当数据报的第一个分片到达时,开始计时。如果数据报的所有分片在规定的时间内全部达到,则取消计时。否则,计时过后,所有分片仍未到齐,目的主机将丢弃这些已到的分片。

引入 IP 重组计时后产生的结果是:要么所有段全部到达,要么什么也没得到(整个数据报被丢弃)。而且,发送方主机重传数据报后,有可能选择了不同的路由,即每次传输不一定经过相同的路由器,因此不能保证重发的数据报会像上次一样地被分片。

执行数据报分片后,路由器将每一段转发到它的下一个路由器。如果某一分片转发后遇到一个 MTU 值更小的网络时,该段本身将再被执行分片。也就是说,IP 网络上的另一个路由器可能将该段进一步分割成更小的一些片。如果由于网络设计的问题,使其中 MTU 按从大到小次序连接,则路径上的每个路由器都要对分片再进行分片,造成网络传输效率很低。

与此同时,IP 对源段和子段并不加以区分,一律一视同仁。目的方并不知道收到的是一个第一次分片形成的段,还是一个经历了多个路由器多次分片后形成的段。这样做的好处在于:目的方并不需要先重组子段后才能执行重组过程,节省了 CPU 时间,也减少了每一段的头部中所需的信息量。

## 4.5.2　IPv6

### 1. IPv4 告罄

用以标注网络上每一台计算机主机身份的"IP 地址"即将被分配用尽,也许"就在几个星期之内","互联网之父"文顿·瑟夫最近说。而来自中国互联网络信息中心(CNNIC)的消息也显示,我国对于下一代 IP 协议的升级改造计划,尚处于初级阶段。

中国互联网信息中心昨日介绍说,在我国已经拥有的地址中,运营商手中仍掌握部分 IPv4 可以使用,根据业务的不同,有的地址可以支撑未来 5～6 年,有的则只能支撑 1 至 2 年。

目前,为了应对危机,全球都在研究用下一代的互联网通信协议 IPv6 来解决地址短缺问题。这种新的通信协议技术可以支持众多的终端设备,有比喻说,使用 IPv6 后地球上的每一粒沙子都可以拥有一个 IP 地址。

### 2. IPv6 的发展

IPv6 是 Internet Protocol Version 6 的缩写,也被称作下一代互联网协议,它是由 IETF 小组(Internet 工程任务组 Internet Engineering Task Force)设计的用来替代现行的 IPv4 (现行的 IP)协议的一种新的 IP 协议。

我们知道,Internet 的主机都有一个唯一的 IP 地址,IP 地址用一个 32 位二进制的数表示一个主机号码,但 32 位地址资源有限,已经不能满足用户的需求了,因此 Internet 研究组织发布新的主机标识方法,即 IPv6。在 RFC1884 中(RFC 是 Request for Comments Document 的缩写。RFC 实际上就是 Internet 有关服务的一些标准),规定的标准语法建议把 IPv6 地址的 128 位(16 个字节)写成 8 个 16 位的无符号整数,每个整数用 4 个十六进制位表示,这些数之间用冒号(:)分开,例如:

```
3ffe:3201:1401:1280:c8ff:fe4d:db39
```

### 3. IPv6 的特点

1) 扩展的寻址能力

IPv6 将 IP 地址长度从 32 位扩展到 128 位,支持更多级别的地址层次、更多的可寻址结点数以及更简单的地址自动配置。通过在组播地址中增加一个"范围"域提高了多点传送路由的可扩展性。还定义了一种新的地址类型,称为"任意播地址",用于发送包给一组结点中的任意一个;

2) 简化的报头格式

一些 IPv4 报头字段被删除或变为了可选项,以减少包处理中例行处理的消耗并限制 IPv6 报头消耗的带宽;

3) 对扩展报头和选项支持的改进

改变 IP 报头选项编码方式可以提高转发效率,使得对选项长度的限制更宽松,且提供了将来引入新的选项的更大的灵活性。

4) 标识流的能力

增加了一种新的能力,使得标识属于发送方要求特别处理(如非默认的服务质量获"实时"服务)的特定通信"流"的包成为可能。

5)认证和加密能力

IPv6 中指定了支持认证、数据完整性和(可选的)数据机密性的扩展功能。

# 4.6  问题与思考

1. 什么是 TCP/IP 协议？它的功能是什么？

2. TCP/IP 协议有哪些分层？各分层的功能是什么？

3. IP 地址分为几类？各分类用于哪些场合？

4. Ping 命令的主要功能是什么？有哪些主要参数？能用 Ping 命令解决和分析哪些常见的网络故障？

# 模块 5 网 络 共 享

## 5.1 应 用 环 境

在组建了家庭局域网的情况下,肯定会出现想把一台计算机中的文件给另一台计算机使用的情况。在没有网络的情况下,只能用 U 盘来传递文件,现在有了网络,只要使用文件共享就能解决问题了。当然,有的时候也可以用 NetMeeting 来完成任务。

## 5.2 学 习 目 标

通过本模块的练习,要掌握文件共享的概念、文件共享的方法,以及在文件共享中所涉及的用户和组的权限等相关知识点,要熟练掌握建立新用户并分配权限,同时能以新用户的身份共享资源到局域网上,并映射网络驱动器。

了解 NetMeeting 的功能及使用方法。

## 5.3 相 关 知 识

### 5.3.1 Windows 的权限

**1. 什么是权限**

权限从字面意思上理解是指为了保证职责的有效履行,任职者必须具备的,对某事项进行决策的范围和程度。它常常用"具有批准……事项的权限"来进行表达。例如,具有批准预算外 5000 元以内的礼品费支出的权限。

在 Windows 中,进行的绝大多数的操作都有权限的限制,当进行相关操作时(比如共享文件夹),Windows 首先在后台先要判断权限够不够,有权限的用户才能共享文件成功,否则 Windows 系统会提醒你通过更高级的用户来进行此操作。

**2. 共享权限的类型**

在 Windows 中共享权限的类型有:

(1) 读取(Read)。

(2) 写入(Write)。

(3) 列出文件夹内容(List Folder Contents)。

(4) 读取与执行(Read & Execute)。

(5) 修改(Modify)。

（6）完全控制(Full Control)。

**3. NTFS 系统和共享文件夹的权限**

实际上常用的 Windows XP 中大家能够看到并修改的权限只有读取、修改和完全控制这 3 个选项,这是为什么呢? 这是由通常使用的计算机是 Fat32 文件系统造成的。

1) 文件系统

什么是文件系统呢? 文件系统是操作系统用于明确磁盘或分区上的文件的方法和数据结构,即在磁盘上组织文件的方法。也指用于存储文件的磁盘或分区,或文件系统种类。操作系统中负责管理和存储文件信息的软件机构称为文件管理系统,简称文件系统。文件系统由 3 部分组成:与文件管理有关软件、被管理文件以及实施文件管理所需数据结构。

简单来说,文件系统有 3 个功能:文件命名、文件存储、文件组织的总结构。

常见的文件系统有 3 个:Fat16、Fat32、NTFS;当然其他不常见的文件系统,就不在本书讲述了。

2) NTFS 文件系统的权限

Fat16 和 Fat32 在文件共享权限上只有读取、修改和完全控制这 3 个选项,而 NTFS 文件系统拥有 Windows 中的所有共享权限,即读取、写入、列出文件夹内容、读取与执行、修改、完全控制。

**4. 权限的基本原则**

Windows XP 中关于权限的问题有 4 个基本原则,在 Fat32 或 Fat16 中权限设置的原则性不强,但在 NTFS 系统中权限设置的时候就需要注意一些基本原则。

1) 设置 NTFS 权限基本策略和原则

在 Windows XP 中,针对权限的管理有 4 项基本原则,即:拒绝优于允许原则、权限最小化原则、累加原则和权限继承性原则。这 4 项基本原则对于权限的设置来说,将会起到非常重要的作用,下面就来了解一下。

（1）拒绝优于允许原则。

"拒绝优于允许"原则是一条非常重要且基础性的原则,它可以非常完美地处理好因用户在用户组的归属方面引起的权限"纠纷",例如,TianKong 这个用户既属于 Teachers 用户组,也属于 Students 用户组,当对 Students 组中某个资源进行"写入"权限的集中分配(即针对用户组进行)时,这个时候该组中的 TianKong 帐户将自动拥有"写入"的权限。

但令人奇怪的是,TianKong 帐户明明拥有对这个资源的"写入"权限,为什么实际操作中却无法执行呢? 原来,在 Teachers 组中同样也对 TianKong 用户进行了针对这个资源的权限设置,但设置的权限是"拒绝写入"。基于"拒绝优于允许"的原则,TianKong 在 Teachers 组中被"拒绝写入"的权限将优先于 Students 组中被赋予的允许"写入"权限执行。因此,在实际操作中,TianKong 用户无法对这个资源进行"写入"操作。

（2）权限最小化原则。

Windows XP 将"保持用户最小的权限"作为一个基本原则进行执行,这一点是非常有必要的。这条原则可以确保资源得到最大的安全保障。这条原则可以尽量让用户不能访问或不必要访问的资源得到有效的权限赋予限制。

基于这条原则,在实际的权限赋予操作中,就必须为资源明确赋予允许或拒绝操作的权限。例如系统中新建的受限用户 TianKong 在默认状态下对 DOC 目录是没有任何权限的,现在需要为这个用户赋予对 DOC 目录有"读取"的权限,那么就必须在 DOC 目录的权限列表中为 TianKong 用户添加"读取"权限。

（3）权限继承性原则。

权限继承性原则可以让资源的权限设置变得更加简单。假设现在有个 DOC 目录,在这个目录中有 DOC01、DOC02、DOC03 等子目录,现在需要对 DOC 目录及其下的子目录均设置 TianKong 用户有"写入"权限。因为有继承性原则,所以只需对 DOC 目录设置 TianKong 用户有"写入"权限,其下的所有子目录将自动继承这个权限的设置。

（4）累加原则。

这个原则比较好理解,假设现在 zhong 用户既属于 A 用户组,也属于 B 用户组,它在 A 用户组的权限是"读取",在 B 用户组中的权限是"写入",那么根据累加原则,zhong 用户的实际权限将会是"读取写入"两种。

显然,"拒绝优于允许"原则是用于解决权限设置上的冲突问题的;"权限最小化"原则是用于保障资源安全的;"权限继承性"原则是用于"自动化"执行权限设置的;而"累加原则"则是让权限的设置更加灵活多变。几个原则各有所用,缺少哪一项都会给权限的设置带来很多麻烦!

**注意**：在 Windows XP 中,Administrators 组的全部成员都拥有"取得所有者身份"(Take Ownership)的权力,也就是管理员组的成员可以从其他用户手中"夺取"其身份的权力,例如受限用户 TianKong 建立了一个 DOC 目录,并只赋予自己拥有读取权力,这看似周到的权限设置,实际上,Administrators 组的全部成员将可以通过"夺取所有权"等方法获得这个权限。

2）关于权限的其他介绍

（1）取消 Everyone 完全控制权限。

选择要取消权限的文件或文件夹,右击,在弹出的快捷菜单中选择"属性"命令,在"安全"选项卡下的 ACL 中找到 Everyone 的 ACE,选择编辑,将其"完全控制"权限前的选中标记去掉。

（2）复制和移动文件夹对权限的影响。

在权限的应用中,不可避免地会遇到设置了权限后的资源需要复制或移动的情况,那么这个时候资源相应的权限会发生怎样的变化呢?下面来了解一下:

① 复制资源时。

在复制资源时,原资源的权限不会发生变化,而新生成的资源将继承其目标位置父级资源的权限。

② 移动资源时。

在移动资源时,一般会遇到两种情况:一是如果资源的移动发生在同一驱动器内,那么对象保留本身原有的权限不变(包括资源本身权限及原先从父级资源中继承的权限);二是如果资源的移动发生在不同的驱动器之间,那么不仅对象本身的权限会丢失,而且原先从父级资源中继承的权限也会被从目标位置的父级资源继承的权限所替代。实际上,移动操作就是首先进行资源的复制,然后从原有位置删除资源的操作。

③ 非 NTFS 分区。

上述复制或移动资源时产生的权限变化只是针对 NTFS 分区上而言的,如果将资源复制或移动到非 NTFS 分区(如 FAT16 或 FAT32 分区)上,那么所有的权限均会自动全部丢失。

## 5.3.2 文件共享

网络给我们带来了许多方便,可以用文件共享轻轻松松地与其他人分享文件,文件共享是指主动地在网络上(互联网或小的网络)共享自己的计算机文件。一般文件共享使用点对点(P2P)模式,文件本身存在用户本人的个人计算机上。大多数参加文件共享的人也同时下载其他用户提供的共享文件。有时这两个行动是连在一起的。

# 5.4  案 例 介 绍

本案例将详细介绍文件夹共享的相关操作。

## 5.4.1  共享的配置

现在很多计算机都安装了网络防火墙软件,造成大多数的计算机都不能实现文件共享,所以本地计算机要进行相关的配置,打开相关的设置才能共享文件。

执行"开始"→"运行"→services.msc 命令,双击 Server 服务项,设置"启动类型"为"自动",如图 1-5-1 所示;双击 Workstation 服务项,设置"启动类型"为"自动",如图 1-5-2 所示。

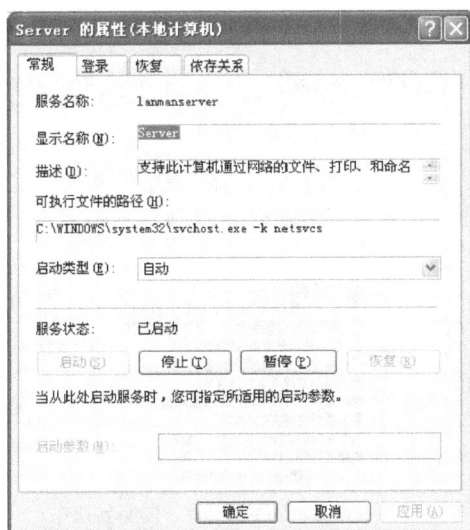

图 1-5-1  Server 服务选项

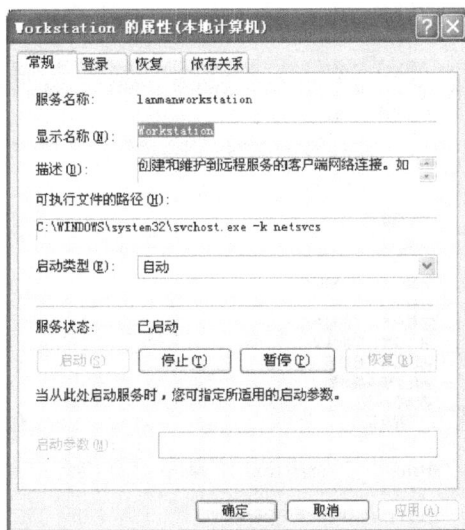

图 1-5-2  Workstation 服务选项

单击"开始"菜单,选择"运行",在弹出的对话框中输入 Lusrmgr.msc 命令,在弹出的界面中选择"用户",在右侧的用户中选择"Guest",右键单击"Guest",在下拉菜单中选择"常规"选项卡,将"帐户已停用"的复选框取消,即启用 Guest 帐户,如图 1-5-3 所示。

单击"开始"菜单,选择"运行",在弹出的对话框中输入"ncpa.cpl"命令,右键单击本地链接,在下拉菜单中选择"属性",选中"Microsoft 网络的文件和打印共享",如图 1-5-4 所示。

组建家庭小型网络

图 1-5-3　Guest 用户属性

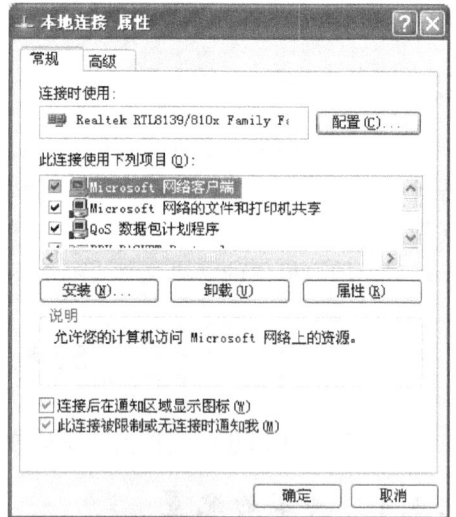

图 1-5-4　本地连接属性

　　在"开始"菜单中打开"控制面板",在控制面板中,双击打开"Windows 防火墙",在"例外"选项卡中,勾选"文件和打印共享"选项,如图 1-5-5 所示。

　　双击"我的电脑",在上面的菜单栏中选中"工具",在下拉菜单中选择"文件夹选项",在弹出的界面中打开"查看"选项卡,不勾选"使用简单文件夹共享",如图 1-5-6 所示。

图 1-5-5　Windows 防火墙属性

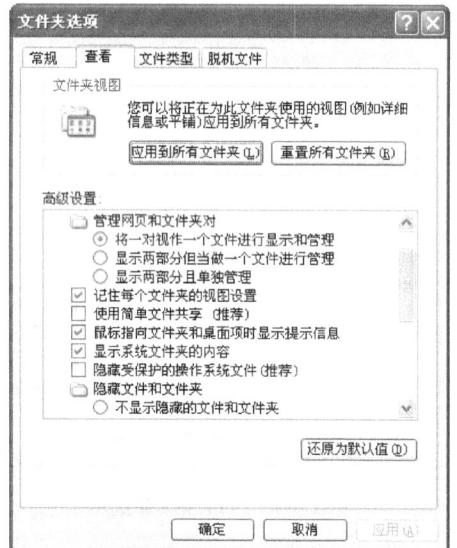

图 1-5-6　文件夹选项

## 5.4.2　设置共享资源

　　右击需要设置共享的文件夹,在弹出的快捷菜单中选择"属性"命令,在弹出的对话框中选择"共享"选项卡,选中"共享该文件夹"单选按钮,单击"确定"按钮,如图 1-5-7 所示。如果这个文件夹下出现一个手型的图标,表示设置成功。

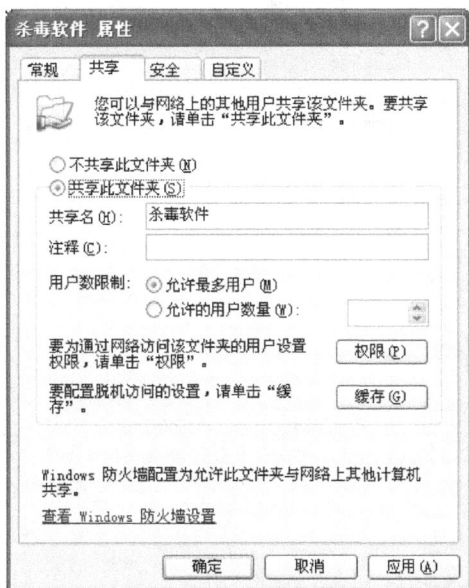

图 1-5-7　设置文件夹共享

## 5.4.3　如何访问共享资源

客户端需要连接共享文件夹时,执行"开始"→"运行"命令,在"打开"文本框中输入两个反斜杠(\\)和刚才那台主机的 IP 地址或 PC 名,比如"\\192.168.1.8"等,如图 1-5-8 所示。

然后单击"确定"按钮,如果弹出登录框,输入共享了文件的主机开机时登录 Windows 用的用户名和密码,如图 1-5-9 所示。

图 1-5-8　访问共享主机

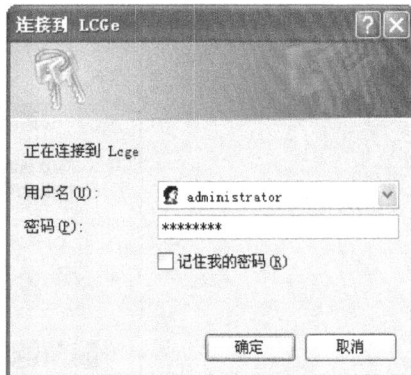

图 1-5-9　输入用户名和密码

如果设置正确,并且用户名和密码没有错误,就能成功访问这台计算机了,如图 1-5-10 所示。

双击共享的文件夹,就可以浏览里面的文件了。

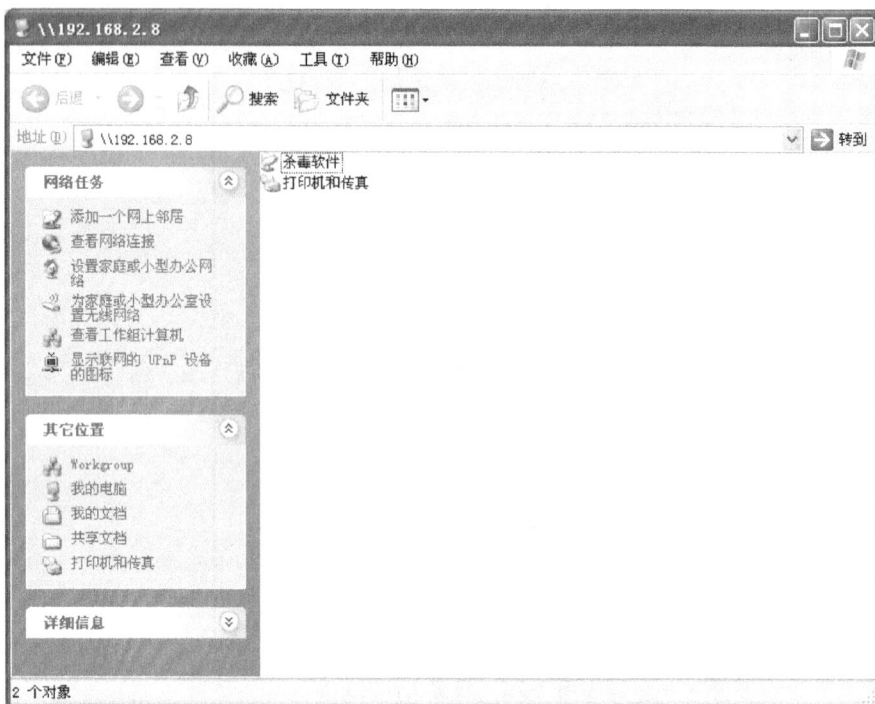

图 1-5-10　成功打开了共享了文件的计算机

## 5.4.4　解除文件共享的方法

右击需要取消共享的文件夹,在弹出的快捷菜单中选择"属性"命令,在弹出的对话框中选择"共享"选项卡,选中"不共享此文件夹"单选按钮,单击"确定"按钮,如图 1-5-11 所示。如果这个文件夹下手型的图标消失,表示设置成功。

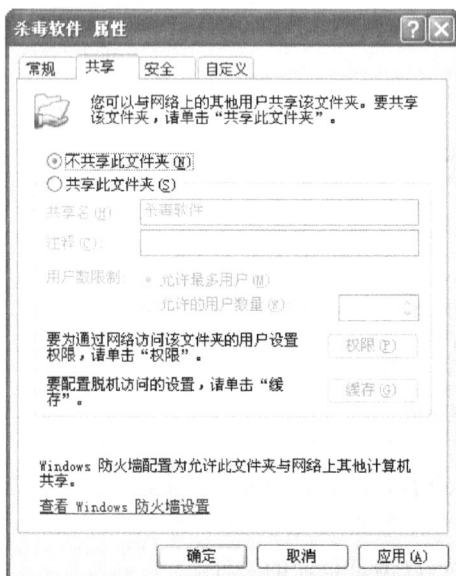

图 1-5-11　取消文件夹的共享

## 5.4.5 共享权限的设置

如图 1-5-12 所示,打开共享文件文件夹的共享属性设置(前面讲述过),可以看到有一个权限设置按钮,单击该按钮,打开如图 1-5-13 所示的该文件夹的权限设置窗口。

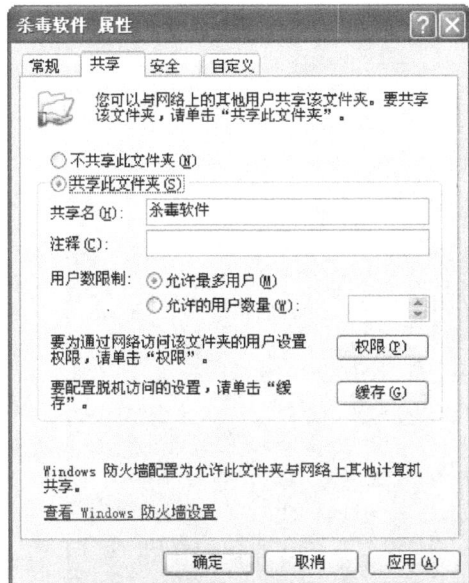

图 1-5-12 "共享"选项卡

图 1-5-13 共享文件夹

在此窗口中,可以看到此文件夹分配的用户,及相关的操作权限;单击"添加"按钮,可以增加新的权限用户,单击"删除"按钮,可以删除选中的相关用户;在下面的权限设置窗口中,在允许和拒绝下面的复选框中选中和取消选中,就可以进行相关的权限指派。

需要注意的是,这里权限的操作结果是遵循前面相关知识中介绍过的 4 个原则的。

## 5.4.6 帐户和组的配置

**1. Windows XP 中帐户和组的配置**

1) Windows XP 的用户帐户类型概述

(1)标准用户。

该用户可修改大部分计算机设制,安装不修改操作系统文件且不需要安装系统服务的应用程序,创建和管理本地用户帐户和组,启动或停止默认情况下不启动的服务,但不可访问 NTFS 分区上属于其他用户的私有文件。

(2)受限用户

该用户可操作计算机并保存文档,但不可以安装程序或进行可能对系统文件和设置有潜在的破坏性的任何修改。

(3)其他用户

① 系统管理员(Administrators,System)——有对计算机的完全访问控制权。

② 备份操作员(Backup Operators)——不能根改安全性设置。

③ 客人(Guests)——权限同受限用户。

④ 高级用户(Power Users)——权限同标准用户。

2) 新建 Windows XP 用户帐户

执行"开始"→"控制面板"→"用户帐户"→"创建一个新帐户"命令,如图 1-5-14 所示。

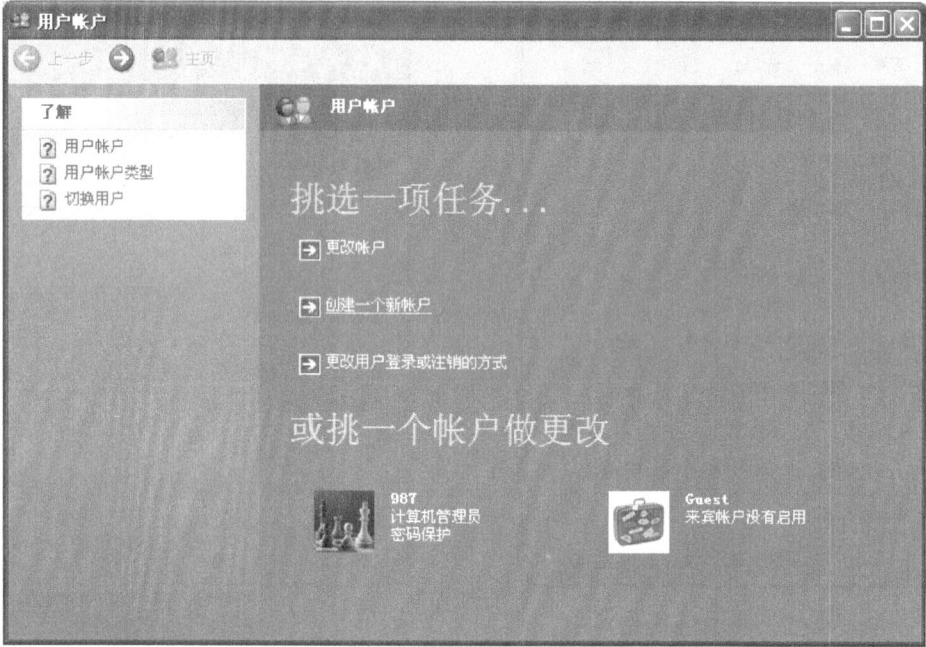

图 1-5-14　创建一个新帐户

输入新帐户名,如:new,如图 1-5-15 所示。

图 1-5-15　输入新的帐户名

设置帐户类型："计算机管理员"或"受限"，单击"创建帐户"按钮，如图 1-5-16 所示。

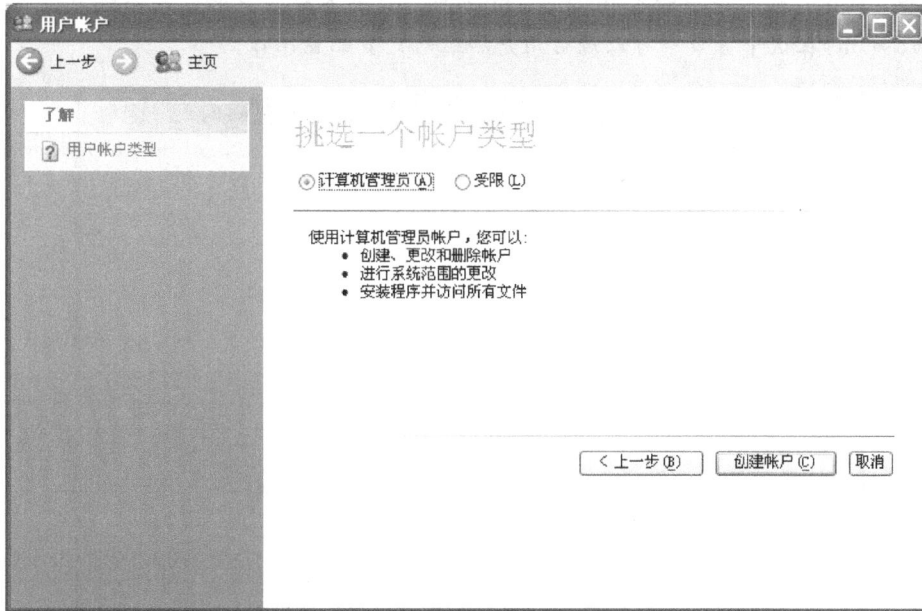

图 1-5-16　选择帐户类型

建好新帐户后，可单击 new→"创建帐户密码"命令，输入密码如：123456，单击"创建密码"按钮，完成用户帐户建立，如图 1-5-17 所示。

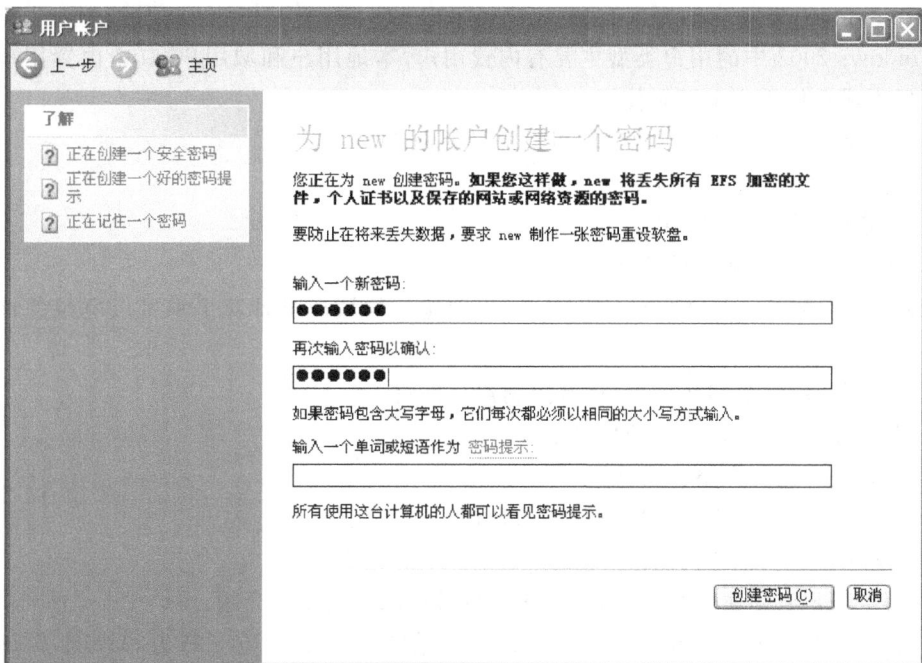

图 1-5-17　创建帐户密码

组建家庭小型网络

至此就新建了一个用户帐户,并将它分配到了相应的用户组。

**注意**:在运行输入框中输入 lusrmgr.msc,可以打开本地用户和组的高级配置窗口,如图 1-5-18 所示,在这个窗口中可以进行用户和组的更多配置操作。

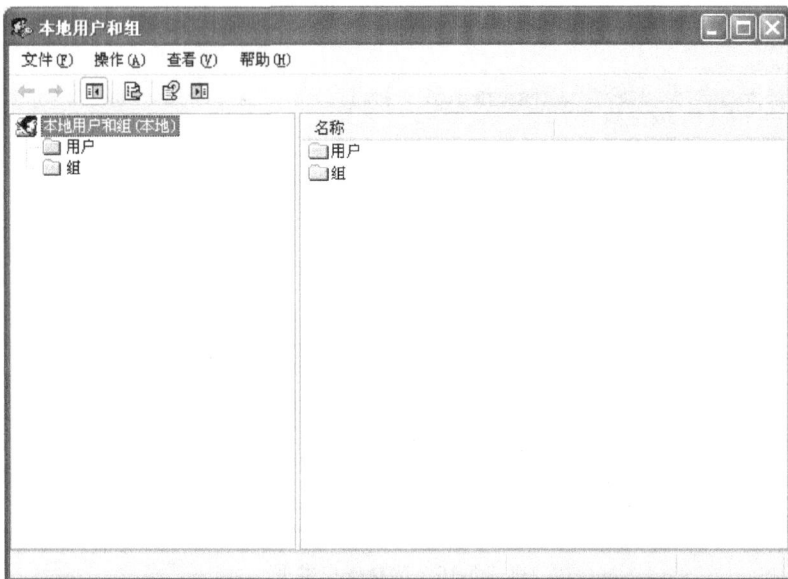

图 1-5-18　本地用户和组的高级配置窗口

### 2. Windows 2003 中帐户和组

1) Windows 2003 中的用户类型

Windows 2003 中的用户类型主要有内置用户、本地用户和域用户,其中内置用户基本上都可以当成本地用户来登录使用。

(1) 本地用户:可以在本地计算机上登录的用户。

- 使用"本地用户和组"创建的用户。
- 存储在 SAM 数据库中。
- 登录时进行本地身份验证。

(2) 域用户帐户:在域控制器上创建,在创建其的域成员计算上都可以登录的计算机用户。

- 使用"活动目录和计算机"在域控制器上创建。
- 存储在域控制器的"活动目录中"。
- 登录是要进行网络身份验证。

2) Windows 2003 中本地用户和组的管理

(1) 本地帐户和组的关系。

- 每个帐户必须属于某个组,一个帐户也可以同时属于多个组。
- 管理员可以为帐户或组设置权力和权限,如果是为组设立了权力和权限,则该组的所有帐户都会拥有这些权力和权限。
- 如果一个帐户同时属于多个组,则它的权力和权限是所有组的权力和权限的叠加。

**注意**：除非有特别的需要,尽量不要直接为帐户设置权利和权限,这样不容易管理。

(2) 常用内置帐户。

- Administrator：管理员,操作上不受任何限制。可以重命名,但不能删除。
- Guest：来宾,只能进行极有限的操作,默认是禁用的。
- IUSR_Computername 和 IWAM_Computername：这两个帐户在安装了 IIS 后会自动创建,其中 Computername 是计算机名。IUSR_Computername 帐户用于让用户可以匿名访问 IIS 中的网站。IWAM_Computername 帐户用于启动进程需要的应用程序,如 ASP、ASP. NET 等应用程序。

(3) 常用内置组。

- Administrators：管理员组,该组成员在操作上不受限制。默认成员有 Administrator 帐户。加入该组的所有成员都拥有和 Administrator 帐户一样的权力。
- Guests：来宾组,该组成员在操作上很受限制。默认成员有 Guest 帐户。
- Power Users：高级用户组,该组成员可进行大多数操作,只在部分管理型的操作上受到限制。
- Users：普通用户组,该组成员可执行一些常见任务,但几乎没有管理权力。所有新创建的用户帐户都默认加入 Users 组。

(4) 本地帐户的主要操作。

本地帐户和组的管理工具位于"计算机管理"控制台中：执行"开始"→"管理工具"→"计算机管理"命令,如图 1-5-19 所示。

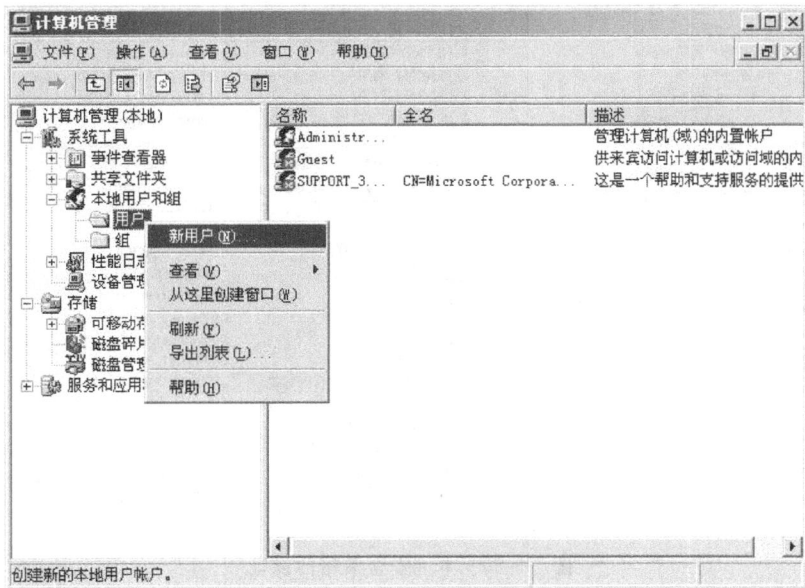

图 1-5-19　本地用户和组的管理工具

展开目录树中的"本地用户和组"就可以进行帐户管理了。

① 创建新用户。

操作：在目录树的"用户"上右击,在弹出的快捷菜单中选择"新用户"命令。

参数：用户名——长度不能超过 20 个字符，同一台计算机中的帐户不能重名。

密码——长度不能超过 128 个字符。

密码选项。

说明：只有 Administrators 组和 Power Users 组的成员有权创建用户帐户。

② 创建组。

操作：在目录树的"组"上右击，在弹出的快捷菜单中选择"新建组"命令。

③ 设置帐户所在的组。

新建的帐户默认属于 Users 组。更改帐户所在的组主要有两种方法：

• 打开帐户的属性，在"隶属于"选项卡中设置该用户所在的组。

• 打开组的属性，在"成员"选项卡中设置该组的成员。

**注意**：由于一个帐户可同时属于多个组，其权利是各组权力的叠加，所以如果想限定用户只属于某个组，应该把它从其余组中删除。

**提示**：Administrators 组的成员有权将帐户加入任意组中，Power Users 组的成员只有权将帐户加入 Power Users 组、User 组和 Guest 组。

④ 设置用户或组的权利。

权利设置在"本地安全设置"控制台中：执行"开始"→"管理工具"→"本地安全设置"命令，如图 1-5-20 所示。

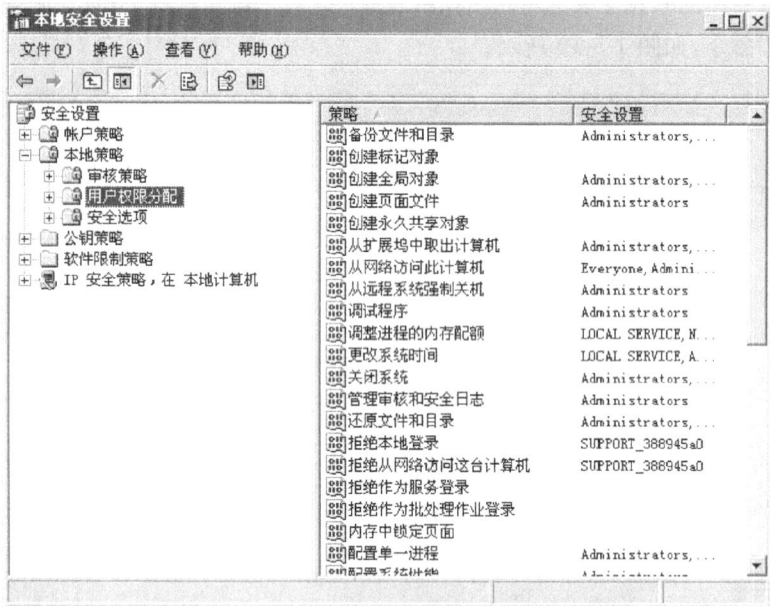

图 1-5-20　本地安全策略的设置

展开目录树中的"本地策略"选项，选择"用户权限分配"选项。

在右侧的窗口中列出的是各种权力，以及拥有权力的用户和组。设置时，只要双击权力名称，就可以修改拥有该权力的用户和组了。

**提示**：有些权力同时具有"允许"和"拒绝"两种，如有"允许本地登录"权力，也有"拒绝本地登录"权力。如果一个用户或组同时设置了这两种权力，则"拒绝"权力优先。

⑤ 更改帐户密码。

方法一：用帐户本地登录计算机，按下 Ctrl＋Alt＋Del 组合键，选择"修改密码"功能。这种方法需要先输入正确的旧密码，再输入新密码。

方法二：用一个管理员帐户登录计算机，打开"计算机管理"控制台，在相应帐户上右击，在弹出的快捷菜单中选择"设置密码"命令。

这种方法不需要输入旧密码，可直接输入新密码。

**说明**：方法二应该只用于忘记密码的情况，这时由管理员为你设置一个新密码。这种方法会导致该帐户的一些信息丢失，比如加密的信息会打不开等。

⑥ 禁用帐户

如果一个帐户暂不使用，可以禁用它，将来需要时再启用。

方法：用管理员身份登录计算机，打开"计算机管理"控制台，打开相应帐户的属性，选中属性中的"帐户已禁用"复选框，如图 1-5-21 所示。

解除禁用时只需去除该复选框即可。

（5）本地安全策略的设置。

为了保护计算机的安全，可以通过设置一些安全策略强制使用者养成使用计算机的良好习惯。打开"本地安全设置"控制台：执行"开始"→"管理工具"→"本地安全设置"命令，如图 1-5-22 所示。

展开目录树中的"帐户策略"选项。设置某项策略时，只需双击该项策略就可以进行设置。主要设置项目有：

图 1-5-21　帐户的禁用

- 密码必须符合复杂性要求，默认为禁用。如果启用了，则用户在设置密码时必须使用复杂密码，即必须包含字母、数字和符号。
- 密码长度最小值，默认为 0，此时可以设置空密码。设置后就可以要求用户必须使用足够长的密码。
- 密码最长使用期限，默认为 42 天。当超过此期限时，用户在登录时会被要求更改密码。如果一个帐户的密码选项设置为"密码永不过期"，则该帐户的密码不受该期限限制。
- 密码最短使用期限，默认为 0，此时用户可随时更改密码。如果设置为 1 天，则用户更改密码后，必须在 1 天之后才能再次更改密码。
- 强制密码历史，默认为 0，此时用户设置的新密码可以和旧密码相同。假如设置为 3，则用户设置的新密码不能与最近 3 次用过的密码相同。
- 帐户锁定阈值，默认为 0，此时用户输入错误密码不会导致帐户锁定。假如设置为 5，则当一个用户登录时，如果输入了 5 次错误的密码，则该帐户将被自动锁定。

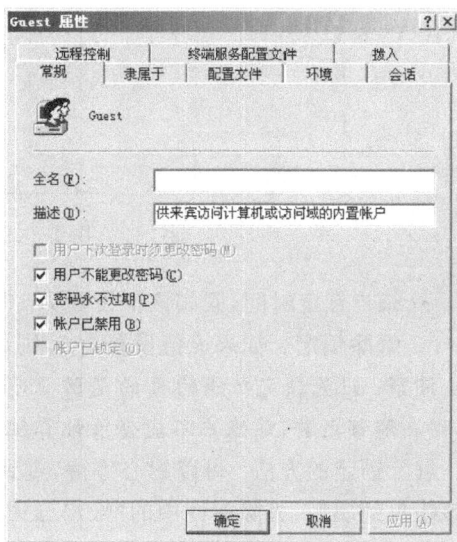

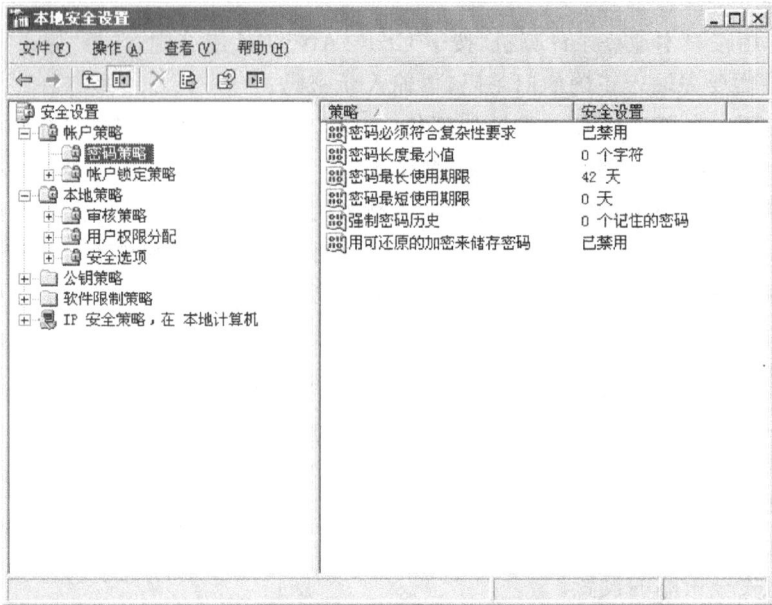

图 1-5-22　本地安全设置

- 帐户锁定时间,假如该值设置为 10 分钟,则当一个帐户被锁定后,过 10 分钟就自动解除锁定。如果该值设置为 0,则该帐户不会自动解锁,只能由管理员手工解锁。

**注意**:设置锁定功能的目的是防止有人用猜测的方式破解密码。如果一个帐户被锁定,则在解锁之前,该帐户不能登录计算机。

解除锁定的方法:可以耐心等待,直到系统自动解锁。也可以由管理员登录计算机,打开该帐户的属性,去除属性中的"帐户已锁定"复选框。

(6) 用户帐户的一些特性。

- 安全标识符 SID。

帐户的名字是为了让人识别和使用帐户的,而 SID 是计算机识别一个帐户的方法,是帐户的内部名。SID 在创建帐户时由系统建立,不能人为设置和修改,当帐户被删除时,它的 SID 也被删除。

假如某个帐户被删除了,后来又建立了一个与它同名的新帐户,由于新帐户的 SID 与原帐户不同,所以它不能继承原帐户拥有过的权利和权限。只能看作是一个与原帐户无关的新帐户。

查看帐户的 SID:在命令行方式下输入命令"whoami /logonid",可以看到当前帐户的 SID。

- 用户配置文件。

当一个用户第一次本地登录计算机时,系统会为他建立用户配置文件。

用户配置文件是由多个文件组成,它默认的位置为"％Systemdrive％\Documents and Settings\％Username％",％Systemdrive％表示系统分区,％Username％表示用户名。所以如果系统安装在 C 盘,则用户 001 的配置文件就位于 C:盘的 Documents and Settings 文件夹下的 001 文件夹中。

用户配置文件是每个本地用户的私人信息，对它进行的修改只影响本用户。

用户配置文件中主要包括桌面、"开始"菜单、"我的文档"、"我的收藏"等。所以，如果你在桌面上或"我的文档"中添加了内容，其他用户登录时是看不到的。

有的用户安装了新软件，如果该软件在开始菜单和桌面上添加了信息，其他用户也是看不到的。

在配置文件的文件夹中有一个名为"All Users"的配置文件，它存放的是各用户公有的信息，如果在该文件夹的桌面或"开始"菜单中添加信息，则所有用户都可以看到。

# 5.5　知　识　拓　展

## 5.5.1　映射网络驱动器的方法

### 1. 映射网络驱动器的概念

"映射网络驱动器"的意思是将局域网中的某个目录映射成本地驱动器号，就是说把网络上其他机器的共享的文件夹映射自己机器上的一个磁盘，这样可以提高访问速度。

在局域网上，要访问一个共享的驱动器或文件夹，只要在桌面上打开"网上邻居"窗口，然后选择有共享资源的计算机即可，但是，此法使用起来效果并不是很好，有时还不能解决实际问题，因此人们通常采用将驱动器符映射到共享资源的方法。

### 2. 映射网络驱动器的方法

Windows 系统提供了几种"映射网络驱动器"的方法，在命令行模式下，可以使用："NET USE\\计算机名\共享名\路径"。

除了使用命令来实现之外，还可以通过在"开始"→"网上邻居"右击，在弹出的快捷菜单中选择"映射网络驱动器"命令，如图 1-5-23 所示。

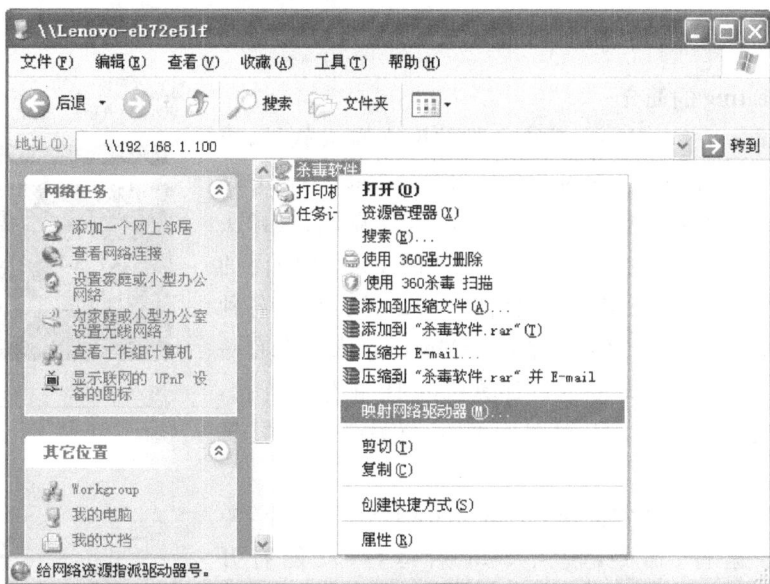

图 1-5-23　映射网络驱动器

组建家庭小型网络

### 5.5.2 如何在局域网中实现即时通信

**1. 即时通信的定义**

即时通信(Instant Messaging,简称 IM)是一个终端服务,允许两人或多人使用网路即时的传递文字信息、档案、语音与视频交流。分手机即时通信和网站即时通信,手机即时通信代表是短信,网站、视频即时通信如:YY 语音、QQ、MSN、百度 hi、叮当旺业通、新浪 UC、阿里旺旺、IS、网易泡泡、网易 CC、盛大 ET、中国移动飞信、企业飞信等应用形式。

即时通信是一个终端连网一个即时通信网路的服务。即时通信不同于 E-mail——它的交谈是即时的。大部分的即时通信服务提供了 Presence Awareness 的特性——显示联络人名单,联络人是否在线上与能否与联络人交谈。

**2. 即时通信的发展**

在早期的即时通信程序中,使用者输入的每一个字元都会即时显示在双方的屏幕上,且每一个字符的删除与修改都会即时的反应在屏幕上。这种模式比起使用 E-mail 更像是电话交谈。在现在的即时通信程序中,交谈中的另一方通常只会在本地端按下发送(Enter 或者 Ctrl+Enter)键后才会看到信息。

最早的即时通信软体是 ICQ,ICQ 是英文中 I seek you 的谐音,意思是我找你。4 名以色列青年于 1996 年 7 月成立 Mirabilis 公司,并在同年 11 月份发布了最初的 ICQ 版本,在 6 个月内有 85 万用户注册使用。

早期的 ICQ 很不稳定,尽管如此,还是受到大众的欢迎,雅虎也推出 Yahoo! pager,美国在线也将具有即时通信功能的 AOL 包装在 Netscape Communicator,而后微软更将 Windows messenger 内建于 Microsoft Windows XP 系统中。

腾讯公司推出的腾讯 QQ 也迅速成为中国最大的即时消息软件。即时消息软件也面临着互联互通、免费或收费问题的困扰。

### 5.5.3 网络会议介绍(NETMEETING)

**1. NetMeeting 的简介**

NetMeeting 是 Windows 系统自带的网上聊天软件,当然也是一款即时通信软件,意为“网上会面”。NetMeeting 除了能够发送文字信息聊天之外,还可以配置麦克风、摄像头等仪器,进行语音、视频聊天。虽然,国外的 ICQ 和国内的 QQ 等聊天软件已经风行起来,并且拥有 QQ 秀、形象、各种增值服务等功能,但是因为太花哨,NetMeeting 依然占有一席之位。因为 NetMeeting 是通过计算机的 IP 帐号来查找,所以,只需知道计算机的 IP 地址就能够与另外的计算机聊天。

使用 NetMeeting 非常简单,在 Windows XP 系统下,单击“开始”→“运行”命令,输入 conf 后运行,就能打开 NetMeeting,如图 1-5-24 所示。进行一些设置后,就能正式使用。当你想要呼叫某人时,在窗口的输入框中输入欲要呼

图 1-5-24　NetMeeting 运行后窗口

叫的计算机 IP 地址,再按旁边的电话图案,就能发出呼叫,当对方接收后就可以进行聊天。如果有摄像头等设备,还可以进行视频聊天。

由于全世界大多数计算机都使用 Windows 系统,所以,NetMeeting 特别适用于跨国聊天。不用担心对方的聊天工具与自己的不同。

很多人对于 MSN 颇有微词,认为微软公司的在线聊天软件绝对不应该是这个水平和有这么多的疏漏,最起码 MSN 5.0 版本还不能自动保存聊天记录,就是一件很让人烦恼的事情,据说 MSN 6.0 版本已经在公开测试,并且改进了很多,会让广大用户刮目相看,这是后话,但是 MSN 在线聊天软件其中的 NetMeeting 和 Hotmail 的强大整合功能则绝对显示出微软的大家风范,用好了这些功能,保证会让你的办公事半功倍。

NetMeeting 最大的特点就是功能实用、上手简单,这一点非常适合在家需要协同办公的用户,在抗击 SARS 的特殊时期,NetMeeting 的功能就更显得强大而重要。

**2. NetMeeting 的功能**

总结起来,NetMeeting 共有以下 4 大功能。

(1) 聊天:文字,语音,视频统统都可以。

(2) 白板:可以和朋友共享一块黑板一起画图,一起完成演示文稿,一起进行表格统计等,是非常棒的信息交流工具。

(3) 文件传递,特别是比较大的文件,用这个直接传递,避免邮箱因容量不足而拒绝接收,非常方便,但是要注意网络速度;

(4) 共享桌面、共享程序:如果你对一些计算机功能不了解,可以请高手指导操作,但是他不必亲自到你家来,而是直接通过网络在线进行指导,十分快捷高效。

基于以上几点,学会使用 NetMeeting,当然会令你的学习工作事半功倍。

**3. NetMeeting 的网络连接问题**

1) 直接用网络

NetMeeting 可直接用网络(TCP/IP)地址呼叫对方,这种方式只要知道对方的网络地址,在呼叫时输入其地址即可。这种方式使用 NetMeeting 时,被呼叫方一定要正在使用计算机,且其 NetMeeting 一定要正处于打开状态。若对方没有打开 NetMeeting,则只有通过电子邮件来与对方联络,使其打开 NetMeeting,如果对方的计算机电源没有打开的话,这种方式就无法进行。以这种方式使用 NetMeeting 很费时,但它不需要用目录服务器。以这种方式使用 NetMeeting 时,启用"新呼叫"窗口时,呼叫方式一定要选"网络 TCP/IP",地址项一定要选取网络上存在和正在使用的计算机的网络 TCP/IP 地址。

2) 目录服务器

通过网络上的目录服务器使用 NetMeeting(不论是内部网络上的目录服务器,或是 Internet 上的目录服务器都可使用)。用这种方式使用 NetMeeting 时,启用"新呼叫"窗口时,呼叫方式一定要选"目录服务器",地址项一定要选取网络上存在和正在使用的目录服务器的网络地址。NetMeeting 软件上本身就提供了许多目录服务器的地址,如:"工具"→"选项"窗口中的"呼叫"选项卡中的"启动 NetMeeting 时登录到目录服务器的服务器名"的列表窗口中 ils1~5、Microsoft.com 等,都是 Microsoft 公司在 Internet 上保留的用户服务器。国内的很多上网热线上也有目录服务器。用户如果需要,可到常见的计算机报刊上去查,或到邮局去查。这种方式使用 NetMeeting 时,只要连到目录服务器上,就有很多用户组在目录服务器上交谈,可以加入到任一个允许你加入的谈话组,不需要再进行联络。

3）无法连接原因

另外，如果启动 NetMeeting 时，出现"未找到目录服务器"这样的错误信息提示，原因可能有如下几个方面：

（1）计算机没有连到网络上。

（2）"工具"选项窗口中"呼叫"选项卡中的目录服务器名列表中选用的目录服务器没有打开，或计算机无法与之连上。

解决方法：

（1）首先一定要确保你的计算机连接到网络上。

（2）如果不知道目录服务器地址，就不要使用目录服务器呼叫，而直接使用要与之交谈的计算机的网络（TCP/IP）地址直接呼叫。

（3）向邮局查询，或通过计算机资料查询网上热线的目录服务器地址，再用目录服务器使用 NetMeeting。

**4. NetMeeting 的启动**

NetMeeting 的启动有 3 种方法。

（1）Windows 2003 将 NetMeeting 作为 Internet 的工具之一放在"附件"的"通讯"选项中，如果要启动 NetMeeting，就按图 1-5-25 的样子打开。

图 1-5-25　NetMeeting 的启动

（2）如果使用 MSN，也可以通过 MSN"动作"菜单中选取"开始 NetMeeting"命令来打开 NetMeeting。

如果第一次运行 NetMeeting，请输入姓、名、E-mail、位置（X 小区），如图 1-5-26 所示。

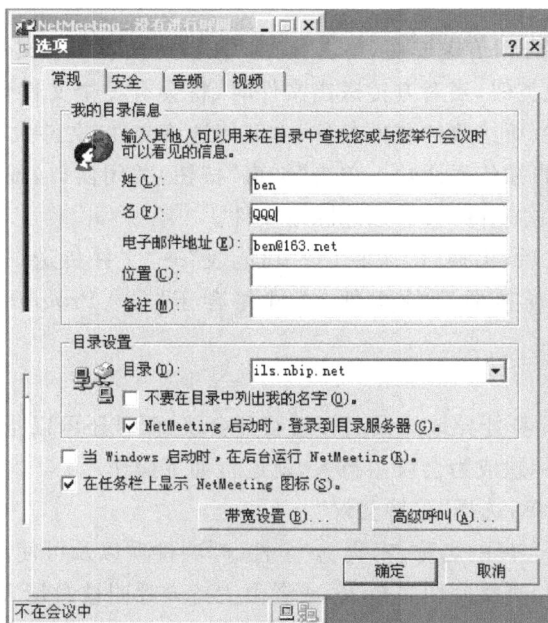

图 1-5-26　NetMeeting 运行时的选项

（3）在默认情况下，Windows XP 不能从"程序"菜单中启用 NetMeeting，可以通过命令行的方式启动。方法如下：

单击"开始"，选择"运行"命令，在对话框中输入 conf，单击"确定"按钮，则可以启动 NetMeeting 配置向导，并可按照向导提示进行。

**5. NetMeeting 的使用**

1）呼叫联系人

按前面所讲，在"地址栏"里输入对方的地址，可以是电子邮件地址、计算机名、IP 地址、电话号码等，单击"呼叫"按钮。

当被呼叫方接受呼叫后，连接人员列表里就显示出当前人员名单，状态栏也显示当前的连接状态，成功进行这样的操作后，就可以和呼叫人进行对话，并且共享电子白板或者应用程序了。

2）即时传送文件

NetMeeting 以其最初的设置功能来说，可以说就是一个网络电话软件，但是它要比一般电话强的地方在于除了可以传送声音和影像外，还可以即时传递文件，特别是比较大的文件，用这个直接传递，可避免邮箱因容量不足而拒绝接收的问题。当然如果文件太大，带宽又有限的话，就会严重影响通话品质。

发送文件的步骤如下：

（1）通话双方同时使用 NetMeeting 连上线，选择"工具"→"功能表"→"文件传送"选项,出现"传送文件"窗口,选择要传送的文件(支持选择多个文件同时传送),单击"传送"按钮。

(2) 经过上面的步骤,文件就会自动传送出,并且在 NetMeeting 窗口最下方会有文档名和进度指示轴。

(3) 传送完毕后会告知传送成功,单击"确定"按钮也就意味着文件传送大功告成。

接收文件的方式也类似,当对方传送出文件时,将会有一个文件传送信息窗口,告知还剩下多久可以传完文件、所接收的文件名称、由谁传送该文件、文件大小等信息。

传送完毕后,也会告知传送成功。单击"结束"按钮,关闭窗口,或单击"打开"按钮直接打开该文件,还可以单击"删除"按钮以删除该文件。

也可以接收文件之后,再通过"工具"→"功能表"→"文件传送"→"打开 Received File 资料夹"选项,来处理所接收到的文件,文件将存于"C:\Program Files\NetMeeting\Received Files"资料夹。

3) 召开网络会议

NetMeeting 可以让身处异地的人们轻松召开会议,而且还可以指定会议主持人来负责整个会议的进程,如果你想成为会议主持人,就进行如下操作:

(1) 单击"呼叫"菜单,选择"主持会议"。

(2) 在窗口里设置会议的名称、密码、安全性、呼叫性质以及可使用的会议工具。

参加会议非常简单,直接呼叫主持人,或者由主持人呼叫被邀请人都可以。

进入会议后,单击"聊天"按钮将自动在你和与会人员屏幕上打开聊天窗口。在"消息"栏里可以输入需要发送的信息,然后单击旁边的"发送信息"按钮,就可以将你的信息发送到聊天窗口中。聊天窗口中的信息可以是发给每一个人,也可以是你所指定的人,这决定于你在"发送给"这一栏里的选择。

4) 电子白板方便实用

在 NetMeeting 的主窗口单击"白板"按钮即可打开本机和通话参与者机器上的"白板"窗口,"白板"的窗口和画图有点类似,但实际功能却大不相同,它可以用来观看图形和绘画写字,非常有用。

(1) 观看图形:如果你想把自己的照片给正在交谈的对方看,可以事先用扫描仪扫描了,然后把它贴到电子白板上去,对方就可以看到了,十分方便。当然如果你是个销售员,也可以将你公司的产品资料贴到电子白板给客户看,很便捷,效果当然比传真好。

(2) 在电子白板排列画面:白板可以同时开启很多个图形,并做成很多页式的图画簿,可以随时浏览和讨论任何一页。

利用"文件"→"新建"命令或单击"插入新页"按钮,然后多贴几张图形到白板。每次创建新文件,数字就会加1;或者选择"编辑"→"页面组织"选项,将会以画簿方式显示,可以很方便选择、排列、删除图片。

(3) 远程指示:远程指示用来告知对方要注意白板内的哪一项资料。通话的双方都可以设定一个属于自己的"指标",可随时移动到白板内的任何位置,告知对方要注意哪项资料。

选择"工具"→"远程指示"命令,或单击"远程指示"按钮,将出现一个代表你的水蓝色的手样图标,请移动这个手样图标到重要的资料位置,如某个统计数字,此水蓝色的手样图标只有你能够移动。

当对方也设定一个远程指示时,将多出一个代表对方的黄色的手样图标,你将无法移动此黄色的手样图标,必须由对方移动。

(4) 锁定内容:由于白板是共用的,所以双方都可以相互地变更其内容,不过,你可以将白板锁定,对方将只能看而不能改。选择"工具"→"锁定内容"选项,或单击"锁定内容"按钮,对方的鼠标将多出一个锁的游标。对方的白板内的游标多出一个"锁",意味着对方将无法使用任何画笔,变更白板内容。同样地,如果对方选用"锁定内容"时,你的游标将多出一个"锁",你也就无法变更白板内容。

再选择一次"工具"→"锁定内容"选项,或单击"锁定内容"按钮,就可以取消"白板锁定"。

提示:只要通话的任何一方启动"谈天"或"电子白板",另外一方将自动启动"谈天"或"电子白板"。不必担心接收不到对方的"谈天"或"电子白板"资料。

5) 抓图和贴图

NetMeeting 还有一个功能,你绝对想不到,那就是配合画图工具抓图。

开启白板后要将白板最大化,以免遮住其他的应用程序视窗。单击"选择区域"按钮,或是选择"工具"→"选择区域"选项,鼠标将会变成相机及十字形的游标,白板将会最小化,按住鼠标左钮不放,再移动鼠标,将会出现一个虚线方块,表示要抓下该区域的画面。然后,松开鼠标按钮,将自动抓下图形并贴到白板内。

你可以重复这些步骤,多抓几页画面,并贴到白板内,再编成画簿。视窗下方可看出共有几张图形,目前是第几张纸。可以直接按左右键以翻阅此画簿。

6) 利用好 NetMeeting 共享程序

NetMeeting 的"共享"功能和著名的 PC Anywhere 远端遥控软件很相似,也就是双方都可以使用对方的某一个应用程序。例如,当你的远方朋友不知道如何安装某一个软件或是不会使用 Word 的插入表格功能或突然碰上声卡发不出声音来等问题,这时候,你就可以使用此"共享"功能,在家中远程监视并遥控对方的 Windows,直接进行修改声卡的一些设定、实际操作 Word,真是快速和方便。

由于"共享"是将所要共同分享的应用程序的整个画面传送给对方看,所以,越复杂的画面,越需要花较久的时间来传递到对方的计算机。

主动将共享给对方的步骤:

(1) 单击"共享应用软件"按钮,在下拉式菜单中将会看到你目前使用哪些应用程序,选择其中要共享的应用程序,或是选择"工具"→"共享应用程序"选项,然后选择要共享的软件,如"计算器"。

(2) 刚开始,由于你只会先将计算器显示到对方计算机屏幕上,对方只能够看到你操作计算器,而无权使用计算器。请单击消息窗口内的"确定"按钮,以确定要将"计算器"共享给对方,这需要花费一点时间,将"计算器"画面传送到对方的屏幕上,也就是对方将看到你的"计算器"窗口,并看到你按了哪些按钮及计算器的计算结果。

(3) 对方的计算机屏幕自动会出现你所开启的"计算器",按下"计算器"的数字,对方将只能看到被按下的数字,如果对方也要使用"计算器",将会看到"由于对方正在单独作业,因此你无法使用这个应用程序"的提示信息。

（4）请注意 NetMeeting 主画面的"分享资源"最初为由"未分享"变成"不共同参与"，所以才会有刚刚的警告信息。所谓"不共同参与"代表只有你能够使用该应用程序，而对方只能够观看你的操作。

（5）如果希望对方可以使用你所分享出来的"计算器"时，单击"共同参与"按钮，将出现一个说明的视窗，单击"确定"按钮，这样"共享"就由"不共同参与"变成"控制中"的状态，而对方也需要单击"共同参与"按钮，双方才能够同时分享"计算器"。

（6）单击"停止共同参与"按钮，或是选择"工具"→"停止共同参与"选项，就可以取消共享的应用程序的功能。当你的"计算器"最小化时，对方的"计算器"也将自动最小化并缩小于 Windows 的工作列内。

**注意**：任何一方取得控制权，才能够使用如"计算器"之类的共享应用程序，而 NetMeeting 消息区，将会显示目前谁取得控制权。

7）远程桌面共享

远程桌面共享可以说是 NetMeeting 最强大的功能，平时可能还不太能够体会到，在"非典"的特殊时期，好多公司都实行了在家办公，大家可能都会感觉到远程桌面共享简直太有效、太实用了。当你在家办公时，利用 NetMeeting 的远程桌面共享功能将帮助你遥控办公室的计算机，让你如同在办公室一样。

（1）单击 NetMeeting 主窗口的"工具"菜单，在弹出的下拉菜单中选择"远程桌面共享"命令后，弹出远程桌面共享向导窗口。因为远程桌面共享使得他人对计算机可有完全控制权，所以安全性的设置就显得非常重要；

（2）单击"下一步"按钮后会弹出屏幕保护程序设置对话框，设置完毕后，远程桌面共享程序就设置完毕，这时在桌面任务栏会出现远程桌面共享按钮，这时你可以在网上通过 NetMeeting 呼叫运行远程桌面共享服务的计算机，然后访问该计算机的共享桌面。一旦连接后，呼叫主机计算机就可以操作访问的远程主机的共享桌面和任何程序。

# 5.6　问题与思考

1. 文件共享的目的是什么？共享权限的类型有哪些？
2. Windows 系统有哪些文件系统，这些系统的共享权限有什么区别？
3. 共享权限的基本原则有哪些？
4. 映射网络驱动器的目的是什么？
5. NetMeeting 有哪些功能？

# 模块 6    接入 Internet

## 6.1    应 用 环 境

家庭接入 Internet 互联网的方法有很多,当今速度最快的方法是通过光纤接入,但由于价格原因,所以大部分家庭还用的是 ADSL 的方法接入;下面就来看看家庭是怎么接入网络的。

## 6.2    学 习 目 标

通过本模块内容的学习,要求熟练掌握 ADSL 硬件设备的正确连接方法,熟练掌握建立 ADSL 拨号连接的方法;了解网络服务商的选择;了解专线网 ISDN 及有线电视网的概念。

## 6.3    相 关 知 识

### 6.3.1    接入网络方法的选择

随着通信、计算机、图像处理等技术的进步,电信网、有线电视网和计算机网都在向宽带高速的方向发展,各网络所能提供的业务类型也越来越多,网络功能也越来越接近,三网的专业性界限已逐渐消失,"三网合一"已是大势所趋。但是,在光纤到户普及之前,为了在接入 Internet 的同时享受数据、语音和视频,普通用户只能在 PSTN 模拟接入、ISDN 接入、ASDL 接入、Cable Modem 接入、DDN 和 X. 25 租用线路接入、无线接入等方式中选择其一。

PSTN、ISDN 和 ADSL 接入都是基于电话线路的,而 Cable Modem 接入则是基于有线电视 HFC 线路的。

就 PSTN 模拟接入速率而言,大凡上过 Internet 的人都不敢恭维,相信一定会被 ISDN 和 ADSL 取代。ISDN 尽管可以达到 128Kbps,但也没有成为主流的接入方式。DDN 和 X. 25 租用线接入以及卫星无线接入费用高昂,非个人用户所能接收。就目前来看,由于带宽或费用的原因,ADSL 和 Cable Modem 接入成为最佳选择。

光纤到户的接入方案显然是用户追求的目标,但由于目前用户接入网的光纤化成本过高,电信部门做接入网络仍然以电话线接入为主,而有线电视网络的用户接入网络则是同轴电缆接入网,这就造成了电信和有线电视两类系统在"最后一公里"的接入方式不同:接入传输线和所用的 Modem 都不同。

那么,用户在选择 Internet 接入方式时,经过各种参数的对比,我们认为在现行条件下使用 ADSL 接入网络是最可行的方案。

## 6.3.2 常见的几种接入 Internet 的方法

下面把常见的几种接入互联网的方法给大家介绍一下。

### 1. 拨号上网

20 世纪 90 年代刚有互联网的时候,老百姓上网使用最为普遍的一种方式是拨号上网。只要用户拥有一台个人计算机、一个外置或内置的调制解调器(Modem)和一根电话线,再向本地 ISP 供应商申请自己的帐号,或购买上网卡,拥有自己的用户名和密码后,然后通过拨打 ISP 的接入号连接到 Internet 上。如图 1-6-1 所示,那个时候,出差的人们常常会问宾馆能否拨号上网,然后问拨什么号,之后以缓慢的速度发送邮件或"畅游"网络。

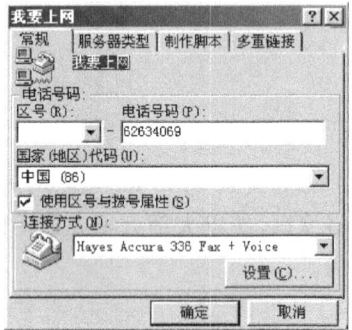

图 1-6-1 拨号上网

### 2. ISDN 是指综合业务数字网(Integrated Service Digital Network)

ISDN 是 20 世纪 70 年代末期由美国贝尔实验室提出的一种通过改造现有电信交换网络来提供多种通信业务的技术。对用户来说,就是能够在一根普通电话线实现最高 128Kbps 的高速数据传送,可以同时处理话音、文字、数字、图像等多种信息。"一线通"是中国电信的 ISDN 业务名称,意为"一线多能,万事皆通"。使用"一线通"业务的用户可以在一条普通的电话线上实现众多的功能,如可视电话、会议电视、电子白板等。中国电信于 1997 年正式开放"一线通"业务。经过多年的努力,"一线通"业务在国内一些经济发达地区得到了较快的发展。

ISDN 的优点有:价格便宜;传输速度快;传输质量高;安装、使用灵活方便。

1) ISDN 与普通模拟电话线的不同

ISDN 实现了用户线的数字化,不管是什么信号(文字、图像、声音),只要变成数字信号,就可以在上面传输,因此,ISDN 可以支持多种业务。由于 ISDN 与模拟电话采用同样的线路传输,保留了人们原来的操作习惯,使人们感到 ISDN 不过是速度快了,提供的服务多了,而使用上和原来一样方便,我们仍旧可以像原来一样打电话、发传真、上网。

2) ISDN 能做些什么

ISDN 可向用户提供各种各样的业务。目前 CCITT 将 ISDN 的业务分为 3 类:承载业务、用户终端业务和补充业务。承载业务是 ISDN 网络提供的信息传送业务。常用的承载业务有:话音业务、3.1kHz 音频业务和不受限 64Kbps 数字业务。用户终端业务是指所有面向用户的应用业务,它即包含了网络的功能,又包含了终端设备的功能。用户可以使用电话、4 类传真、数据传输、会议电视等用户终端业务,但均需要终端设备的支持。补充业务则是 ISDN 网络在承载业务和用户终端业务的基础上提供的其他附加业务,目的是为了给用户提供更方便的服务。

### 3. 有线电视网（Cable Modem）上网

也就是大家常说的广播电视网（广电网）。通过 Modem 或是 ISDN 接入互联网，接入速率最高也就达到 128Kbps，而基于有线电视的线缆调制解调器（Cable Modem）接入方式可以达到下行 8Mbps、上行 2Mbps 的高速率接入（而且在网络支持的情况下，如在局端有视频点播服务器和 IP 网关时，还可提供视频点播、IP 电话等业务）。要实现基于有线电视网络上的高速互联网接入业务还要对现有的 CATV 网络进行相应的改造，在 CATV 网的用户一侧（就是用户家里），为 PC 用户安装 CableModem、为 TV 用户安装机顶盒（STB）；在 CATV 网的另一侧（就是电视台）则通过有线前端调制解调器（CMTS）与 Internet 代理服务器、VOD 服务中心、视频服务器等设备相连接。

有线电视网与通信网很近似，它是由电视台把电视节目通过有线线路播送至一个地区的众多住家用户。事实上，最近通信业务运营的趋向表明，有线电视网也准备提供通信业务，充分发挥网的作用。住家用户的电视机除了用来收看电视节目外，还在电视机上加装"机顶盒"。用户连往电视台或通信网交换局的接入线则采用"光纤与同轴电缆混合"，即电视台或交换局利用光纤连至用户集中的某一地点，然后利用同轴电缆，让该地区的各个用户分别接上同轴电缆的许多抽头。这样，某一用户如欲使用 Internet 接入，就可以经过其家中电视机的机顶盒与 HFC 线路组合，连往交换机上网，数据速率可以较高，自 56Kbps 至 10Mbps。这就依靠 Cable Modem 起作用。另外，HFC 网还可提供电话通信业务，就是说，在同一接入线上，能兼顾电视、电话和 Internet 等多种业务。

### 4. ADSL 上网

电信部门已经推出一种只需要通过普通电话线，就可使寻常百姓家实现超高速上网的新技术——网络快车（ADSL）。

网络快车（Asymmetric Digital Subscriber Line，ADSL）中文名字叫非对称数字用户线路，是一种新兴的高速通信技术。利用它在网上冲浪，上网速率比普通 Modem（56Kbps）高数十倍到上百倍。上行（指从用户计算机端向网络传送信息）速率最高可达 1Mbps，下行（指浏览 WWW 网页、下载文件）速率最高可达 8Mbps。有这样超高速的速率作后盾，在网上实现视频实时播放、影视点播（VOD）、MTV 点播显得游刃有余。使用该网络上网同时可以打电话，互不影响，而且上网时不需要另交电话费（当然，打电话时需要交电话通话费）。网络快车安装简易，不需另外申请增加线路，只需在普通电话线上加装 ADSL Modem、在计算机上装上网卡即可使用。

ADSL 是 xDSL 大家族中的一员。xDSL（数字用户线路，Digital Subscriber Line）是以铜电话线为传输介质的传输技术组合，它包括普通 DSL、HDSL（对称 DSL）、ADSL（非对称 DSL）、VDSL（甚高比特率 DSL）、SDSL（单线制 DSL）、CDSL（Consumer DSL）等，一般统称为 xDSL。

ADSL 能够在现有的铜双绞线，即普通电话线上提供高达 8Mbps 的高速下行速率，远高于 ISDN 速率；而上行速率有 1Mbps，传输距离达 3～5km。其优势在于可以充分利用现有的铜缆网络（电话线网络），在线路两端加装 ADSL 设备即可为用户提供高宽带服务，由于不需要重新布线，降低了成本，进而减少用户上网的费用。

就目前的技术而言，ADSL 在一条电话线上，从电信网络提供商到用户的下行速率范围一般在 1.5～8Mbps 之间，而反向的上行速率则是在 16～640Kbps 之间，所对应的最大传输距离为 5.5km。由于大部分 Internet 和 Intranet 应用中下载数据量远大于上载量,正好符合 ADSL 的技术特点,ADSL 技术在网上冲浪、视频点播(VOD)、远程局域网中大显身手,也为远程数据库访问、家庭购物、交互式游戏以及远程教育等领域提供了理想数据转输方式。

ADSL 对网络的需求仅仅是一对普通的电话双绞线,这对网络提供者和用户来说都极为简单且方便。同时,与 Cable Modem 的共享相比,ADSL 独享带宽,是真正意义上的宽带接入。

**5. 光纤接入**

光纤接入(Fiber To The Building)意即光纤到楼;另外还有光纤到户(FTTP/FTTH)将光缆一直扩展到家庭或企业;光纤是宽带网络中多种传输介质中最理想的一种,它的优点是传输容量大、传输质量好、损耗小、中继距离长等;缺点是接入设备贵、接入的服务费用也高,所以现在普及不是很广,但随着它的费用的降低,越来越多的企业或家庭将会使用光纤接入网络。

**6. 无线接入**

无线接入是指从交换结点到用户终端之间,部分或全部采用了无线手段。

全部无线是指从运营商到客户终端全部采用无线接入的方法,用户终端上只有安装相应的接入设备(如现在主流的 3G 卡),就可以在无线通讯能覆盖的范围内尽情上网。

部分无线一般是指现在大部分的家庭用户在家里开通了电信的 ADSL 后,在家庭的 ADSL 接口上安装一个无线路由器,在家庭内实现无线覆盖,然后利用无线网卡或笔记本上自带的无线网卡,在小范围内实现无线上网。这一内容在后面再详细介绍。

# 6.4 案 例 介 绍

本案例中主要介绍家庭环境中通过 ADSL 接入宽带网络的方法。

使用 ADSL 接入 Internet 的基本过程有 4 步,简要归纳为:安装网卡及驱动程序→ADSL 硬件设备的连接→创建拨号连接→拨号连接 Internet。下面一步一步地介绍。

先介绍一下 ADSL 设备,如图 1-6-2 所示的 ADSL Modem,型号为 ADSL 2118e2(一个 Line 口,一个 LAN 口)。

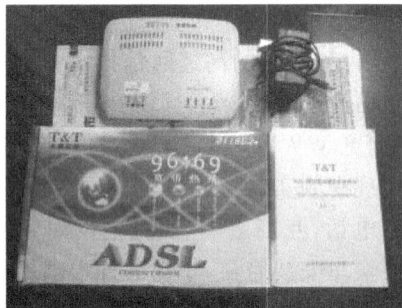

图 1-6-2　ADSL 2118e2

## 6.4.1 安装网卡驱动程序

关于安装网卡,在前面已经详细介绍过了,这里不再复述。

## 6.4.2 ADSL 硬件设备的连接

打开设备的包装,取出要用到的 ADSL Modem、话音分离器、电源适配器以及一根 RJ-32 电话线。这些设备的连接方法如图 1-6-3 所示。

**注意**:在连接时首先保证局域网连接线没问题(用测试仪测试网线是否通畅)。

(1)首先要连接的是分离器,在图 1-6-3 中右侧所示的为话音分离器的放大图。标注为

LINE 的一端接电信接到家里的电话线上；标注 PHONE 的一端接家里的电话机，可并联多个分机；标注为 MODEM 的一端用电话线接到 ADSL Modem 上的 RJ-32 电话接口。

（2）使用 RJ-45 接口的网线，一头连接到 ADSL Modem 上的 RJ-45 接口上，另一头连接到计算机所安装的 PCI 网卡上，如图 1-6-3 所示。

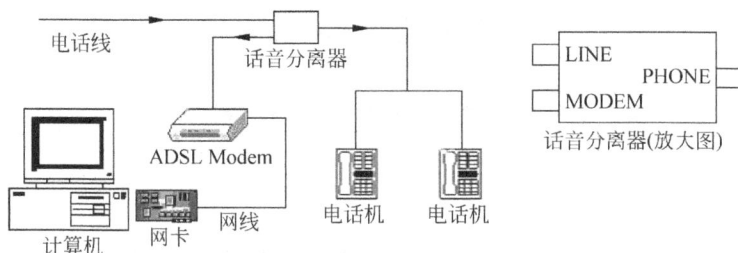

图 1-6-3　ADSL 物理连接示意图

## 6.4.3　创建拨号连接

如果使用的操作系统是 Windows XP 或者是以上的版本（如 Windows 2003、Vista），则不需要任何拨号软件，直接使用系统的连接向导就可以创建 ADSL 虚拟拨号连接，本节将以 Windows XP 系统为例介绍如何创建拨号连接。

（1）安装好网卡驱动程序，然后依次选择"开始"→"控制面板"→"网络连接"→"新建连接向导"命令，如图 1-6-4 所示。

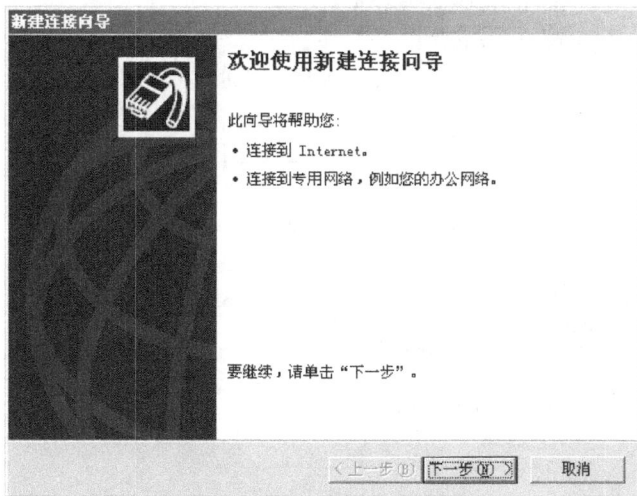

图 1-6-4　新建连接向导

（2）单击"下一步"按钮，选择默认的"连接到 Internet"单选按钮，如图 1-6-5 所示。

（3）单击"下一步"按钮，选择"用要求用户名和密码的宽带连接来连接"单选按钮，如图 1-6-6 所示。

（4）单击"下一步"按钮，在"ISP 名称"文本框中输入连接名称，名称可任意输入，如输入 ADSL，如图 1-6-7 所示。

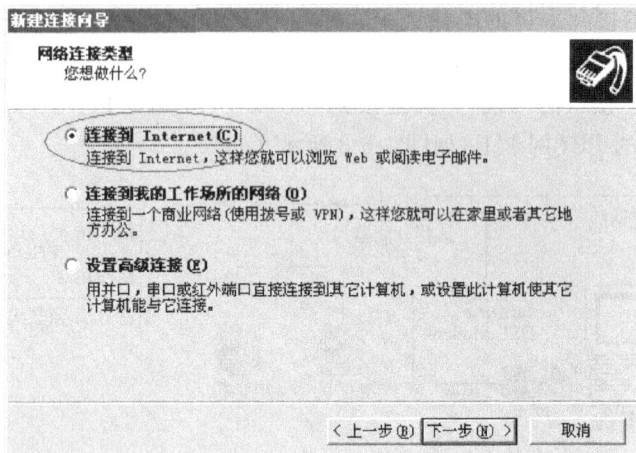

图 1-6-5　连接到 Internet

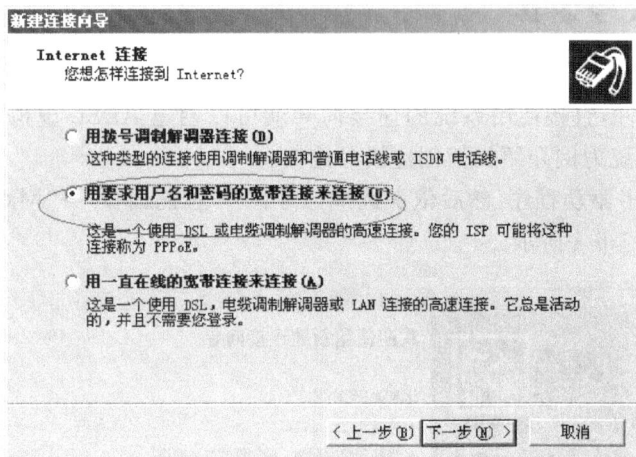

图 1-6-6　要求用户名和密码的宽带连接

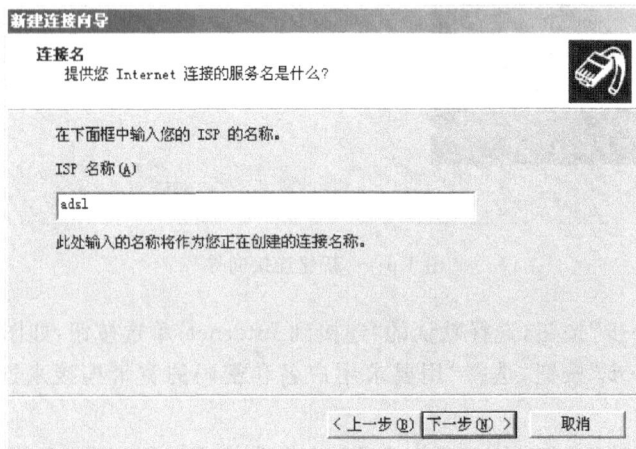

图 1-6-7　输入连接名称

（5）单击"下一步"按钮，选择"任何人使用"单选按钮，如图 1-6-8 所示。

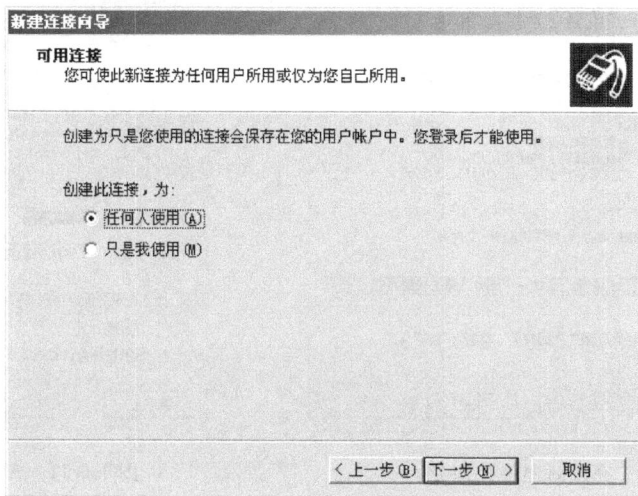

图 1-6-8　任何人可以使用此连接

（6）单击"下一步"按钮，输入 ISP 提供的 ADSL 帐号（用户名）和密码，如图 1-6-9 所示。

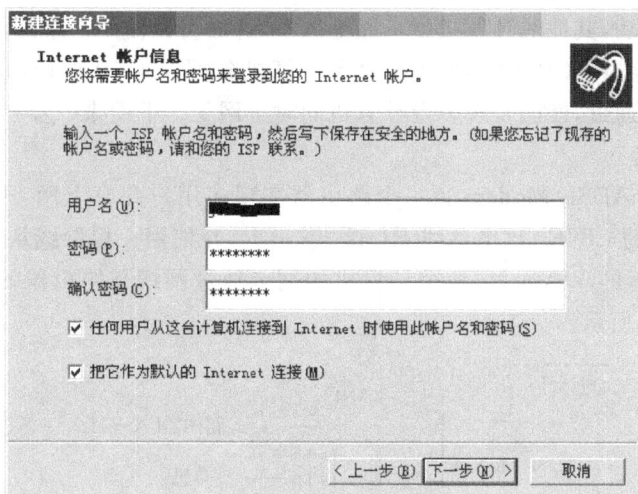

图 1-6-9　输入 Internet 帐号信息

（7）单击"下一步"按钮，至此 ADSL 虚拟拨号设置已经完成，如图 1-6-10 所示。

（8）单击"完成"按钮，在桌面上会出现 ADSL 拨号快捷方式图标，双击该图标，出现 ADSL 登录窗口，如图 1-6-11 所示。如果连接成功，则屏幕右下角会出现一个 ADSL 连接图标。

通过以上操作，就完成整个 ADSL 拨号上网的过程。然后每次要连接网络的时候，只需要单击图 1-6-11 中的"连接"按钮即可。

**注意**：如果连接不成功，请先检查网线是否正确插上，再检查网卡的驱动程序是否安装正确和配置正确了，最后要检查的是 ISP 服务商所给 ADSL 帐号和密码是否正确输入、大小写是否错误。

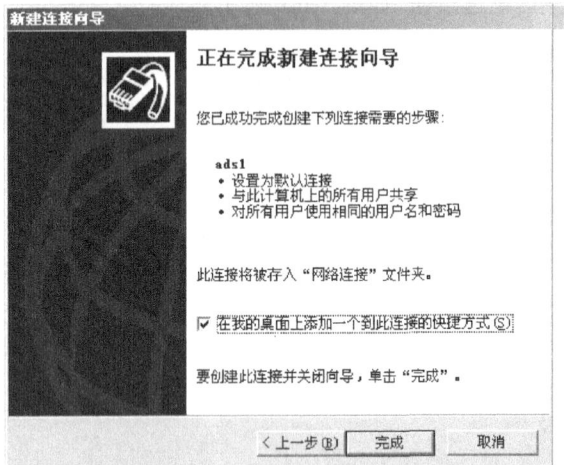

图 1-6-10　完成新建连接向导

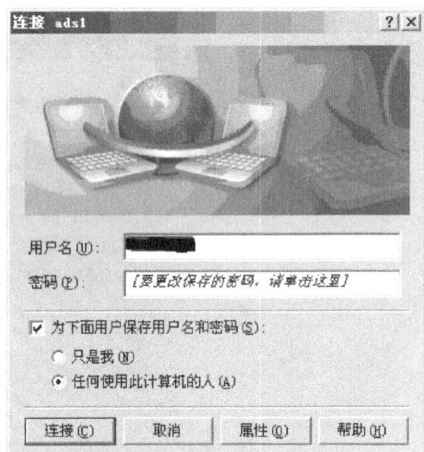

图 1-6-11　ADSL 登录认证

## 6.4.4　多台计算机共享上网

当一个家庭有多台计算机需要上网时,按上面的方法设置就不行了,因为只有一台计算机能够拨号连接成功,其他的计算机就不能上网了,这时可以使用一个路由器来把多台计算机连接在一起,并通过 TCP/IP 的配置给每台计算机分配一个 IP 地址,并通过这个路由器来管理通道和共享通道,就能实现多台计算机同时上网了。下面来一步一步地实现它。

**1. 硬件的连接**

若要通过一个 ADSL Modem 和一个路由器实现多用户共享上网,则需要把电话线接到 ADSL Modem 的 LINE 口(电话线 RJ-32 接口)上,并使用一根网线从 ADSL Modem 的 LAN 口接到路由器的 WAN 口,各个计算机的网卡通过网线与路由器的 LAN 口连接,连接方法如图 1-6-12 所示。

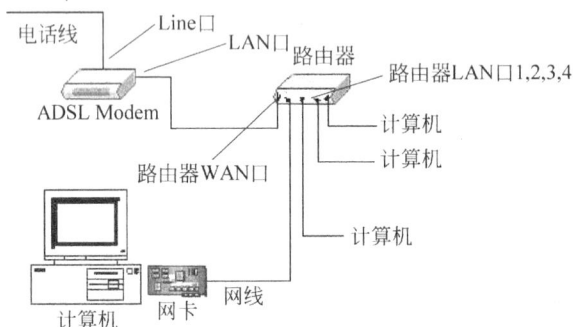

图 1-6-12　ADSL Modem 和路由器实现多用户共享上网

**2. TCP/IP 属性设置**

这一步是把所有计算机的 IP 地址与路由器的地址设置在同一个网段或者说同一分组中,并且网关地址填上该路由器地址,这样就能顺畅地找到路由器,进行下一步设置。

比如:一般情况路由器的默认地址 192.168.0.1(路由器背面常常贴有默认 IP 地址标

签),那么首先把第一台计算机的 IP 地址改为 192.168.0.2,网关地址改为 192.168.0.1,DNS 设置改为当地的 DNS 默认地址(如:61.139.2.69),如图 1-6-13 所示。如果一切正确,这一台计算机就能通过路由器连接上网络了。

提示:设置后用可以单击"开始"→"运行"命令,然后输入"ping 192.168.0.1"命令查看与路由器的连接,若有响应则连接正常,则说明硬件连接是完全正确的。

注意:下一台计算机的 IP 地址要设为 192.168.0.3,以此类推,以保证 IP 地址在同一个网段,其他相关设置全都相同即可。

### 3. IE 浏览器设置

IE 浏览器设置:启动 IE 浏览器,依次选择"工具"→"Internet 选项"→"连接"→"局域网设置"命令,打开局域网(LAN)设置窗口,对所有的选项进行取消选中操作,如图 1-6-14 和图 1-6-15 所示。

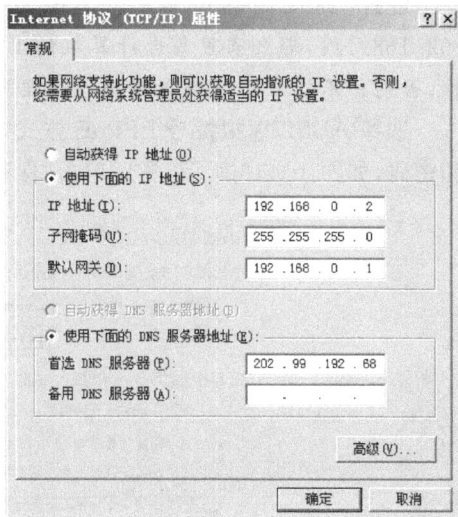

图 1-6-13　每台计算机的 TCP/IP 属性设置

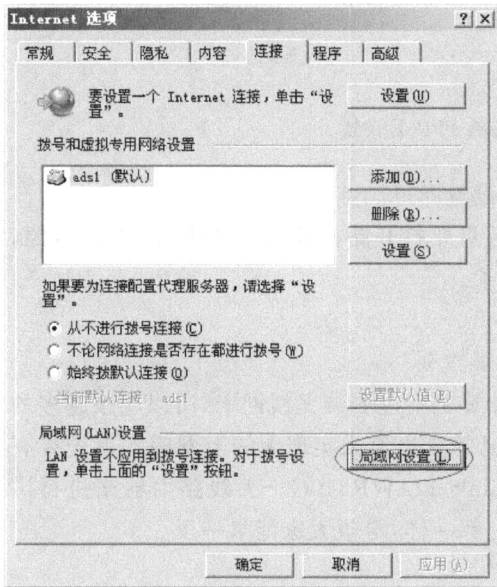

图 1-6-14　Internet 选项设置

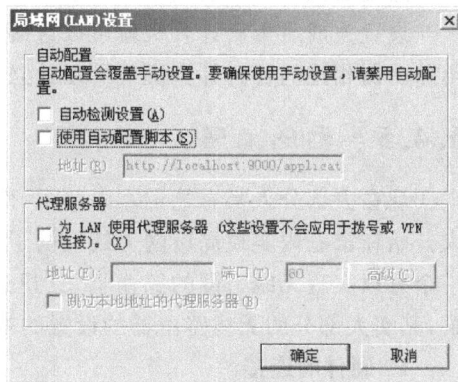

图 1-6-15　局域网(LAN)设置

### 4. 路由器设置

一般情况下,新买的路由器包装盒内都有快速安装指南,指导用户如何安装,拿到后应该仔细阅读。常见的设置如下:打开 IE 浏览器输入路由器地址,比如:http://192.168.0.1,弹出路由器的登录管理页面,按照说明书(或者安装指南)上的提示输入帐号和密码(常见的帐号和密码是 admin/admin)。

组建家庭小型网络

**注意**：这里的路由器出厂默认的路由器的 IP 是 192.168.0.1,有的厂家可能是 192.168.1.1,那么家里每台计算机的 IP 地址就应该是 192.168.1.2、192.168.1.3,以此类推,否则将不能访问路由器的登录管理页面,也不能访问互联网。

选择 ADSL 虚拟拨号 PPPoE 方式,单击"下一步"按钮,填写 ISP 提供的帐号(用户名)和密码,如图 1-6-16 所示,然后单击"保存"按钮完成设置。

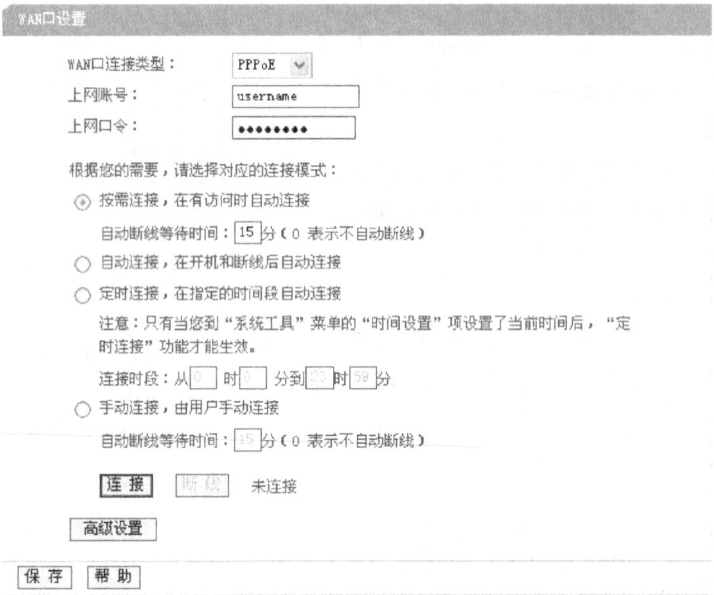

图 1-6-16　ADSL 路由器的 PPPoE 设置

路由器上其他的设置基本上使用厂家的默认设置即可。

设置完成后重启计算机就可以直接上网,以后只要打开路由器和 ADSL Modem 电源,与路由器相连的各台计算机就可以独立共享上网了。

## 6.4.5　无线上网

现在大部分人都有笔记本电脑了,而且台式计算机上也安装无线网卡,所以越来越多的人开始在家庭内实现局域网无线上网了;我们自己的家里怎么实现无线上网呢? 首先要有一个可以实现无线上网的路由器,这里选择 TP-Link TL-WR340G＋无线路由器来进行讲解,其实大部分的无线路由器的设置的方法基本上都一样,希望大家能举一反三。

**1. 硬件的连接**

硬件的连接上和上面讲的普通的路由器的连接方法一样,请参考图 1-6-12,不同的地方就是安装有无线网卡的计算机就不用使用网线连接路由器了。

**2. TCP/IP 属性设置**

这一步要注意的是,先要找一台计算机通过网线接上路由器,然后按照图 1-6-13 讲述的方法设置好计算机内的 IP 地址、DNS 地址等,然后通过浏览器软件打开 http://192.168.0.1 这个无线路由器管理界面。

### 3. 路由器设置

在路由器界面左侧单击"无线设置"选项,在下拉菜单中单击"基本配置",如图 1-6-17 所示,SSID 号就是这个无线广播中,大家能看到的网络名称,你可以起一个自己喜欢的名字;频段一般选择 6,当有多外无线网干扰时,可以换其他频段;选中"开启无线功能"复选框,选中"允许 SSID 广播"复选框。

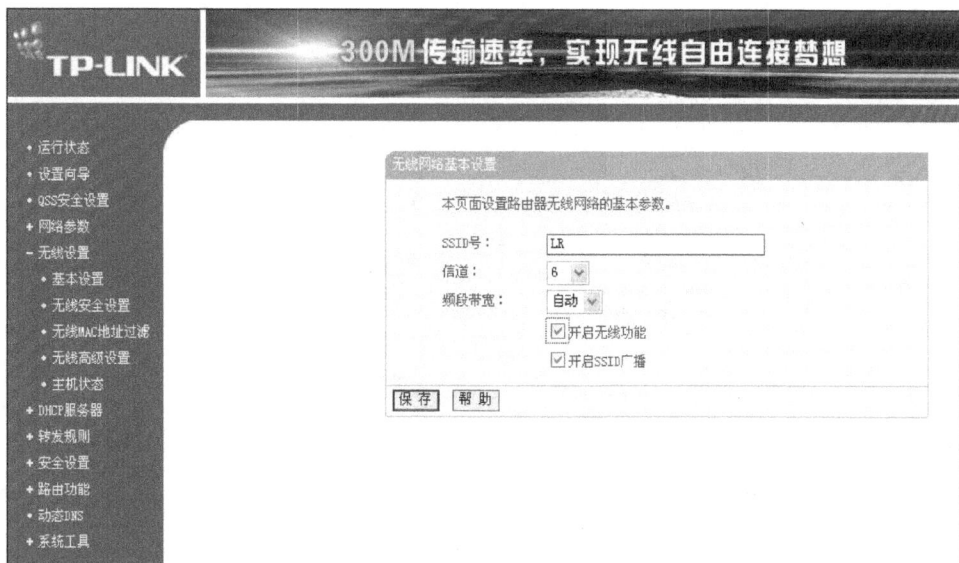

图 1-6-17　无线路由基本设置

连接互联网等 PPPoE 设置前面已经讲过,这里不再重复,按前面介绍设置好后,现在选中"无线安全设置"这个选项,打开界面,如图 1-6-18 所示,选择"WAP-PSK/WPA2-PSK"选项,在"认证类型"项目中选择"自动";在"加密算法"项目中选择"自动";在"PSK 密码"项目中,设置无线密码,如果不加密,那么能收到这个广播的计算机都能通过这个无线信号上网了,这个密码可以是数字或英文字母的组合。

**注意**:英文字母区分大小写。

### 4. 个人计算机上的无线设置

在个人计算机上单击"开始"→"设置"→"控制面板"→"网络连接"命令,打开如图 1-6-19 所示的窗口。

如果无线网卡安装正确,那么在这里应该能看到无线网络连接的图标,双击此图标,打开无线网络连接窗口,如图 1-6-20 所示。

此处能够看到计算机周围能够扫描到的无线网络,这里要连接的是图 1-6-20 中的 office 网络,双击 office 网络选项,出现如图 1-6-21 的检测连接窗口,因为开始设置了密码,所以很快会出现要求输入密码的窗口,如图 1-6-22 所示。

输入正确的密码,前面设置的是"0000000000",然后单击"连接"按钮,如果都设置正确,就会出现如图 1-6-23 所示的连接成功的提示。

至此,我们已经连接上家庭里无线网络了。

图 1-6-18 无线路由安全设置

图 1-6-19 网络连接窗口

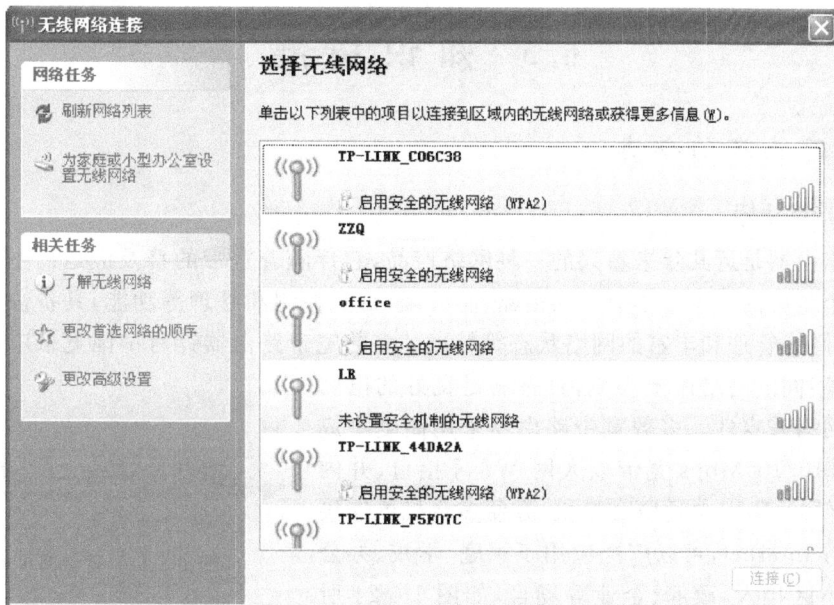

图 1-6-20 无线网络连接窗口

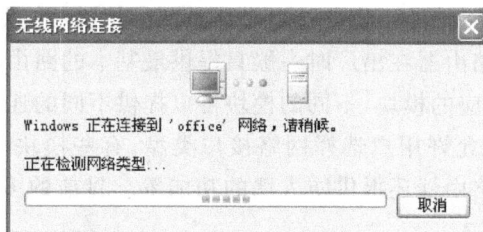

图 1-6-21 无线连接检测窗口

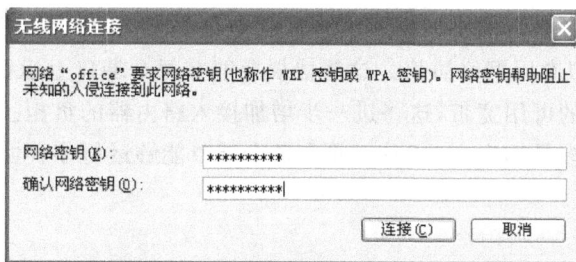

图 1-6-22 无线连接密码输入窗口

图 1-6-23 无线网络已连接上

项目一

组建家庭小型网络

# 6.5 知识拓展

## 6.5.1 路由器的分类

**1. 宽带路由器**

宽带路由器是近几年来新兴的一种网络产品,它伴随着宽带的普及应运而生。宽带路由器在一个紧凑的箱子中集成了路由器、防火墙、带宽控制和管理等功能,具备快速转发能力,灵活的网络管理和丰富的网络状态等特点。多数宽带路由器针对中国宽带应用优化设计,可满足不同的网络流量环境,具备满足良好的电网适应性和网络兼容性。多数宽带路由器采用高度集成设计,集成 10/100Mbps 宽带以太网 WAN 接口、并内置多口 10/100Mbps 自适应交换机,方便多台机器连接内部网络与 Internet,可以广泛应用于家庭、学校、办公室、网吧、小区接入、政府、企业等场合,如图 1-6-24 所示是一个宽带路由器。

图 1-6-24　宽带路由器

**2. 模块化路由器**

模块化路由器主要是指该路由器的接口类型及部分扩展功能是可以根据用户的实际需求来配置的路由器,这些路由器在出厂时一般只提供最基本的路由功能,用户可以根据所要连接的网络类型来选择相应的模块,不同的模块可以提供不同的连接和管理功能。例如,绝大多数模块化路由器可以允许用户选择网络接口类型,有些模块化路由器可以提供 VPN 等功能模块,有些模块化路由器还提供防火墙的功能等。目前的多数路由器都是模块化路由器。

**3. 非模块化路由器**

非模块化路由器都是低端路由器,平时家用的即为这类非模块化路由器。该类路由器主要用于连接家庭或 ISP 内的小型企业客户。它不仅提供 SLIP 或 PPP 连接,还支持诸如 PPTP 和 IPSec 等虚拟专用网络协议。这些协议要能在每个端口上运行。诸如 ADSL 等技术将很快提高各家庭的可用宽带,这将进一步增加接入路由器的负担。由于这些趋势,该类路由器将来会支持许多异构和高速端口,并在各个端口能够运行多种协议,同时还要避开电话交换网。

**4. 虚拟路由器**

虚拟路由器以虚求实。最近,一些有关 IP 骨干网络设备的新技术取得了突破,为将来因特网新服务的实现铺平了道路。虚拟路由器就是这样一种新技术,它使一些新型因特网服务成为可能。通过这些新型服务,用户将可以对网络的性能、因特网地址和路由以及网络安全等进行控制。以色列 RND 网络公司是一家提供从局域网到广域网解决方案的厂商,该公司最早提出了虚拟路由的概念。

**5. 核心路由器**

核心路由器又称"骨干路由器",是位于网络中心的路由器。位于网络边缘的路由器叫接入路由器。核心路由器和边缘路由器是相对概念。它们都属于路由器,但是有不同的大小和容量。某一层的核心路由器是另一层的边缘路由器。

#### 6. 无线路由器

无线路由器就是带有无线覆盖功能的路由器,它主要应用于用户上网和无线覆盖。市场上流行的无线路由器一般都支持专线 xdsl、cable、动态 xdsl、pptp 4 种接入方式,它还具有其他一些网络管理功能,如 dhcp 服务、nat 防火墙、mac 地址过滤等。

图 1-6-25    无线路由器

如图 1-6-25 所示为一个无线路由器。

## 6.5.2   接入服务商的选择

选择了接入方案,还要选择服务商,也就是说要从哪一家服务商提供的接口接入互联网,这种提供接入互联网接入服务的供应商(也叫运营商)统称为 ISP。

随着 Internet 互联网在我国的迅速发展,越来越多的单位和个人开始想得到 Internet 所提供的各项服务,于是提供 Internet 接入服务的 ISP 也越来越多。面对这些服务项目各不相同,收费也千差万别的 ISP,我们应慎重选择。需要注意的是以下几点。

#### 1. 出口速率

上过网的人都会遇到 Internet 的网上速率非常慢的时候。ISP 的出口速率即是 ISP 直接接入 Internet 骨干网的专线速率,目前在我国只有少数几个 ISP 有专线,如电信 CHINANET、教育 CERNET 等,其他则是通过这些 ISP 的出口专线转接入网。因此在选择 ISP 时,应该选择自己本身有专线的 ISP。

#### 2. 服务项目

Internet 可提供的服务项目种类很多,每个 ISP 提供的项目又各不相同。有的提供了 Internet 全部服务项目。有的只提供电子邮件、文件传输、远程登录 3 项 Internet 基本服务项目。有的还提供一些特殊服务类型如经济信息查询、人才信息查询、教育服务、电子购物、本地 BBS 站、Internet 电话和传真等,大大地丰富了 Internet 服务项目。现在大家熟悉的几大服务商基本上都能提供常用的服务项目,所以服务项目这一点,不用考虑过多,除非有特殊的功能需求。

#### 3. 收费标准

收费问题是所有用户都应该认真最关心的。目前各 ISP 的收费标准各不相同,一般包括入网费(初装费)、月租费和使用费等,收费差别主要在使用费,有的采用登录服务器的时间计算,有的采用通信的信息量收费,有的采用占用 ISP 的存储空间计费等。从目前的使用情况看,不计流量包月的计费套餐是最划算的。

必须了解的是,ISP 是否收取额外费用,如每个月限定 100 小时使用时间的套餐来说,超过每月规定的小时数以后,如何附加费用;其他如下载软件是否需要费用;发送大的邮件是否另外收费;连接到一些特殊的网点、浏览特殊的信息资源,是否额外收费等。

#### 4. 服务管理

ISP 是否为用户安装 Internet 上网软件,是否为用户开办 Internet 基本操作培训,能否及时为用户排除上网故障,能否及时向用户讲解服务项目,能否向用户通报费用细目,以及 ISP 的设备是否可靠,是否提供全天候 24 小时服务,存放在 ISP 服务器上的用户私人信息是否安全保密等,都是用户关心的。

通过上述各项综合分析,在现有条件下,我们推荐选择电信的 ADSL 连接网络。

# 6.6   问题与思考

1. 常见的接入网络的方法有哪些? 各有什么特点?

2. 一台计算机上网时,怎么样设置拨号连接?

3. 多台计算机在家里怎么才能实现共享上网? 笔记本电脑在家里可以实现无线上网吗? 怎么实现?

4. 什么是 ISP? 选择 ISP 时有哪些注意事项?

# 模块 7  综 合 练 习

## 7.1  实 践 环 境

家庭式局域网,已经开通 ADSL 上网帐号,有一个 ADSL Modern、一个无线式路由器、一台台式计算机、一台能无线上网的笔记本电脑、一个台式计算机用内置式网卡、网线 6 米、水晶头 5 个、网线钳一把。

## 7.2  实 践 内 容

(1) 动手制件两根 B 类接法的 RJ45 网络线。

(2) 给台式计算机正确安装上内置式网卡,安装驱动程序并配置成功。

(3) 将 ADSL Modern、无线路由器和台式计算机正确连接在一起。

(4) 通过台式计算机连接上路由器,设置好无线路由器、台式计算机和笔记本电脑的相关选项,让台式计算机可以通过网线上网,笔记本电脑可以通过无线上网。

(5) 在台式计算机建立一个本地用户,并给于高级权限,并以此用户登录,建立文件夹,并且要实现网络共享;从笔记本电脑上登录台式电脑,打开共享文件夹,建立子文件夹,并能复制一个文件过去。

(6) 在台式计算机和笔记本电脑上分别启动 NetMeeting,并能实现互相建立好友、互相呼叫、传送文件和召开网络会议。

(7) 在相关网站,建立自己的电子邮箱帐号,能够收发电子邮件。

## 7.3  评 分 细 则

评分细则见表 1-7-1。

表 1-7-1  评分细则

| 题 号 | 考 核 内 容 | 分 数 | 备 注 |
|---|---|---|---|
| 1 | 正确制件网络线 | 10 | 每根 5 分 |
| 2 | 正确安装上内置式网卡 | 2 | |
| | 安装驱动程序并配置成功 | 10 | |
| 3 | ADSL Modern 与无线路由器正确连接 | 2 | |
| | 无线路由器和台式计算机正确连接 | 2 | |

续表

| 题　号 | 考核内容 | 分　　数 | 备　　注 |
|---|---|---|---|
| 4 | 通过台式计算机访问路由器成功 | 3 | |
| | 设置好无线路由器、台式计算机和笔记本电脑的相关选项 20 分,让台式计算机可以通过网线上网,笔记本电脑可以通过无线上网 | 26 | 按错误酌情扣分 |
| 5 | 正确地在台式计算机建立一个本地用户 | 3 | |
| | 给于此用户高级权限 | 2 | |
| | 并以此用户登录,建立文件夹,并且要实现该文件夹网络共享 | 6 | |
| | 笔记本电脑上访问台式计算机,打开共享文件夹,建立子文件夹,并能复制一个文件过去 | 10 | |
| 6 | 在台式计算机和笔记本电脑上分别启动 NetMeeting | 2 | |
| | 能实现互相建立好友、互相呼叫 | 6 | |
| | 能传送文件和召开网络会议 | 8 | |
| 7 | 在相关网站,建立自己的电子邮箱帐号,能够收发电子邮件 | 8 | |
| 合计 | | 100 | |

# 项目二

# 组建中小型企业网络

# 模块 1    中小型企业网络规划

## 1.1　应　用　环　境

网络工程是一项复杂的系统工程,包含设计网络技术、管理维护、经费投资、组织协调等多个方面,在实施网络建设项目之前必须进行深入细致的调查和规划。对网络环境、用户需求、未来发展规划进行调查,根据实际情况设计最佳的网络结构、管理方式、Internet 接入方式等,最终实现以最低成本建立最佳网络的目标。

## 1.2　学　习　目　标

(1) 熟悉网络规划设计原则和网络需求调查内容。
(2) 掌握有线局域网络规划内容。
(3) 掌握无线局域网络规划内容。
(4) 掌握网络设备和网络服务器规划要求。
(5) 了解网络服务和网络安全规划内容。

## 1.3　相　关　知　识

### 1.3.1　网络规划概述

#### 1. 网络规划设计原则

企业网络是实现信息化管理的重要平台,是一项涉及面广、技术要求高的系统工程。在前期规划时,既要考虑到近期目标,也要为网络的进一步发展留有一定的余地。此外,要建设一个现代化的企业网络系统,需要尽可能采用先进而成熟的技术,应当在相当长的时间内保证其符合以下原则。

1) 实用性

系统的软硬件设计都应该以使用为第一宗旨,在系统充分适合企业信息化要求的基础上进而再考虑其他性能。该系统的内容很多,必须能将各种软件和硬件设备有效的集成在一起,以发挥最大作用,协调一致进而进行高效的工作。

2) 标准性

任何事物都有一定的标准,而系统只有合乎标准而且具有一定的开放性,才能与其他开放性系统一起协同工作,在网络中采用的硬件设备及软件产品应该支持国际工作标准或事实上的标准,以便能和不同厂家的开放性产品在同一网络中同时共存。通信中应采用标准的通信协议以使不同的操作系统与不同的网络系统及不同的网络之间顺利进行通信。

3)安全性

系统应该充分考虑其先进性和安全性,不能一味追求实用而忽略了先进和安全,只有将当今社会先进的技术和实用相结合,才能获得最大的性能和效益。网络安全是至关重要的一点,在某些情况下,即使一些功能不能实现也必须要保证系统的安全性。

4)可靠性

作为信息系统基础的网络结构和网络设备的配置及带宽,应能充分满足网络通信的需要。网络硬件体系结构在实际应用中能经过较长时间的考验,在运行速度和性能上都应是稳定可靠的,拥有完善的、实用的解决方案,并通到较多的第三方开发商和用户在全球的广泛支持和使用。同时应从长远的技术发展角度考虑选择具有很好前景的、较为先进的技术和产品,以适应系统未来的发展需要。可靠性也是衡量一个计算机应用系统的重要标准之一。在确保系统网络环境中单独设备稳定、可靠运行的前提下,还需要考虑网络整体的容错能力、安全性及稳定性,使系统出现问题和故障时能迅速修复。一个高可用性的系统才能使用户的投资真正得到回报。

5)可维护管理性

整个信息网络系统中的互连设备,应是使用方便、操作简单易学,并便于维护。网络所选的网络设备应支持多种协议,管理员能方便进行网络管理、维护甚至修复。在设计和实现时,必须充分考虑整个系统的便于维护性,以使系统万一发生故障时能提供有效手段及时进行恢复,尽量减少损失。

6)可扩展性

系统的软硬件都会有升级换代的可能,采用的产品应该要遵循大众化的标准,以便不同的设备能接连入网,以满足系统规模扩充的要求。

7)成本合理性

为了使所实现系统能够在应用发生变化的情况下保护原有的开发投资,在设计系统时,应将系统按功能做成模块化的,可根据需要增加和删除功能模块,尽量达到以合理的成本完成最高质量的系统开发的目的。

**2. 网络规划调查分析**

1)网络运行环境调查

随着企业各种业务应用逐渐转移到计算机网络上来,网络通信的无中断运行已经成为保证企业正常的生产运营的关键。首先需要考虑企业当前规模,其次需要了解现有计算机和网络设备分布情况,再次了解用户端的分布情况。网络规划中应根据实际需求情况采购计算机和网络设备,指定准确的布线方案。

2)网络应用需求调查

网络应用需求是企业组建网络的重要环节,是进行网络规划设计的政策依据。在用户需求调查中,通过实际考察确定用户应用需求,通过成本估算明确用户投资额度。网络应用需求调查包括网络物理布局、网络性能需求、网络设备类型、网络服务需求、网络安全级别需求和网络管理需求。

3) 网络发展规划调查

实施网络规划设计时必须对企业未来的发展规划进行调查和分析,确定预留网络功能和未来升级方向。网络发展规划调查主要包括网络规模的扩展、网络业务发展、数据存储和处理、安全管理需求升级。

## 1.3.2 有线局域网规划

### 1. 有线网络的特点

传输速率高:目前主流的超五类双绞线为例,支持带宽 155MHz,网络传输速率可达 12Mbps,可以满足中小型局域网的各种需求。

稳定性好:与无线网络比较,受外界环境影响较小,连通性和传输速率比较可靠。

安全性高:网络传输为端到端的连接,传输通道是物理封闭的,相对于无线"广播"方式,安全系数高。

成本较低:计算机的应用日益普及,网络设备的投资越来越低。

### 2. 有线网络设备

1) 网卡

Network Interface Card(NIC),又称网络接口卡或网络适配器,它是局域网中应用的基本部件。负责接收网络传来的数据帧,解帧后将数据通过主板上的总线传输给本地主机的 CPU 和存储器,同时也可将本地数据封装成帧后传送给网络。网卡工作在物理层和数据链路层上,如图 2-1-1 所示。

2) 调制解调器

调制解调器(Modem)的调制过程是将数字信号转换成模拟信号,解调过程是将模拟信号转换成数字信号。调制解调器工作在物理层上,如图 2-1-2 所示。

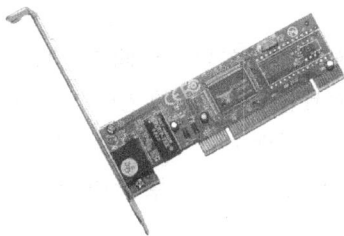

图 2-1-1　网卡

图 2-1-2　调制解调器

3) 中继器

中继器(Repeater)也称转发器或收发器,应用于局域网传输距离的延伸,增加结点数,连接采用不同传输介质和接口的同构网。中继器工作在物理层上。

4) 集线器

集线器(Hub)又称为集中器,是将局域网中结点的线缆集中在一起的设备。主要作为网络连接的中心点,通常连网的结点通过非屏蔽双绞线与集线器连接。集线器工作在物理层上,也是中继器的一种形式,如图 2-1-3 所示。

图 2-1-3　集线器

组建中小型企业网络

5）网桥

网桥（Bridge）的功能是隔离不同网段之间的数据通信量。网桥的每个端口连接一个局域网网段，常用于将共享带宽的计算机结点数较多的局域网分为两个局域网网段，减少计算机在网络中传输数据时可能发生的冲突。网桥工作在数据链路层 MAC 子层上。

6）交换机

交换机是目前组建局域网最为常用的设备，属于数据链路层设备，如图 2-1-4 所示。交换机的工作基础是网桥，工作时能够记录每个端口中连接的主机的 MAC 地址，当交换机接收到一个数据帧时，根据数据帧中的目的 MAC 地址决定应该将数据帧从哪个端口转发出去，具有对封装数据包进行转发，数据传输和数据处理功能。

7）路由器

路由器将数据包从一个网络传送到另外一个网络中，即它直接或间接的与所传送数据包的源网络和目标网络相连接，路由器与不同网络的连接是通过路由器上的不同端口实现的，如图 2-1-5 所示。每个与网络相连接的路由器的端口必须具有一个独立的、唯一的网络地址，路由器能够在一个端口上接收数据包并把它转发到另一个端口上，路由器的路由选择功能使得它能够选择最适合的端口来进行数据的转发。路由器工作在网络层上。

图 2-1-4　交换机　　　　　　　　　　图 2-1-5　路由器

### 3. 有线局域网设计原则

（1）需求分析：进行网络总体设计之前，需要对网络建设方案进行调查，合理设计网络拓扑结构，选择适当的位置作为网管中心与联网设备放置间，有目的的选择网络通信介质与网络设备；同时网络规划要考虑容纳用户的数量及可扩展能力，从而使网络在用户数量增加时，仍能满足增长需要。在组建网络时，注意处理好原有资源与新购资源的关系，保证设备的兼容性，在企业发展过程中对网络平稳升级。

（2）远程管理与接入互联网：利用企业网络拓展公司业务，要求实时可以访问企业网络资源，需要应用远程访问管理功能。企业选择访问路由器或者调制解调器，还是采用DDN 专线、ADSL、ISDN 方式接入互联网，取决于企业的业务需求，要考虑公司的规模和接入方式费用等因素。

### 4. 有线网络拓扑结构

网络中的计算机等设备要实现互联，就需要以一定的结构方式进行连接，这种连接方式就叫做"拓扑结构"，通俗地讲，就是这些网络设备是如何连接在一起的。目前常见的网络拓扑结构主要有 4 大类：星状结构、环状结构、总线型结构、混合结构。其中环状和总线型结构使用较少，不再详细介绍。

星状结构：目前在局域网中应用得最为普遍的一种，在企业网络中几乎都是采用这一方式。星状网络几乎是 Ethernet(以太网)网络专用,它是因网络中的各工作站结点设备通过一个网络集中设备(如集线器或者交换机)连接在一起,各结点呈星状分布而得名。这类网络目前用得最多的传输介质是双绞线。星状网络具有容易实现、结点扩展和移动方便、维护容易、采用广播信息传送方式传递信息、网络传输数据快等特点。

混合型结构:由星状结构和总线型结构的网络结合在一起的网络结构,这样的拓扑结构更能满足较大网络的拓展需求,解决星状网络在传输距离上的局限,而同时又解决了总线型网络在连接用户数量的限制。这种网络拓扑结构同时兼顾了星状网络与总线型网络的优点,在缺点方面得到了一定的弥补。

# 1.3.3 无线局域网规划

Wireless Local Area Network(WLAN)即无线局域网。“无线”是指去除了传统网络中的传输线缆,利用微波等无线技术进行信息传递;“局域网”是其通信范围介于个人网和广域网之间,通常是指在特定的单位内部位于相同的 IP 地址网段、相互通信计算机组成的网络。无线局域网利用了无线多址信道的方法支持计算机之间的通信,并为通信的移动化、个性化和多媒体应用提供可能性。

**1. 无线网络的特点**

适应性强:只要电磁波可以辐射到的地方就能够实现无线网络传输,如跨越公共设施的网络互连、野外临时互连、移动网络互连等情况,都可以通过无线组网方案解决。

安装便捷:无线局域网免去了大量的布线工作,只需要安装一个或多个无线访问点就可覆盖整个建筑的局域网络,而且便于进行管理维护工作。

高移动性:在无线局域网中各结点可随意移动,不受地理位置的限制。目前室内 AP 可覆盖 10~100m,在无线信号覆盖的范围内,均可以接入网络。WLAN 也能够在不同运营商不同国家的网络间漫游。

易扩展性:无线局域网有多种配置方式。每个 AP 可支持多个用户的接入,只需在现有无线局域网基础上增加 AP 就可以将小型网络扩展为大型网络无线局域网技术。

安全性高:用户只有出于无线网络设备覆盖范围内,且提供相应的身份验证信息后才可以接入无线网络。目前无线网络支持的加密方式有 WEP、WEP2、WAP 等。

**2. 无线网络设备**

1) 无线网卡

无线网卡是终端无线网络的设备,是无线局域网的无线覆盖下通过无线连接网络进行上网使用的无线终端设备。无线网卡的工作原理是微波射频技术,目前有 WIFI、GPRS、CDMA 等无线数据传输模式进行数据传输。无线上网遵循 IEEE 802.1q 标准,通过无线传输,由无线接入点发出信号,用无线网卡接收和发送数据。无线网卡主要分为 PCI 卡、USB 卡和笔记本电脑专用的 PCMCIA 卡 3 类,如图 2-1-6、图 2-1-7 和图 2-1-8 所示。

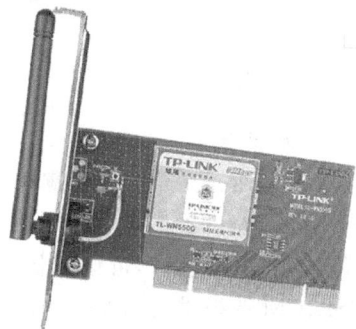

图 2-1-6 PCI 卡

图 2-1-7　USB 卡

图 2-1-8　PCMCIA 卡

2）无线 AP

无线 AP，即无线访问点或无线接入点，它主要是提供无线工作站对有线局域网相互访问，覆盖范围内的无线工作站可以通过 AP 进行相互通信。无线 AP 的覆盖范围是一个向外扩散的圆形区域，AP 相当于一个无线集线器，接在有线交换机或路由器上，为它所连接的无线网卡从路由器处获得 IP。

无线 AP 不仅包含单纯性无线接入点（无线 AP），同样是无线路由器（含无线网关、无线网桥）等设备的统称。单纯性无线 AP 亦可对装有无线网卡的电脑做必要的控制和管理。单纯性无线 AP 既可以通过 10-1000BASE-T(WAN)端口与内置路由功能的 ADSL Modem 或 CABLE Modem(CM)直接相连，也可以在使用时通过交换机/集线器、宽带路由器再接入有线网络，如图 2-1-9 所示。

3）无线局域网控制器 AC

AC 在 WLAN 与 Internet 之间起到网关功能，将来自不同接入点的数据进行汇聚、接入 Internet。AC 比 AP 更高级，在无线网络中担任管理者的角色，AC 还要充当客户端完成有线网络中的一系列功能（例如鉴权、认证等）。但是 AC 并不是一种在 IEEE 802.11 协议族中规定的 WLAN 设备，而是作为具体应用中对协议的补充，因此在只使用少量 AP 的小规模无线网络中，采用昂贵的 AC 设备是很不经济的，如图 2-1-10 所示。

图 2-1-9　无线 AP

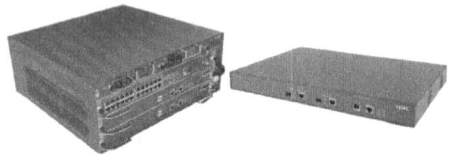

图 2-1-10　无线局域网控制器 AC

4）无线路由器

无线路由器是带有无线覆盖功能的路由器，主要应用于用户上网和无线覆盖。市场上流行的无线路由器一般支持专线 XDSL/CABLE、动态 XDSL、PPTP4 种接入方式，内置有简单的虚拟拨号软件，可以存储用户名和密码拨号上网，可以实现为拨号接入 Internet 的 ADSL、CM 等提供自动拨号功能，无需手动拨号或占用一台计算机做服务器使用。无线路由器具备支持 DHCP 客户端、VPN、防火墙、WEP 加密、网络地址转换功能，如图 2-1-11 所示。

5）无线天线

无线网络设备如无线网卡、无线路由器等自身都自带有无线天线,同时还有单独的无线天线。无线设备本身的天线都有一定距离限制,当超出这个限制的距离时,就要通过这些外接天线来增强无线信号,达到延伸传输距离的目的。一般包括定向和全向天线两类。定向天线是对某个特定方向传来的信号特别灵敏,并且发射信号时也是集中在某个特定方向上。全向天线是可以接受水平方向来自各个角度的信号和向各个角度辐射信号,如图 2-1-12 所示。

图 2-1-11　无线路由器　　　　　　　　图 2-1-12　无线天线

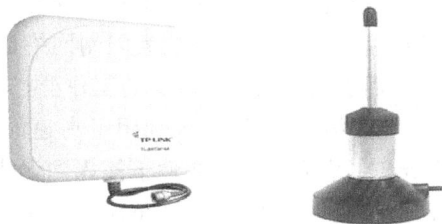

### 3. 无线局域网设计原则

WLAN 不同于传统的有线网络,噪声、温度、湿度、建筑物结构、无线设备摆放位置及参数设置均可能影响 WLAN 的信号质量和传输速率,因此部署 WLAN 之前进行相关测量和规划是必要的。WLAN 设计原则如下。

1）用户需求调查

无线网络为移动用户提供服务,在设计无线 AP 放置位置时,要充分确保用户在无线覆盖区域内移动时,始终与 WLAN 保持良好连接,在用户密集度较高的场所增加放置无线 AP 的数量。

2）WLAN 覆盖区域

无线 AP 的发射功率有限,随着传输距离的增加,信号强度逐步减弱,传输速率和稳定性降低,当减弱到客户端无线网卡能够支持的最小强度时,就超出了 WLAN 的覆盖范围。设计 WLAN 覆盖范围时应进行实地测量,绘制无线 AP 覆盖区域图,放置无线 AP,再根据实际测量的信号强度适当调整无线 AP 的位置。

3）负载能力

部署 WLAN 之前需要考虑用户常用的网络服务,再选择适当带宽的无线网络设备。无线 AP 属于共享带宽型设备,当覆盖范围的无线客户端较多时,传输速率和通信质量会下降;而且用户需求是动态变化的,无线 AP 实际负载会加重或者减轻,可以对 WLAN 进行测试监控,根据实际变化部署无线 AP。

4）频率干扰

无绳电话、蓝牙设备、微波炉等均使用 2.4GHz 的自由频段,而无线产品也占用这一频段,相互之间干扰较大,规划设计时应考虑这一因素。

### 4. 无线网络拓扑结构

无线局域网拓扑结构有两种基本类型:有中心拓扑结构和无中心拓扑结构。一般来讲,无中心(对等式 P2P)拓扑也称为没有基础设施的无线局域网,有中心(Hub-Based)拓扑也称为有基础设施的无线局域网。

自组织型 WLAN 是一种对等模型的网络，它的建立是为了满足暂时需求的服务。自组织网络由一组有无线接口卡的无线终端，特别是移动计算机组成。这些无线终端以相同的工作组名、扩展服务集标识号(ESSID)和密码以对等的方式相互直连，在 WLAN 的覆盖范围之内，进行点对点或点对多点之间的通信。无中心拓扑的网络要求网中任意两个站点均可直接通信。采用这种拓扑结构的网络一般使用公用广播信道，各站点都可竞争公用信道，而信道接入控制(MAC)协议大多采用 CSMA(载波监测多址接入)类型的多址接入协议。这种结构的优点是网络抗毁性好、建网容易、且费用较低。但当无线网络中用户数(站点数)过多时，信道竞争成为限制网络性能的瓶颈。因此这种拓扑结构受布局和环境限制较大，适用于用户数相对较少的工作群。

基础结构型 WLAN 利用了高速的有线或无线骨干传输网络。在这种拓扑结构中，移动结点在基站(BS)的协调下接入到无线信道。在有中心拓扑结构网络中，一个无线站点充当中心站，所有站点对网络的访问均由其控制。当网络业务量增大时网络吞吐性能及网络时延性能的恶化并不剧烈。由于每个站点只需在中心站覆盖范围内就可与其他站点通信，故网络中心点布局受环境限制较小，此外，中心站为接入有线主干网提供了一个逻辑接入点。而采用有中心网络拓扑结构的弱点是抗毁性差，中心站点的故障容易导致整个网络瘫痪，并且中心站点的引入增加了网络成本。在实际应用中，无线局域网往往与有线主干网络结合使用。这时，中心站点充当无线局域网与有线主干网间的转接器。

## 1.3.4 网络设备管理规划

企业网络中的设备较多，在实施统一管理和配置之前需要进行严格规划，这样可以简化日后的管理与维护操作，同时提升网络安全性。

### 1. 网络技术规划

依据网络规模和设备类型的不同，实施网络设备管理时需要使用的网络技术有所不同，常用的网络技术有：

1) VLAN 技术

Virtual Local Area Network(VLAN)，即虚拟局域网，是指在交换局域网的基础上，采用网络管理软件构建的可跨越不同网段、不同网络的端到端的逻辑网络。一个 VLAN 组成一个逻辑子网，即一个逻辑广播域，它可以覆盖多个网络设备，允许处于不同地理位置的网络用户加入到一个逻辑子网中。这样可以最大限度地减少广播量，提高网络传输效率和网络安全性，将由硬件设备或安全问题所带来的网络故障限制在特定的区域内。

2) 生成树技术

生成树技术可以将环状网络修剪成为一个无环的树状网络，以避免报文在环路网络中的增生和无限循环，同时还提供了数据转发的多个冗余路径，在数据转发过程中实现 VLAN 数据的负载均衡。借助 STP、RSTP、MSTP 协议，可以快速收敛，使不同 VLAN 的流量沿各自的路径分发，从而为冗余链路提供了更好的负载分担，又可以避免由拓扑环路问题导致的网络瘫痪现象发生。

3) 链路聚合技术

以太网链路聚合简称链路聚合，通过将多条以太网物理链路捆绑在一起成为一条逻辑链路,从而实现增加链路带宽的目的。数据可以同时通过被绑定的多个物理链路传输,具有链路冗余的作用,捆绑在一起的链路通过相互间的动态备份,可以有效地提高链路的可靠性。通过链路聚合连接在一起的多个交换机(或其他网络设备),通过内部控制也可以合理地将数据分配在被聚合连接的设备上,实现负载均衡分担。

4)三层交换技术

三层交换(也称多层交换技术,或 IP 交换技术)是相对于传统交换概念提出的。传统交换技术是在数据链路层进行操作的,而三层交换技术在网络层实现了分组高速转发。三层交换技术是"二层交换技术+三层转发"。具有三层交换功能的设备是带有第三层路由功能的第二层交换机,它不是简单地把路由器设备的硬件及软件叠加在局域网交换机上,而是两者的有机结合。三层交换技术的出现,解决了局域网中网段划分之后网段中的子网必须依赖路由器进行管理的局面,解决了传统路由器低速、复杂所造成的网络瓶颈问题。同时可以借助动态 IP 路由实现路由选择,根据 IP 或 MAC 访问列表实现对网络传输的限制,满足安全访问的需要。

5)HSRP 技术

Hot Standby Router Protocol(HSRP),即热备份路由器协议,支持特定情况下 IP 流量失败转移不会引起混乱、并允许主机使用单路由器,以及即使在实际第一跳路由器使用失败的情形下仍能维护路由器间的连通性。负责转发数据包的路由器称之为主动路由器(Active Router)。一旦主动路由器出现故障,HSRP 将激活备份路由器(Standby Routers)取代主动路由器。HSRP 协议提供了一种决定使用主动路由器还是备份路由器的机制,并指定一个虚拟的 IP 地址作为网络系统的缺省网关地址。如果主动路由器出现故障,备份路由器(Standby Routers)承接主动路由器的所有任务,并且不会导致主机连通中断现象。

**2. 网络管理任务规划**

网络管理系统是保障网络安全可靠、高效稳定运行的必要手段,是整个网络系统中不可或缺的重要部分。网络管理时控制复杂数据网络,获取最大效益和生产率的过程。网络管理任务划分为:配置管理、性能管理、故障管理、安全管理、计费管理,如图 2-1-13 所示。

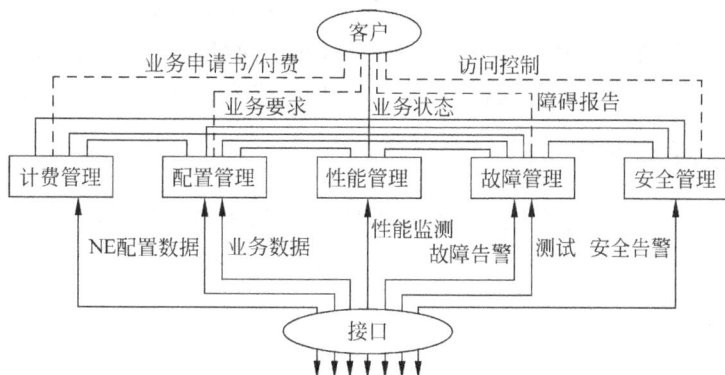

图 2-1-13　网络管理任务划分

(1)配置管理:在网络建立、扩充、改造以及业务的开展过程中,对网络的拓扑结构、资源配备、使用状态等配置信息进行定义、监测和修改。主要功能:资源清单管理、资源提供、服务业务提供、网络拓扑服务。

（2）性能管理：保证有效运营网络和提供约定的服务质量。在保证各种业务的服务质量（QoS）的同时，尽量提高网络资源利用率。主要功能：性能监测功能、性能分析功能、性能管理控制功能。

（3）故障管理：迅速发现和纠正网络故障，动态维护网络的有效性。主要功能：告警监测功能、告警定位测试功能、业务恢复功能、修复功能。

（4）安全管理：提供信息的保密、认证和完整性保护机制，使网络中的服务、数据和系统免受侵扰和破坏。主要功能：风险分析功能，安全服务功能、告警、日志和报告功能，网管系统保护功能。

（5）计费管理：正确地计算和收取用户使用网络服务的费用，进行网络资源利用率的统计和网络的成本效益核算。主要功能：费率管理功能、帐单管理功能。

**3. IP 地址和名称规划**

将网络设备部署到指定位置之前时，需要对 IP 地址和设备名称进行统一规划，避免产生 IP 地址冲突、名称混乱的现象发生。

（1）IP 地址规划：选择网络内使用的 IP 地址范围，若合法 IP 地址数量较少，建议使用 192.168.0.0～192.168.255.255 或者 10.0.0.0～10.255.255.255 段的私有 IP 地址；为每台交换机指定管理使用的 IP 地址，便于实现对交换机的远程管理；为每个 VLAN 指定不同的 IP 地址范围，确定其子网掩码和默认网关，方便为 VLAN 内的计算机分配 IP 地址。

（2）名称规划：确定每个端口连接的计算机的名称，用于确定交换机所连接的计算机，方便实现对该端口的远程管理；确定每台交换机的名称，用于确定交换机所处的位置，方便与其他交换机区分，实现对交换机的远程管理；确定每个 VLAN 的名称，用于确认 VLAN 的性质，方便与其他 VLAN 区分，实现对 VLAN 的管理。

**4. 管理方式与权限规划**

在实际的网络管理中，初始化网络设备之外，通常使用远程方式管理网络设备。远程管理需要借助网络设备系统本身的服务或端口，开启的服务与端口越多，网络设备安全性越低。因此，必须根据网络实际环境需要，选择开设适当的服务及端口。

所有网络设备均支持多级管理权限功能，通过对不同级别设置口令，可以让不同授权级别使用不同的命令集合。委派管理权限可以提升网络安全性，减轻网络管理员负担。

## 1.3.5 网络服务器规划

用户选购服务器时，需要了解服务器的类型，掌握服务器的选购原则，选择真正适用的服务器产品。

**1. 服务器的类型**

1）台式服务器

台式服务器的特点是机箱内部空间较大，可进行灵活配置，方便进行硬盘、电源等设备的冗余扩展。台式服务器可根据企业的不同应用需求扩充或更换服务器内部配置，较之其他机箱类型的服务器产品，台式服务器价格便宜，对空间占用要求不高的中小企业尤为适用。但由于台式服务器独立性太强，对于需要协同工作的应用环境，台式服务器有其局限性。

### 2）机架式服务器

机架服务器实际上是工业标准化下的产品,其外观按照统一标准来设计,配合机柜统一使用,以满足企业的服务器密集部署需求。相对塔式服务器,机架服务器的主要优点是节省空间,由于能够将多台服务器装到一个机柜上,不仅可以占用更小的空间,而且也便于统一管理。机架服务器的宽度为 19 英寸,高度以 U 为单位(1U＝1.75 英寸＝44.45 毫米)。对于机架式服务器,由于内部空间限制,扩展性和散热问题均受到限制,因而适用于业务相对固定的领域,比如远程存储和网络服务等。对于 4U 以上可扩展性好的机架服务器,也适用于访问量较大的关键应用领域。

### 3）刀片式服务器

刀片式服务器是一种高可用、高密度的低成本服务器平台,是专门为特殊应用行业和高密度计算机环境设计的,其中每一块"刀片"实际上就是一块系统母板,类似于一个个独立的服务器。在这种模式下,每一个母板运行自己的系统,服务于指定的不同用户群,相互之间没有关联。不过可以使用系统软件将这些母板集成成一个服务器集群。在集群模式下,所有的母板可以连接起来提供高速的网络环境,可以共享资源,为相同的用户群服务。在集群中插入新的刀片就可以提高整体性能。由于每块刀片都是热插拔的,所以,系统可以轻松地进行替换,并且将维护时间减少到最小。但由于刀片服务器比机架式服务器更节省空间,散热问题也更为突出,往往要在机箱内装上大型强力风扇来散热。刀片服务器一般应用于大型的数据中心或者需要大规模计算的领域,如银行电信金融行业以及互联网数据中心等。

### 4）机柜式服务器

在一些高档企业服务器中由于内部结构复杂,内部设备较多,有的还具有许多不同的设备单元或几个服务器都放在一个机柜中,这种服务器就是机柜式服务器。对于证券、银行、邮电等重要企业,则应采用具有完备的故障自修复能力的系统,关键部件应采用冗余措施,对于关键业务使用的服务器也可以采用双机热备份高可用系统或者是高性能计算机,这样的系统可用性就可以得到很好的保证。

### 2. 服务器选型原则

中小型企业在选购服务器时要注意 3 个方面:价格与成本、产品的扩展与业务的扩展、售后服务。首先,由于中小企业对信息化的投入有限,因此需要注意的是产品价格低并不代表总拥有成本低,总拥有成本还包括后续的维护成本、升级成本等。其次,中小企业最大的特点就是业务增长迅速,需要产品能随着企业业务的发展而升级,一方面满足业务的需要;另一方面也保护原有的投资。最后,服务是购买任何产品都要考虑的,但中小企业尤其看重售后服务,因为由于自身技术水平和人力所限,当产品出现故障后,他们更加依赖厂商的售后服务。具体地说,中小企业选择服务器有如下 6 大原则。

### 1）稳定可靠原则

为了保证局域网能正常运转,中小型企业选择的服务器首先要确保稳定。一个性能不稳定的服务器,即使技术再先进,也不能运行企业的应用。特别是运行企业重要业务的服务器或存放核心信息的数据库服务器,一旦出现宕机或重启,就可能造成信息的丢失或者整个系统的瘫痪,甚至给企业造成难以估计的损失。

### 2）合适够用原则

如果光考虑稳定可靠,就会使服务器采购走向追求性能,求高求好的误区,因此,合适够用原则是第二个要考虑的因素。对于中小企业而言,最重要的是从当前实际情况以及将来的扩展出发,有针对性地选择满足当前的应用需要并适当超前,投入又不太高的解决方案。另外,对于那些现有的、已经无法满足需求的服务器,可以将它改作为其他性能要求较低的服务器,如 DNS、FTP 服务器等,或者进行适当扩充,采用集群的方式提升性能,将来再为新的网络需求购置新型服务器。

3)扩展性原则

为了减少升级服务器带来的额外开销和对业务的影响,服务器应当具有较高的可扩展性,可以及时调整配置来适应企业的发展。服务器的可扩展性主要表现在几个方面,如:在机架上要有为硬盘和电源的增加留有充分余地,主机板上的插槽不但种类齐全,而且有一定数量,以便让企业用户可以自由地对配件进行增加,以保证运行的稳定性,同时也可提升系统配置和增加功能。

4)易于管理原则

所谓易于操作和管理主要是指用相应的技术来简化管理以降低维护费用成本,一般通过硬件与软件两方面来达到这个目标。硬件方面,一般服务器主板机箱、控制面板以及电源等零件上都有相应的智能芯片来监测。这些芯片监控着其他硬件的运行状态并形成日志文件,发生故障时还能做出采取相应的处理。而软件则是通过与硬件管理芯片的协作将其人性化地提供给管理员。如通过网络管理软件,用户可以在自己的计算机上监控制服务器的故障并及时处理。对于那些没有配备网络管理人员的中小企业,尤其要注意选择一台使用非常简单方便的服务器。

5)售后服务原则

对于中小型企业来说,一般不会委派专门的工作人员维护服务器,那么选择售后服务好的厂商的产品是明智的决定。在具体选购服务器时,企业应该考察厂商是否有一套面向中小企业的完善服务体系及未来在该领域的发展计划。换言之,只有那些"实力派"厂商才能真正将用户作为其自身发展的推动力,只有它们更了解中小企业的实际情况,在产品设计、价位、服务等方面更能满足中小企业的需求。

6)特殊需求原则

不同企业对信息资源的要求不同,有的企业在局域网服务器存储了许多重要的业务信息,这就要求服务器能够 24 小时不间断工作,这时企业就必须选择高可用的服务器。如果服务器中存放的信息属于企业的商业机密,那安全性就是服务器选择时的第一要素。这时要看服务器中是否安装了防火墙、入侵保护系统等,产品在硬件设计上是否采取了保护措施等。当然如果要使服务器满足企业的特殊需求,企业也需要更多的投入。

# 1.4 案例介绍

某集团为了加快信息化建设,新的集团企业网将建设一个以集团办公自动化、电子商务、业务综合管理、多媒体视频会议、远程通讯、信息发布及查询为核心,以现代网络技术为依托,技术先进、扩展性强,将集团的各种办公室、多媒体会议室、PC 终端设备、应用系统通过网络连接起来,实现内外沟通的现代化计算机网络系统。该网络系统是支持办公自动化、供应链管理、ERP 以及各应用系统运行的基础设施。公司组织结构如图 2-1-14 所示。

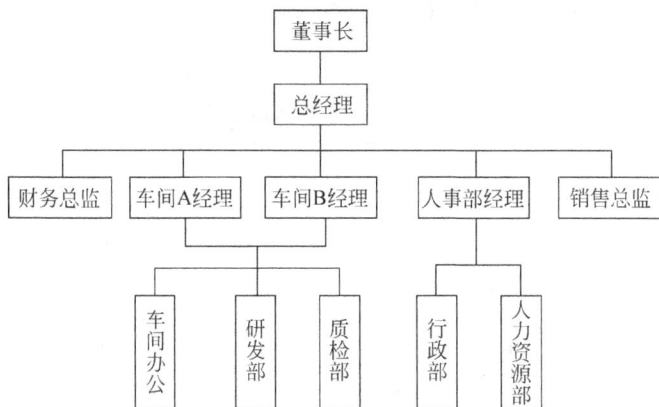

图 2-1-14　公司职能分布图

公司是通过职能部门进行不同的信息点分布,其中按照每个部门的需求来决定分布的数量(包含一部分备用点)和各部门距离网络中心的距离。通过下表可以清晰地分析整个公司的信息点和各部门的距离计算预算,如表 2-1-1 所示。

表 2-1-1　公司信息点分析表

| 部门 | 功能分布 | 信息点 | 信息点合计 | 距离核心网络 |
|---|---|---|---|---|
| 车间 A | 车间办公 | 100 | 120 | 500m |
| | 研发部 | 10 | | |
| | 质检部 | 10 | | |
| 车间 B | 车间办公 | 100 | 120 | 500m |
| | 研发部 | 10 | | |
| | 质检部 | 10 | | |
| 人事部 | 行政部 | 20 | 40 | 250m |
| | 人力资源部 | 20 | | |
| 财务部 | A 区 | 10 | 20 | 250m |
| | B 区 | 10 | | |
| 销售部 | A 区 | 50 | 150 | 500m |
| | B 区 | 50 | | |
| | C 区 | 50 | | |
| 合计 | | | 450 | 2000m |

**1. 任务一——网络需求分析**

为了确保这些关键应用系统的正常运行、安全和发展,规划设计网络系统必须具备如下的特性:

- 采用先进的网络通信技术完成集团企业网的建设,实现各分公司的信息化。
- 在整个企业集团内实现所有部门的办公自动化,提高工作效率和管理服务水平。
- 在整个企业集团内实现资源共享、产品信息共享、实时新闻发布。
- 在整个企业集团内实现财务电算化。
- 在整个企业集团内实现集中式的供应链管理系统和客户服务关系管理系统。

组建中小型企业网络

### 2. 任务二——公司子网、VLAN 和 IP 分配

（1）子网划分如表 2-1-2 所示。

表 2-1-2　公司子网划分表

| 序　号 | 子网名称 | 包含的信息点 |
|---|---|---|
| 1 | 车间 A 子网 | 车间 A 所有的计算机 |
| 2 | 车间 B 子网 | 车间 B 所有的计算机 |
| 3 | 财务部子网 | 财务部所有的计算机 |
| 4 | 人事部子网 | 人事部区所有的计算机 |
| 5 | 销售部子网 | 销售部所有的计算机 |
| 6 | 服务器群子网 | 该区所有的计算机 |
| 7 | 无线网络子网 | 该区所有的计算机 |

（2）内部网络 VLAN 的划分及 IP 的分配如表 2-1-3 所示。

表 2-1-3　公司 VLAN 的划分及 IP 地址分配表

| 序　号 | 子网名称 | 网段 IP | 网关 IP | 备　注 |
|---|---|---|---|---|
| 1 | 车间 A 子网 | 192.168.2.0/24 | 192.168.2.1 | VLAN2 |
| 2 | 车间 B 子网 | 192.168.3.0/24 | 192.168.3.1 | VLAN3 |
| 3 | 财务部子网 | 192.168.4.0/24 | 192.168.4.1 | VLAN4 |
| 4 | 人事部子网 | 192.168.5.0/24 | 192.168.5.1 | VLAN5 |
| 5 | 销售部子网 | 192.168.6.0/24 | 192.168.6.1 | VLAN6 |

### 3. 任务三——网络设备需求分析

根据集团的网络功能需求和实际的布线系统情况,楼层接入设备需要选择同一型号的设备;公司主交换机可以根据需要通过堆叠方式进行灵活的升级扩容;核心交换机需要具有升级到 720Gbps 可用背板带宽的能力。网络设备在满足功能与性能的基础上必须具有良好的性价比。网络设备应该选择拥有足够实力和市场份额的厂商的主流产品,同时设备厂商必须要有良好的市场形象与售后技术支持。

交换机的选择:企业通信量不大,结构简单,但管理要求严格,所以在核心层和接入层采用三层模块化交换机。接入交换机采用可网管交换机,实现对每台接入计算机的控制,实现 VLAN 的划分,确保最大限度的网络访问安全。核心交换机采用三层交换机,实现 VLAN 间的快速转发,借助访问控制列表控制计算机接入和网络服务。

路由器的选择:首先考虑路由表能力、整机吞吐量、端口吞吐量和背板容量等因素。采用的路由器需要提供多个快速以太网口和高速同异步口,在不购买任何模块的情况下,可以满足一般规模的网络需求。采用模块化设计,每个模块具有独立的 CPU,降低对主 CPU 的负载,提供标准插槽,具有很强的扩展性。

服务器的选择:服务器是系统中至关重要的核心设备,为各类应用提供硬件运行平台。对服务器的选择要满足当前已发展的各项业务需要,更要着眼于未来。对网络服务器的选择应从系统性能入手,通过客观分析比较,确定具有高主频处理速度和 I/O 吞吐量的服务器。产品质量要有保证,确定产品可靠性。

## 4. 任务四——网络方案设计

（1）步骤一，确定网络布线逻辑方案。网络布线主要采取外线接入公司机房,然后星状对外布线即可,如图 2-1-15 所示。电信网络通过防火墙,进入通过公司路由设备,然后由主交换机,分配到各服务器,各领导办公室,无线路由设备,办公区交换机 1,办公区交换机 2,然后通过办公区交换机 1 分配到各办公区 1,办公区交换机 2 分配到各办公区 2,由此来实现整个公司网络并然有序地工作。

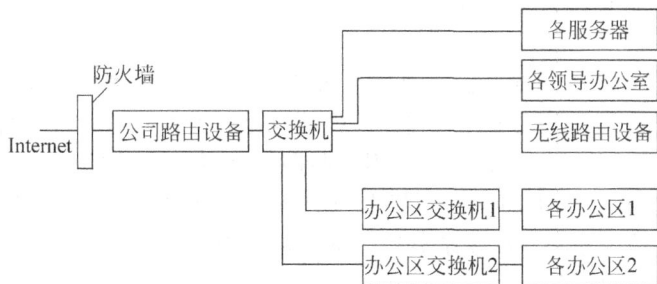

图 2-1-15　网络布线逻辑分布方案图

（2）步骤二,确定网络拓扑结构方案。红色上面虚线为外网接入,红色部分是防火墙,由防火墙进入到主交换机,然后由主交换机分配到各个分交换机,再由各个分交换机分配到各个部门的计算机,通过网络拓扑图(请参见图 2-1-16)可以清晰地了解到整个公司的网络分布。

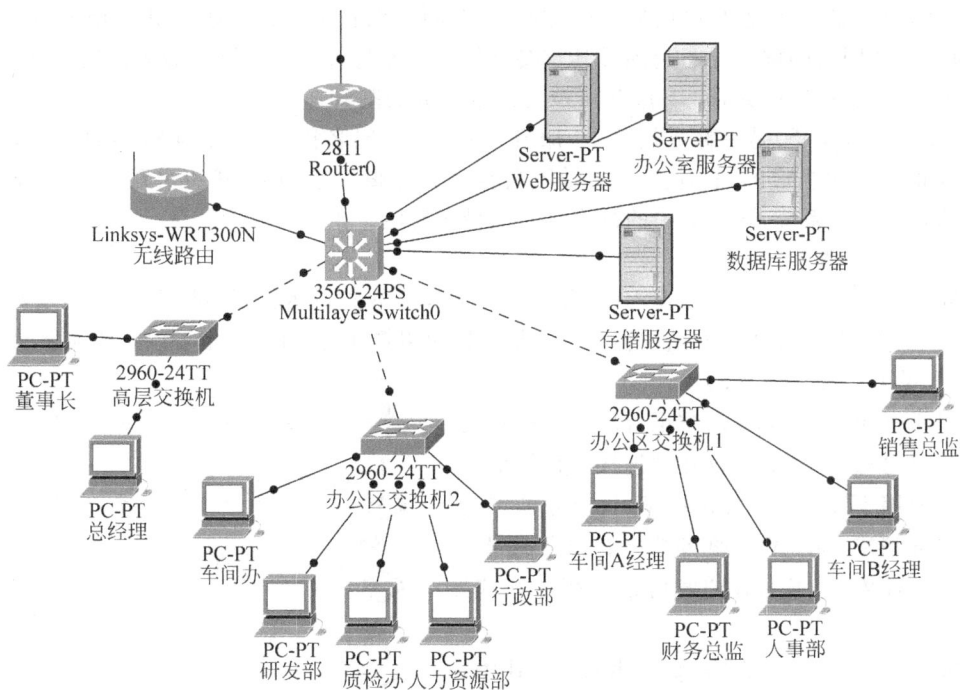

图 2-1-16　公司网络拓扑图

网络规划方案示例很好地解决了用户要求的 4 个问题,即带宽问题、安全问题、管理计费问题、灵活扩展问题。关于需要选取配置的网络服务和网络安全问题,请参看下节内容。

# 1.5 知识拓展

## 网络服务规划

本节将介绍 Windows Server 中常用的网络服务,而其中的 DHCP 服务、IP 路由服务、E-Mail 服务将在后面详细介绍,在此略过。

**1. 目录服务**

活动目录(Active Directory)是一种目录服务,它存储有关网络对象(如用户、组、计算机、共享资源、打印机和联系人等)的信息,并将结构化数据存储作为目录信息逻辑和分层组织的基础,使管理员比较方便地查找并使用这些网络信息。活动目录是一个分布式的目录服务,信息可以分散在多台不同的计算机上,保证用户能够快速访问。使 Windows Server 与 Internet 上的各项服务和协议联系紧密。Windows Server 2003 提高了活动目录的多功能性、可管理性和可靠性,使得网络应用更加方便。

**2. DNS 服务**

在网络中唯一能够用来标识计算机身份和定位计算机位置的方式是 IP 地址,但网络中往往存在许多服务器,记忆这些纯数字的 IP 地址不仅枯燥无味,而且容易出错。通过 DNS 服务器,将这些 IP 地址与形象易记的域名一一对应,用户在访问服务器或网站时使用简单易记的域名即可。通过 DNS(Domain Name System)服务,可以使用域名代替复杂的 IP 地址来访问网络服务器,使得网络服务的访问更加简单,而且可以完美地实现与 Internet 的融合,对于一个网站的推广发布起到极其重要的作用。而且许多重要网络服务的实现,也需要借助于 DNS 服务。因此,DNS 服务可视为网络服务的基础。

域名系统(DNS)是一种采用客户/服务器机制,实现名称与 IP 地址转换的系统,是由名字分布数据库组成的,它建立了叫做域名空间的逻辑树结构,是负责分配、改写、查询域名的综合性服务系统,该空间中的每个结点或域都有唯一的名字。

**3. Web 服务**

World Wide Web,即 WWW 万维网服务,用来搭建 Web 服务器,创建 Web 网站,是客户端可以通过 Web 浏览器浏览网站内容。Web 服务既可以搭建静态网站,也可以搭建动态网站。

1)Web 服务运行机制

Web 服务提供 Web 网站运行所需要的环境。Web 服务通过 HTTP 协议建立连接和传输数据,客户端使用 URL 地址来寻找 Web 服务器,向其发送服务请求;在 Web 服务器中存储管理 Web 网站的各种数据,根据客户端的请求生成相应的网页。

Web 服务基于浏览器/服务器模式,其中客户通过 Web 浏览器连接服务器并提出请求文档,服务器相应客户的请求后,将请求生成的网页或文件回传给客户,客户可以通过浏览器打开从服务器上获得网页,具体过程如图 2-1-17 所示。

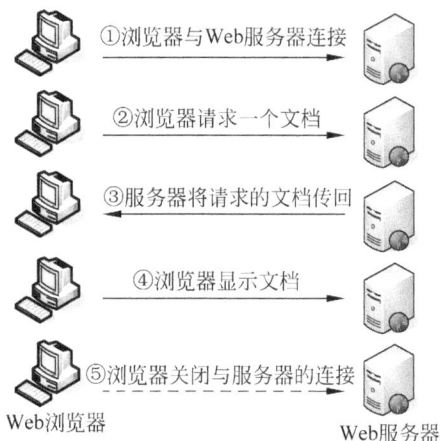

①浏览器与Web服务器连接
②浏览器请求一个文档
③服务器将请求的文档传回
④浏览器显示文档
⑤浏览器关闭与服务器的连接

Web浏览器　　　　Web服务器

图 2-1-17　Web 服务运行机制

2) IIS 7.0 介绍

Internet Information Service，即 Internet 信息服务，是 Windows Server 中的一个重要的服务组件，它提供了 Web、FTP、SMTP 和 NNTP 等主要服务，提供了可用于 Intranet、Internet 或 Extranet 上的集成 Web 服务器能力，这种服务器具有可靠性、可伸缩性、安全性以及可管理性的特点。IIS 7.0 充分利用了最新的 Web 标准（如 ASP.NET、可扩展标记语言 XML 和简单对象访问协议 SOAP)来开发、实施和管理 Web 应用程序，如图 2-1-18 所示。

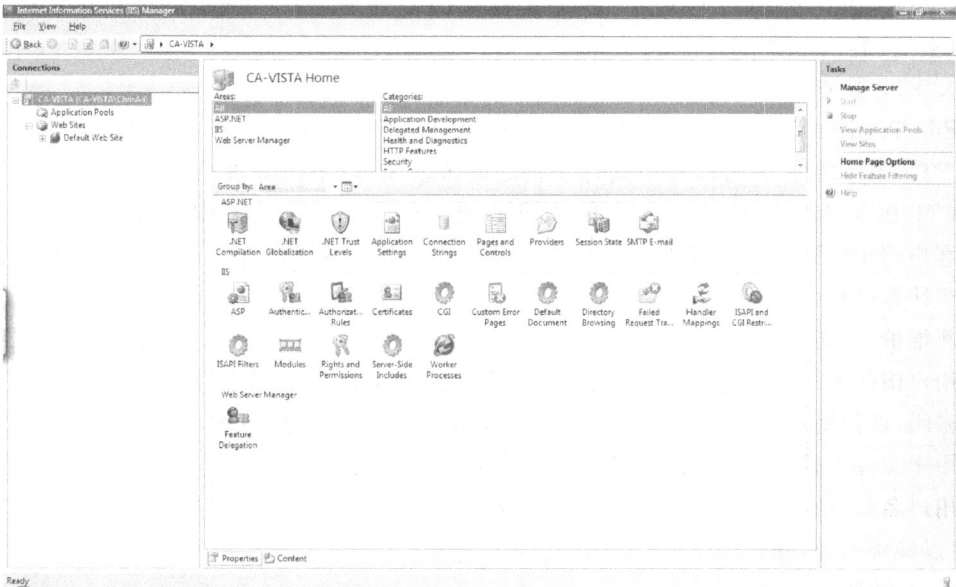

图 2-1-18　IIS 7.0 应用界面

3) Web 动态网站

动态网站是指服务器和客户端浏览器之间能够进行数据交互的网站。动态网站需要配置进行数据处理的 Web 应用程序，能够根据用户的请求动态地改变浏览器显示的 HTML 内容，实现 Web 数据库查询、网页内容调用等功能。目前实现动态网站的技术有很多种，如 ASP、CGI、PHP、JSP 等，需要分别安装相应的动态网站应用程序实现。动态网站的工作机制如图 2-1-19 所示。

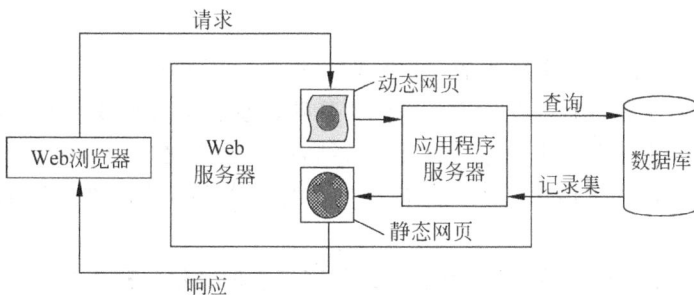

图 2-1-19　动态网站工作机制

组建中小型企业网络

### 4) 虚拟网站技术

利用 IIS 的虚拟网站功能,实现在一台服务器上搭建多个网站,无须为每个网站配置一台服务器,同时每个虚拟网站可以分别拥有独立的 IP 地址或域名,节省设备投资,便于集中管理,是中小型企业理想的网站搭建方式。多个虚拟 Web 站点运行在同一台服务器上,为企业节省投资成本;虚拟 Web 服务器配置管理与实际配置相同,也可以进行远程管理;对网站中的敏感数据,可以进行隔离,提高数据安全性;Web 站点为不同管理人员分配不同的权限,实现分级管理功能;合理分配网络带宽和 CPU 处理能力,也可以创建虚拟目录,扩展 Web 网站内容。

### 4. FTP 服务

File Transfer Protocol,即文件传输协议,用于在局域网或 Internet 中传输文件。通过搭建 FTP 服务器,用户可以在不同计算机之间传输文件,不需要借助第三方工具,使用便捷。FTP 服务可以控制文件的双向传输,可以将文件从 FTP 服务器中传输到客户端,也可以从客户端传输到 FTP 服务器中。FTP 属于 TCP/IP 协议栈,支持 TCP/IP 协议的不同操作系统计算机间均可传输文件。目前,FTP 主要实现以下功能:软件高速下载,Web 网站的更新维护,不同类型计算机间文件传输。

用户访问 FTP 网站的方式为:匿名 FTP 和用户 FTP。匿名 FTP 无须输入用户名和登录密码,任何用户都可以访问该 FTP 网站,即默认自动使用 anonymous 帐号进行登录。主要用于文件下载功能,不会影响到 FTP 服务器的安全。如果需要使用用户 FTP 时,必须应用用户名和密码进行登录,根据拥有的权限对文件进行操作。对不同用户赋予不同的权限,可以确保服务器的安全。

### 5. 证书服务

证书服务是保障网络安全的重要服务,每个用户可以申请自己的专属证书,即数字证书,用来加密网络中传输的数据。网络办公、网络政务、网上银行、在线交易领域都可以利用数字证书保障网络安全。

数字证书与公钥密码体制紧密相关。在公钥密码体制中,每个实体都有一对互相匹配的密钥:公开密钥(Pubic Key 公钥)和私有密钥(Private Key 私钥)。公开密钥为一组用户所共享,用于加密或验证签名,私有密钥仅为证书拥有者本人所知,用于解密或签名。当发送一份秘密文件时,发送方使用接收方的公钥对该文件加密,而接收方则使用自己的私钥解密。因为接收方的私钥仅为本人所有,其他人无法解密该文件,所以能保证文件安全到达目的地。

网上进行的任何需要安全服务的通信都是建立在公钥的基础之上的,而与公钥成对的私钥只掌握在与之通信的另一方。这个信任的基础是通过公钥证书的使用来实现的。公钥证书就是一个用户的身份与他所持有的公钥的结合,在结合之前由一个可信任的权威机构 CA 来证实用户的身份,然后由其对该用户身份及对应公钥相结合的证书进行数字签名,以证明其证书的有效性。

一份经过签名的文件如有改动,就会导致数字签名的验证过程失败,这样就保证了文件的完整性。因此以数字证书为核心的加密传输、数字签名、数字信封等安全技术,使得在 Internet 上可以实现数据的真实性、完整性、保密性及交易的不可抵赖性。

### 6. Media 服务

Media 流媒体是指采用流式传输的方式在 Internet 播放的媒体格式,是具有实时特征的媒体内容编码数据流。流媒体传输服务是把声音、影像或动画等多媒体信息由网络中音视频服务器向用户终端(如 PC、PDA 等)连续、实时传送,用户不必等到整个文件全部下载完成,而只需经过几秒或数十秒的启动延时(缓冲),即可在用户的计算机上利用解压设备(硬件或软件)对压缩的多媒体数据进行解压回放。

流传输的种类分为顺序传输和实时传输。顺序流式传输是顺序下载,在下载文件的同时用户可以观看,但是,用户的观看与服务器上的传输并不是同步进行的,用户是在一段延时后才能看到服务器上传出来的信息,即用户看到的总是服务器在若干时间以前传出来的信息。在这过程中,用户只能观看已下载的那部分,而不能要求跳到还未下载的部分。适应场合是高质量的短片段和在网站上发布供用户点播的音视频节目,不支持现场广播,严格说来,只是一种点播技术。实时流式传输总是实时传送,因而特别适合现场事件,且支持随机访问,用户可对观看内容进行快进或后退以观看前面或后面的内容。必须保证多媒体信号带宽与网络连接相匹配。适应场合:支持现场广播,随机访问,如演说、视频监控、视频会议。必须匹配带宽,否则帧丢失或拥塞引起图像质量差。

目前市场上主流的流媒体技术有 3 种:Apple 公司的 QuickTime、RealNetworks 公司的 RealMedia、Microsoft 公司的 Windows Media,每一家的流媒体平台都包括媒体服务器、流媒体编码器和流媒体播放器。

### 7. NAT 服务

Network Address Translation,即网络地址转换,它是一个 IETF 标准,允许一个机构以一个地址出现在 Internet 上。NAT 将每个局域网结点的地址转换成一个 IP 地址,反之亦然。它也可以应用到防火墙技术里,把个别 IP 地址隐藏起来不被外界发现,使外界无法直接访问内部网络设备,同时,它还帮助网络可以超越地址的限制,合理地安排网络中的公有 Internet 地址和私有 IP 地址的使用。

### 8. VPN 服务

Virtual Private Network,即虚拟专用网。被定义为通过一个公用网络(通常是 Internet)建立一个临时的、安全的连接,是一条穿过混乱的公用网络的安全、稳定的隧道。依靠 ISP(Internet 服务提供商)和其他 NSP(网络服务提供商),在公用网络中建立专用的数据通信网络的技术。在虚拟专用网中,任意两个结点之间的连接并没有传统专网所需的端到端的物理链路,而是利用某种公众网的资源动态组成的。VPN 是对企业内部网的扩展。一般以 IP 为主要通信协议。

VPN 的主要目的是保护传输数据,是保护从信道的一个端点到另一端点传输的信息流。信道的端点之前和之后,VPN 不提供任何的数据包保护。VPN 的基本功能包括:加密数据,信息验证和身份识别,提供访问控制、地址管理、密钥管理、多协议支持。

# 1.6　问题与思考

1. 简述企业网络规划设计目标。
2. 阐述完整的中小型企业网络规划设计方案。

# 模块 2      交换机及 VLAN 的配置

## 2.1   应 用 环 境

随着局域网技术的快速发展,以交换机为核心设备的交换式网络目前已成为局域网建设的主流。如何选择,连接并配置交换机使其满足本单位的网络应用需求已成为单位网管人员面临的主要问题。同时随着局域网规模的扩大,交换机数量的增多,不断产生的网络广播风暴消耗了大量的网络带宽,导致正常的网络应用无法实现,VLAN 技术的出现很好地解决了这一难题。

## 2.2   学 习 目 标

本模块主要以传统的二层交换机为例讲述以太网交换技术,通过此模块的学习,可以了解交换机的工作原理并学会网管型交换机的基本配置方法和基础命令;了解 VLAN 的工作原理、划分方式以及基本配置;在知识拓展部分还会学习到 VTP 的基本概念及配置过程等知识。

## 2.3   相 关 知 识

### 2.3.1   交换机基础

随着局域网技术的快速发展,以交换机为中心设备的交换式网络已成为局域网建设的主流。目前交换机已经从传统的二层交换技术发展到四层交换技术,功能也日益强大。传统的二层交换机工作在 OSI 模型中的第二层——数据链路层。交换机通常拥有一条高带宽的背部总线和内部交换矩阵,所有端口都挂接在这条背部总线上。当某个端口接收到数据帧后,会根据数据帧中的目的 MAC 地址来查找内部 MAC 地址表以确定目的 MAC 地址连接在哪个端口上,通过内部交换矩阵迅速将数据帧转发到目的端口;如果接收到的数据帧中的目的 MAC 地址不在地址表中,则广播到除接收端口之外的所有端口,接收端口响应后交换机会自动"学习"到新的地址,并把它添加到内部 MAC 地址表中;如果接收到的数据帧是广播帧则转发到除接收端口之外的所有端口。同一时刻交换机可在多个端口对之间建立通信链路进行数据帧的转发。与传统的集线器相比,交换机可以有效地隔离冲突域,但它不能阻止广播帧,即连接在同一交换机的各个端口上的设备处于同一个广播域中。

## 1. 交换机的交换模式

所谓交换模式是指交换机将数据帧从一个端口转发到另一个端口的处理方式,主要有3种模式。

(1)存储转发(Store-and-forward)模式:交换机完全接收整个数据帧,并在CRC校验无误之后才进行转发操作。这种模式虽然增加了传输延迟,但是保证了数据帧的无差错传输,而且可以支持数据帧在不同速度的端口之间的转发。

(2)快速转发(Fast-forward)模式:交换机在接收数据帧时,一旦检测到目的MAC地址就立即进行转发操作,数据帧不经过校验、纠错而直接转发,错误的数据帧仍然被转发到网络上。这种模式的优点在于端口交换延时小,交换速度快。

(3)自由分段(Fragment-free)模式:交换机接收数据帧时,一旦检测到该数据帧的长度大于64字节就进行转发操作。因为如果数据帧的长度小于64字节则通常认为是冲突碎片,所谓冲突碎片是指因网络冲突而受损的数据帧碎片。冲突碎片并不是有效的数据帧,因此被丢弃。这种模式的性能介于存储转发模式和快速转发模式之间。

交换机的3种交换模式应用在不同的场合,如存储转发模式一般应用在通信链路质量较差,网络工作不稳定的场合,快速转发模式则用于通信链路质量较好,网络工作稳定的场合,自由分段模式则应用于两者之间的网络环境。

## 2. 交换机转发数据帧的过程

交换机是一种基于MAC地址识别,能完成封装转发数据包功能的二层网络设备。交换机可以"学习"MAC地址,并把其存放在内部的MAC地址表中。当收到数据帧后,接收端口会查找内部MAC地址表以确定目的MAC地址连接在哪个端口上,随后通过内部交换矩阵,迅速地将该数据帧转发到目的端口。通过在数据帧的发送者和接收者之间建立临时交换链路使数据帧直接由源地址转发到目的地址。

交换机在转发数据帧时需要遵守以下4条策略:

(1)交换机根据收到数据帧中的源MAC地址建立该地址同交换机端口间的映射,并将其写入内部MAC地址表中。

(2)交换机将接收到的数据帧中的目的MAC地址同已建立的内部MAC地址表进行比较,以决定向哪个端口进行转发。

(3)如数据帧中的目的MAC地址不在MAC地址表中,则向除接收端口之外的所有端口转发,这一过程称为泛洪(flood)。

(4)广播帧及某些特殊帧也向除接收端口之外的所有端口转发。

在了解了交换机转发数据帧的策略之后,下面以图2-2-1为例详细讲述其具体转发过程。

当主机A发送广播帧时,交换机从E0端口接收到目的地址为FFFF.FFFF.FFFF的数据帧,则向E1、E2、E3和E4端口转发该数据帧。

当主机B向主机C发送数据帧时,交换机从E1端口接收到目的地址为0260.8c01.2222的数据帧,查找MAC地址表后发现0260.8c01.2222并不在表中,因此交换机仍然向E0、E2、E3和E4端口转发该数据帧。

当主机D向主机F发送数据帧时,交换机从E3端口接收到目的地址为0260.8c01.6666的数据帧,查找地址表后发现0260.8c01.6666也位于E3端口,即与源地址处于同一个网

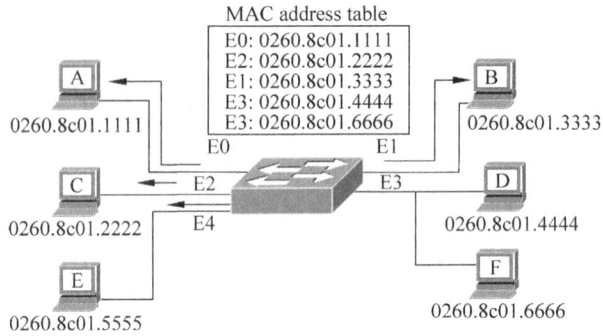

图 2-2-1　交换机转发数据帧过程

段,此时交换机不会转发该数据帧,而是直接丢弃。

当主机 C 向主机 A 发送数据帧时,交换机从 E2 端口接收到目的地址为 0260.8c01.1111 的数据帧,查找地址表后发现 0260.8c01.1111 位于 E0 端口,所以交换机将数据帧转发至 E0 端口,这样主机 A 即可收到该数据帧。

如果在主机 C 向主机 A 发送数据帧的同时,主机 E 也正在向主机 B 发送数据帧,这时交换机内部会在端口 E2 和 E0、E4 和 E1 之间建立两条通信链路而且这两条链路上的数据通信互不影响。该链路仅在通信时建立,一旦数据传输完毕,相应的链路也随之拆除。

**3. 交换机的常见接口和连接方式**

作为交换式网络的核心设备,随着交换机功能的不断增强,接口类型也变得非常丰富,为了让大家对这些接口有一个比较清晰的认识,特做一些简单的介绍。

1) 交换机的常见接口

RJ-45 接口:专业术语为 RJ-45 连接器,俗称"水晶头",是现在最常见的交换机接口属于双绞线以太网接口类型。这种接口在 10Base-T、100Base-TX、1000Base-TX 的以太网中都可以使用,传输介质都是双绞线,根据带宽的不同对介质的要求也不同,例如千兆以太网至少要使用超五类线甚至有时还要使用 6 类线。

SC 光纤接口:SC 光纤接口在 100Base-FX 以太网中就已经得到了应用,现在常用于千兆网络。SC 光纤与 RJ-45 接口表面看上去很相似,区别主要在于里面的触片,如果是 8 条细铜触片,则是 RJ-45 接口;如果里面是一根铜柱,则是 SC 光纤接口。

AUI 接口:AUI 接口是一种 D 型 15 针接口,专门用于连接粗同轴电缆,在令牌环网或总线型网络中使用,现在已很少使用。

BNC 接口:BNC 接口专门用于连接细同轴电缆,现在交换机已经不再使用 BNC 接口,只有一些早期的以太网交换机和集线器还提供 BNC 接口。

Console 接口:它是专门用于对可管理交换机进行配置和管理的,交换机进行初始配置时必须通过该接口进行连接和配置。不同类型的交换机 Console 端口所处的位置不同,通常端口的上方或侧方会有类似 CONSOLE 字样的标识。绝大多数交换机的配置口都采用 RJ-45 端口,但也有少数采用 DB-9 或 DB-25 串口。对交换机继续配置时需要通过专门的 Console 线连接至计算机的串口。以上几种接口如图 2-2-2 所示。

2) 交换机的常见连接方式

在局域网中为了扩展交换机的端口数量和距离需要对交换机进行连接,常用的连接方

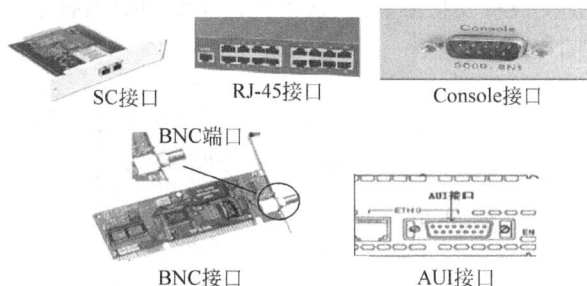

图 2-2-2 交换机的各种接口

式主要有两种：级联和堆叠。下面针对这两种连接方式，分别给予介绍。

级联：这是最常用的一种多台交换机连接方式，它可以通过交换机上的级联口（UpLink）也可以通过普通端口进行连接。

使用普通端口级联：所谓普通端口级联就是通过交换机的普通端口进行连接，需要注意的是，这时所用的连接双绞线要用交叉线，其连接方式如图 2-2-3 所示。

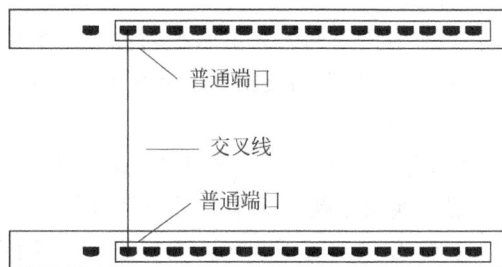

图 2-2-3　普通端口级联

使用 Uplink 端口级联：一些交换机中通常会提供一个 Uplink 端口，该端口是专门为上行连接提供级联的，只需使用直通线将该端口连接至其他交换机上除"Uplink 端口"外的任意端口即可（注意，Uplink 端口之间不能相互连接），如图 2-2-4 所示。

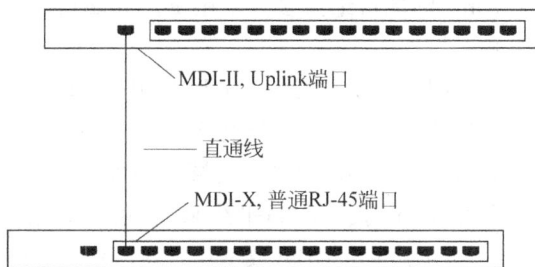

图 2-2-4　Uplink 端口级联

注意：现在的交换机都支持"极性翻转"功能，会根据端口类型自动匹配，因此在使用普通端口进行级联时也可以使用直通线。

堆叠：交换机的堆叠是通过堆叠线缆，从一台交换机的 UP 堆叠端口直接连接到另一台交换机的 DOWN 堆叠端口。参加堆叠的所有交换机可视为一个整体来进行管理，但是

组建中小型企业网络

堆叠时必须满足：首先交换机支持堆叠，其次需要使用专门的堆叠电缆和堆叠模块，最后堆叠中的交换机必须是同一品牌。

其连接示意如图 2-2-5 所示。

虽然级联和堆叠都可以扩展交换机的端口，但两者有明显的区别：交换机的级联可以扩充端口还可以扩展距离，堆叠一般只能扩充端口数量；级联一般采用上联端口或普通端口，而堆叠必须采用专用的堆叠模块和堆叠电缆；不同品牌、不同型号的交换机可以互相级联，堆叠则必须在同类型的交换机之间进行；交换机不能无限制级联，级联的层次较多时会引起广播风暴，导致网络性能严重下降而堆叠则是将整个堆叠单元作为一台交换机来使用，这不但意味着端口数量的增加，而且意味着总带宽的增加。

图 2-2-5　交换机的堆叠

**4. 交换机的配置方式及步骤**

交换机的配置一直以来是作为衡量网管人员水平高低的一个重要而又基本的标志而且具体的配置命令会因不同厂家、不同品牌的交换机而有所差异，本文只是讲述通用的配置方法，使大家能够举一反三、融会贯通。

可管理的交换机上一般都有一个 Console 端口，它是专门用于对交换机进行配置的。通过 Console 端口连接并配置交换机是初始化配置必须经过的步骤。其他的配置和管理方式（如 Web 方式、Telnet 方式等）必须通过 Console 端口进行基本配置后才能进行，因为其他方式往往需要通过 IP 地址或设备名称等才可以实现，所以通过 Console 端口连接并配置交换机是最常用、最基本也是网络管理员必须掌握的管理和配置方式。这里我们以常见思科 2950 交换机为例来讲述。

1）物理连接

不同类型的交换机 Console 端口所处的位置不同，通常在管理端口的附近都会有类似 CONSOLE 字样的标识。Console 端口绝大多数采用 RJ-45 端口，也有少数采用 DB-9 串口端口或 DB-25 串口端口。

无论交换机采用 DB-9 或 DB-25 串行接口，还是采用 RJ-45 接口，都需要通过专门的 Console 线连接至配置计算机（终端）的串口。与交换机 Console 端口相对应，Console 线也分为两种：一种是串行线，即两端均为串行接口（两端均为母头）；另一种是两端均为 RJ-45 接头的扁平线。对于两端均为 RJ-45 接口的扁平线来说，由于无法直接与计算机串口进行连接，因此还必须同时使用一个 RJ45-to-DB9（或 RJ45-to-DB25）的适配器。通常情况下，在交换机的包装箱中都会随机赠送这么一条 Console 线和相应的 DB-9 或 DB-25 适配器。

2）软件配置

在物理连接准备好之后，可以利用 Windows XP 的超级终端程序对交换机进行配置，具体步骤如下：

（1）打开"开始"菜单，选择"程序"→"附件"→"通讯"→"超级终端"命令，会打开如图 2-2-6 所示的窗口。

随意输入一个名称,然后选择一个图标,单击"确定"按钮。

(2) 在"连接时使用"下拉列表框中选择与交换机相连的计算机串口。单击"确定"按钮,如图 2-2-7 所示。

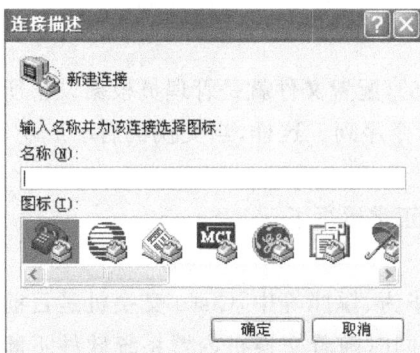

图 2-2-6  打开超级终端程序

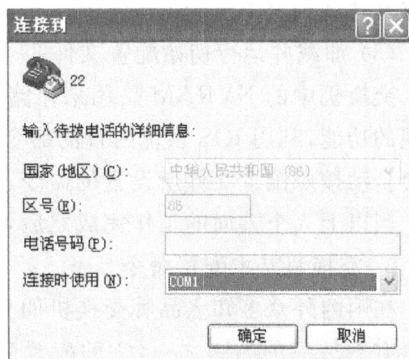

图 2-2-7  选择连接端口

(3) 如图 2-2-8 所示输入参数,输入完毕,单击"确定"按钮。

(4) 给交换机加电,如果连接正常将会出现交换机的初始配置画面。

**5. 交换机的硬件组成及启动过程**

如同计算机可以通过不断升级操作系统软件来实现更多的功能一样,对于可管理型交换机来说,也可以通过升级其内置的系统软件实现更多的功能。同时在交换机的使用中常会遇到各种各样的故障,因此了解交换机的具体软硬件组成和启动过程有利于扩展交换机的功能、排除交换机的故障等。交换机和普通的 PC 类似,有着自己的软硬件系统。软件主要是 IOS(Internetwork Operation System),硬件部分则主要包括以下几个部分。

图 2-2-8  选择连接参数

(1) CPU(中央处理器):用来控制交换机各部分的工作。

(2) ROM(只读存储器):用来存储引导程序,类似于计算机系统的 BIOS。

(3) FLASH(闪存):用来保存 IOS 映像文件,类似于计算机系统的硬盘。

(4) RAM(可读写存储器):存储当前运行的配置文件,类似于计算机系统的内存。

(5) NVRAM(非易失性可读性存储):用于保存 IOS 启动时读入的配置文件。

交换机启动过程主要包含以下几个步骤:

(1) 加电自检。

交换机加电后,首先会进行自检(POST)。自检过程类似于计算机系统的加电自检过程。在自检过程中,交换机会执行存储在 ROM 内的诊断程序,对所有的硬件模块进行检查,以确定所有的硬件是否都能正常工作。

（2）查找并加载操作系统文件。

Cisco 交换机的操作系统是 IOS（Cisco 互联网络操作系统），一般情况下，Cisco IOS 软件是存放在交换机 FLASH 中的。在交换机自检完成后，ROM 中的引导程序就会找到 IOS 并将其加载到交换机的 RAM 中。

（3）加载并运行初始配置文件。

交换机中的 NVRAM 是用来存储初始配置文件的，配置文件就是管理员根据设备所要实现的功能，利用 IOS 系统内置的命令编写的一套命令序列。这样，当交换机启动成功后，就会自动按照配置文件所设置的命令工作。

当以上 3 个方面的工作完成之后，交换机就可以正常运行了。

**6. 交换机基本配置命令**

在国内外众多知名品牌交换机如 Cisco（思科）、华为、锐捷等中，Cisco 交换机是目前市场占有率较高的品牌之一，它的配置命令比较典型，同时随着交换机内置系统软件不断升级，功能越来越多，Cisco 本身的配置命令也在变化之中，不同系列的产品配置命令上也有细微的不同。本文主要以思科公司的 Catalyst 2950 系列交换机为基础讲述基本的配置命令，使用户对交换机的基本配置有所了解，具体的应用可以参阅相应的书籍。

1）交换机的命令模式

思科交换机常使用 CLI（Command-Line Interface）界面进行配置，中文名称为"命令行界面"，CLI 命令的特点主要有：

（1）不区分大小写。

（2）支持简写，只要命令中包含的字符数足以与其他当前可用的命令和参数区别开来即可。

（3）支持命令历史，可以用上下键翻阅命令历史。

（4）支持"?"命令，输入后可以显示当前模式下的所有命令或命令参数。

Cisco IOS 包括 6 种不同的命令模式：用户模式（User EXEC）、特权模式（Privileged EXEC）、VLAN 模式（VLAN Database）、全局配置模式（Global configuration）、接口模式（Interface configuration）和线性模式（Line configuration）。不同的模式下，CLI 界面中会出现不同的提示符。表 2-2-1 列出了 6 种 CLI 命令模式的提示符、访问及退出命令。

表 2-2-1 交换机的常用命令模式

| 命 令 模 式 | 命令提示符 | 访 问 命 令 | 退 出 命 令 |
|---|---|---|---|
| 用户模式 | Switch> | | Exit |
| 特权模式 | Switch# | Switch>enable | 输入 disable，返回用户模式 |
| VLAN 模式 | Switch(vlan)# | Switch# vlan database | 输入 EXIT，返回特权模式 |
| 全局模式 | Switch(config)# | Switch# configure terminal | 输入 EXIT，返回特权模式 |
| 接口模式 | Switch(config-if) | Switch(config)# interface | 输入 EXIT，返回全局模式 |
| 线性模式 | Switch(config-line) | Switch(config)# line console 0 或 Switch(config)# line vty 0 15 | 输入 EXIT，返回全局模式 |

**注意**：在"接口模式"和"线性模式"中输入"end"可直接返回到特权模式，此外也可以在"全局配置模式"下创建 VLAN。

2）交换机基本配置命令

为了实现不同的功能，交换机的配置命令也不同，这里只能列出基本的命令和解释，其他的请自行参考交换机的说明手册。

（1）帮助命令"?"。

| | |
|---|---|
| 提示符 ? | 列出当前模式下支持的所有命令 |
| 提示符 c? | 列出所有以字母 c 开头的命令 |
| 提示符 命令 ? | 列出当前命令下支持的所有可用参数 |

（2）显示类命令。

| | |
|---|---|
| switch# **show version** | 显示操作系统版本号 |
| switch# **show running - config** | 显示当前配置信息 |
| switch# **show startup - config** | 显示初始配置信息 |
| switch# **show interfaces** | 显示接口配置信息 |
| switch# **show vlan** | 显示所有 vlan 的信息 |

（3）基本操作命令。

| | |
|---|---|
| Switch> **enable** | 进入特权模式 |
| switch# **configure terminal** | 进入全局配置模式 |
| switch(config)# **hostname S1** | 更改交换机名为 S1 |
| S1(config)# **enable password CISIO** | 更改进入特权模式密码为 CISIO |
| S1 (config)# **interface vlan1** | 进入交换机接口模式 |
| S1 (config - if)# **ip address** ip 地址 子网掩码 | 配置交换机管理 IP 地址 |
| S1 (config - if)# **no shutdown** | 启用交换机网接口 |
| S1 (config - if)# **end** | 返回特权模式 |
| S1# **copy running - config startup - config** | 保存当前配置文件 |
| S1# **exit** | 返回用户模式 |

（4）端口配置命令。

| | |
|---|---|
| S1 (config)# **interface fa0/1** | 进入端口 1 |
| S1 (config - if)# **speed 100** | 设置端口速率为 100M |
| S1 (config - if)# **duplex full** | 设置为全双工模式 |
| S1 (config - if)# **description string** | 设置端口描述 |

**注意**：通常在交换机的命令之前加 no，以取消使用该命令。

## 2.3.2　VLAN 基础

### 1. VLAN 的基本概念

我们知道，交换机只能隔离冲突域，但是不能隔离广播域。路由器虽然能够隔离广播域，但是其性能往往成为数据交换的瓶颈，同时局域网中的很多协议，如 ARP（地址解析协议）、DHCP（动态主机配置协议）等都是使用广播包来通信的，客观上也要求广播包的存在。但是如果网络中的广播包达到一定的数量，则会引起广播风暴从而极大地消耗网络带宽，造成网络堵塞，VLAN 的出现很好地解决了这一问题。

1）VLAN 的定义和优点

VLAN（Virtual LAN）中文名称"虚拟局域网"，是一种将局域网设备从逻辑上划分成一个个网段,从而实现虚拟工作组的数据交换技术。这一技术主要应用于支持 VLAN 协议的交换机,由于它是从逻辑上划分,而不是从物理上划分,所以同一个 VLAN 内的各个工作站没有必要限制在同一个物理区域中,即这些工作站可以出现在不同的物理位置。VLAN 技术的出现使得管理员可以根据实际网络应用把同一物理局域网内的不同计算机从逻辑上划分成不同的广播域,VLAN 的出现有助于控制流量、减少设备投资、简化网络管理、提高网络的安全性。

在了解了 VLAN 的概念之后,下面介绍划分 VLAN 之后有什么好处:

(1) 隔离广播域。同一 VLAN 中的广播包不会被转发到 VLAN 之外,这样可以减少广播流量,增加给用户应用的带宽。

(2) 增强局域网的安全性。数据包在不同 VLAN 间的传输是相互隔离的,即不同 VLAN 间的用户不能直接通信,VLAN 间的通信需要通过路由器或三层以上的交换设备。

(3) 增加了网络连接的灵活性。借助 VLAN 技术,可以将不同地点、不同网段、不同用户组合在一起,形成一个虚拟的网络环境,就像使用本地局域网一样,同时还可以降低移动或变更工作站地理位置的管理费用。

2) VLAN 的划分方法

VLAN 在交换机上的划分方式,常用的有 3 种。

(1) 基于端口划分的 VLAN。

这是目前应用最广泛、最有效的一种 VLAN 划分方法,绝大多数支持 VLAN 的交换机都提供这种 VLAN 配置方法。这种划分方法是根据交换机端口来划分的,因此称为基于端口的划分。它的优点是 VLAN 定义简单,只要将端口加入相应的 VLAN 即可,适合于任何大小的网络;缺点是如果某用户离开了原来的端口,则必须重新定义。

(2) 基于 MAC 地址划分的 VLAN。

这种划分 VLAN 的方法是通过查找每个端口所连主机的网卡 MAC 地址来划分,因为每一块网卡的 MAC 地址具有全球唯一性。这种划分方式允许用户从一个物理位置移动到另一个物理位置时,自动保留其所属 VLAN 的成员身份。这种划分方法的最大优点就是当用户物理位置移动时,即从一个交换机换到其他的交换机时,VLAN 不用重新配置;缺点是初始化时,所有的主机都必须进行配置。如果有几百个甚至上千个用户的话,配置工作是非常繁重的,所以这种划分方法通常适用于小型局域网。另外,对于使用笔记本电脑的用户来说,其网卡可能经常更换,这样 VLAN 就必须经常配置。

(3) 基于 IP 地址划分的 VLAN。

这种基于 IP 地址划分 VLAN 的方法是根据所连每个主机的 IP 地址划分的,这样只要用户的 IP 地址不变,就可以在网络内部自由移动,但其 VLAN 成员身份仍然保留不变。

这种方法的优点是用户的物理位置改变了,不需要重新配置所属的 VLAN;缺点是效率低,因为检查每一个数据包的网络层地址是需要消耗处理时间的(相对于前面两种方法)。

**2. VLAN 的工作原理**

掌握 VLAN 的工作原理在对局域网进行 VLAN 划分时非常重要,因为划分 VLAN 之后虽然可以很好地控制广播域,但是数据帧的传输过程也变得异常复杂,配置过程也很复杂。这里就常见的两种情况作一简单介绍。

在同一交换机上划分 VLAN,如图 2-2-9 所示。

划分 VLAN 前,PC A 发出的广播帧会被转发除端口 1 之外的所有的端口;划分 VLAN 后,PC A 发出的广播帧就只会被转发给同属于红色 VLAN 的端口 2、端口 3,不会再转发给属于绿色 VLAN 的端口 4、端口 5 和端口 6;同理,PC D 发送广播信息时,只会被转发给属于绿色 VLAN 的

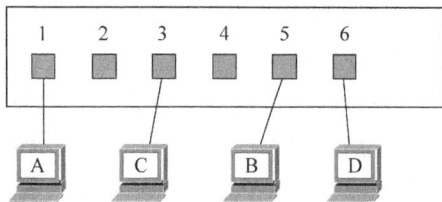

图 2-2-9　同一交换机上划分 VLAN

端口 4、端口 5,不会被转发给属于红色 VLAN 的端口。就这样,VLAN 通过限制广播帧转发的范围分割了广播域。

以上只是在单台交换机设置 VLAN 时的情况。当需要设置跨越多台交换机的 VLAN 时又如何呢?在具体介绍之前,先讲一下交换机的端口类型,通常在划分 VLAN 的时候会涉及两种端口:一种是"访问端口",这种端口的特征是只属于一个 VLAN,且仅向同 VLAN 的其他端口转发数据帧,在大多数情况下所连的是客户机;另外一种端口是"汇聚端口",指的是能够转发来自不同 VLAN 的通信数据的端口,这种端口转发的数据帧都被附加了用于识别属于哪个 VLAN 的特殊信息。

在规划网络时,如果遇到隶属于同一部门的用户分散在不同的物理位置,这时就需要考虑到如何跨越多台交换机设置 VLAN 的问题了。最直观的方法是在每个互联的交换机之间各占用一个接口作为 VLAN 之间的连接,有几个 VLAN 就占用几个接口。显然这种办法存在很大问题,划分的 VLAN 越多,交换机间互联所需的端口也越多,这时就要采用交换机的汇聚端口功能了。只需要简单地将交换机间互联的端口设定为汇聚端口即可。接下来具体看看汇聚端口是如何实现跨越交换机间的 VLAN 的,如图 2-2-10 所示。

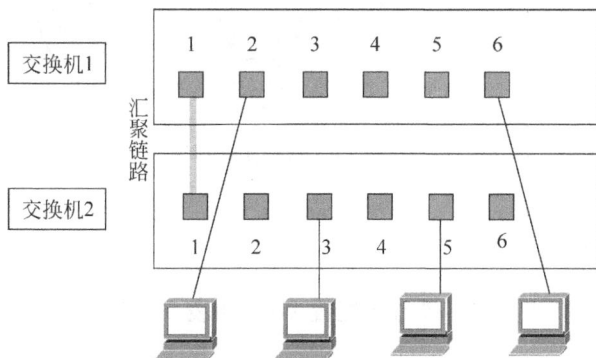

图 2-2-10　跨交换机划分 VLAN

PC A 发送的数据帧从交换机 1 经过汇聚端口 1 到达交换机 2 时,在数据帧上附加了表示属于红色 VLAN 的标记。交换机 2 收到数据帧后,经过检查 VLAN 标识发现这个数据帧是属于红色 VLAN 的,因此去除标记后根据需要将复原的数据帧只转发给其他属于红色 VLAN 的端口,这时的转发是指经过确认目标 MAC 地址并与 MAC 地址表比对后只转发给目标 MAC 地址所连的端口,只有当数据帧是一个广播帧、多播帧或是目标不明的帧时,它才会被转发到所有属于红色 VLAN 的端口。蓝色 VLAN 发送数据帧时的情形也与此相同。

通过汇聚端口时附加的 VLAN 识别信息,支持标准的 IEEE 802.1Q 协议或者是 Cisco

产品独有的 ISL(Inter Switch Link)协议。如果交换机支持这些协议,那么用户就能够实现跨多台交换机之间的 VLAN。由于汇聚链路上流通着多个 VLAN 的数据,负载较重,因此汇聚链接的端口最小需要达到 100Mbps 以上的传输速度。另外,默认汇聚端口同时属于交换机上所有的 VLAN,会转发交换机上存在的所有 VLAN 的数据,在实际应用中可以通过设定限制能够经由汇聚链路的 VLAN 数据来减轻交换机的负载,从而也减少了对带宽的浪费。

# 2.4 案例介绍

某单位需要将教学科、财务科两个部门分别与其他部门独立出来,并且这两个部门不能相互通信。现有设备如下:Cisco Catalyst 2950 交换机 2 台、计算机 4 台,拓扑图如图 2-2-11 所示,为了实现这一要求,配置步骤如下。

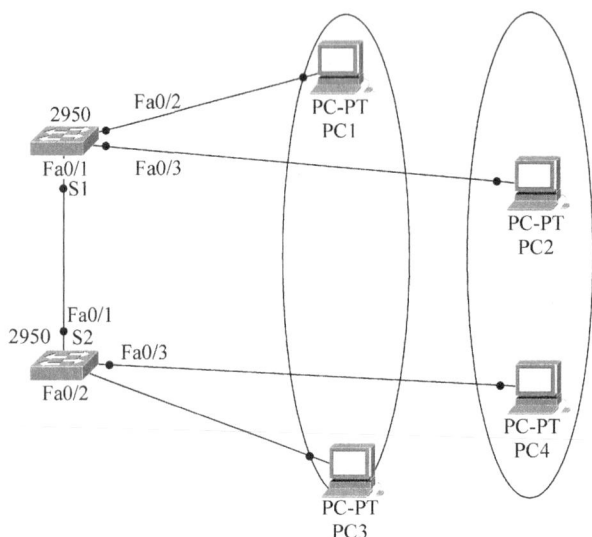

图 2-2-11　案例拓扑图

## 2.4.1 前期工作

在划分 VLAN 前需要进行一些初始配置工作,如表 2-2-2 所示。

表 2-2-2　初始配置表

| 计算机 | IP 地址和子网掩码 | 交换机端口 | VLAN 号 | 隶属部门 | 交换机名称 | 交换机管理 IP |
|---|---|---|---|---|---|---|
| PC1 | 192.168.1.10<br>255.255.255.0 | S1 -fa0/2 | VLAN 10 | 教学科 | S1 | 192.168.1.1<br>255.255.255.0 |
| PC2 | 192.168.1.11<br>255.255.255.0 | S1 -fa0/3 | VLAN 20 | 财务科 | S1 | 192.168.1.1<br>255.255.255.0 |
| PC3 | 192.168.1.12<br>255.255.255.0 | S2 -fa0/2 | VLAN 10 | 教学科 | S2 | 192.168.1.2<br>255.255.255.0 |
| PC4 | 192.168.1.13<br>255.255.255.0 | S2 -fa0/3 | VLAN 20 | 财务科 | S2 | 192.168.1.2<br>255.255.255.0 |

## 2.4.2　在交换机 S1 上创建 VLAN

（1）进入特权模式，更改交换机名称。

```
Switch>enable
Switch#configure terminal
Switch(config)#hostname S1
S1(config)#end
S1#
```

（2）进入 VLAN 配置模式，创建并命名 VLAN。

```
S1# vlan database
S1(vlan)# vlan 10 name JIAOXUEKE
S1(vlan)# vlan 20 name CAIWUKE
S1(vlan)#exit
S1#
```

（3）将 S1 的各端口加入 VLAN 中。

```
S1(config)#interface FastEthernet 0/2
S1(config-if)#switchport mode access
S1(config-if)#switchport access vlan 10
S1(config-if)#interface FastEthernet 0/3
S1(config-if)#switchport mode access
S1(config-if)#switchport access vlan 20
S1(config-if)#exit
S1(config)#
```

（4）配置与 S2 连接的 Trunk 接口并保存配置。

```
S1(config)# interface FastEthernet 0/1
S1(config-if)#switchport mode trunk
S1(config-if)# end
S1# copy running-config startup-config
```

## 2.4.3　在交换机 S2 上创建 VLAN

（1）进入特权模式，更改交换机名称。

```
Switch>enable
Switch#configure terminal
Switch(config)#hostname S2
S2(config)#end
S2#
```

（2）进入 VLAN 配置模式创建 VLAN 并命名。

```
S2# vlan database
S2(vlan)# vlan 10 name JIAOXUEKE
S2(vlan)# vlan 20 name CAIWUKE
S2(vlan)#exit
```

组建中小型企业网络

（3）将 S2 的各端口加入 VLAN 中。

```
S2(config)＃interface FastEthernet 0/2
S2(config－if)＃switchport mode access
S2(config－if)＃switchport access vlan 10
S2(config－if)＃interface FastEthernet 0/3
S2(config－if)＃switchport mode access
S2(config－if)＃switchport access vlan 20
S2(config－if)＃exit
S2(config)＃
```

（4）配置与 S1 连接的 Trunk 接口并保存配置。

```
S2(config)＃ interface FastEthernet 0/1
S2(config－if)＃ switchport mode trunk
S2(config－if)＃ exit
S2(config)＃ exit
S2＃ copy running－config startup－config
```

提示：VLAN 的配置既可以在 vlan database 模式下进行，也可以在全局配置模式下进行。

# 2.5  知 识 拓 展

## 2.5.1  交换机与网桥和集线器的区别

二层交换机和网桥都是工作在 OSI 模型中的数据链路层，但是二者主要有以下几点差别：

（1）网桥一般只有两个端口，而交换机拥有更多的端口并可以通过内部交换矩阵让多组端口间同时工作，交换机可以看做是多个网桥功能的集合。

（2）交换机除了具有数据帧的转发和过滤功能之外，还包括支持 SNMP 协议和划分虚拟局域网等诸多管理功能。

（3）网桥在发送数据帧前，通常要接收到完整的数据帧并执行 CRC 校验无误后才开始转发该数据帧，相当于交换机的存储转发模式而交换机则具有包括存储转发模式在内的多种转发方式。

交换机与集线器的区别在于：

（1）集线器工作在物理层而交换机可以工作在数据链路层，网络层甚至更高层。

（2）集线器的所有端口处在一个冲突域中而交换机的每一个端口就是一个冲突域。

（3）集线器的所有端口共享整个带宽而交换机的每个端口独享整个带宽。

（4）集线器只能采用半双工的模式进行数据传输，而交换机可以采用全双工的模式进行数据传输。

## 2.5.2  VTP

VTP(VLAN Trunking Protocol)协议——VLAN 中继协议，也称为虚拟局域网干道协议，它是思科专有协议，工作在 OSI 参考模型的第二层，主要用于管理在同一个 VTP 域内

VLAN 的建立、删除和重命名。在同一个 VTP 域内,可以将一台中心交换机配置成 VTP Server 模式,将其他交换机配置成 VTP Client 模式,这样就可以在中心交换机上完成 VLAN 的建立、修改和删除等工作,而且 VLAN 的配置信息将自动传播到本 VTP 域内的所有其他交换机,这些交换机会自动地接收这些配置信息,使其 VLAN 的配置与 VTP Server 保持一致,从而减少在多台交换机上配置 VLAN 信息的工作量,保持了 VLAN 配置的统一性。VTP 协议的引入是因为随着局域网规模的扩大,交换机的数量众多,在所有交换机上划分和配置 VLAN 的工作量巨大而且容易出错。在这种技术中,所有的 VLAN 在一台交换机上进行定义,其他交换机只需要把端口加入相应的 VLAN,不需定义 VLAN。

**1. VTP 设置的要求**

(1) 同一 VTP 域内的交换机拥有相同的域名。

(2) 同一 VTP 域内的交换机必须相邻连接。

(3) 同一 VTP 域内的交换机必须配置中继端口(Trunk)。

**2. VTP 的工作模式**

处于 VTP 域内的交换机共有 3 种工作模式,不同的模式下交换机实现的功能不同。一个 VTP 域中通常只设置一台 Server 交换机,其他交换机都设置为 Client 交换机。

(1) 服务器模式(Server):这种模式下的交换机可以创建、修改、删除 VLAN。一般交换机的默认模式就是 Server 模式。

(2) 客户机模式(Client):这种模式下的交换机不能创建、修改、删除 VLAN,但可以接收服务器模式下的交换机发送的 VLAN 信息。

(3) 透明模式(Transparent):这种模式下的交换机可以创建 VLAN,但只能创建属于自己的 VLAN,对 VTP 域的 VLAN 没有影响。

**3. VTP 修剪**

VTP 修剪是 VTP 的一个功能,它能减少中继链路上不必要的信息量。默认情况下,发给某个 VLAN 的广播会送到每一个在中继上承载该 VLAN 的交换机,即使交换机上没有位于那个 VLAN 的端口也是如此。VTP 能通过修剪来减少没有必要扩散的通信量,提高中继的带宽利用率。仅当中继链路接收端上的交换机在那个 VLAN 中有端口时,才会将该 VLAN 的广播和未知单播转发到该中继链路上。

**4. 配置 VTP 的基本步骤**

(1) 设置 VTP 工作模式。

(2) 设置 VTP 域名。

(3) 创建 VLAN 或加入 VLAN。

(4) 配置中继端口。

下面以如图 2-2-12 所示的拓扑图为例进行说明。

在交换机 S1 上配置 VTP 服务域

```
S1# vlan database
S1(vlan)# VTP mode Server
S1(vlan)# VTP domain vtp1
S1(vlan)# VTP prunning
```

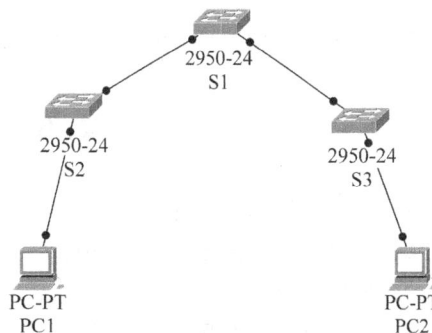

图 2-2-12 VTP 配置拓扑图

```
S1(vlan)# vlan10 name VLAN10
S1(vlan)# vlan20 name VLAN20
S1(vlan)# exit
S1# configure terminal
S1(config)# interface fa0/1
S1(config-if)# switchport mode trunk
S1(config-if)# interface fa0/2
S1(config-if)# switchport mode trunk
S1(config-if)# end
S1# copy running-config startup-config
```

在交换机 S2 上配置 VTP 客户端：

```
S2# vlan database
S2(vlan)# VTP mode client
S2(vlan)# VTP domain vtp1
S2(vlan)# VTP prunning
S2(vlan)# exit
S2# configure terminal
S2(config)# interface fa0/2
S2(config-if)# switchport access vlan 10
S2(config-if)# interface fa0/1
S2config-if)# switchport mode trunk
S2(config-if)# end
S2# copy running-config startup-config
```

在交换机 S3 上配置 VTP 客户端：

```
S3# vlan database
S3(vlan)# VTP mode client
S3(vlan)# VTP domain vtp1
S3(vlan)# VTP prunning
S3(vlan)# exit
S3# configure terminal
S3(config)# interface fa0/2
S2(config-if)# switchport access vlan 20
S2(config-if)# interface fa0/1
S2(config-if)# switchport mode trunk
S2(config-if)# end
S2# copy running-config startup-config
```

VTP 配置完成以后，可以在交换机上分别输入"show VTP Status"命令进行查看。

# 2.6　问题与思考

1. 交换机是如何工作的？
2. 简述交换机的地址学习功能。
3. 简述交换机的 3 种交换方式。
4. 配置交换机有哪几种方式？
5. VLAN 是什么？有什么作用？如何划分？

# 模块 3　DHCP 服务器的配置与使用

## 3.1　应 用 环 境

随着局域网规模的扩大，加入的计算机越来越多，网管人员在配置 TCP/IP 参数的过程中常因为出错导致计算机不能正常通信；部分使用移动设备的用户由于工作的需要要求随时加入不同的网络；同时由于某些用户无意或恶意的行为导致 IP 地址冲突影响局域网的正常通信。

## 3.2　学 习 目 标

通过本模块的学习，可以了解 DHCP 服务的概念及基本通信原理，并掌握在 Windows Server 2003 操作系统下进行 DHCP 服务的安装、配置以及 DHCP 服务器数据库的一般维护。在知识扩展部分可以了解 DHCP 服务器中超级作用域的概念和配置以及中继代理的意义和配置。

## 3.3　相 关 知 识

DHCP(Dynamic Host Configuration Protocol)是动态主机配置协议的缩写，它的前身是 BOOTP 协议。BOOTP 常用于无盘工作站网络，可以为无盘工作站自动地设置 TCP/IP 参数，但 BOOTP 要求必须事先获得工作站的硬件地址并且硬件地址和 IP 地址一一对应，无法实现 IP 地址的动态分配。

DHCP 是 BOOTP 的增强版本，它分为服务器端和客户端两个部分，由 DHCP 服务器集中管理所有的 TCP/IP 网络参数并负责处理客户机的 DHCP 请求，客户机则提出 DHCP 请求并使用服务器分配的 TCP/IP 网络参数进行通信。

### 3.3.1　DHCP 的通信原理

DHCP 是一个基于广播的协议，DHCP 客户机和服务器的通信过程都是通过发送广播包来实现的，主要分为以下 4 个阶段。

#### 1. 发现阶段(DHCP Discover)

客户机第一次登录网络时会检查自己的网络配置参数，如果没有配置任何网络参数，客户机就会在网络中发送一个 DHCP Discover 广播包来寻找 DHCP 服务器以获得 IP 地址，该包的源 IP 地址为 0.0.0.0，目的 IP 地址为 255.255.255.255，同时该包还包含客户机的

MAC 地址和计算机名,以使 DHCP 服务器能够确定是由哪个客户机发送该请求。

### 2. 提供阶段(DHCP Offer)

提供阶段即 DHCP 服务器提供 IP 地址的阶段。在网络中接收到 DHCP discover 广播包的每个 DHCP 服务器都会做出响应,它从自己的 IP 地址池中挑选一个尚未出租的 IP 地址分配给 DHCP 客户机,然后向 DHCP 客户机发送一个包含出租的 IP 地址和其他参数的 DHCP offer 广播包。

### 3. 选择阶段(DHCP Request)

选择阶段即 DHCP 客户机选择某台 DHCP 服务器提供的 IP 地址的阶段。如果有多台 DHCP 服务器向 DHCP 客户机发送 DHCP offer 广播包,则 DHCP 客户机只接受第一个收到的 DHCP offer 广播包,然后发送一个 DHCP request 广播包并通知所有的 DHCP 服务器,它将选择某台 DHCP 服务器所提供的 IP 地址。该信息中包含向它所选定的 DHCP 服务器请求 IP 地址的内容。

### 4. 确认阶段(DHCP ACK)

确认阶段即 DHCP 服务器确认所提供的 IP 地址的阶段。当 DHCP 服务器收到 DHCP 客户机回答的 DHCP Request 广播包后,它便向 DHCP 客户机发送一个包含它所提供的 IP 地址和其他参数的 DHCP ACK 确认包,告诉 DHCP 客户机可以使用它所提供的 IP 地址,当客户机收到 DHCP ACK 包时,它就配置了 IP 地址,完成了 TCP/IP 的初始化,从而可以在 TCP/IP 网络上通信了。

以上的通信过程是在客户机第一次登录网络时进行的,以后当 DHCP 客户机重新登录网络时,就不需要再发送 DHCP Discover 广播包了,而是直接发送包含第一次所分配的 IP 地址的 DHCP Request 请求包。当 DHCP 服务器收到这一广播包后,它会尝试让 DHCP 客户机继续使用原来的 IP 地址,并回答一个 DHCP ACK 包。如果此 IP 地址已被其他 DHCP 客户机使用,则 DHCP 服务器会给 DHCP 客户机发送一个 DHCP NACK 否认包。当发送请求的 DHCP 客户机收到此 DHCP NACK 否认包后,它就必须重新发送 DHCP Discover 包来请求新的 IP 地址。

一般说来,DHCP 服务器向 DHCP 客户机出租的 IP 地址都有一个租借期限,在 Windows Server 2003 操作系统中默认为 8 天。在租约到期以后,DHCP 服务器可能会收回出租的 IP 地址,并将这些 IP 地址分配给别的客户机。当客户机重启动或租期达 50% 时,就需要更新租约,客户机直接向提供租约的服务器发送 DHCP Request 包,要求更新现有的地址租约。如果 DHCP 服务器收到请求,它将发送 DHCP 确认信息给客户机,更新客户机租约;如果客户机无法与提供租约的服务器取得联系,则客户机一直等到租期到达 87.5% 时,进入重新申请状态,它会向网络上所有的 DHCP 服务器广播 DHCP Discover 包以更新现有的地址租约。如果有服务器响应客户机的请求,那么客户机使用该服务器提供的地址信息更新现有的租约。如果租约终止或无法与其他服务器通信,客户机将无法使用现有的地址租约。

## 3.3.2 DHCP 服务的安装

在进行 DHCP 服务的安装前要求服务器满足以下 3 个条件:

(1) 安装 Windows 服务器操作系统。

(2) DHCP 服务器必须配置静态 IP 地址。

（3）明确 IP 地址的分配范围即作用域。

下面就以 Windows Server 2003 操作系统为例,讲述 DHCP 服务的安装步骤:

安装 DHCP 服务既可以从"管理您的服务器"→"添加或删除角色"界面进行,也可以从"控制面板"→"添加和删除 Windows 程序"→"添加和删除 Windows 组件"界面中进行,下面就以从"管理您的服务器"界面进行安装为例讲述 DHCP 服务的安装过程,关于另一种安装方法我们将结合案例介绍讲述。

在正常登录 Windows Server 2003 操作系统后,默认会显示"管理您的服务器"界面,如图 2-3-1 所示。

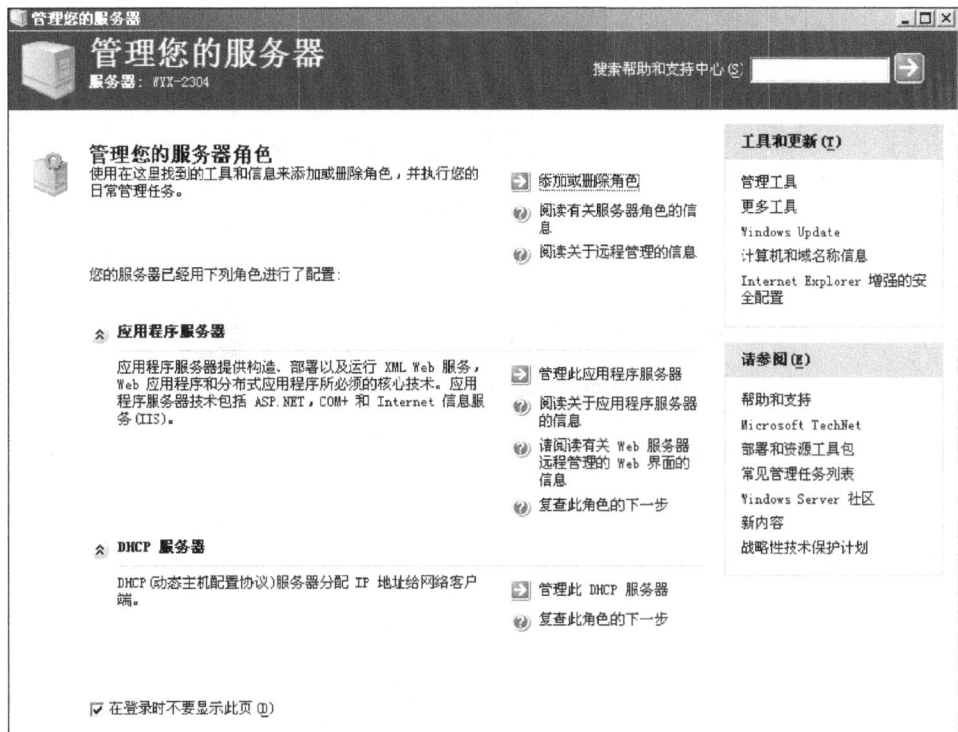

图 2-3-1　管理您的服务器

选择"添加或删除角色"后,系统会花一些时间对网络环境进行初步检测,检测完毕后,在出现的界面中选择"自定义配置"选项,单击"下一步"按钮后显示如图 2-3-2 所示界面。

选择"DHCP 服务器"选项,然后单击"下一步"按钮,出现"选择总结"界面,检查无误后,接着单击"下一步"按钮,显示如图 2-3-3 所示界面。

单击"下一步"按钮后弹出"新建作用域向导"窗口,单击"下一步"按钮,在出现的"名称"和"描述"文本框中输入作用域的名称和描述内容,这里填写的内容只是为了标识作用域以方便管理,单击"下一步"按钮,显示如图 2-3-4 所示界面。

输入规划好的 IP 地址范围,单击"下一步"按钮,显示界面如图 2-3-5 所示。

填写好需要排除的 IP 地址段后,单击"添加"按钮,然后单击"下一步"按钮,在如图 2-3-6 所示的"租约期限"窗口中按默认值设置。

然后单击"下一步"按钮,显示界面如图 2-3-7 所示。

*组建中小型企业网络*

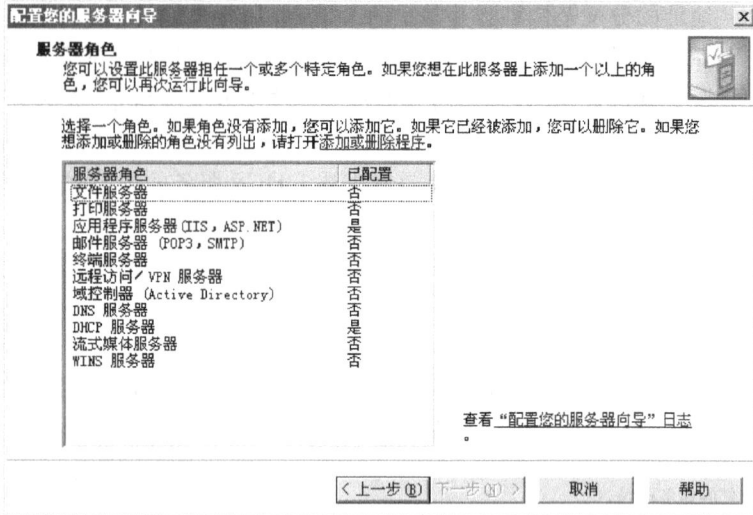

图 2-3-2　服务器角色选择

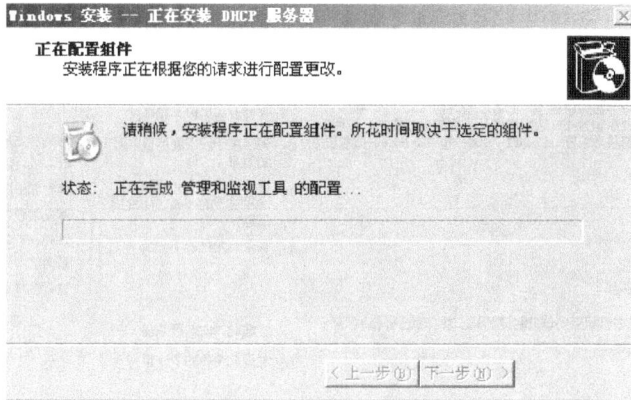

图 2-3-3　安装 DHCP 服务

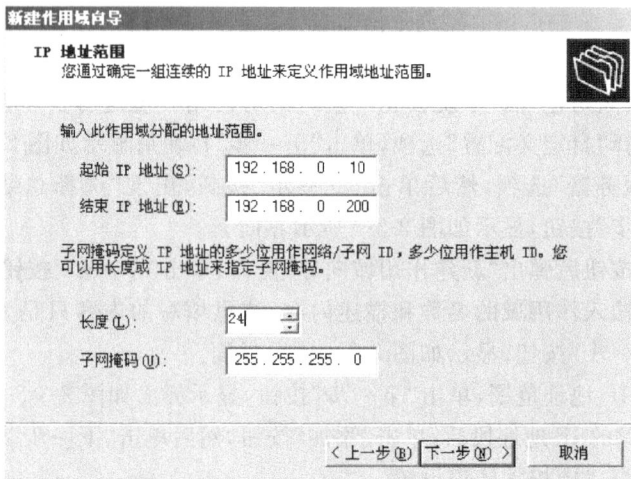

图 2-3-4　添加 IP 地址分配范围

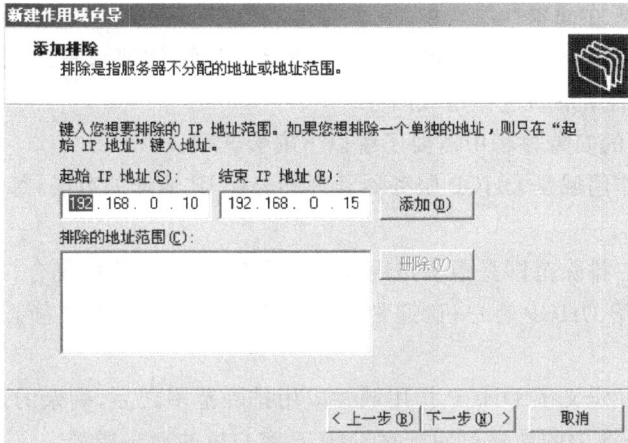

图 2-3-5    添加 IP 地址排除范围

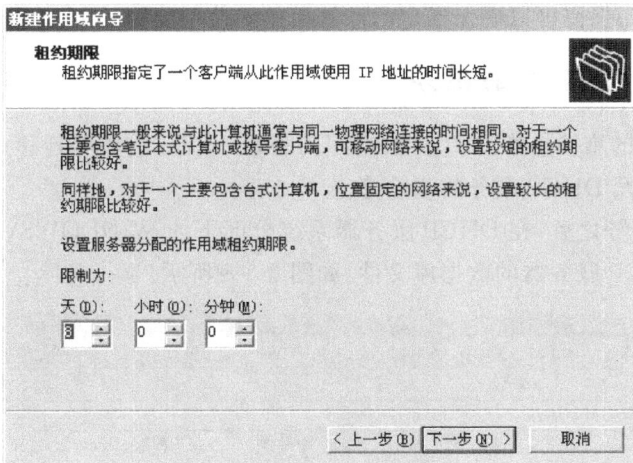

图 2-3-6    租约期限

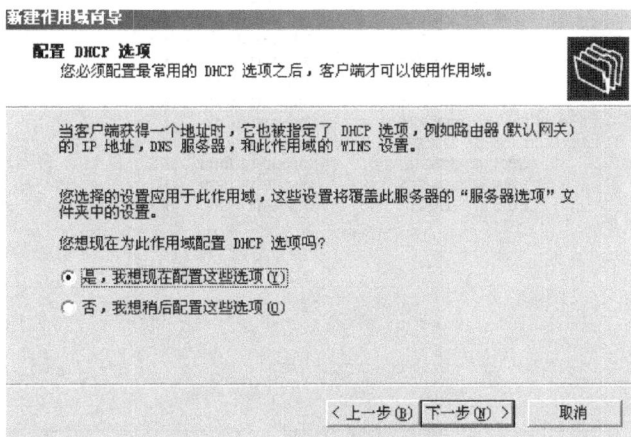

图 2-3-7    配置 DHCP 选项

132

选择"是,我想现在配置这些选项"单选按钮,单击"下一步"按钮后会要求继续配置"默认网关","DNS 服务器地址"以及"WINS 服务器地址"等,按要求输入相应的参数即可,最后单击"完成"按钮后结束新建作用域向导。

在 DHCP 服务的安装过程中需要了解以下安装选项:

(1)作用域。作用域是 DHCP 服务器管理和分配 IP 地址的范围,每个作用域定义一段连续的 IP 地址范围。

(2)排除范围。排除范围是指从作用域内去除有限的 IP 地址集合,在排除范围中的任何地址都不会提供给 DHCP 客户机,通常提供给网络上的一些需要静态 IP 地址的服务器使用。

(3)地址池。在定义了 DHCP 作用域并应用排除范围之后,剩余的地址在作用域内形成可用地址池,地址池中的地址可用于对 DHCP 客户机的动态指派。

(4)租约期限。租约是客户机可使用的 IP 地址的时间。在租约过期之前,客户机一般需要通过服务器更新其地址租约,租约期限决定租约何时期满。

(5)保留。使用保留可以确保指定的计算机始终使用相同的 IP 地址。

### 3.3.3　DHCP 服务器的维护

DHCP 服务器的维护是指 DHCP 数据库的备份、还原、重整和迁移;DHCP 服务的启动、停止、恢复等以及 DHCP 服务的删除等。

安装 DHCP 服务之后,在 DHCP 服务器系统分区下的 WINDOWS\system32\dhcp 目录下自动创建 DHCP 服务器的数据库文件,如图 2-3-8 所示。

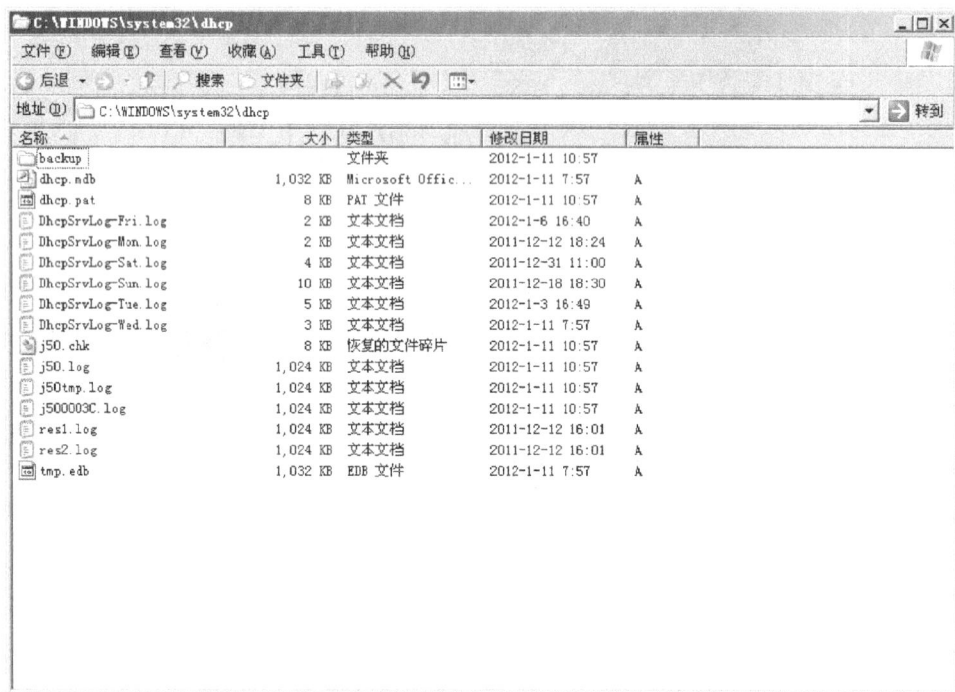

图 2-3-8　DHCP 数据库

其中的 dhcp.mdb 是其存储数据的主文件,而其他的文件则是辅助性文件,这些文件不能被随意删除,否则 DHCP 服务会出现各种故障。

**1. 备份 DHCP 数据库**

DHCP 服务器数据库是一个能够动态更新的数据库,在向客户端提供租约或客户端释放租约时它会自动更新,在图 2-3-8 中可以看到一个文件夹 backup,该文件夹中保存着 DHCP 数据库及注册表中相关参数的备份,可供维护时使用。DHCP 服务器默认会每隔 60 分钟自动将 DHCP 数据库文件备份到此处。

(1)打开 DHCP 控制台。

(2)右击 DHCP 服务器名称,在弹出的快捷菜单中选择"备份"命令。

(3)在弹出的"浏览文件夹"窗口中选择备份的目的文件夹,单击"确定"按钮。

**2. 还原 DHCP 数据库**

(1)打开 DHCP 控制台。

(2)右击 DHCP 服务器名称,在弹出的快捷菜单中选择"还原"命令。

(3)在弹出菜单中选择存放备份文件的文件夹,单击"确定"按钮。

(4)系统提示是否停止和重启服务以使改动生效,单击"是"按钮即可。

**3. DHCP 数据库的重整**

DHCP 服务器使用一段时间后,数据库中的数据由于多次存取必然会分布凌乱,因此为了提高 DHCP 服务器的运行效率,最好定期重整数据库。Windows Server 2003 系统会自动定期在后台运行重整操作,不过也可以通过手动的方式重整数据库,其效率会更高。方法如下:首先停止 DHCP 服务,然后在命令行界面中进入系统分区下的 \ windows \ system32\dhcp 文件夹,运行 Jetpack.exe 程序完成重整数据库,重整完毕之后重新启动 DHCP 服务即可。

**4. DHCP 数据库的迁移**

在部署新的 DHCP 服务器时,如果作用域等相关参数的设置要求与原先的 DHCP 服务器一样,可以将原先的 DHCP 服务器内的数据直接迁移到新的 DHCP 服务器中,步骤如下:

(1)备份旧的 DHCP 服务器内的数据。

首先停止 DHCP 服务,然后将 windows\system32\dhcp 下的所有文件和文件夹复制到新的 DHCP 服务器内的一个临时文件夹中,最后将注册表中的项 HKLM\SYSTEM\CurrentControlSet\Services\DHCPserver 导出为一个后缀名为".reg"的文件中。

(2)将备份数据还原到新的 DHCP 服务器。

安装新的 DHCP 服务器后,首先停止 DHCP 服务,然后将存储在临时文件夹下的所有数据(由原先的 DHCP 服务器复制来的数据)全部复制到新服务器系统分区下的 windows\system32\dhcp 文件夹中,双击上面导出的".reg"文件,选择"导入"命令,最后重启 DHCP 服务即可完成整个迁移过程。

**5. DHCP 服务的启动、暂停、停止和恢复**

单击 DHCP 服务器名称,打开"操作"菜单,选择"所有任务"命令,在打开的菜单中可以选择启动、暂停、停止和恢复等。也可右击 DHCP 服务器名称,在弹出的快捷菜单中选择"所有任务"命令,在弹出的下拉菜单中选择启动、暂停、停止和恢复等。

### 6. DHCP 服务的删除

如果想把 DHCP 服务器留作他用，可以删除 DHCP 组件，方法是：在"控制面板"中，选择"添加或删除程序"→"添加和删除 Windows 组件"→"网络服务"→"详细信息"选项，取消选中"动态主机配置协议"选项，单击"确定"按钮，按提示即可完成删除 DHCP 服务的操作。

# 3.4 案 例 介 绍

某单位为财务部门新建一个局域网，要求采用 DHCP 服务的形式自动为员工计算机提供 IP 地址，并且保留若干 IP 地址给其他服务器使用，具体要求如表 2-3-1 所示。

表 2-3-1 DHCP 服务器规划

| 作用域名称 | 作用域范围 | 排 除 范 围 | 保留地址 |
|---|---|---|---|
| 财务部 | 192.168.1.10～192.168.1.100 | 192.168.1.20～192.168.1.25 | 192.168.1.10 |

## 3.4.1 DHCP 服务的安装

单击"开始"→"设置"→"控制面板"→"添加或删除程序"→"添加/删除 Windows 组件"选项，出现如图 2-3-9 所示界面。

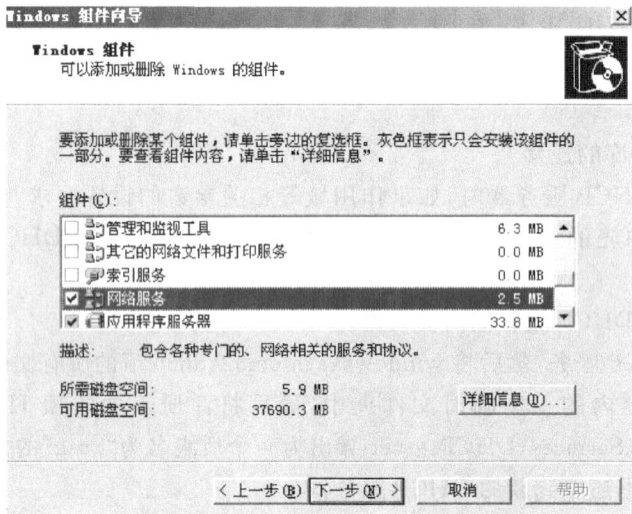

图 2-3-9 添加网络组件对话框

选择"网络服务"复选框，单击"详细信息"按钮，出现如图 2-3-10 所示界面。

选择"动态主机配置协议（DHCP）"复选框，单击"确定"按钮，然后单击"下一步"按钮，出现"完成 Windows 组件向导"界面后，单击"完成"按钮。

**注意**：在安装的过程中系统可能会提示插入 Windows Server 2003 安装光盘。

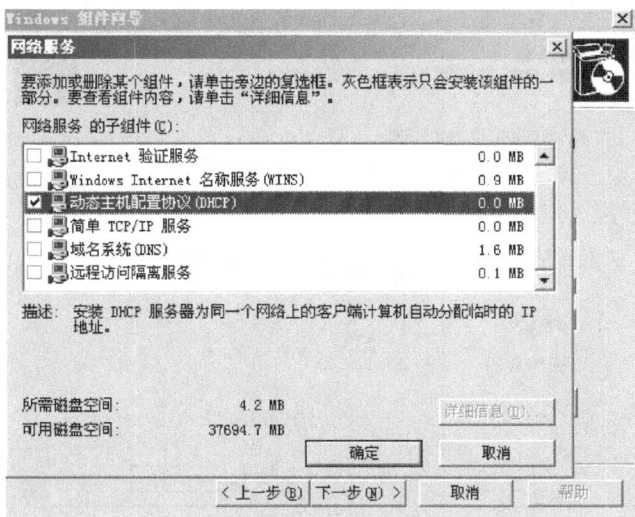

图 2-3-10　添加网络服务组件对话框

## 3.4.2　DHCP 服务器的基本配置

在安装完成 DHCP 服务之后,可以通过"开始"→"程序"→"管理工具"→"DHCP"选项,打开 DHCP 服务器控制台,如图 2-3-11 所示。

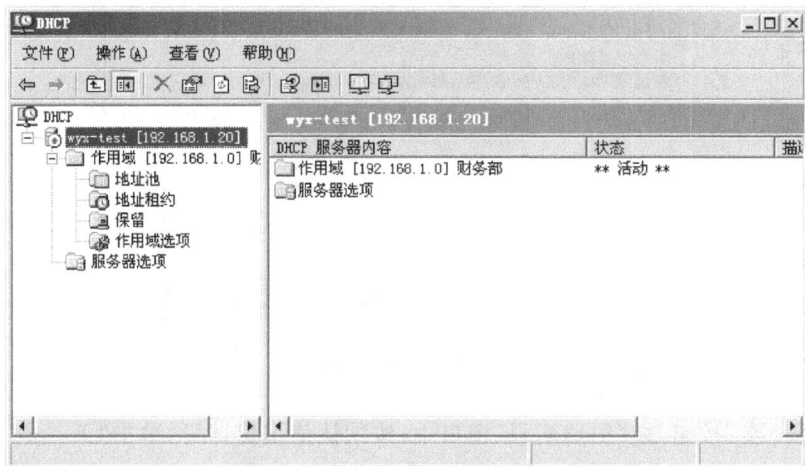

图 2-3-11　DHCP 控制台

在这里将完成 DHCP 服务器的所有基本操作。

**1. 新建作用域**

右击服务器名称,在弹出的快捷菜单中选择"新建作用域"命令,弹出"欢迎使用新建作用用域向导"窗口,单击"下一步"按钮,在名称中输入相应的内容,如财务部,描述中输入相应的内容,单击"下一步"按钮,按要求填入表 2-3-1 中的数据,具体如图 2-3-12 所示。

输入完毕,单击"下一步"按钮,在弹出的"添加排除"窗口中输入想排除的起始和结束地址,单击"添加"按钮,如图 2-3-13 所示。

*组建中小型企业网络*

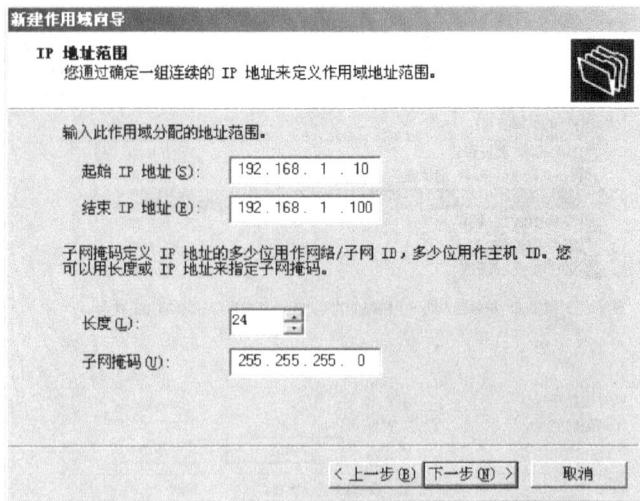

图 2-3-12　IP 分配范围

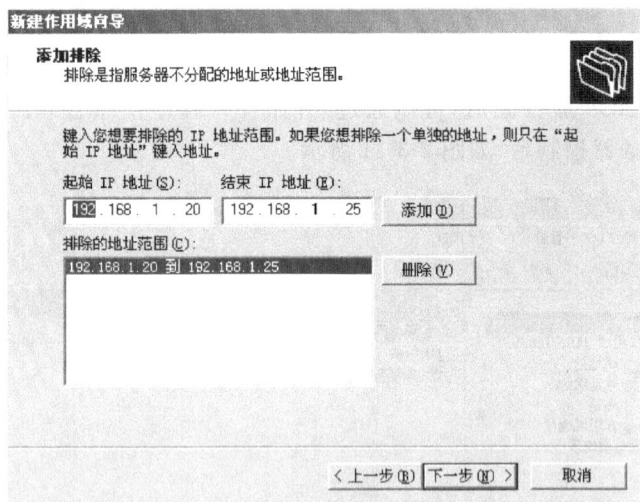

图 2-3-13　排除范围

单击"下一步"按钮,在"租约期限"窗口中,按默认值设置即可,单击"下一步"按钮,在出现的"配置 DHCP 选项"窗口中,选择"是,我想现在配置这些选项"单选按钮,单击"下一步"按钮,出现路由器(默认网关)窗口,输入网关 IP 地址,单击"添加"按钮,如图 2-3-14 所示。

单击"下一步"按钮,在出现的"域名称和 DNS 服务器"界面中输入 DNS 服务器的 IP 地址,单击"下一步"按钮,在出现的"WINS 服务器"界面中填写相应的 IP 地址,单击"下一步"按钮,出现"激活作用域"窗口,选择"是,我想现在激活作用域"单选按钮,最后在弹出窗口中单击"完成"按钮,至此,新建作用域向导完成。

**2. 新建保留地址**

右击"保留"选项,在弹出的快捷菜单中选择"新建保留"命令,弹出如图 2-3-15 所示界面。

在如图 2-3-15 所示的对话框中输入 IP 地址和 MAC 地址后,单击"添加"按钮,关闭界面。

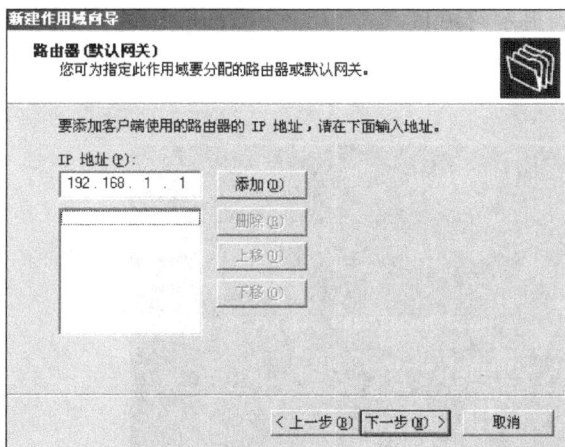

图 2-3-14　输入默认网关

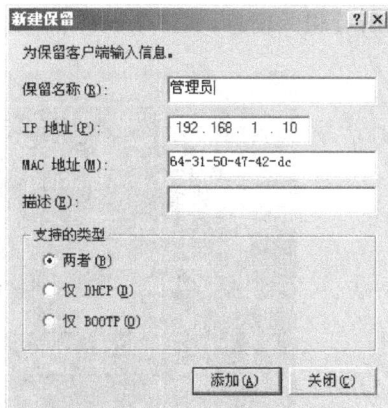

图 2-3-15　新建保留地址

注意：排除地址指的是这些 IP 地址不参与 DHCP 的分配，一般用在网络内的需要静态地址的服务器上，如打印服务器、Web 服务器等；保留地址指的是需要保证某些计算机一开机就可以取得以前的 IP 并与其 MAC 地址绑定。

## 3.4.3　DHCP 客户端的配置和测试

在 DHCP 服务器架设好之后，客户端该如何配置呢？如何得知获得的 IP 地址呢？这里讲述一下客户端的配置过程。

在客户机上右击"网上邻居"选项，在弹出的快捷菜单中选择"属性"命令，打开"本地连接"选项；右击"本地连接"选择"属性"命令，选择"Internet 协议（TCP/IP）"中的"属性"，出现如图 2-3-16 所示界面。

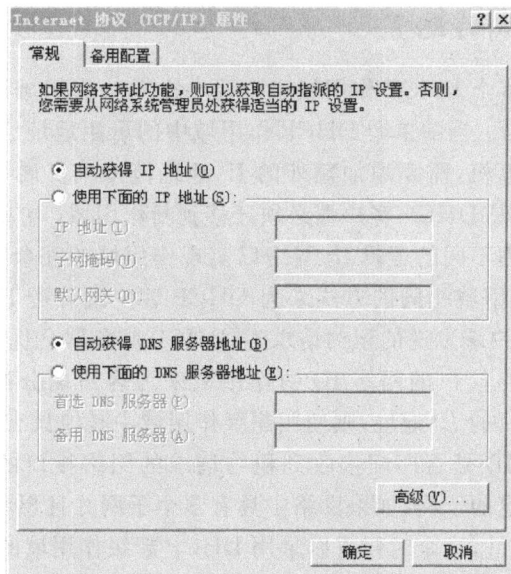

图 2-3-16　客户机 TCP/IP 设置

组建中小型企业网络

选中"自动获得 IP 地址"单选按钮,单击"确定"按钮后客户端配置完成。可以通过"开始"→"运行"命令输入命令 CMD,打开命令提示符窗口,输入 Ipconfig /all 命令,看到本机的所有相关信息,如图 2-3-17 所示。

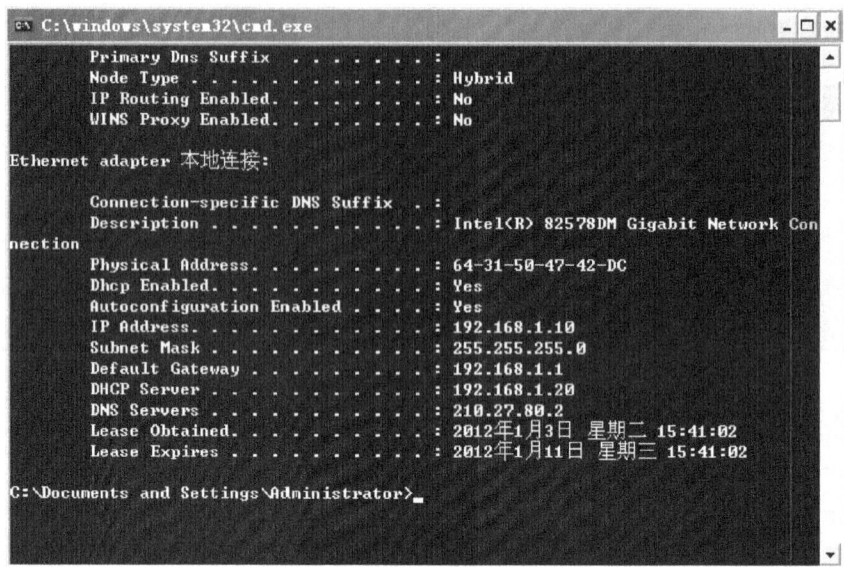

图 2-3-17　客户机测试

# 3.5　知 识 拓 展

前面学习了关于 DHCP 服务的安装,配置,DHCP 服务器的基本维护及客户端的调试。现在将要介绍超级作用域的配置和 DHCP 中继代理的安装和配置两部分内容。

## 3.5.1　超级作用域的配置

超级作用域可以将多个 DHCP 作用域组合成一个单一作用域进行管理。超级作用域主要应用于以下几个场合:当前单个 DHCP 作用域中的可用地址已经分配完毕,但是网络中又需要添加更多的计算机,需要添加额外的 IP 地址范围来扩展同一物理网段的地址空间;重新规划 IP 网络使得 DHCP 客户端必须迁移到新作用域;希望使用 2 个 DHCP 服务器在同一物理网段上管理不同的逻辑 IP 网络以实现作用域的冗余和容错设计。超级作用域使用与标准 DHCP 作用域相同的方式来为 DHCP 客户端分配 IP 地址租约。当 DHCP 服务器接收到 DHCP 客户端发送的租约请求时,DHCP 服务器会优先使用超级作用域中匹配接收到租约请求的网络接口的网络 ID 的作用域来为客户端分配 IP 地址租约,如果此 DHCP 作用域中没有可用的 IP 地址,则使用超级作用域中其他具有可用 IP 地址的作用域,而不管此作用域的网络 ID 是否匹配接收到租约请求的网络接口的网络 ID。单个 DHCP 作用域只能包含一个固定的子网,如果网络中具有多个子网并且想在 DHCP 服务器分配属于这些不同子网的 IP 地址,这个时候可以采用 DHCP 超级作用域的方法解决。

超级作用域的具体配置过程如下:

打开 DHCP 控制台,在主机名上右击,在弹出的快捷菜单中选择"新建超级作用域"命令,出现"欢迎使用新建超级作用域向导",单击"下一步"按钮,在"名称"文本框中输入作用域名称,单击"下一步"按钮,如图 2-3-18 所示。

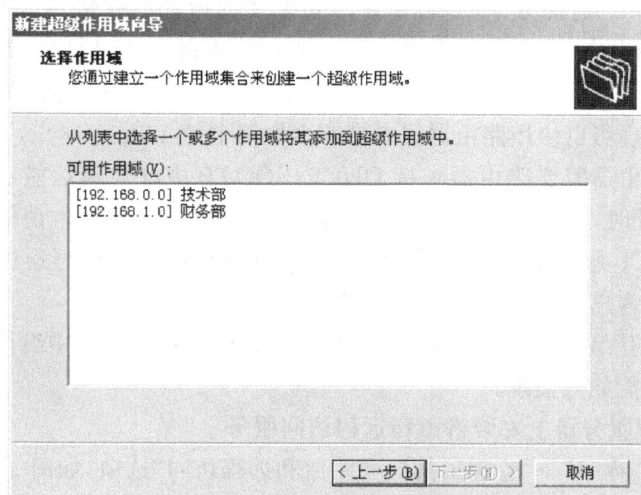

图 2-3-18　选择加入的作用域

在该界面中选择欲加入超级作用域的作用域,可配合使用 Ctrl 键多选,单击"下一步"按钮,单击"完成"按钮,结束向导过程。此时 DHCP 控制台中出现新建的超级作用域如图 2-3-19 所示。

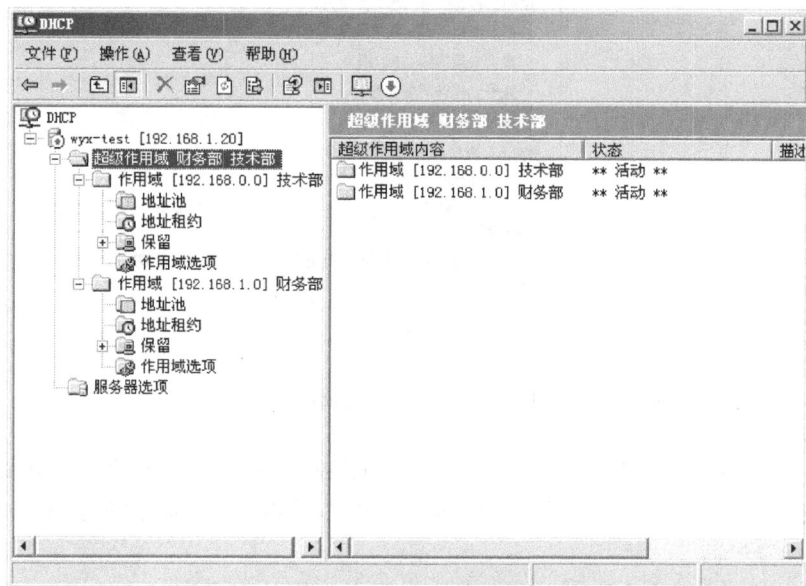

图 2-3-19　超级作用域控制台

超级作用域通常结合 DHCP 中继代理程序一起为不同物理网段的多个子网分配 IP 地址等参数。

### 3.5.2　DHCP 中继代理安装和配置

在大型的局域网中为了管理上方便,一般都要把整个网络划分成若干子网,如果使用 DHCP 服务器进行 IP 地址分配,是否需要在每个子网中都要安装一台 DHCP 服务器呢? 其实只要使用"中继代理"功能就能够满足这一要求。所谓"中继代理",其实就是为实现在不同的子网中的计算机与 DHCP 服务器之间传输 BOOTP/DHCP 消息的一种特殊程序。中继代理功能的实现可以使用路由器或者带有多块网卡的 Windows Server 2003 系统的计算机。如果使用路由器需要路由器支持 DHCP/BOOTP 中继代理功能。当不同子网中的客户机申请 IP 地址时,DHCP 中继代理服务器就会自动将 IP 地址申请信息转发到位于另一个子网中的 DHCP 服务器,DHCP 服务器会将 IP 地址应答信息再通过中继代理服务器转发给发出申请的客户机,从而实现跨子网申请 IP 地址服务。

下面将以安装有 Windows Server 2003 操作系统的计算机充当中继代理服务器来讲解 DHCP 中继代理功能如何实现。

**1. 在中继代理服务器上安装路由和远程访问服务**

打开"开始"→"程序"→"管理工具"→"路由和远程访问"选项,如图 2-3-20 所示。

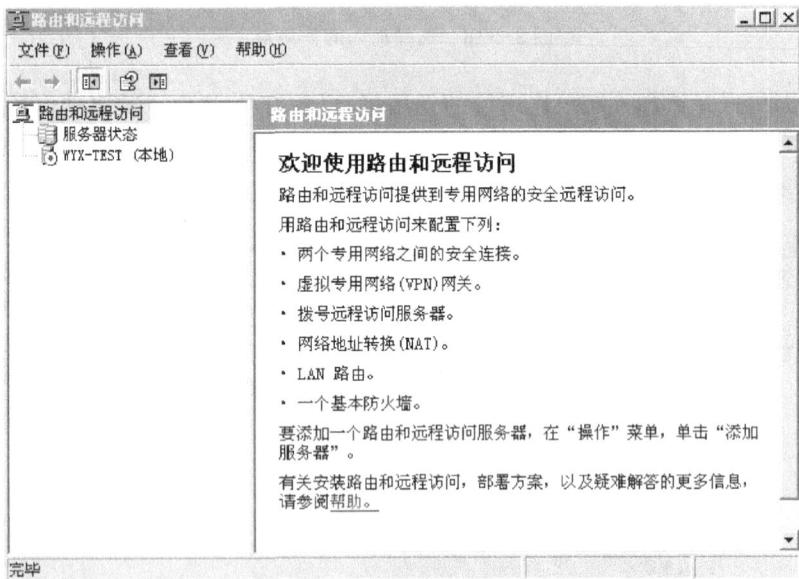

图 2-3-20　路由和远程访问

右击本地计算机名称(WYX-TEST),在弹出的快捷菜单中执行"配置并启用路由和远程访问"命令,打开"路由和远程访问服务安装向导"窗口,单击"下一步"按钮进入到如图 2-3-21 所示的向导配置界面。

选择"自定义配置"单选按钮,单击"下一步",在出现的向导窗口中选中"LAN 路由"复选框,如图 2-3-22 所示,单击"下一步"按钮,最后单击"完成"按钮退出路由和远程访问服务器安装向导窗口。

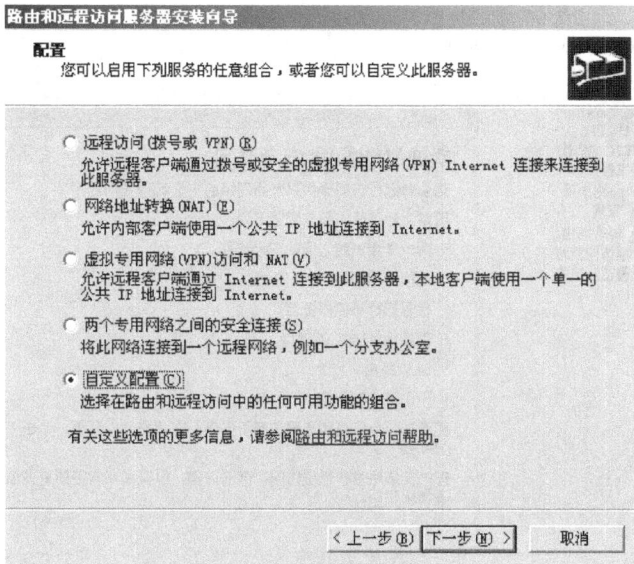

图 2-3-21　选择自定义配置

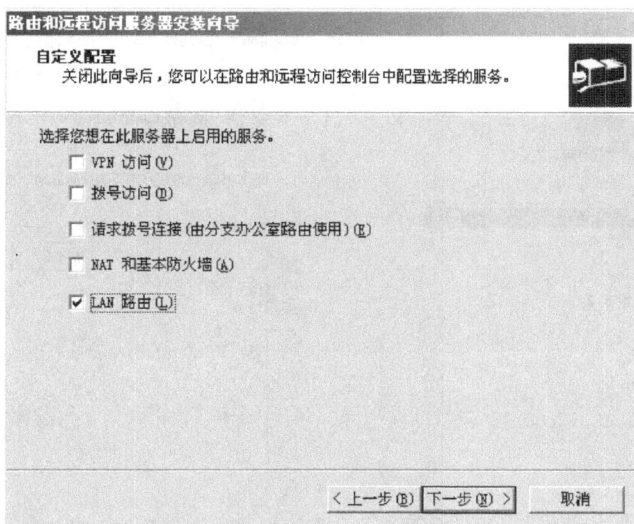

图 2-3-22　选择 LAN 路由

**2. 启用 DHCP 中继代理**

在如图 2-3-23 所示的"路由和远程访问"界面,右击"常规"选项,在弹出的快捷菜单中选择"新增路由协议"命令,弹出如图 2-3-24 所示界面。

在该界面中,选中"DHCP 中继代理程序"选项,单击"确定"按钮结束 DHCP 中继代理程序的安装操作。

**3. 为 DHCP 中继代理程序指定 DHCP 服务器。**

右击"DHCP 中继代理程序"选项,从弹出的快捷菜单中执行"属性"命令,如图 2-3-25 所示。

*组建中小型企业网络*

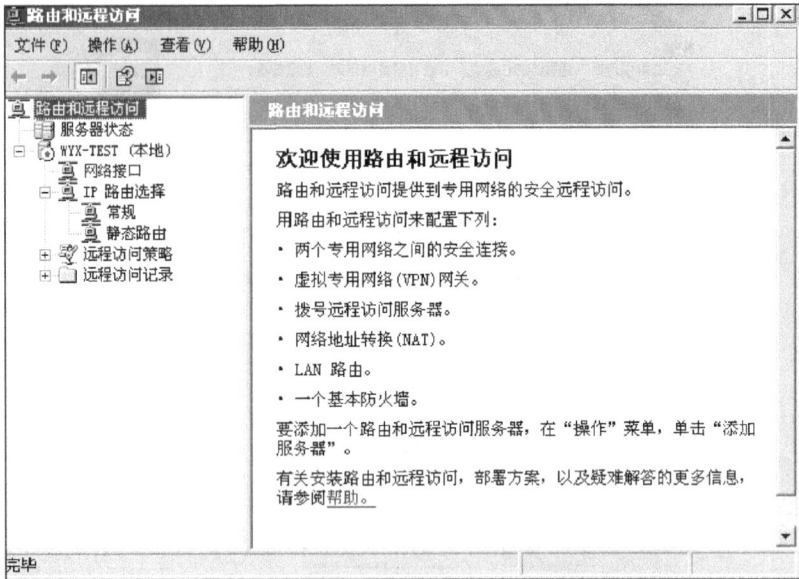

图 2-3-23  路由和远程访问控制台

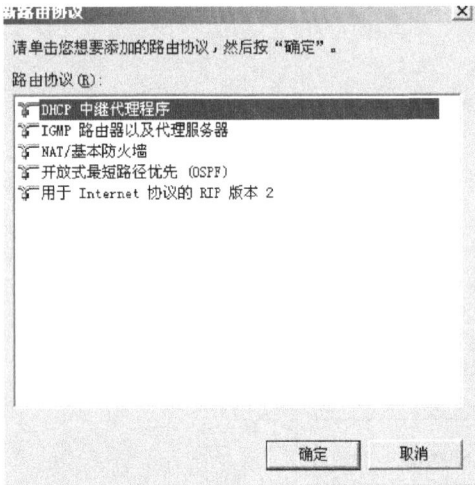

图 2-3-24  添加 DHCP 中继代理协议

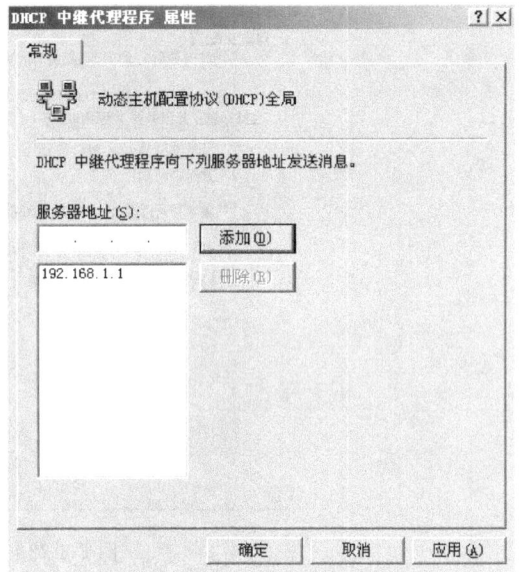

图 2-3-25  添加 DHCP 服务器地址

在"常规"选项卡中,填写 DHCP 服务器的 IP 地址,单击"添加"按钮,最后单击"确定"按钮退出 DHCP 中继代理程序属性设置窗口。

**4. 增加与 DHCP 客户端通信的接口**

在如图 2-3-23 所示的"路由和远程访问"界面中,右击"DHCP 中继代理程序"选项,在弹出的快捷菜单中执行"新增接口"命令,出现如图 2-3-26 所示界面。

选中与 DHCP 客户端所在子网直接通信的那个网络接口,单击"确定"按钮,系统就会自动弹出如图 2-3-27 所示的"DHCP 中继站属性"设置窗口,将该窗口中的"中继 DHCP 数据包"复选框选中,同时保持其他两个参数为默认值,单击"确定"按钮,这样 DHCP 中继代理功能就能开始发挥作用了。

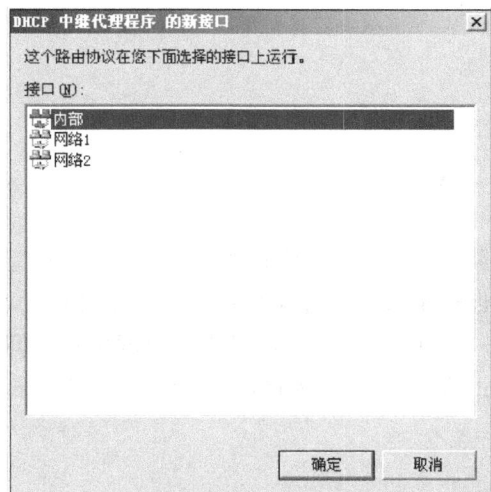

图 2-3-26　启用网络接口

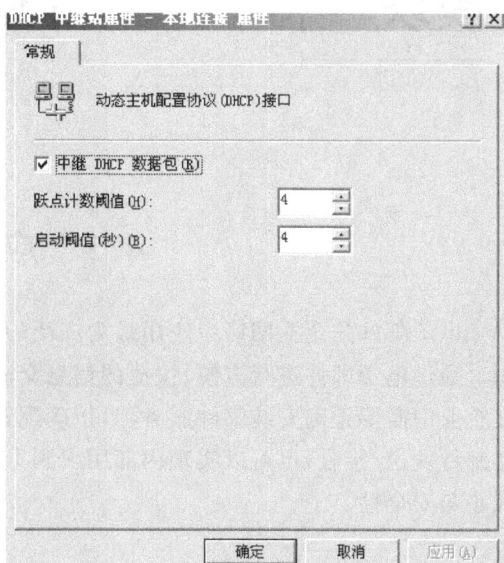

图 2-3-27　配置 DHCP 中继站参数

# 3.6　问题与思考

1. 在同一个子网内是否允许多台 DHCP 服务器同时提供服务? 如果允许,那么子网中的客户机能否正确获取地址? 将会获取哪个 DHCP 服务器所分配的地址?

2. 如果网络中存在多个子网,而子网的客户机需要 DHCP 服务器提供地址配置,那么是采取在各个子网都安装一台 DHCP 服务器,还是只在某一个子网中安装 DHCP 服务器,让它为多个子网的客户机分配 IP 地址,应该如何实现?

3. 如果客户机器无法从 DHCP 服务器中获取 IP 地址,那么 Windows 客户机将会如何处理自己的 TCP/IP 设置参数?

4. 如果在一个子网中有两台 DHCP 服务器提供服务,作用域如何规划?

# 模块 4　邮件服务器的配置

## 4.1　应 用 环 境

电子邮件是企业网络中应用最为广泛的网络服务,也是目前互联网中最普遍的一项应用。通过电子邮件进行方便、快捷的信息交流,已经逐渐成为企业工作中不可或缺的活动。在企业中需要正确安装邮件服务器,正确配置服务器、用户和邮箱,可以实现内网用户之间的邮件发送/接收,也可以实现内部用户到 Internet 的邮件发送/接收,同时也可以限制邮箱大小与安全性。

## 4.2　学 习 目 标

(1) 正确认识企业邮件服务器的作用。
(2) 安装 Exchange Server 2007 邮件服务器的系统需求。
(3) 掌握 Exchange Server 2007 邮件服务器的安装过程。
(4) 正确配置 Exchange Server 2007 邮件服务器。
(5) 掌握 Exchange Server 2007 管理控制台的使用方法。
(6) 掌握 Exchange Server 2007 中邮箱设置方法。
(7) 掌握 Exchange Server 2007 中客户端管理方法。
(8) 掌握如何管理接收器,以实现邮件的外网收发。

## 4.3　相 关 知 识

企业邮箱是指以企业的域名作为后缀的电子邮件地址,通常一个企业有许多员工使用电子邮箱,企业邮箱可以让邮件管理员任意开设不同名字的邮箱,并根据不同的需求设定邮箱的空间,而且可以随时关闭或者删除这些邮箱。企业电子邮箱以企业域名为后缀,既能体现公司的品牌和形象,又能方便公司管理人员对员工信箱进行统一管理,还能使公司商业信函来往得到更好、更安全的管理,是互联网时代不可缺少的企业现代化通信工具。

企业可以组建自己的 Internet 邮件服务器。从使用的角度来看,拥有自己的邮件服务器,可以为自己的员工设置电子邮箱,还可以根据需要设置不同的管理权限等,并且除了一般的客户端邮件程序方式收发 E-mail 之外,还可以实现 Web 方式收发和管理邮件,比电子邮箱和虚拟主机提供的信箱更为方便。

## 4.3.1 邮件服务器的特点

### 1. 多域邮件服务

所谓多域邮件服务,即是一台物理服务器为多个独立注册 Internet 域名的企业或单位提供电子邮件的服务,在逻辑上,这些企业和单位拥有自己独立的邮件服务器,也可以称为虚拟邮件服务器技术。对于 ISP 提供商和企业集团公司来说,多域邮件服务器的支持能力是选择邮件服务器的一个重要考虑因素。它可以方便地扩展其横向邮件服务能力。

### 2. 安全防护

现在的邮件服务器在安全防护技术上有了较大的提高,包括数据身份认证、传输加密、垃圾邮件过滤、邮件病毒过滤、安全审计等的多项安全技术在邮件服务器中都得到了很好的应用。

### 3. 多语言

目前仅中文就有若干字符集,如 GB 18030、GB 2312、Big5 等,虽然可以统一标准,但在实际的过程中,不可能统一所有的邮件客户端,因此只能要求邮件服务器支持多语言的环境,使"我们的沟通无障碍"。

### 4. 远程监控和性能调整

由于目前许多邮件服务器处于电信托管等方式,不可能经常进行本地操作,因此目前邮件服务器均提供了远程邮件监控的功能。可以通过 Web 方式,监控邮件服务器的工作状态,包括在线用户数、邮件处理数量和速度、存储空间使用率等,并且可以随时对出现的发信高峰和网络攻击进行远程处理。

### 5. 无限的可扩展能力

电子邮件系统应该具备无限的扩展能力,Internet 网络的一个特性是变化无常,需要应对随时而来的应用尖峰。因此,需要电子邮件系统具有无限的可扩展能力,这个能力主要体现在邮件的处理能力和邮件的存储能力上。为了能够使邮件的处理能力可以无限扩展,就需要引入集群和负载均衡技术,使应用平台可以在需要的时候无限扩充,满足长期或临时的业务需要。为了便于邮件存储,需要高性能的邮件存储解决方案,最为理想的应该是 SAN 技术在邮件服务器领域的应用。

## 4.3.2 邮件服务与协议

邮件服务器不是单独的网络服务,是由 SMTP 服务器和 POP 服务器组成的,POP3 服务和 SMTP 服务一起使用。其中 SMTP 服务器使用 SMTP 协议,用于发送电子邮件;POP 服务器使用 POP3 协议,用于接收电子邮件。电子邮件客户端是帮助用户收发自己的电子邮件。

### 1. SMTP 协议

简单邮件传输协议(Simple Mail Transfer Protocol,SMTP)是一组用于由源地址到目的地址传送邮件的规则,由它来控制信件的中转方式。SMTP 协议属于 TCP/IP 协议簇,它帮助每台计算机在发送或中转邮件时找到下一个目的地。通过 SMTP 协议所指定的服务器,就可以把邮件传送到收信人的服务器上了。SMTP 服务器则是遵循 SMTP 协议的发送邮件服务器,用来发送或中转发出的电子邮件。发送方向接收方传递邮件时使用单向的

SMTP 传输协议,默认使用 TCP 端口 25,SMTP 服务器只接受客户机发送的电子邮件,或向其他服务器发送电子邮件。

**2. POP3 协议**

电子邮局协议(Post Office Protocol V3,POP3)规定怎样将个人计算机连接到 Internet 或 Intranet 的邮件服务器并下载电子邮件存储到本地主机上,同时可以删除保存在邮件服务器上的邮件。POP3 是 Internet 电子邮件的第一个离线协议标准,它是接收方向电子邮局发出接收邮件请求时使用的单向传输协议,默认使用 TCP 端口 110。POP3 服务器是遵循 POP3 协议来接收电子邮件的服务器,它将电子邮件发送给客户机,或者从其他服务器接收电子邮件。当客户机与服务器连接并查询新电子邮件时,指定的所有邮件将被程序下载到客户机,下载完成后用户可以修改邮件,无须与电子邮件服务器进一步交互。

配置好邮件服务器后,用户可以收发邮件。当发送电子邮件时,必须知道对方的电子邮件地址,格式为"用户名@邮件服务器"。例如,xxjs@dlvtc.edu.cn。

## 4.3.3 邮件服务器的工作过程

电子邮件的工作过程遵循客户-服务器模式。每份电子邮件的发送都要涉及发送方与接收方,发送方式构成客户端,而接收方构成服务器,服务器含有众多用户的电子信箱,如图 2-4-1 所示。发送方通过邮件客户程序,将编辑好的电子邮件向邮局服务器(SMTP 服务器)发送。邮局服务器识别接收者的地址,并向管理该地址的邮件服务器(POP3 服务器)发送消息。邮件服务器将消息存放在接收者的电子信箱内,并告知接收者有新邮件到来。接收者通过邮件客户程序连接到服务器后,就会看到服务器的通知,进而打开自己的电子信箱来查收邮件。

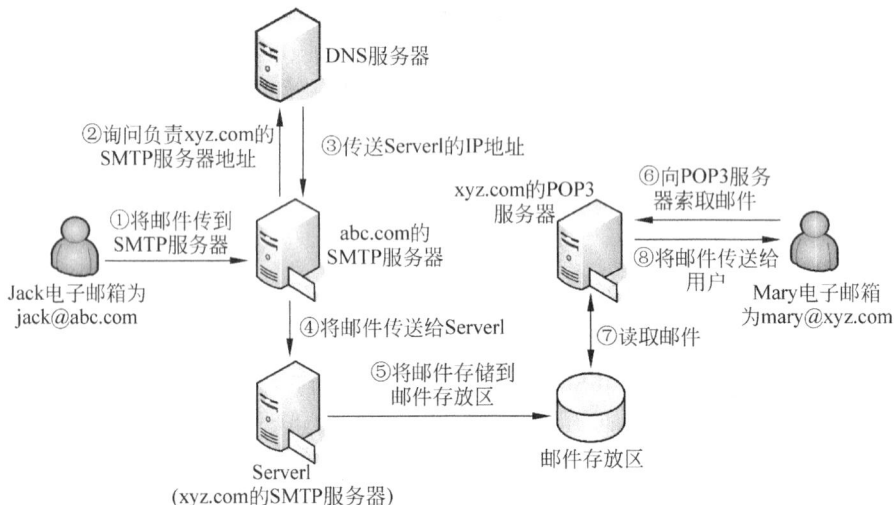

图 2-4-1　邮件服务器工作过程

通常 Internet 上的个人用户不能直接接收电子邮件,而是通过申请 ISP 主机的一个电子信箱,由 ISP 主机负责电子邮件的接收。一旦有用户的电子邮件到来,ISP 主机就将邮件移到用户的电子信箱内,并通知用户有新邮件。因此,当发送一条电子邮件给另一个客户时,电子邮件首先从用户计算机发送到 ISP 主机,再到 Internet,再到收件人的 ISP 主机,最后到收件人的个人计算机。

ISP 主机起着"邮局"的作用,管理着众多用户的电子信箱。每个用户的电子信箱实际上就是用户所申请的帐号名。每个用户的电子邮件信箱都要占用 ISP 主机一定容量的硬盘空间,由于这一空间是有限的,因此用户要定期查收和阅读电子信箱中的邮件,以便腾出空间来接收新的邮件。

# 4.4 案例介绍

某企业准备建设自己的邮件系统,要求能够实现以下功能:基于公司自己的域名,利用多种平台上线处理电子邮件,支持 Outlook、Foxmail 等大多数邮件客户端程序,满足用户不同的使用习惯,能够预防和避免黑客截获邮件造成内容泄密,方便管理员管理;同时企业要求邮件系统能够做到维护成本低、稳定特性强、可扩展性好,可以实现防病毒、防垃圾邮件等功能,如图 2-4-2 所示。建议使用企业最常用的 Exchange Server 2007 软件搭建企业邮件系统。

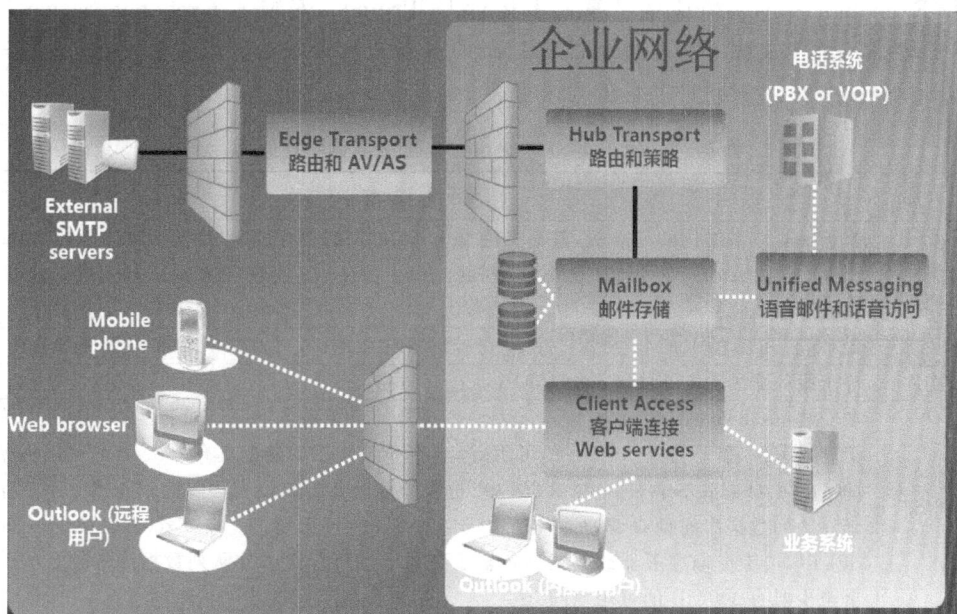

图 2-4-2　Exchange Server 2007 邮件服务器企业拓扑结构

## 4.4.1　实例一:安装 Exchange Server 2007 前的准备工作

### 1. 系统要求

安装 Microsoft Exchange Server 2007 前,需要配置网络、软硬件、客户端等满足系统要求。

1) 架构主机

在默认状态下,在域林中第一个安装的 Windows Server 2003 域控制器同时也是架构

项目二

主机。要求操作系统必须是 Microsoft Windows Server 2003 SP1 或更高版本,或者是 Windows Server 2003 R2。

2)全局编录服务器

在计划安装 Exchange Server 2007 的每个 Active Directory 目录服务站点中,必须至少有一个运行 Windows Server 2003 SP1 或更高版本的全局编录服务器。

3)域控制器

在网络环境中必须至少有一个运行 Windows Server 2003 SP1 或更高版本的域控制器,这样才能在安装 Exchange Server 2007 通过后,创建 Exchange Enterprise Servers 组和 Exchange Domain Servers 组。

4)域功能级别

对于 Active Directory 域林中将要安装 Exchange Server 2007 或驻留 Exchange Server 2007 收件人的所有域,至少应使用 Windows 2000 Server 本地模式,而不能使用 Windows 2000 混合模式,建议域功能级别使用 Windows Server 2003 模式。

5)安装 Exchange Server 2007 最低硬件要求

建议只在成员服务器上安装 Exchange Server 2007,而不要在域控制器上安装。不能在运行 Exchange Server 2007 的计算机上运行 DCPromo。安装了 Exchange Server 2007 后,不支持将其角色从成员服务器更改为目录服务器或从目录服务器更改为成员服务器。Exchange Server 2007 对硬件的最低要求见表 2-4-1。

表 2-4-1　安装 Exchange Server 2007 最低硬件要求

| 组　　件 | 最 低 要 求 |
| --- | --- |
| 处理器 | 基于 x64 体系结构的计算机,具有支持 Intel 64 位扩展内存技术(Intel EM64T)的 Intel 处理器;支持 AMD64 平台的 AMD 处理器;Intel Pentium 或兼容的 800MHz 或更快的 32 位处理器 |
| 内存 | 最小值:2GB 的 RAM;推荐:每个服务器 2GB 的 RAM 以及每个邮箱 5MB 的 RAM |
| 页面文件 | 等于服务器中 RAM 总量再加 10MB |
| 磁盘空间 | 在安装 Exchange 的驱动器上至少具有 1.2GB 的可用磁盘空间;对于要安装的每个统一消息语言包,需要另外 500MB 的可用磁盘空间;系统驱动器上具有 200MB 的可用磁盘空间;在 Exchange Server 2007 RTM 中,边缘传输服务器或集线器传输服务器上用于存储邮件队列数据库的硬盘驱动器上至少要有 4GB 的可用空间;在 Exchange Server 2007 SP1 中,边缘传输服务器或集线器传输服务器上用于存储邮件队列数据库的硬盘驱动器上至少要有 500MB 的可用空间 |
| 文件系统 | NTFS 文件系统 |

**2. 准备活动目录和域**

1)准备架构

运行命令窗口,切换到 Exchange Server 安装光盘所在的磁盘,运行"setup /?"命令可查看安装帮助。如图 2-4-3 所示。根据提示,如果要查看关于 Exchange 拓扑的安装帮助,请使用下列命令:

```
Setup.com /help:preparetopology
```

图 2-4-3　获取安装帮助

在组织中安装第一台 Exchange Server 2007 之前,应该先对架构进行扩展,在命令提示窗口中运行以下命令:

setup /PrepareSchema

或者运行

setup /ps

2) 为安装 Exchange 准备 Active Directory 域林

在命令提示窗口中运行以下命令:

setup /PrepareAD [/OrganizationName: <组织名称>] 或 setup /p /on:<组织名称>

例如:组织名称取名为 wnt,则应该运行的命令是:

setup /PrepareAD /OrganizationName:wnt

或者运行

setup /p /on:wnt

若要验证已成功完成此步骤,确保在根域中有一个名为 Microsoft Exchange Security Groups 的新组织单位,如图 2-4-4 所示。

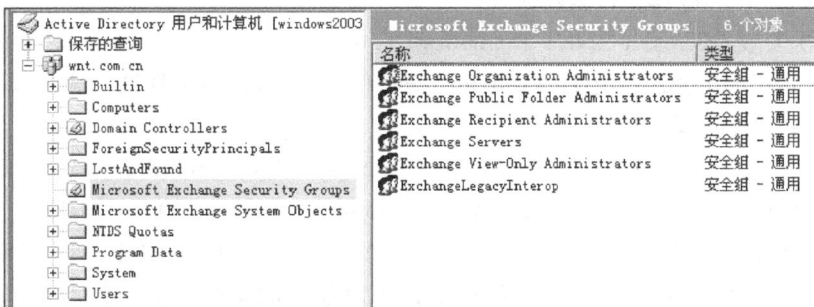

图 2-4-4　Microsoft Exchange Security Groups 组织单位

组建中小型企业网络

3）准备域

在需要安装 Exchange Server 2007 的域中进行准备，称为域扩展，可以使用以下方法之一：

（1）运行"setup /PrepareDomain"或"setup /pd"，以准备本地域。

（2）运行"setup /PrepareDomain：＜需要准备的域的 FQDN＞"，以准备一个特定的域。

（3）运行"setup /PrepareAllDomains"或"setup /pad"，以在组织中准备所有域。

例如：在实验环境中整个活动目录森林中只有一个域 wnt. com. cn，只需要对该域进行扩展即可，即只需要运行：

```
Setup /PrepareDomain
```

**3. 配置 Exchange Server 2007 服务器的 DNS 设置**

在 DNS 服务器中必须注册 Exchange Server 2007 服务器的主机记录。客户端和其他服务器使用 DNS 作为名称解析服务来查找 Exchange Server 2007 服务器。默认情况下，Exchange Server 2007 服务器使用在网络适配器的 IP 属性中配置的 DNS 服务器查找域控制器和全局编录服务器、其他 Exchange 服务器以及远程域。

所有安装了 Exchange Server 2007 邮箱服务器角色、客户端访问服务器角色、集线器传输服务器角色或者统一消息服务器角色的计算机都必须是域成员。Microsoft Windows 服务器加入域后，将使用此域名创建 DNS 后缀。将在服务器名之后附加 DNS 后缀来创建完全合格域名（FQDN）。服务器的主机记录（也称为 A 记录）在 DNS 数据库的正向查找区域中注册。服务器的反向查找记录（也称为 PTR 资源记录）在 DNS 数据库的反向查找区域中注册。

Exchange 服务器通常应该指定静态分配的 IP 地址。因此，应该验证是否在服务器本地连接的 IP 属性上正确配置了 DNS 服务器设置，以及是否在 DNS 中准确注册了 A 资源记录和 PTR 资源记录。在 IP 属性上配置的 DNS 服务器地址应该是用于注册 Active Directory 记录的 DNS 服务器。

本书中所有的 Exchange Server 2007 服务器的 DNS 服务器 IP 地址均配置成 192.168.1.1。

## 4.4.2 案例二：Exchange Server 2007 邮件服务器的搭建

（1）登录到要安装 Exchange Server 2007 的服务器，将 Exchange Server 2007 DVD 插入 DVD 驱动器。如果 Setup. exe 没有自动启动，可以导航到 DVD 驱动器并双击 Setup. exe，在"开始"界面上，完成步骤（1）至步骤（3）。

（2）依次安装 Microsoft . NET Framework 2. 0、Microsoft 管理控制台 3. 0 和 Microsoft Windows PowerShell，如果在运行 Exchange 安装程序之前，这些组件已经被安装，则此时步骤（1）～（3）变为灰色（表示不可用状态），如图 2-4-5 所示。

（3）在"开始"界面中，单击"步骤 4：安装 Microsoft Exchange Server 2007 SP1"选项。安装程序在本地将安装文件复制到要安装 Exchange Server 2007 的计算机上。

（4）在 Exchange Server 2007 安装向导中的"简介"界面中，单击"下一步"按钮。

（5）在"许可协议"界面中，选择"我接受许可协议中的条款"选项，然后单击"下一步"按钮。

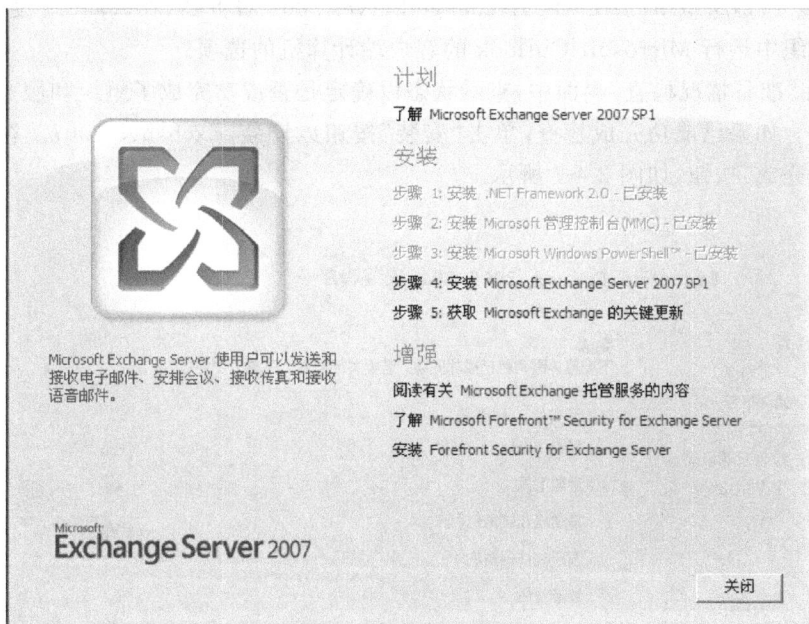

图 2-4-5　Exchange 安装界面

（6）在"客户反馈"界面中，选择相应的选项，然后单击"下一步"按钮。

（7）在"安装类型"界面中，单击"Exchange Server 典型安装"选项。如果要更改 Exchange 2007 安装的路径，单击"浏览"按钮，找到文件夹树中的相应文件夹，然后单击"确定"按钮。单击"下一步"按钮，如图 2-4-6 所示。

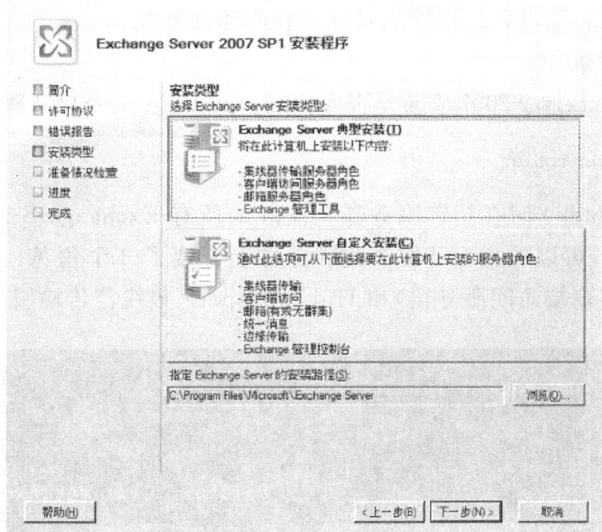

图 2-4-6　Exchange 安装类型

（8）如果这是组织中的第一台 Exchange Server 2007 服务器，则在"Exchange 组织"界面中输入 Exchange 组织的名称。

（9）如果这是组织中的第一台 Exchange Server 2007 服务器，在"客户端设置"界面中单击描述组织中运行 Microsoft Outlook 的客户端计算机的选项。

（10）在"准备情况检查"界面中，查看状态以确定是否成功完成了组织和服务器角色先决条件检查。如果已成功完成检查，单击"安装"按钮以安装 Exchange 2007。在"完成"界面中，单击"完成"按钮，如图 2-4-7 所示。

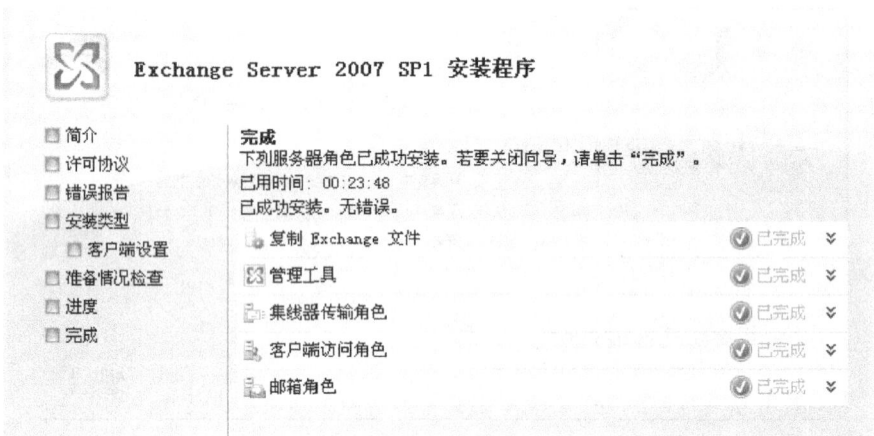

图 2-4-7　完成安装

### 4.4.3　案例三：Exchange Server 2007 安装后的设置

**1. 验证和检查**

在安装 Exchange Server 2007 后验证安装并检查服务器安装日志。如果安装过程失败，或在安装期间出错，则可以使用安装日志查找问题的来源。

1）验证安装是否成功

若验证 Exchange Server 2007 安装是否成功，在 Exchange 命令行管理程序中运行命令：

```
Get - ExchangeServer cmdlet
```

将显示运行此 cmdlet 时在指定服务器上安装的所有 Exchange Server 2007 服务器角色。如图 2-4-8 所示，可以看出：已经在此服务器上安装了 3 个角色：Mailbox（邮箱服务器）、ClientAccess（客户端访问服务器）和 HubTransport（集线器传输服务器）。

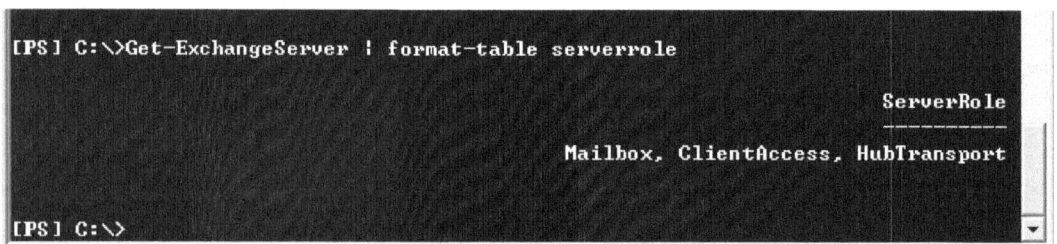

图 2-4-8　查看安装的 Exchange Server 2007 服务器角色

2）事件查看器

Exchange 安装程序会将事件记录在事件查看器上应用程序日志中。检查应用程序日志并确认没有与 Exchange 服务器安装相关的警告或错误消息。

3）安装日志文件

安装过程中，安装进度的相关信息将记录在文本文件中。在默认情况下，日志的记录方式为详细。这些日志文件包含安装期间系统所执行的历史操作以及出现的所有错误。

4）生成管理工具

（1）安装期间，将安装以下 Exchange 2007 管理接口。

- Exchange 命令行管理程序、命令行接口及启用管理任务自动化的关联 Exchange Server 命令行插件。
- Exchange 管理控制台的图形用户界面和工具箱，它是随 Exchange Server 2007 一起安装的工具集合。工具箱可以为诊断、故障排除以及恢复活动提供中心位置。

（2）在工具箱中可获得下列配置管理工具。

- Exchange Server 最佳实践分析工具：用于检查 Exchange 服务器拓扑配置和运行状态的工具。
- 灾难恢复工具：包括数据库恢复管理（用于管理灾难恢复方案的工具）和数据库故障排除工具（帮助对存储装入以及其他数据库相关问题进行故障排除的工具）。

邮件流工具：包括邮件流故障排除工具（用于对邮件流以及传输相关问题进行故障排除的工具）、邮件跟踪（用于检查邮件跟踪日志的工具）和队列查看器（用于管理 Exchange 邮件队列的工具）。

性能工具：包括性能监视器（用于监视服务器性能和整体运行状况的工具）和性能故障排除程序（用于对服务器性能问题进行故障排除的工具）。

**2. 进行安全配置**

使用安全配置向导保护 Exchange Server 2007。安全配置向导（SCW）是随 Windows Server 2003 SP1 引入的工具。使用 SCW，可以通过禁用 Exchange Server 2007 服务器角色不需要的 Windows 功能，将服务器面临的攻击减到最小。SCW 会自动执行最佳安全处理来减少服务器所面临的攻击。SCW 使用基于角色的方式来请求服务器上的应用程序所需的服务。此工具可以减小 Windows 环境的安全漏洞被利用的可能性。

1）使用安全配置向导

Exchange Server 2007 为每个 Exchange 服务器角色提供了一个 SCW 模板。通过在 SCW 模板，可以配置 Windows 操作系统，以锁定每个 Exchange 服务器角色不需要的服务和端口。运行 SCW 时，将针对环境创建自定义安全策略，同时可以将自定义策略应用于组织中的所有 Exchange 服务器中去。

若要使用安全配置向导，请先安装。具体方法是：启动"添加/删除程序"，再"启动添加/删除 Windows 组件"，如图 2-4-9 所示，选中"安全配置向导"复选框，单击"下一步"按钮即可。

2）Exchange Server 2007 SCW 模板

安装 Exchange 服务器角色之后，请使用 SCW 执行下列步骤来配置安全策略：

（1）安装 SCW。

（2）注册 SCW 扩展。

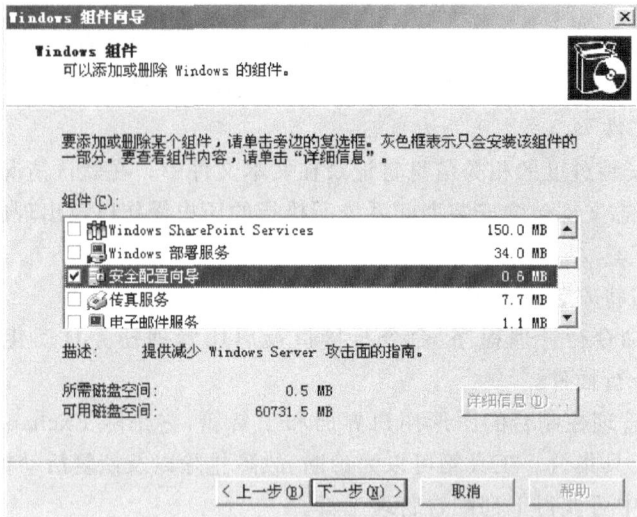

图 2-4-9　安装安全配置向导

（3）创建自定义安全策略并将策略应用于本地服务器。

如果组织中有多个 Exchange 服务器都在运行某个给定角色，可以将自定义安全策略应用于每个 Exchange 服务器。

3）注册 Exchange Server 角色 SCW 扩展

在应用 SCW 安全策略的每一个 Exchange Server 2007 服务器上执行注册过程。Exchange Server 2007 服务器角色共需要两种不同的扩展文件。对于邮箱、集线器传输、统一消息以及客户端访问服务器角色，需要注册 Exchange2007. xml 扩展文件。对于边缘传输服务器角色，需要注册 Exchange2007Edge. xml 扩展文件。Exchange 2007 SCW 扩展文件位于％Exchange％\Scripts 目录中。默认的 Exchange 安装目录是 Program Files\Microsoft\Exchange Server。如果在服务器安装期间选择了自定义目录位置，该目录位置可能将有所不同。

在运行邮箱服务器角色、集线器传输服务器角色、统一消息服务器角色或客户端访问服务器角色的计算机上注册安全配置向导扩展，需要打开命令提示符窗口。输入以下命令，以使用 SCW 命令行工具向本地安全配置数据库注册 Exchange Server 2007 扩展：

```
scwcmd register /kbname:Ex2007KB /kbfile:"% programfiles % \ Microsoft \ Exchange Server \
scripts\Exchange2007.xml"
```

在边缘传输服务器角色的计算机上注册安全配置向导扩展，需要打开命令提示符窗口。输入以下命令，以使用 SCW 命令行工具向本地安全配置数据库注册 Exchange Server 2007 扩展：

```
scwcmd register /kbname:Ex2007EdgeKB /kbfile:" % programfiles % \Microsoft\Exchange Server\
scripts\ Exchange2007Edge.xml"
```

若要验证以上命令是否已经成功完成，可以查看位于％windir％\security\msscw\logs 目录中的 SCWRegistrar_log. xml 文件。

4）使用安全配置向导完成安全配置

运行 SCW,安全配置向导第二个界面中选择"创建新的安全策略"选项,第三个界面中输入安全策略要应用的计算机名称,在"选择服务器角色"界面中选择 Exchange Server 2007 服务器角色,如图 2-4-10 所示。

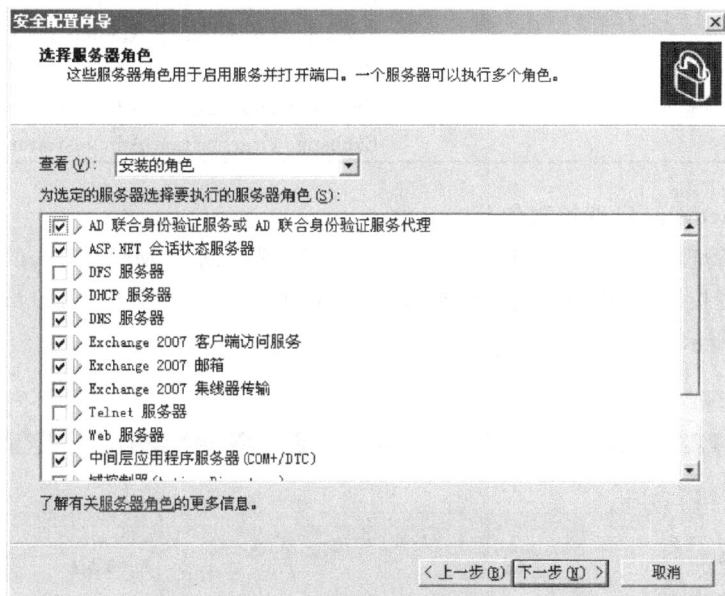

图 2-4-10　选择服务器角色

### 3. 设置权限

为中心传输服务器角色设置管理员权限,中心传输服务器角色是作为 Active Directory 目录服务域的成员服务器进行部署的,可以通过使用域用户帐户管理中心传输至服务器,也可以使用 Exchange 委派向导或 Exchange 命令行管理程序中的命令为用户和组分配管理员角色。

执行任务所需的权限取决于操作的影响范围。一些任务(如配置传输规则)会造成全局性的影响。这意味着对规则进行一次配置后,组织中的每台中心传输服务器都会执行该规则。配置接收连接器之类的任务是以每台服务器为基础进行执行的。这意味着仅在指定的服务器上配置连接器即可。

表 2-4-2 列出了在中心传输服务器上执行的常见管理任务以及成功完成各项任务所需的管理员角色。可以使用此信息,按照管理模型来委派角色。

表 2-4-2　管理任务和管理员角色要求

| 任　　务 | 所需的管理员角色 |
| --- | --- |
| 备份和还原 | Backup Operators |
| 启用和禁用代理 | Exchange Server Administrator |
| 配置接收连接器 | Exchange Server Administrator |
| 配置发送连接器 | Exchange Organization Administrator |
| 配置传输规则 | Exchange Organization Administrator |

| 任　　务 | 所需的管理员角色 |
|---|---|
| 查看队列和邮件 | Exchange View-Only Administrator |
| 管理队列和邮件 | Exchange Server Administrator |
| 创建边缘订阅文件 | Exchange Organization Administrator |
| 配置远程域 | Exchange Organization Administrator |
| 配置接受域 | Exchange Organization Administrator |
| 创建电子邮件地址策略 | Exchange Organization Administrator |
| 配置日记 | Exchange Organization Administrator |

### 4. 使用 Exchange 管理控制台

Exchange 管理控制台是一个基于 Microsoft 管理控制台 MMC 3.0 的工具,可以将"Exchange 管理控制台"管理单元添加到基于 MMC 的自定义工具中。Exchange 控制台界面如图 2-4-11 所示。

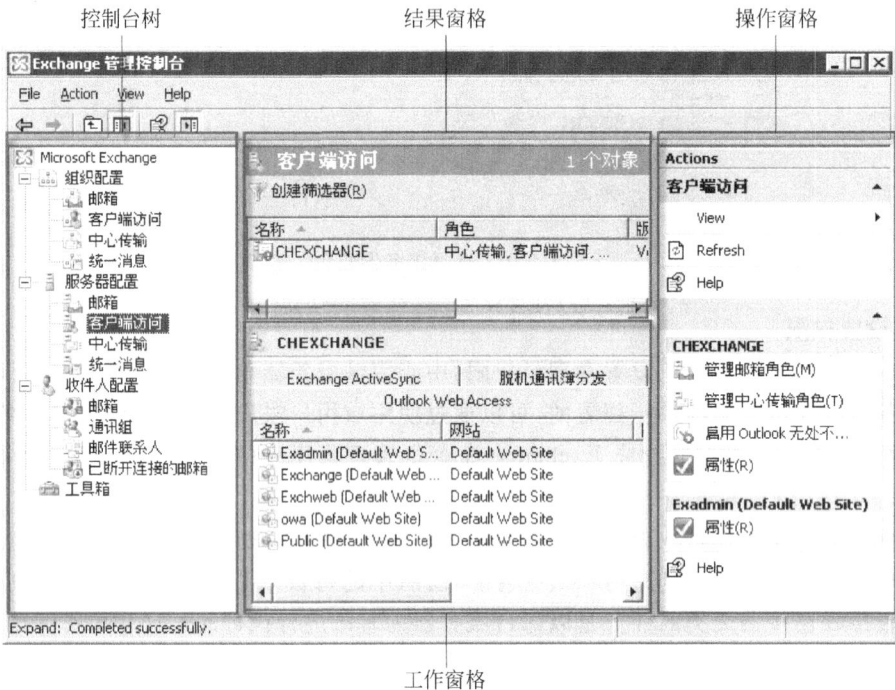

图 2-4-11　Exchange 管理控制台

1) 控制台树

控制台树位于控制台的左侧,并且按照基于所安装的服务器角色的结点进行组织。

2) 结果窗格

结果窗格位于控制台的中心位置。此窗格基于控制台树中的所选结点显示对象,可以过滤结果窗格中的信息。

3) 工作窗格

工作窗格位于结果窗格的底端。此窗格基于在"服务器配置"结点中选择的服务器角色显示对象。只有选择了"服务器配置"结点下的对象(如"邮箱"或"客户端访问")后,工作窗格才可用。

4)操作窗格

操作窗格位于控制台的右侧。此窗格基于在控制台树、结果窗格或工作窗格中选择的对象列出操作。操作窗格是快捷菜单的扩展,而快捷菜单仍然可用。要显示或隐藏操作窗格,在工具栏上单击"显示/隐藏操作窗格"箭头。

## 4.4.4 案例四:Exchange Server 2007 邮箱设置

邮箱是 Exchange 组织中信息工作人员最常用的收件人类型,也是 Exchange 组织中用户的主要邮件传递和协作工具。每个邮箱都与一个 Active Directory 用户帐户关联。用户可以使用邮箱发送和接收邮件,并可以存储邮件等文档。以下将介绍设置为新用户创建邮箱的过程。

可以使用 Exchange 管理控制台为新用户创建邮箱,例如新建一个启用邮箱的用户 tom,其邮箱地址为:tom@wnt.com.cn。

(1)启动 Exchange 管理控制台,在 Exchange 管理控制台中,单击"收件人配置",在操作窗格中,单击"新建邮箱"选项。此时将出现新建邮箱向导,如图 2-4-12 所示。

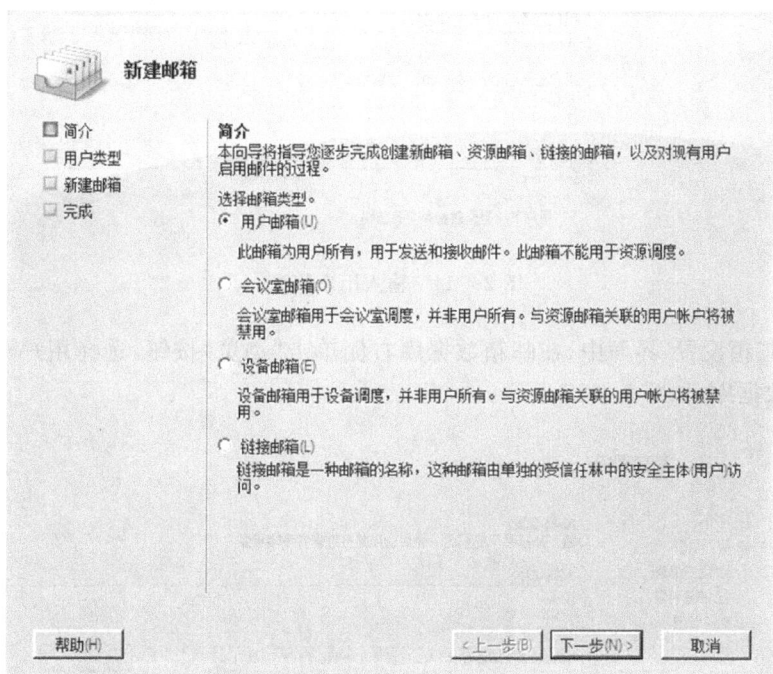

图 2-4-12 使用 Exchange 系统管理器为用户创建邮箱

(2)选择"用户邮箱"单选按钮,然后单击"下一步"按钮,出现如图 2-4-13 所示界面。

(3)由于用户 Tom 是一个新用户,所以选择"新建用户"单选按钮,再单击"下一步"按钮。在"用户信息"界面中输入用户的姓、名、登录名称、密码等信息,再单击"下一步"按钮,如图 2-4-14 所示。

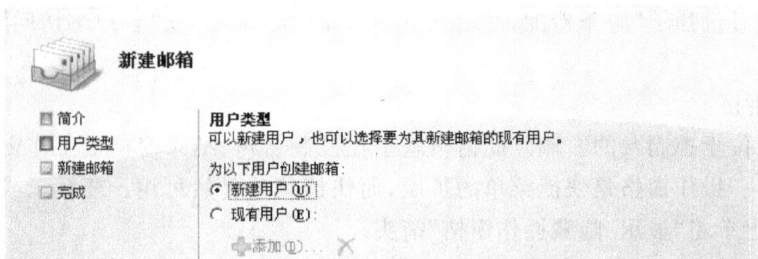

图 2-4-13　选择用户类型

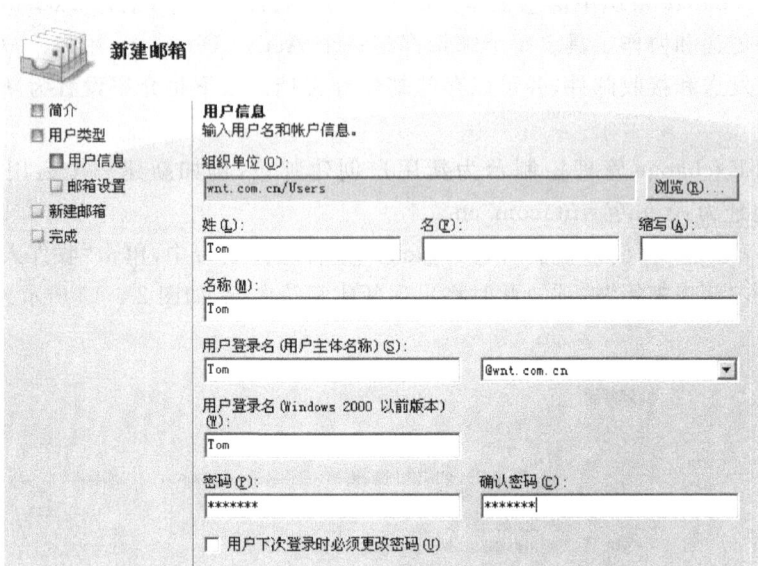

图 2-4-14　输入用户信息

（4）在"邮箱设置"界面中，在邮箱数据库右侧单击"浏览"按钮，选择用户 Tom 的邮箱所在的邮箱数据库，如图 2-4-15 所示。

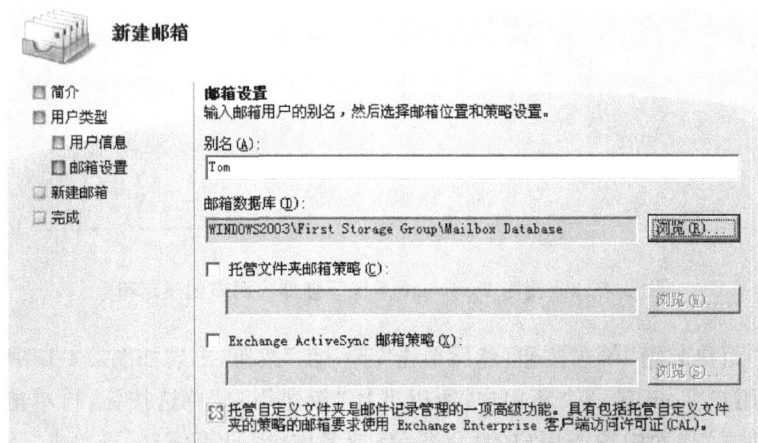

图 2-4-15　为用户的邮箱选择数据库

（5）在"新建邮箱"界面中，复查"配置摘要"中关于收件人的信息，确认无误后，单击"新建"按钮，如图 2-4-16 所示，用户 Tom 在 Active Directory 中位于 Users 容器中。

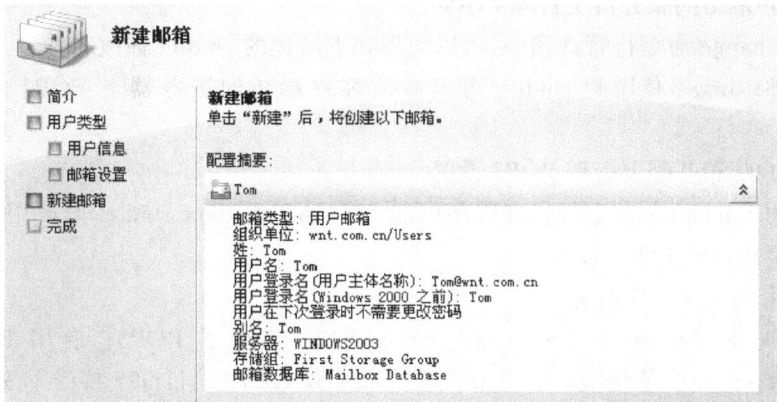

图 2-4-16　为用户建立邮箱

（6）单击"新建"按钮后，系统将会在 Active Directory 中创建一个名叫 Tom 的新用户，并为该用户启用了邮箱，该用户的邮箱地址为：tom@wnt.com.cn，如图 2-4-17 所示。

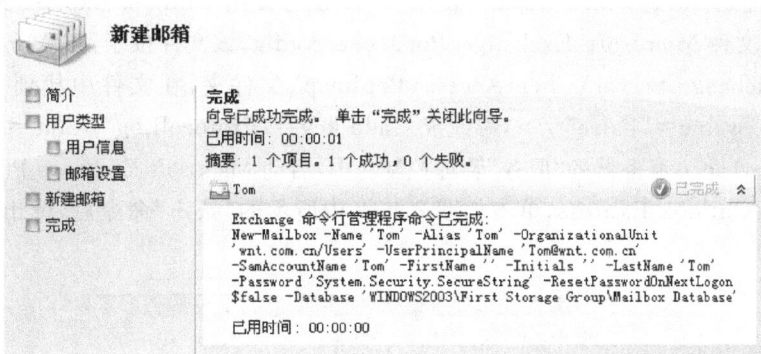

图 2-4-17　完成用户及邮箱的创建

在"完成"界面中，将生成用于在 Exchange 命令行管理程序中执行的代码。请注意在此界面中生成的代码，可以复制这些代码，然后在 Exchange 命令行管理程序中执行，也能够实现相同的目的。

## 4.4.5　案例五：Exchange Server 2007 客户端管理

可以在 Exchange Server 2007 计算机上安装客户端访问服务器角色。客户端访问服务器角色为下列客户端应用程序和协议提供访问服务：Microsoft Outlook Web Access、Exchange ActiveSync、邮局协议版本 3（POP3）、Internet 邮件应用程序协议版本 4（IMAP4），以下将介绍如何配置管理 POP3 服务。

默认情况下，Exchange 2007 中并未用 POP3 协议，若要使用此协议，必须首先在运行 Exchange Server 2007 且已安装客户端访问服务器角色的计算机上启动 POP3 服务。基于 POP3 的邮件系统最适合对数据可恢复性和安全性的要求较低的企业使用。POP3 用于支持脱机邮件处理。使用 POP3 时，电子邮件将从服务器中删除并放置在本地 POP3 客户端上。这会使数据管理和安全责任都转由用户负责。

**1. 在客户端访问服务器上管理 POP3**

使用 Exchange 命令行管理程序，可以使用如下所述的 cmdlet 修改和查看 POP3 设置。

Set-PopSettings：使用此 cmdlet 可以修改客户端访问服务器上 POP3 的所有可用设置。

**2. 在用户邮箱基础上管理 POP3 设置**

可以使用 Exchange 命令行管理程序中的 Set-CASMailbox cmdlet 修改用户邮箱的属性来管理各个用户的 POP3 设置。

**3. 启动和停止 POP3 服务**

默认情况下，Microsoft Exchange Server 2007 禁用了 POP3。启用 POP3 之后，Exchange Server 2007 使用端口 110 和安全套接字层（SSL）端口 995 接受不安全的 POP3 客户端通信。可以使用"服务"MMC 工具和 net start 命令来启动 Microsoft Exchange POP3 服务。

**4. 配置 Outlook Express 以 POP3 方式访问 Exchange**

例如启动 Outlook Express，在 Outlook Express 中给用户 U1 配置一个邮件帐户，用户 U1 邮箱的地址是：u1@wnt.com.cn。使用户 U1 能够使用 Outlook Express 来收发邮件。

（1）打开文件 Microsoft.Exchange.Pop3.exe.config，该文件位于：C:\Program Files\Microsoft\Exchange Server\ClientAccess\PopImap\ 文件夹，在文件中找到＜add key＝"ProtocolLog" value＝"False" /＞，修改成＜add key＝"ProtocolLog" value＝"true" /＞。

（2）在 Exchange 服务器的"服务"管理控制台中，启动 Microsoft Exchange POP3 服务。

（3）启动 Outlook Express，单击如图 2-4-18 中所示的"帐户"命令后，弹出"Internet 帐户"对话框。

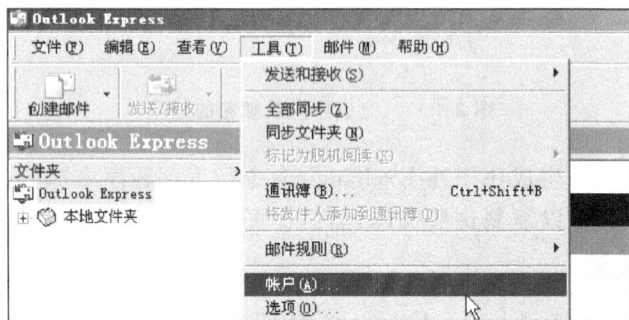

图 2-4-18　配置 Outlook Express 中的帐户

（4）单击"邮件"选项卡，再单击右边的"添加"按钮，在下拉菜单中单击"邮件"命令，添加一个邮件帐户，如图 2-4-19 所示。

（5）在"Internet 连接向导"的"您的姓名"界面中输入"显示名"，单击"下一步"按钮，如图 2-4-20 所示。

（6）输入管理员的邮件电子地址：u1@wnt.com.cn，单击"下一步"按钮，如图 2-4-21 所示。

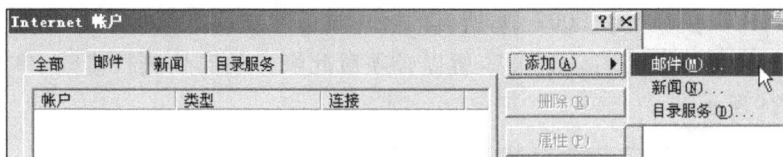

图 2-4-19　添加邮件帐户

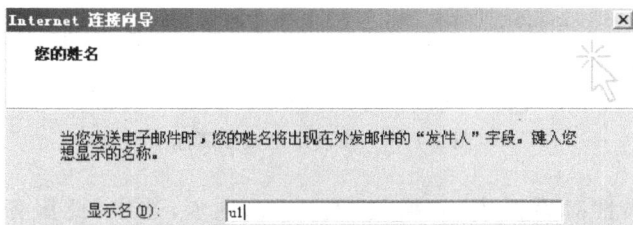

图 2-4-20　输入显示名

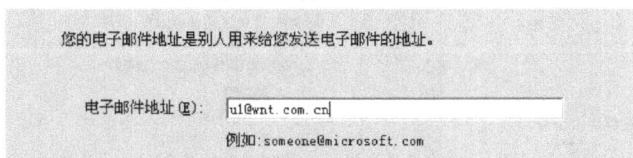

图 2-4-21　输入电子邮件地址

（7）输入电子邮件服务器名，按照图 2-4-22 的方式输入接收邮件服务器地址和发送邮件服务器，在本例中，这两个服务器的地址都是 windows2003.wnt.com.cn。

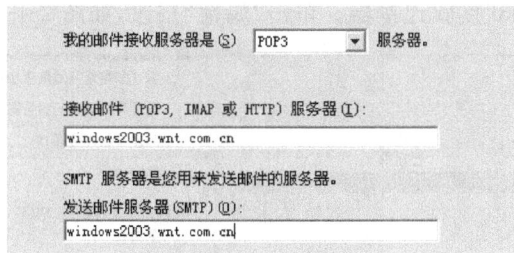

图 2-4-22　输入电子邮件服务器

（8）出现如图 2-4-23 所示界面，填写帐户名和密码。

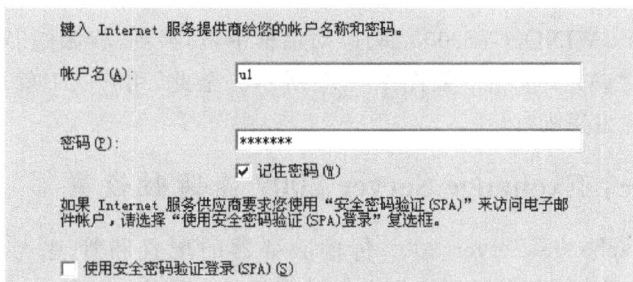

图 2-4-23　填写用户帐户名和密码

161

(9) 在 Exchange Server 2007 中,所有的客户端访问方式都是加密的,用 110 端口收邮件是不行的,加密的 POP3 端口是 995,所以必须对此帐户的属性进行修改,单击"属性"按钮,如图 2-4-24 所示。

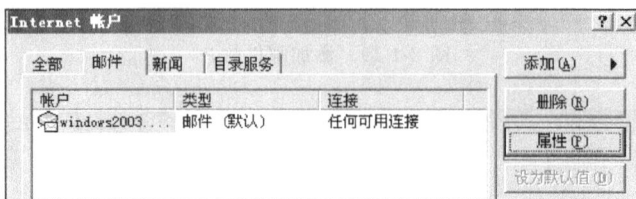

图 2-4-24 修改用户帐户属性

(10) 在帐户属性对话框中,切换到"高级"选项卡,选中"此服务器要求安全连接(SSL)"复选框,单击"确定"按钮,再单击"关闭"按钮,如图 2-4-25 所示。

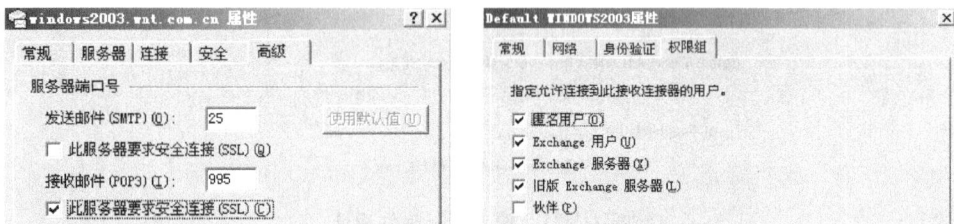

图 2-4-25 修改 POP3 用户的"高级"属性

(11) 在控制台树中,展开"服务器配置",再单击"集线器传输"。在结果窗格中,单击"Default WINDOWS2003"接收连接器。单击"属性"按钮,如图 2-4-26 所示。

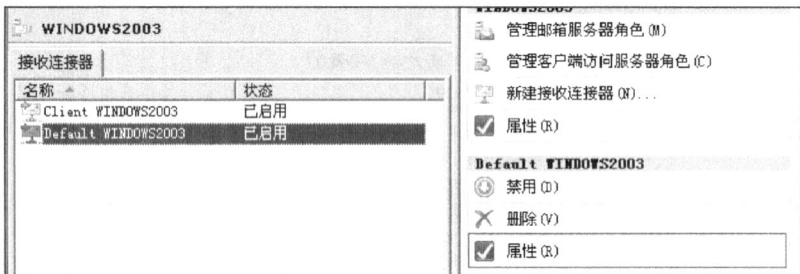

图 2-4-26 修改接收连接器属性

(12) 在"Default WINDOWS2003 属性"对话框中,切换到"权限组"对话框,选中"匿名用户"选项,再单击"确定"按钮。如图 2-4-26 所示。至此,用户 U1 就可以使用 Outlook Express 正常接收和发送邮件。

## 4.4.6 案例六: Exchange Server 2007 连通性设置

以下将介绍 Exchange Server 2007 传输服务器的配置和管理,涉及运行 Exchange Server 2007 并安装了集线器传输服务器角色计算机的邮件传输组件。

### 1. 接受域的创建

接受域是 Microsoft Exchange 组织用于发送或接收电子邮件的任何简单邮件传输协议 (SMTP)命名空间。接受域包括 Exchange 组织对其有权威性的域。当 Exchange 组织为接受域中的收件人处理邮件传递时，该组织即具有权威性。接受域还包括 Exchange 组织为该域接收邮件，然后将邮件中继到 Active Directory 目录服务林外部的电子邮件服务器以传递给收件人。接受域配置为 Exchange 组织和安装了边缘传输服务器的计算机上的全局设置。组织设置要求将安装了中心传输服务器角色的计算机为其处理邮件的所有域配置为接受域。

建议只在集线器传输服务器角色上，使用 Exchange 管理控制台创建和配置接受域。例如公司的内部域名是 wnt.com.cn，假设公司申请外部域名是 wnt.com。为 Exchange 配置一个接受域 wnt.com，使 Exchange 服务器能够接受发向域 wnt.com 的邮件。

（1）打开 Exchange 管理控制台，在控制台树中展开"组织配置"选项，选择"集线器传输"选项，然后在工作窗格中单击"接受域"选项卡，如图 2-4-27 所示。

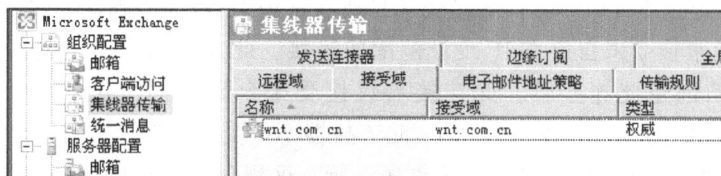

图 2-4-27　接受域示例

（2）在操作窗格中，单击"新建接受域"按钮。将出现"新建接受域"向导。在"新建接受域"界面中，填写"名称"和"接受域"字段，如图 2-4-28 所示。

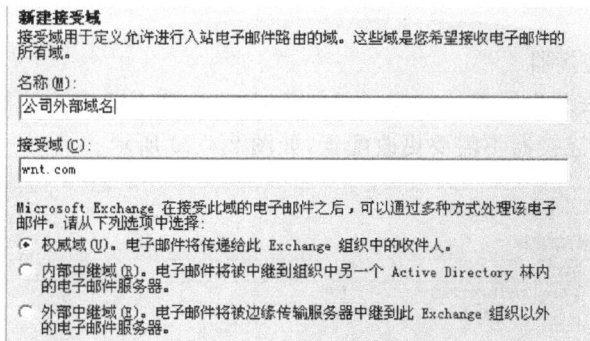

图 2-4-28　新建接受域

（3）单击"新建"按钮。在"完成"界面，单击"完成"按钮。

### 2. 管理接收和发送连接器

连接器是源服务器和目标服务器之间的连接的逻辑表示形式。连接器描述运行 Exchange Server 2007 且安装了集线器传输服务器角色的计算机如何进行通信。连接器分为发送连接器、接收连接器或外部连接器。所有发送连接器和接收连接器都使用 SMTP 协议来传输邮件。相比之下，外部连接器将集线器传输服务器上的邮件传输到本地邮件服务器，而这些本地邮件服务器不使用 SMTP 传输邮件。所有接收连接器仅接受来自 SMTP

地址空间的邮件。但是,可以将发送连接器和外部连接器配置为将邮件发送到 SMTP 或非 SMTP 地址空间。可以显式、隐式或自动创建连接器。

Exchange Server 2007 计算机上必须配置发送连接器和接收连接器,以便集线器传输服务器通过边缘传输服务器中继发送和接收 Internet 上的邮件。可以在 Exchange 管理控制台的"组织配置"结点中配置发送连接器。发送连接器作为配置对象存储在 Active Directory 目录服务中。当集线器传输服务器向某个收件人传递一封邮件,且该收件人的电子邮件地址位于发送连接器中配置的地址空间时,集线器传输服务器会将该邮件路由至发送连接器源服务器以进行传递。可以在 Exchange 管理控制台的"服务器配置"结点中配置接收连接器。接收连接器作为服务器的子对象存储在 Active Directory 目录服务中。在默认情况下,在安装过程中,每个集线器传输服务器上配置两个默认的接收连接器。

1) 连接器配置

在 Exchange Server 2007 中,接收连接器代表简单邮件传输协议通信的传入连接点。发送连接器代表逻辑网关,所有传出邮件都通过该网关发送。

(1) 配置为通过 SMTP 端口 25 接受来自所有远程 IP 地址的邮件的接收连接器。

此连接器通常接受来自所有 IP 地址范围的连接。此连接器的使用类型为"内部"。在安装期间会自动创建此连接器。此连接器仅接受来自属于同一 Exchange 组织的其他 Exchange 服务器的邮件。在默认情况下,此连接器不接受匿名提交。

(2) 配置为通过 SMTP 端口 587 接收来自所有远程 IP 地址的邮件的接收连接器。

此连接器用于接受来自非 MAPI 客户端的 SMTP 连接。此连接器通常接受来自所有 IP 地址范围的连接。此连接器的使用类型为"内部"。在安装期间会自动创建此连接器。

(3) 无须为集线器传输服务器之间的邮件流创建任何连接器。在 Exchange 组织的集线器传输服务器之间存在隐式连接器。这些连接器将根据 Active Directory 站点拓扑自动进行计算。

2) 默认的接收连接器

在默认情况下,安装集线器传输服务器角色时,存在两个接收连接器。不需要其他接收连接器。默认的接收连接器不需要更改配置,如图 2-4-29 所示。

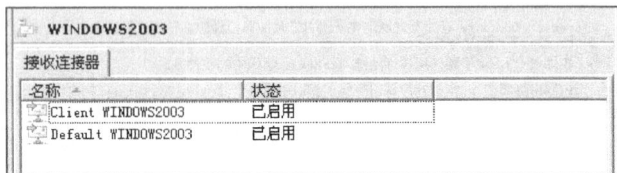

图 2-4-29　默认安装的接收连接器

其中名为"Client WINDOWS2003"的接收连接器接受来自所有非 MAPI 客户端的 SMTP 连接,如 POP 和 IMAP 客户端。而名为"Default WINDOWS2003"的接收连接器接受来自边缘传输服务器的连接,用以接收来自 Internet 和其他集线器传输服务器的邮件 (注: WINDOWS2003 是计算机名称)。

3) 配置发送连接器

在默认情况下,集线器传输服务器上不存在显式的发送连接器,必须手动配置此连接器。例如在 Exchange 组织中创建一个发向 263. net 域的发送连接器,用来管理发向域 @263. net 的邮件。

(1) 启动 Exchange 管理控制台,在控制台树中展开"组织配置"选项,单击"集线器传输"选项,在操作窗格中单击"新建发送连接器"按钮,弹出"新建连接器"向导,如图 2-4-30 所示。

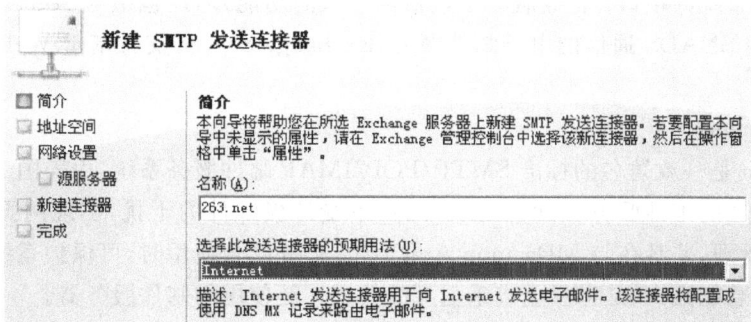

图 2-4-30　新建发送连接器

(2) 输入连接器名称后,在"选择此发送连接器的预期用法"下拉列表框中选择 Internet 选项,即此连接器管理发向 Internet 的邮件。然后单击"下一步"按钮,在"地址空间"界面单击"添加"按钮右边的下拉箭头,如图 2-4-31 所示。

(3) 在图 2-4-31 中,单击"SMTP 地址空间"选项,在弹出的窗口中输入地址空间信息,如图 2-4-32 所示,如果需要管理发向该域及该域的子域的邮件,请选中"包含所有子域"复选框。

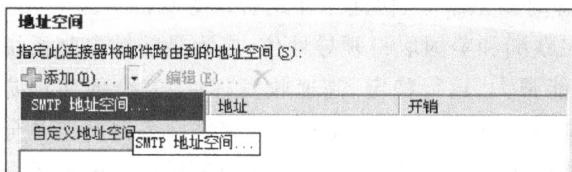

图 2-4-31　添加 SMTP 地址空间

图 2-4-32　定义地址空间

(4) 单击"确定"按钮,然后单击"下一步"按钮,最后单击"确定"按钮,就创建好了一个发送连接器。由此就完成了 Exchange Server 2007 服务器进行收发邮件的基本配置。

# 4.5　知　识　拓　展

下面介绍一些常见的邮件服务器软件。

**1. Microsoft Exchange Server 系列**

Microsoft Exchange Server 是一个消息与协作系统。Exchange server 可以被用来构架应用于企业、学校的邮件系统或免费邮件系统。它还是一个协作平台,可以在此基础上开发工作流,知识管理系统,Web 系统或者是其他消息系统。也是一个全面的 Intranet 协作应用服务器,它协作应用的出发点是业界领先的消息交换基础,适合有各种协作需求的用户使用。

Exchange Server 是一个设计完备的邮件服务器产品,提供了通常所需要的全部邮件服务功能。除了常规的 SMTP/POP 协议服务之外,它还支持 IMAP4、LDAP 和 NNTP 协议。Exchange Server 服务器有两种版本:标准版包括 Active Server、网络新闻服务和一系列与其他邮件系统的接口;企业版除了包括标准版的功能外,还包括与 IBM OfficeVision、X. 400、VM 和 SNADS 通信的电子邮件网关,Exchange Server 支持基于 Web 浏览器的邮件访问。

### 2. MDaemon

MDaemon 是一款著名的标准 SMTP/POP/IMAP 邮件服务系统,由美国 Alt-N 公司开发。它提供完整的邮件服务器功能,保护用户不受垃圾邮件的干扰,实现网页登录收发邮件,支持远程管理,并且在与 MDaemon AntiVirus 插件结合使用时,可保护系统防御邮件病毒,安全可靠,功能强大,是世界上成千上万的公司广泛使用的邮件服务器。

它也是著名的 Windows 邮件服务系统,通过集成的 WorldClient 模块提供对电子邮件的无缝 Web 访问,通过基于网页的 WebAdmin 插件支持远程管理。支持 LDAP 的 SMTP/POP3/IMAP4 邮件服务端软件,可增强 IMAP4 功能,以及多域名的支援,通过简易的设定,来构建专属的邮件伺服器,可以在线申请新帐号等,是中小企业架构 Internet/Intranet 的非常有用的邮件服务器软件。

### 3. IceWarp Merak Mail Server 爱思华宝·微力邮件服务器

Merak 系统是基于 Windows 和 Linux 操作平台上邮件服务器领域的领导者,爱思华宝·微力邮件服务器支持无限多用户和无限多个域。它是第一个支持 SSL 加密、第一个整合了多线程病毒和垃圾扫描技术的邮件服务器,可确保邮件信息的安全,并大大提高了邮件的收发速度。Merak 同时提供 WebMail、即时简讯服务、协同工作组管理等功能。

爱思华宝·微力邮件服务器 10 年间在欧洲和美国取得领导地位,成为最畅销电邮系统之一。它是凭借着操作简单、维护方便、功能强大、运行稳定、高速收发邮件、安全的病毒防护、精确的垃圾隔离等功能来实现这一地位的。目前,爱思华宝·微力邮件服务器已遍及全球 35 个国家地区,支援 28 种文字。在全球每年销售量数以万计,拥有 10 万家客户和超过一亿两千万用户,深受军警政界及企业欢迎。

### 4. IBM Lotus Domino/Notes

Lotus Domino/Notes 是一款优秀的办公电子协作平台,具有独特的安全特性,从底层到最上层共有 8 个层次安全控制,采用了 PKI 双钥非对称加密方式对用户的身份进行认证,支持标准的 X. 509CA 证书。提供网络信道加密的手段防止网络侦听,实现信道传输安全。还提供了数十种安全设置管理功能,供用户灵活、安全地使用系统功能。Lotus Domino/Notes 平台不仅支持传统的客户端/服务器(C/S)模式,还对 Internet/Intranet 提供了较好的支持,因此对于 Internet/Intranet 方式的安全控制也是 Lotus Domino 系统安全性的重要方面。

最新版的 Lotus Notes/Domino 集成了 IBM Lotus 即时消息和网络会议功能,使用户可以在线感知,直接从收件箱或在协作应用软件内启动即时消息功能进行会话,同时也是为了帮助最终用户管理数量与日俱增的电子信息和不断提速的业务而开发。总之,Lotus

Domino/Notes 系统在安全控制上具有功能强大、技术面广、控制层次多、配置管理灵活等特点。

**5. Coremail**

Coremail 产品诞生于 1999 年,经过十多年的发展,如今从亿万级别的运营系统,到几万人的大型企业,都有了 Coremail 的客户。截至 2010 年,Coremail 邮件系统产品在国内已拥有超过 3 亿终端用户,是目前国内拥有邮箱使用用户最多的邮件系统。Coremail 今天不但为网易、移动,联通等知名运营商提供电子邮件整体技术解决方案及企业邮局运营服务,还为石油、钢铁、电力、政府、金融、教育、尖端制造企业等用户提供邮件系统软件和反垃圾服务。

Coremail 大规模电子邮件系统,是拥有自主知识产权的专业邮件软件产品,目前在中国大陆地区拥有超过 5 亿终端用户,为 163、139 等超大型运营商提供邮件底层完整支持,同时也为国务院新闻办公室、中国科学院、中国科技大学、国防科技大学、美的集团、宝钢集团、招商局集团等政府、科教、500 强企业客户等提供邮件系统整体解决方案,是中国用户实际使用最广泛,最频繁的邮件系统。Coremail 也是中国反垃圾邮件中心的技术战略合作伙伴,为中国用户使用健康邮箱提供全面的技术保障。

**6. LifeCube 网络宝邮件服务器**

LifeCube 集成邮件系统(标准版本)是一款不受限制(不限容量、不限用户数目)的邮件系统产品。能够充分满足了 SOHU 族及中小企业用户对邮件处理的需求。其最大的亮点在于以极低预算(软件系统零成本)实现了企业对内外部邮件发送的需求,节省了租用企业邮箱的费用。除构建独立企业邮局外,用户可以根据业务需要选择相应的增值服务,满足中小企业信息化建设的扩展应用。LifeCube 集成邮件系统具有安全稳定、应用简单、扩展性强、管理便捷、后期维护费用低等优点,是一款中小企业、SOHU 族搭建内部企业邮件和网络服务的入门级产品。

LifeCube 集成邮件服务器采用的是嵌入式一体化的软、硬件设计工艺,以精简的邮件专用操作系统为核心,融合了快速数据恢复、数据纠错以及完善的网络、数据安全保障技术等,结合特殊定制的硬件服务平台,为用户提供安全、稳定、高效、免维护、扩展性强的企业专用的邮件服务器产品。

**7. U-Mail**

U-Mail 专家级邮件系统是福洽科技最新推出的第四代企业邮局系统。该产品依托福洽科技在信息领域中领先的技术与完善的服务,专门针对互联网信息技术的特点,综合多行业多领域不同类型企业自身信息管理发展的特点,采用与国际先进技术接轨的专业系统和设备,将先进的网络信息技术与企业自身的信息管理需要完美的结合起来。

U-Mail 历经十余年开发,以广大企事业单位的邮箱应用需求为目标做了深入的开发,将邮件系统的功能发挥至极致,最大拓展了企业邮箱的功能、性能和稳定性,在已有千家企业单位应用需求的基础上做了大量改进,使之更加适合政府、教育、企事业集团和从事销售企业邮箱的网络服务商、集成商使用。

**8. WinWebMail**

WinWebMail 是安全高速的全功能邮件服务器,融合强大的功能与轻松的管理为一体,提供最佳的企业级邮件服务器解决方案。

# 4.6　问题与思考

任务描述：通过搭建配置邮件服务器，使用企业邮件服务器收发邮件。

学习目标：学会邮件服务器的搭建。

环境要求：Windows Server 2003 SP1＋ Exchange Server 2007。

实现步骤：

## 1. 查找资料

(1) 常见的收发电子邮件的方式有哪些？

(2) 如何发送和接收电子邮件？

(3) POP3 服务和 SMTP 服务的组件如何安装调试？

## 2. 项目实施

| 项 目 实 施 | 任 务 描 述 | 评分准则 |
| --- | --- | --- |
| 项目实施步骤一 | 安装 POP3 服务和 SMTP 服务组件，设置邮件服务器所在域名，添加邮箱帐号。设置 SMTP 服务器的 IP 地址，安装设置 Outlook 软件 | 20 分 |
| 项目实施步骤二 | Exchange Server 2010 邮件服务器安装前准备工作 | 15 分 |
| 项目实施步骤三 | Exchange Server 2010 邮件服务器的搭建 | 20 分 |
| 项目实施步骤四 | Exchange Server 2010 邮件服务器收发邮件配置 | 25 分 |
| 文档编写 | 将本单元的操作归纳成完整的文档文件。要求：主要步骤有截图和文字说明 | 20 分 |

# 模块 5 中小企业常用路由器配置

## 5.1 应用环境

路由器是一种典型的网络层设备,随着网络的普及,路由器已经成为中小型企业网络组建中的必备设备,通过使用并适当配置路由器等网络层设备,可以实现企业公司局域网内部不同部门计算机之间的互联互通,而且还可以实现接入互联网功能。

## 5.2 学习目标

通过对路由器功能、路由器管理方式的了解,以及路由器常用配置命令的使用和实现,使读者理解路由器的功能作用,掌握路由器的访问方式、路由器基本配置与配置文件的管理、路由器静态路由的配置方法及校验网络连通性的技巧,宽带路由器的设置方法,并能够根据具体情况正确配置路由器相关参数。

## 5.3 相关知识

路由器在大型网络和 Internet 中是非常重要的网络设备,路由器在 OSI 参考模型中被称为中继系统,完成网络层中级或第三层中继的任务。下面以思科路由器为例介绍路由器的一些基本知识。

**1. 路由器基本原理**

1)路由器功能

路由器在互联网中的位置就是在子网与子网之间以及网络与网络之间,在互联网中连接各网络,解决网络间的通信问题,它的功能有:

- 确定发送数据包的最佳路径。
- 将数据包转发到目的地。

路由器通过获知远程网络和维护路由信息来进行数据包转发,是多个 IP 网络的汇合点或结合部分。路由器主要依据目的 IP 地址来做出转发决定,使用路由表来查找数据包的目的 IP 与路由表中网络地址之间的最佳匹配。路由表最后会确定用于转发数据包的送出接口,然后路由器会将数据包封装为适合该送出接口的数据链路帧。

路由表的主要用途是为路由器提供通往不同目的网络的路径。路由表中包含一组"已知"网络地址——即那些直接相连、静态配置以及动态获知的地址。

2）路由器组成

路由器是一台专门用做路由用的计算机，由硬件与软件组成。路由器的硬件主要由中央处理器、内存、接口、控制端口等物理硬件和电路组成；软件主要由路由器的 IOS 操作系统组成，硬件组成如图 2-5-1 所示。Cisco 路由器的主要硬件组成及其功能如下。

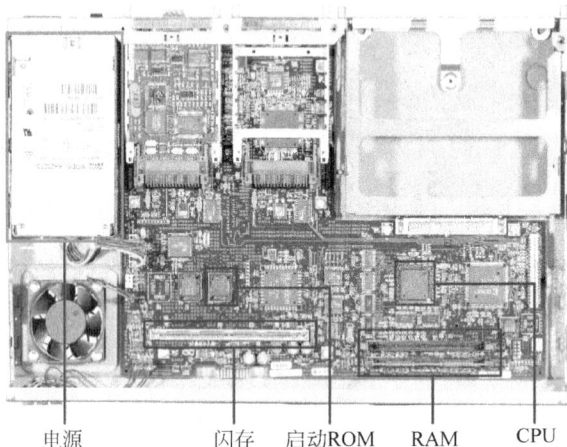

电源　　闪存　启动ROM　RAM　　CPU

图 2-5-1　路由器组成

（1）中央处理器（CPU）。

路由器的 CPU 负责执行操作系统命令，如系统初始化、路由功能和网络接口控制。

（2）ROM。

ROM 是一种永久性存储器。Cisco 路由器的 ROM 中主要包含：

- 系统加电自检代码（POST），用于检测路由器中各硬件部分是否完好。
- 系统引导区代码（BootStrap），用于启动路由器并载入 IOS 操作系统。
- 备份的 IOS 操作系统，以便在原有 IOS 操作系统被删除或破坏时使用。

（3）闪存（Flash）。

闪存是可擦除可编程的存储器，大多数 Cisco 路由器中 IOS 永久性存储在 Flash 中，在启动过程中才复制到内存。在系统重新启动或断电后仍能保存数据。

（4）非易失性 RAM（NVRAM）。

在系统重新启动或关机之后仍能保存数据。由于 NVRAM 仅用于保存启动配置文件（Startup-Config），故其容量较小，通常在路由器上只配置 32～128KB 大小的 NVRAM。

（5）随机存储器（RAM）。

存储的内容在系统重启或关机后将被清除。和计算机中的 RAM 一样，Cisco 路由器中的 RAM 也是运行期间暂时存放操作系统和数据的存储器，让路由器能迅速访问这些信息。

（6）路由器端口。

一般情况下，路由器有两个管理端口，即 Console 端口（控制端口）和 AUX 端口（辅助端口，一些设备没有 AUX 端口）。这两个端口允许一个终端或 PC 终端仿真软件进入网络设备，对设备发布命令，进行配置、管理等操作。

（7）路由器常用接口。

路由器能支持的接口类型，体现路由器的通用性。路由器接口主要分为两组：

- LAN 接口,如 Ethernet/FastEthernet 接口(以太网/快速以太网接口)。用于连接不同 VLAN。路由器以太网接口通常使用支持 UTP 网线的 RJ-45 接口。
- WAN 接口,如串行接口、ISDN 接口和帧中继接口。WAN 接口用于连接路由器与外部网络。这类接口一般要求速率非常高,通过该端口所连接的网络两端都要求实时同步。

图 2-5-2 显示了思科 2621 路由器的背面板各种接口。

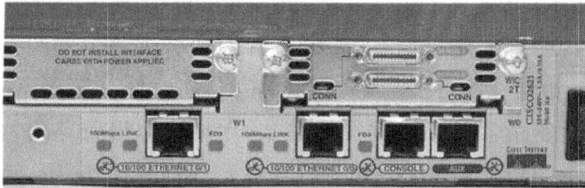

图 2-5-2　路由器接口:物理表示

**注意**:路由器上每个独立的接口连接到一个不同的网络,每个接口都是不同 IP 网络的成员或主机,每个接口必须配置一个 IP 地址及对应网络的子网掩码。思科 IOS 不允许同一路由器上的两个活动接口属于同一网络。

3)路由器的启动过程

像所有计算机一样,路由器使用系统进程进行启动。这其中包含了硬件检测、加载操作系统,以及执行所有的在启动配置文件中保存的配置命令。启动过程包括以下主要阶段。

(1)ROST:检测路由器硬件。

(2)运行 ROM 中的 BootStrap 程序,进行初步引导工作。

(3)寻找并载入 IOS 系统文件。IOS 系统文件可以存放在多处,至于到底采用哪一个 IOS,是通过命令设置指定的。

(4)IOS 装载完毕,系统在 NVRAM 中搜索保存的 Startup-Config 文件,进行系统的配置。如果 NVRAM 中存在 Startup-Config 文件,则将该文件调入 RAM 中并逐条执行。否则,系统进入 Setup 模式,进行路由器初始配置。

**2. 传统路由器的基本配置**

1)路由器的访问方式

要对路由器进行具体的配置首先要有效地访问它们,一般来说可以用以下几种方法来访问路由器。

- 通过 console 端口连接终端或运行终端仿真软件的微型计算机。
- 通过设备的 AUX 端口接 MODEM,通过电话线与远程终端相连。
- 通过 telnet 程序访问。
- 通过浏览器访问。
- 通过网管软件访问。

路由器的第一次配置必须通过 Console 端口来实现,通过控制台电缆连接路由器 Console 端口和终端或 PC 的串行接口,连接方式如图 2-5-3 所示。

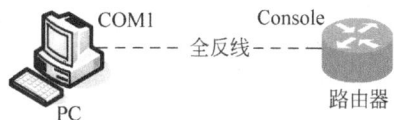

图 2-5-3　PC 与路由器相连

组建中小型企业网络

2) 路由器的基本操作模式

与交换机的配置类似,路由器的配置操作有 3 种模式,即用户执行模式、特权模式和配置模式。其中,配置模式又分为全局配置模式和接口配置模式、路由协议模式、线路配置模式等子模式。在不同的工作模式下路由器有不同的命令提示状态。

(1) Router>:路由器处于用户执行模式命令状态,这时用户可以查看路由器的连接状态,访问其他网络和主机,但不能看到和更改路由器的设置内容。

(2) Router#:在 Router>提示符下输入 enable,路由器进入特权命令状态 Router#,这时用户不但可以执行所有的用户命令,还可以看到和更改路由器的设置内容。

(3) Router(config)#:在 Router# 提示符下输入 configure terminal,出现提示符Router(config)#,此时路由器处于全局设置状态,用户可以设置路由器的全局参数。

(4) Router(config. if)#,Router(config. line)#,Router(config. router)# …:路由器处于局部设置状态,这时可以设置路由器某个局部的参数。

表 2-5-1 中列出了 Cisco 的 IOS 命令行界面中路由器的 3 种基本模式。

表 2-5-1　IOS 基本模式

| 模　　式 | 描　　述 | 提　示　符 |
|---|---|---|
| 用户执行模式 | 路由器受限检查,远程访问 | Router> |
| 特权模式 | 路由器的详细检查:调试和测试。文件处理,远程访问 | Router# |
| 全局配置模式 | 配置命令 | Router(config)# |

3) 路由器基本配置命令

表 2-5-2 中显示了基本的路由器配置命令及语法

表 2-5-2　基本路由器配置命令语法

| 命名路由器 | Router(config)# **hostname** name |
|---|---|
| 设置 enable 口令 | Router(config)# **enable secret** password　　(加密)<br>Router(config)# **enable password** password　　(明文) |
| 设置控制台口令 | Router(config)# line console 0<br>Router(config-line)# **password** password<br>Router(config-line)# login　　(启用口令认证) |
| 设置 VTY 口令<br>(远程登录密码) | Router(config)# line vty 0 4<br>Router(config-line)# **password** password<br>Router(config-line)# login |
| 配置接口 | Router(config)# **interface** type number<br>Router(config-if)# **ip address** address mask<br>Router(config-if)# description description<br>Router(config-if)# no shutdown |
| 保存路由器更改 | Router# copy running-config startup-config |
| 检查 show 命令的输出 | Router# show running-config<br>Router# show ip route<br>Router# show ip interface brief<br>Router# show interfaces |

要消除命令影响,在该命令前面添加 no 关键字。例如,要删除某设备的名称应使用:

R1(config)# **no hostname**
Router(config)#

4)路由器接口配置

(1)配置路由器以太网接口。

路由器以太网接口用作局域网中直接连接到路由器的终端设备的网关,每个以太网接口必须拥有一个 IP 地址和一个子网掩码才能路由 IP 数据包。配置以太网接口的步骤如下。

第 1 步:进入接口配置模式。

第 2 步:指定接口 IP 地址和子网掩码。

第 3 步:启用接口。

具体配置命令为:

Router(config)# **interface FastEthernet** *interface - number* .　　　　!进入指定接口配置模式
Router(config - if)# **ip address** *ip-address netmask*　　　　　　　!配置接口 IP 地址及掩码
Router(config - if)# **no shutdown**　　　　　　　　　　　　　　!启用接口

**注意**:接口默认被禁用,必须使用 no shutdown 命令激活接口。接口还必须连接到另外一个设备(如交换机、集线器等),才能使物理层处于活动状态。

(2)配置路由器串行接口。

串行接口用于通过广域网连接到远程站点或 ISP 处的路由器。配置串行接口步骤如下:

第 1 步:进入接口配置模式。

第 2 步:指定接口 IP 地址和子网掩码。

第 3 步:如果连接了 DCE 电缆,需设置时钟频率;如果连接了 DTE 电缆,则跳下一步。

第 4 步:启用该接口。

具体配置命令为:

Router(config)# **interface Serial** *interface-number*
Router(config - if)# **ip address** *ip-address netmask*
Router(config - if)# **clock rate** 64000　　　　　　　　　　　　　　!配置时钟频率
Router(config - if)# **no shutdown**

**注意**:路由器每个接口必须属于不同的网络,例如,已经为路由器 R1 的 Fa 0/0 接口配置了 192.168.12.0/24 网络上的 IP 地址,如果为 R1 的 Fa 0/1 接口也配置同一网络上的 IP 地址,则会出现如下提示:

R1(config)# interface fa0/1
R1(config - if)# ip address 192.168.12.2 255.255.255.0
192.168.12.0 overlaps with FastEthernet0/0

(3)配置接口说明。

建议为每个接口配置说明文字,以帮助记录网络信息。说明信息最长不能超过 240 个字符。可以在说明中提供接口所连接的网络类型,以及该网络中是否还有其他路由器等信

息,以利于今后的故障排除工作。例如:

```
Router(config - if) # description Ciruit # VBN32696-123(help desk:1 - 800 - 555 - 1234)
```

5)检验基本路由器配置

(1)使用 show interface 命令显示所有接口配置参数和统计信息。

如果只想查看某一个接口的情况,可以使用"show interface +具体接口"命令,如使用 show interface Fa0/1 将只显示 fastethernet0/1 接口的信息。

(2)使用 show ip interface brief 命令显示简要的接口配置信息,包括 IP 地址和接口状态。

show ip interface brief 是最常用的命令之一,它提供的输出信息比用 show ip interface 命令的输出更简捷,但是可显示出路由器上的所有接口、每个接口的 IP 信息以及每个接口的工作状态。

(3)使用 show ip route 命令显示路由表信息。

6)测试连通性

网络配置完成后,需要进行必要的连通性测试以验证配置的正确性,测试内容主要包括以下几个方面。

(1)测试路由器连通性。

与终端设备相似,可以用 Ping 和 Traceroute 命令验证第三层的连通性。Ping 命令可以用来测试网络的连通性,如网络不通,Ping 命令无法定位到问题出在哪一台中间设备上,此时可以使用 Traceroute 命令来测试中间经过哪些设备、问题出在哪里等。

示例 5-1 中显示了发送到本地 LAN 中一台主机的 Ping 命令的输出和向广域网中的一台远程主机发出的 Traceroute 命令的输出示例。

**示例 5-1** Ping 和 Traceroute 命令。

```
R1 # ping 192.168.1.10
Type escape sequence to abort.
Sending 5, 100 - byte ICMP Echos to 192.168.1.10, timeout is 2 seconds:
.!!!!
Success rate is 80 percent (4/5), round-trip min/avg/max = 10/15/20 ms
R1 # traceroute 192.168.2.10
Type escape sequence to abort.
Tracing the route to 192.168.2.10
  1    192.168.12.2    20 msec    20 msec    20 msec
  2    *        40 msec    40 msec
```

(2)测试本地网络。

测试本地局域网中的主机,如果 Ping 成功则可验证本地和远程主机配置正确,该测试通过逐一 Ping 局域网中的每个主机来完成。

如果某个主机的回应为目的地不可达消息,可记下未成功的地址,继续 Ping 其他主机。另一种失败消息是请求超时。这表示在默认的时段内,Ping 命令未被响应,说明网络延时可能存在问题。

(3)测试网关。

网关是主机通向外部网络的出入口,如果 Ping 命令返回成功的响应,则验证了主机和

网关之间的连通性。在 PC 端执行"Ping 网关地址",

如果 Ping 网关失败,就要依次检查物理线路是否正常、TCP/IP 协议栈是否正常、网卡驱动等,一般排除网络故障的步骤是从低层向高层、逐层排查。

**提示**:Ping 命令并不总能帮助找出问题的根源,但它能帮助隔离问题并为故障排除指明方向,应将每个测试、涉及的设备以及结果记录下来。

（4）检查路由器的远程连通性。

要测试与远程网络的通信,可以 Ping 该网络中的一台已知主机。

7）配置文件管理

（1）查看运行配置文件。使用 show running-config 命令查看正在运行的配置文件。

使用 show startup-config 命令会显示存储在 NVRAM 中的启动配置文件,该文件中的配置将在路由器下次重新启动时用到。

（2）保存运行配置文件。

当前起作用的配置时运行配置文件,如果不保存运行配置文件,路由器重启后,当前运行的配置文件将丢失。可以在特权模式下使用"copy running-config startup-config"命令保存路由器的运行配置文件为启动配置文件,以便路由器重启时使用。执行过程如下:

```
R1♯copy running - config startup - config
Destination filename [startup - config]?
Building configuration...
[OK]
```

可以使用下列命令恢复运行配置文件:

```
R1♯copy startup - config running - config
R1♯copy tftp running - config                                              !从 TFTP 服务器恢复配置
```

**注意**:把备份文件复制到运行的配置文件上,使用的不是覆盖,而是合并。例如运行配置文件的接口是 shutdown 的,启动配置文件中隐含是打开的,复制完成后,两个文件进行合并,结果是 shutdown 仍然有效,接口保持关闭。

（3）备份和恢复启动配置文件。

为了安全起见,也可以使用 TFTP 方式对启动文件进行备份和恢复,备份启动文件到 TFTP 服务器时,需要 PC 端安装 TFTP 服务器软件并启动。使用命令:

```
Router♯copy startup - config tftp
Router♯copy tftp startup - config
```

要删除启动配置文件,使用如下命令:

```
Router♯erase startup - config
```

**提示**:要取消对路由器的某行配置,一般是在对应的行前加 no。

### 3. 静态路由

静态路由是由网管手工配置的,它使得指定目标网络的数据包的传送,按照预定的路径进行。静态路由相对于动态路由来说具有占用路由资源小的优势,但不能动态反应网络拓扑变化。静态路由一般应用于小型网络中。

配置静态路由命令格式如下：

Router(config)# **ip route** network - address subnet - mask {ip - address | exit - interface}

其中,network-address 和 subnet-mask 分别表示要加入路由表的远程网络的目的网络地址和子网掩码,ip-address 表示"下一跳"路由器的 IP 地址,exit-interface 表示与下一跳路由器连接的本地路由器上的接口。

删除静态路由时,使用 no ip route 命令。

说明：配置静态路由时,可以指定路径中下一跳网络设备的 IP 地址,也可以指定与下一跳网络设备连接的本地路由器上的接口。如果要进行双向通信,两个方向都需要配置路由。

#### 4. 宽带路由器

1) 宽带路由器概述

宽带路由器是最近两年随着宽带技术的大面积普及迅速发展起来的一种新兴网络产品。和传统路由器相比,它支持的接口和应用协议较少,从体系结构来看相对简单,针对的用户群包括家庭/SOHO 和一些中小企业。

宽带路由器集成了路由器、防火墙、带宽控制和管理等功能,具备快速转发能力、灵活的网络管理和丰富的网络状态等特点。多数宽带路由器采用高度集成设计,集成 10/100Mbps 宽带以太网 WAN 接口,并内置多口 10/100Mbps 自适应交换机,方便多台机器连接内部网络与 Internet,可以广泛应用于家庭级、SOHO 级以及小型企业等场合。

2) 宽带路由器特性介绍

(1) MAC 功能。

目前大部分宽带运营商都将 MAC 地址和用户的 ID、IP 地址捆绑在一起,以此进行用户上网认证。带有 MAC 地址功能的宽带路由器可将网卡上的 MAC 地址写入,让服务器通过接入时的 MAC 地址验证,以获取宽带接入认证。

(2) 网络地址转换(NAT)功能。

NAT 功能将局域网内分配给每台计算机的 IP 地址转换成合法注册的 Internet 网实际 IP 地址,从而使内部网络的所有计算机可共享一条宽带线路,实现与 Internet 连接。

(3) 动态主机配置协议(DHCP)功能。

DHCP 能自动将 IP 地址分配给登录到 TCP/IP 网络的客户工作站。它提供安全、可靠、简单的网络设置,避免地址冲突。

(4) 防火墙功能。

防火墙可以对经过它的网络数据进行扫描,从而过滤掉一些攻击信息。防火墙还可以关闭不使用的端口,从而防止黑客攻击。而且它还能禁止特定端口流出信息,禁止来自特殊站点的访问。

(5) 虚拟专用网(VPN)功能。

VPN 能利用 Internet 公用网络建立一个拥有自主权的私有网络,一个安全的 VPN 包括隧道、加密、认证、访问控制和审核技术。对于企业用户来说,这一功能非常重要,不仅可以节约开支,而且能保证企业信息安全。

（6）DMZ 功能。

DMZ 主要作用是减少为不信任客户提供服务而引发的危险。DMZ 能将公众主机和局域网设施分离开来。大部分宽带路由器只可选择单台 PC 开启 DMZ 功能，也有一些功能较为齐全的宽带路由器可以设置多台 PC 提供 DMZ 功能。

（7）DDNS（动态域名服务）功能。

DDNS 能将用户的动态 IP 地址映射到一个固定的域名解析服务器上，使 IP 地址与固定域名绑定，完成域名解析任务。DDNS 可以用于构建虚拟主机，以自己的域名发布信息。

3）宽带路由器的功能实现

宽带路由器一般通过连接宽带调制解调器如 ADSL、Cable MODEM 的以太网口接入 Internet，也支持与运营商宽带以太网接入的直接连接，当然也支持其他任何如 DDN 转换成以太网接口形式后的连接，并支持路由协议，如静态路由、RIP、RIPv2 等。宽带路由器的主要功能的实现来自以下 3 方面。

（1）内置 PPPoE 虚拟拨号。

在宽带数字线上进行拨号，不同于模拟电话线上用调制解调器的拨号，其一般采用专门的协议 PPPoE（Point-to-Point Protocol over Ethernet），拨号后直接由验证服务器进行检验，用户需输入用户名与密码，检验通过后就建立起一条高速的用户数字，并分配相应的动态 IP。宽带路由器或带路由的以太网接口 ADSL 等都内置有 PPPoE 虚拟拨号功能，可以方便的替代手工拨号接入宽带。

（2）内置 DHCP 服务器。

宽带路由器都内置有 DHCP 服务器的功能和交换机端口，便于用户组网。DHCP 协议允许服务器向客户端动态分配 IP 地址和配置信息。

通常，DHCP 服务器至少给客户端提供以下基本信息：IP 地址、子网掩码、默认网关。它还可以提供其他信息，如域名服务（DNS）服务器地址和 WINS 服务器地址。通过宽带路由器内置的 DHCP 服务器功能，可以很方便地配置 DHCP 服务器分配给客户端，从而实现联网。

（3）NAT 功能。

宽带路由器一般利用网络地址转换功能（NAT）以实现多用户的共享接入，NAT 比传统的采用代理服务器 Proxy Server 方式具有更多的优点。NAT（网络地址转换）提供了连接互联网的一种简单方式，并且通过隐藏内部网络地址的手段为用户提供了安全保护。

# 5.4 案例介绍

## 5.4.1 案例一：宽带路由器在中小型企业局域网组建中的应用及配置

某小型装修公司大约有 10 台机器，公司计划使用"ADSL＋宽带路由器＋交换机"方案组建局域网，实现公司写字间所有机器共享上网，网络拓扑如图 2-5-4 所示。

**1. 设备选用**

所需设备 ADSL Modem1 台、宽带路由器 1 台、交换机 1 台（TL-SF1024）、网线若干；由于公司规模小，本案例中选用 TP-Link 的 TL-R460 路由器，TL-SF1024 交换机。

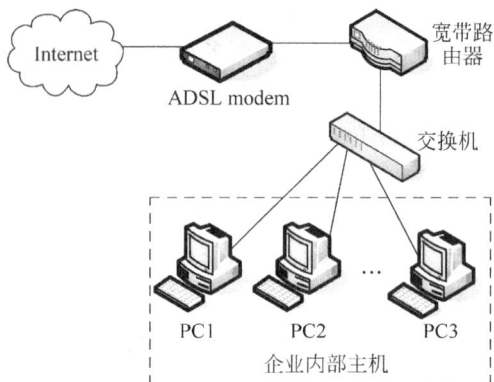

图 2-5-4　公司网络拓扑图

**2. 设置前的准备工作**

1）向 ISP 了解相关局端参数

- 如果是静态 IP 方式,请了解如下参数:静态 IP 地址,子网掩码,网关,DNS 服务器,备用 DNS 服务器。
- 如果是动态 IP 方式:能够从局端获取 IP 地址,如果需要手动设置 DNS 服务器地址,请向局端咨询。
- 如果是 PPPOE 方式,请了解如下参数:用户名,密码。

2）查看产品说明书,了解如何进入所用宽带路由器设置界面

本案例中,主 DNS 服务器:202.96.69.38;备用 DNS 服务器:202.96.64.68,所采用得 TL-R460 宽带路由器出厂默认设置信息为:

- IP 地址:192.168.1.1。
- 子网掩码:255.255.255.0。
- 用户名/密码:admin/admin。

**3. 实现过程**

1）设备连接。

配置前需要将硬件设备正确连接,将 ADSL Modem 连接到宽带路由器的 WAN 口,通过宽带路由器的 10M/100M 自适应以太网接口和交换机的 Uplink 口连接,计算机连到交换机的普通端口。

2）配置 PC 的 TCP/IP 选项

（1）路由器禁用 DHCP 功能的情况。

将计算机网卡 IP 设置在 192.168.1.x 网段（x 表示 2~254）,网关设为路由器的 IP 地址,如图 2-5-5 所示。

（2）路由器启用了 DHCP 服务器功能:计算机网卡设置为"自动获取 IP 地址"即可。

2）路由器设置

（1）进入路由器管理界面:打开 IE 浏览器,在地址栏中输入"192.168.1.1"后按 Enter 键,出现要求输入用户名和密码的对话框。输入用户名和密码都为:admin,如图 2-5-6 所示,单击"确定"按钮进入路由器管理界面。

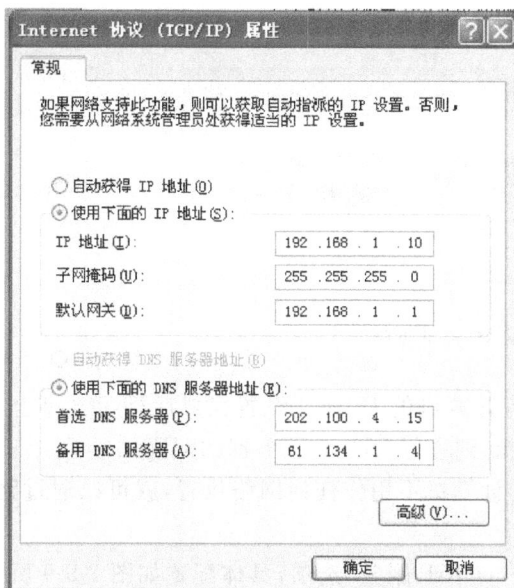

图 2-5-5　计算机 TCP/IP 选项设置

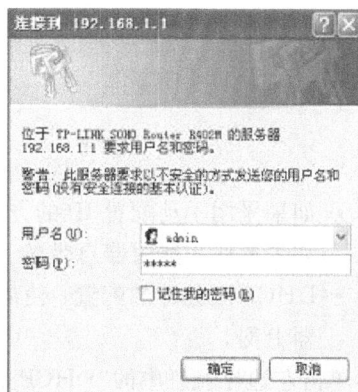

图 2-5-6　用户名/密码输入窗口

**说明**：不同厂家不同型号的路由器出厂默认值不同，需参考说明书具体配置。

（2）配置路由器。

- WAN 口设置：设置路由器 WAN 口的连接类型。

单击左边导航栏中"网络参数"→"WAN 口设置"选项进入 WAN 口设置窗口。这里 WAN 口的连接类型选择 PPPoE，上网帐号与上网口令是拨号上网时的用户名和密码，配置情况如图 2-5-7 所示，完成配置后单击"连接"按钮，并单击"保存"按钮。

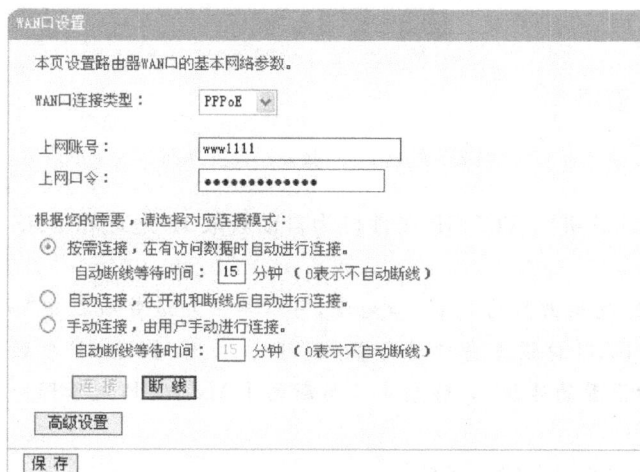

图 2-5-7　WAN 口设置界面

- MAC 地址克隆：突破宽带提供商的地址绑定，实现多计算机共享上网。
- 在被绑定的计算机上进入宽带路由器的 Web 设置页面，单击左边导航栏中"网络参数"→"MAC 地址克隆"选项打开界面，单击"克隆 MAC 地址"按钮（如图 2-5-8 所

179

项目二

组建中小型企业网络

示),保存后重新启动路由器。

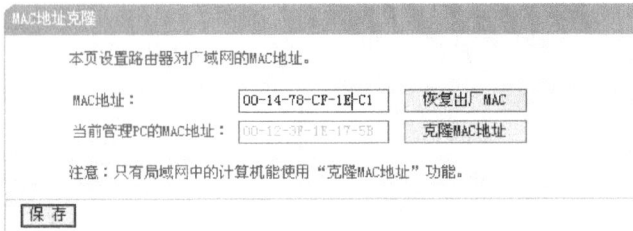

图 2-5-8    MAC 地址克隆

- 如果采用手动配置 IP 的方式,将所有计算机的 IP 地址设置完成后即可共享上网,如果要使用路由器自带的 DHCP 功能,则进行 DHCP 服务器的配置。
- DHCP 服务器的配置:使局域网中的计算机不用作任何网络设置,就可以通过路由器上网。

单击左边导航栏中的"DHCP 服务器"→"DHCP 服务"选项,具体配置如图 2-5-9 所示。配置完成后单击"保存"按钮。

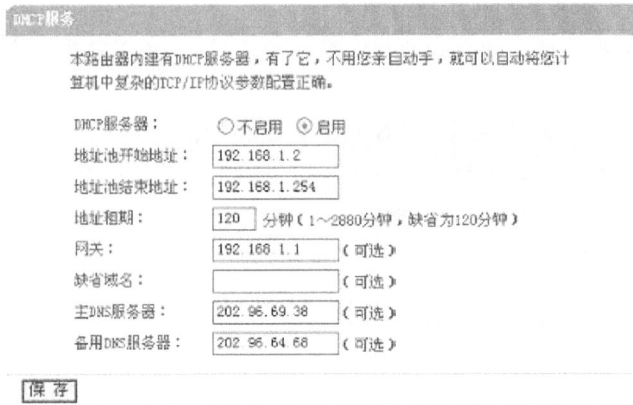

图 2-5-9    DHCP 服务器设置界面

最后将所有的计算机的 TCP/IP 属性设为自动获取 IP 地址和 DNS 后,重新启动就可以共享上网了。

**说明**:如果要修改路由器的 LAN 口地址,可以单击左边导航栏中"网络参数"→"LAN 口设置"选项,进入 LAN 口设置窗口进行参数修改。当 LAN 口 IP 参数发生变更时,应确保 DHCP 服务器中设置的地址池、静态地址与新的 LAN 口 IP 处于同一网段,并重启路由器。

3)检查计算机与路由器能否通信。

- 检查配置的 IP 地址是否有效。

选择"开始"→"程序"→"附件"→"命令提示符"命令(Windows 2003/XP 操作系统),在 DOS 窗口输入"ipconfig/all"按 Enter 键,若有图 2-5-10 所示的信息,则表示 IP 地址配置生效。

- 从计算机 Ping 路由器,如图 2-5-11 所示表示计算机与路由器之间可以通信。

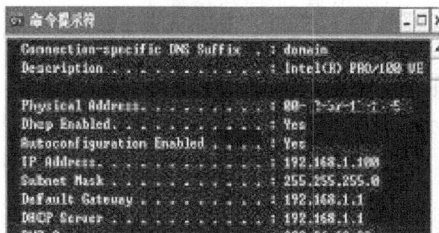

图 2-5-10　检验 IP 地址有效性

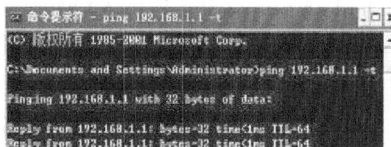

图 2-5-11　向路由器发送数据包

## 5.4.2　案例二：传统路由器在中小型企业中的应用及配置

某公司包括总公司和分公司两大部分,公司网络已经基本组建完成,总公司和分公司的网络通过路由器相连,网络拓扑及设备端口使用和网段划分如图 2-5-12 所示。假如你是公司网络管理员,需要完成下列工作任务。

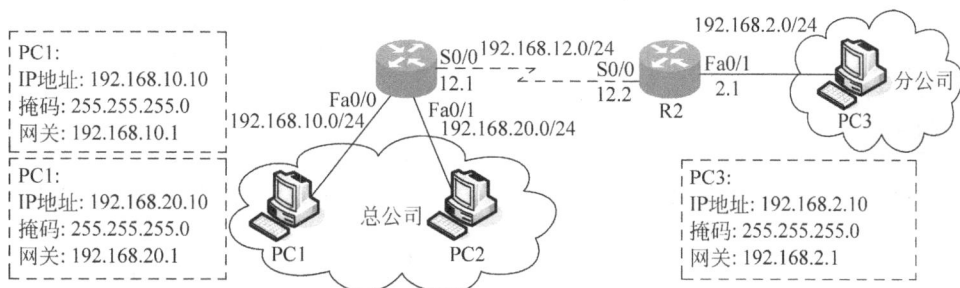

图 2-5-12　企业网络连接拓扑图

任务 1：首先公司需要你熟悉新购进的路由器产品,掌握路由器的一些基本配置命令,如设置路由器操作模式、更改路由器名称、设置密码等。根据路由器配置命令完成 R1 和 R2 的基本配置。

任务 2：通过配置路由器,实现公司内部主机间的通信。

任务 3：测试网络连通性,验证配置结果。

通过路由器或三层交换机实现中小型企业内部计算机之间的通信,是绝大多数公司采用的方法,而且通过这种方法相对来说经济有效,可以很好地实现公司局域网内计算机之间的通信。该案例根据路由器自身的特点,将通过配置路由器来实现公司内部计算机之间相互通信,本案例中采用思科 2811 路由器。

### 1. 所需工具及材料

思科 2811 路由器 2 台(可选其他型号设备)、思科 2950-24 交换机 1 台、带 RJ45-DB9 转接头的全反线、4 跟做好的网线(直连线)、PC(作为终端设备)、V35 专用电缆。

### 2. 实现过程

1) 连接到路由器控制台

(1) 连接到路由器控制端口。

用全反线的一端连接到路由器的 Console 端口上,另一端通过 RJ45-DB9 转接头连接

组建中小型企业网络

到 PC 的 COM 口上（如图 2-5-13 所示），然后通过 PC 超级终端进行登录配置。

（2）使用 Windows 自带的终端程序登录到路由器。实现过程如下：

第 1 步：连接好 PC 的 COM 口和路由器的 Console 端口，打开路由器电源开关。

第 2 步：运行 Windows 操作系统自带的终端程序。依次单击"开始"→"程序"→"附件"→"通讯"→"超级终端"选项，打开超级终端程序。

第 3 步：新建一个连接，配置正确信息，如图 2-5-14～图 2-5-16 所示。观察超级终端窗口上是否出现路由提示符或其他字符。如超级终端窗口上出现路由提示符，则说明计算机已连接到路由器，可以对路由器进行配置了。

图 2-5-13　RJ45-DB9 转接头

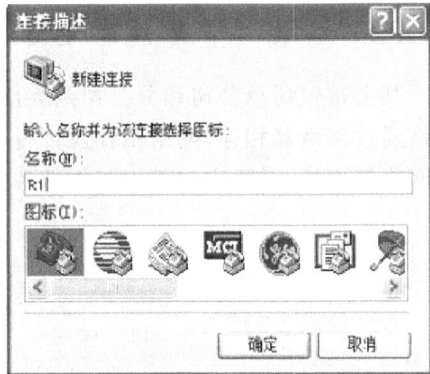

图 2-5-14　定义超级终端名称为 R1

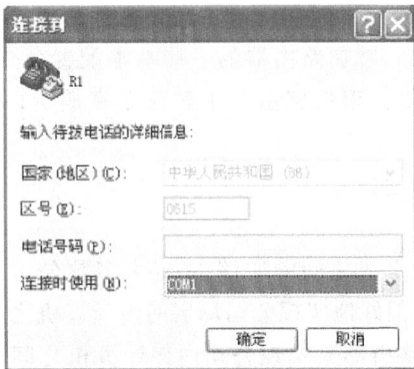

图 2-5-15　选择 COM1 口

图 2-5-16　设置通信参数

**注意**：路由器上电前应进行如下检查。

（1）电源线和地线连接是否正确。

（2）供电电压与路由器要求是否一致。

（3）配置电缆连接是否正确，配置用计算机或终端是否已打开。

第 4 步：开启路由器电源，观察路由器启动过程，如下所示。

System Bootstrap, Version 12.1(3r)T2, RELEASE SOFTWARE (fc1)　　!显示 BOOT ROM 版本

```
Copyright (c) 2000 by cisco Systems, Inc.
cisco 2811 (MPC860) processor (revision 0x200) with 60416K/5120K bytes of memory
!显示路由器型号、内存大小
Self decompressing the image :
##################################################### [OK]
            Restricted Rights Legend
(部分省略)
2 FastEthernet/IEEE 802.3 interface(s)              !显示两个快速以太网接口
239K bytes of non-volatile configuration memory.   !显示 NVRAM 容量
62720K bytes of   ATA CompactFlash (Read/Write)    !显示闪存容量
Cisco IOS Software, 2800 Software (C2800NM-ADVIPSERVICESK9-M), Version 12.4(15)T1, RELEASE
SOFTWARE (fc2)                              !操作系统信息
            --- System Configuration Dialog ---
Continue with configuration dialog? [yes/no]:
```

**提示**：随着信息技术的发展，路由器、交换机逐渐被广泛应用，为了能够方便用户的使用，很多厂家加入了网页管理方式（如家用无线路由），但是通过网页管理的网络设备通常都是中低档网络设备，而且无法实现全部功能。

2）路由器 R1 和 R2 的基本配置

路由器 R1 和 R2 使用 V35 专用串行电缆连接，路由器 R1 作为 DCE 端，为 R2 提供时钟频率。操作步骤如下：

（1）连接到路由器 R1，对 R1 进行基本参数的配置命令如下。

```
Router > enable                               !从用户模式进入特权模式
Router# configure terminal                    !进入路由器全局配置模式
Router(config)# hostname R1                   !设置路由器名称为"R1"
R1(config)# line vty 0 4                       !进入路由器 vty0 至 vty4 虚拟终端线路模式
R1(config-line)# password abc                 !配置 vty 虚拟终端登录密码为"zgs"
R1(config-line)# login                        !使密码生效
R1(config-line)# exit R1(config)# enable password abc    !配置路由器特权模式密码为"zgs"
R1(config)# interface serial 0/0/0            !进入接口模式,接口为串行接口 serila0/0/0
R1(config-if)# clock rate 64000               !R1 为 DCE 端,配置通信时钟,速率为 64000Hz
R1(config-if)# ip address 192.168.12.1 255.255.255.0    !配置接口 IP 地址
R1(config-if)# no shutdown                    !打开 Serila0/0/0 接口
R1(config-if)# exit
R1(config)# interface Fa0/0
R1(config-if)# ip address 192.168.10.1  255.255.255.0    !配置接口 Fa0/0 的 IP 地址
R1(config-if)# no shutdown
R1(config-if)# exit
R1(config)# interface Fa0/1
R1(config-if)# ip address 192.168.20.1  255.255.255.0    !配置接口 Fa0/1 的 IP 地址
R1(config-if)# no shutdown
R1(config-if)# exit
R1# copy running-config startup-config        !保存配置文件
```

（2）连接到路由器 R2，R2 的基本参数配置命令如下。

```
Router > enable
Router# configure terminal
Router(config)# hostname R2
```

```
R2(config)# line vty 0 4
R2(config-line)# password 123
R2(config-line)# login
R2(config-line)# exit
R2(config)# enable password 123
R2(config)# interface serial 0/0/0                    !进入接口模式
R2(config-if)# ip address 192.168.12.2 255.255.255.0           !配置接口 IP 地址
R2(config-if)# no shutdown                    !打开 Serila0/0/0 接口
R2(config-if)# exit
R2(config)# interface fastethernet 0/1            !进入接口配置模式
R2(config-if)# ip address 192.168.2.1 255.255.255.0        !配置 Fa 0/1 接口 IP 地址
R2(config-if)# no shutdown                    !打开 Fa 0/1 接口
R2(config-if)# end                        !退出到特权模式下
R2# copy running-config startup-config            !保存配置文件
```

3）配置静态路由实现公司内部计算机之间的互连互通

（1）R1 上的静态路由配置。

```
R1(config)# ip route 192.168.2.0 255.255.255.0 192.168.12.2
```

（2）R2 上的静态路由配置。

```
R2(config)# ip route 192.168.10.0 255.255.255.0 192.168.12.1
R2(config)# ip route 192.168.20.0 255.255.255.0 192.168.12.1
```

4）配置文件管理

（1）查看路由器 R1 上的配置文件。

```
R1# show running-config
Building configuration...
Current configuration : 661 bytes
version 12.4
no service timestamps log datetime msec
no service timestamps debug datetime msec
no service password-encryption
hostname R1
（部分省略）
interface FastEthernet0/0
ip address 192.168.10.1 255.255.255.0
duplex auto
speed auto
interface FastEthernet0/1
ip address 192.168.20.1 255.255.255.0
（部分省略）                            !!显示 R1 正在使用的配置文件
```

（2）保存路由器 R1 上的运行配置文件。

操作过程如下：

```
R1# copy running-config startup-config
Destination filename [startup-config]?
Building configuration...
[OK]
```

**配置技巧**：可以在计算机上预先将配置文件编辑好，然后在路由器上通过 TFTP 方式将配置文件写入到路由器，也可以方便以后设备维护。

5）网络配置及连通性测试

（1）检验路由器 R1 的配置。

验证路由器 R1 上的接口配置：

```
R1r♯show ip interface brief
Interface        IP-Address       OK?    Method Status                      Protocol
FastEthernet0/0  192.168.10.1     YES    manual up                          up
FastEthernet0/1  192.168.20.1     YES    manual administratively down       down
Serial0/0/0      192.168.12.1     YES    manual up                          up
Serial0/0/1      unassigned       YES    manual administratively down       down
Vlan1            unassigned       YES    manual administratively down       down
```

验证路由器 R1 上的静态路由配置：

```
R1♯show ip route
Codes: C - connected, S - static, I - IGRP, R - RIP, M - mobile, B - BGP
       D - EIGRP, EX - EIGRP external, O - OSPF, IA - OSPF inter area
       N1 - OSPF NSSA external type 1, N2 - OSPF NSSA external type 2
       E1 - OSPF external type 1, E2 - OSPF external type 2, E - EGP
       i - IS-IS, L1 - IS-IS level-1, L2 - IS-IS level-2, ia - IS-IS inter area
       * - candidate default, U - per-user static route, o - ODR
       P - periodic downloaded static route
Gateway of last resort is not set
S    192.168.2.0/24 [1/0] via 192.168.12.2                !静态路由
C    192.168.10.0/24 is directly connected, FastEthernet0/0    !直连路由
C    192.168.12.0/24 is directly connected, Serial0/0/0
C    192.168.20.0/24 is directly connected, FastEthernet0/1
```

（2）检验路由器 R2 的配置。

验证路由器 R2 上的接口配置：

```
R2♯show ip interface brief
Interface        IP-Address       OK?    Method Status                      Protocol
FastEthernet0/0  192.168.2.1      YES    manual up                          up
FastEthernet0/1  unassigned       YES    manual administratively down       down
Serial0/0/0      192.168.12.2     YES    manual up                          up
Serial0/0/1      unassigned       YES    manual administratively down       down
Vlan1            unassigned       YES    manual administratively down       down
```

验证路由器 R2 上的静态路由配置：

```
R2♯show ip route
Codes: （部分省略）
Gateway of last resort is not set
C    192.168.2.0/24 is directly connected, FastEthernet0/0
S    192.168.10.0/24 [1/0] via 192.168.12.1
C    192.168.12.0/24 is directly connected, Serial0/0/0
S    192.168.20.0/24 [1/0] via 192.168.12.1
```

（3）测试网络连通性。

测试公司内部计算机之间的通信情况，在测试之前，需要设置好各仿真终端（PC）的参数，包括 IP 地址及网关。

总公司主机 PC1 与主机 PC2 间的连通性测试过程及结果如图 2-5-17 所示。

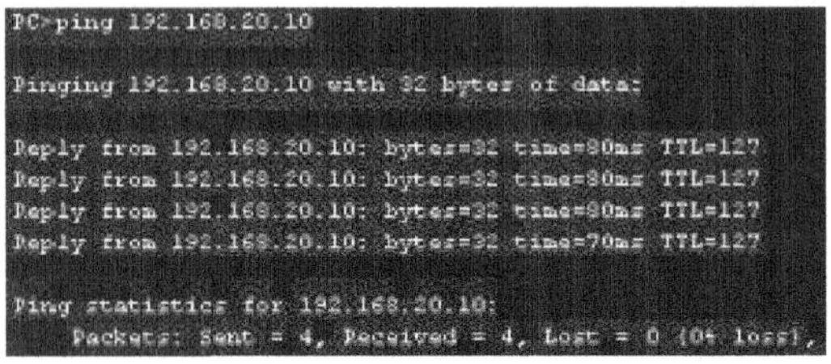

图 2-5-17　PC1 与 PC2 间的连通性测试

总公司主机 PC1 与分公司主机 PC3 间的连通性测试过程及结果如图 2-5-18 所示。

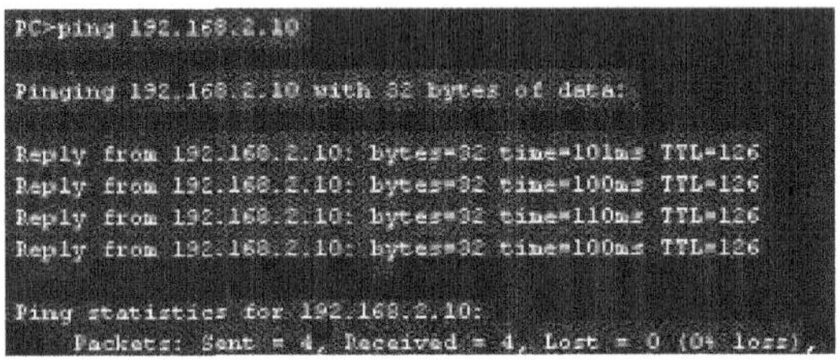

图 2-5-18　PC1 与 PC3 间的连通性测试

总公司主机 PC2 与分公司主机 PC3 间的连通性测试过程及结果如图 2-5-19 所示。

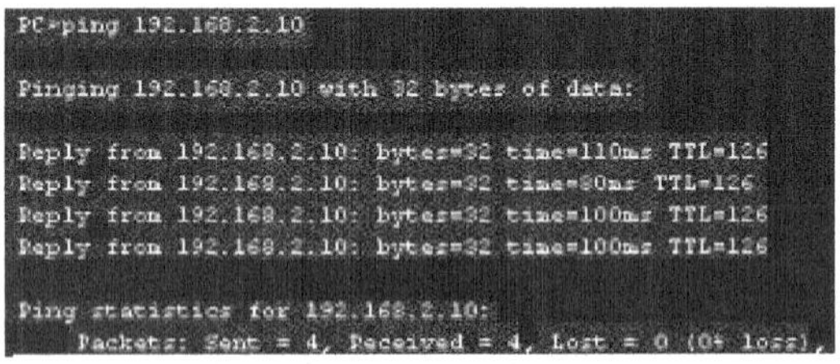

图 2-5-19　PC2 与 PC3 间的连通性测试

以上结果显示总公司内部主机之间、总公司与分公司的主机间是相互连通的。

**说明**：如果出现 Ping 不通的情况，需要进行故障排查，如检查各主机参数的配置、Ping 网关、分段进行网络连通性的测试。

6）远程登录路由器进行管理

在首次登录路由器，并完成对路由器的基本配置后，可以用 Telnet 通过局域网或广域网登录到路由器，然后对路由器进行配置管理（配置终端与路由器之间必须有可达路由）。

路由器接口及远程登录密码设置完成后，在计算机上运行 Telnet 程序访问路由器，如图 2-5-20 所示为从 PC2 端远程登录路由器 R1。

PC 端配置 IP 网段需和相应接口在同一网段内，网关为路由器接口 IP 地址。远程登录前首先要测试计算机与路由器的连通性。

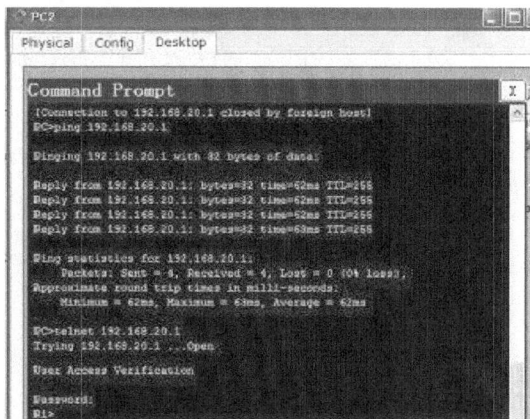

图 2-5-20 使用 Telnet 远程登录路由器

说明：通过 Telnet 配置路由器时，请不要轻易改变路由器 IP 地址，可能会导致远程连接断开。如有必要，须输入路由器新 IP 地址，重新建立连接。

# 5.5 知识拓展

## 5.5.1 宽带路由器防火墙功能配置

目前的小型宽带路由器防火墙功能主要包括防 IP 地址过滤、URL 过滤、MAC 地址过滤、IP 地址与 MAC 地址绑定、一些防黑能力、安全日志等。通过路由器内置的防火墙功能，用户可设置不同的过滤规则，过滤来自外网的异常信息包。下面以 TP-Link 路由器为例介绍宽带路由器防火墙功能的配置过程。

**1. IP 地址过滤功能**

IP 地址过滤用于通过 IP 地址设置内网主机对外网的访问权限，适用场合：在某时段，禁止/允许内网某个 IP(段)部分或所有端口与外网的通信。开启 IP 地址过滤功能时，必须先开启防火墙总开关，并明确 IP 地址过滤的默认过滤规则。

例如：要限制内网 192.168.1.10～192.168.1.15 的 IP 地址只能访问外网网页，192.168.1.20 允许访问外网所有的 IP 地址，其设置方法如下：

(1) 开启防火墙，并选择默认过滤规则，如图 2-5-21 所示。

(2) 添加 IP 地址过滤新条目

添加新条目时，需根据实际限制要求设置相应参数，尤其是各种网络服务使用的端口及协议要明确。设置生成如图 2-5-22 所示条目后即能达到预期目的。

**2. MAC 地址过滤功能**

使用 MAC 地址过滤用于通过 MAC 地址来设置内网主机对外网的访问权限，适用场合：禁止/允许内网某个 MAC 地址和外网的通信。开启 MAC 地址过滤功能时，也必须先开启防火墙总开关，明确 MAC 地址过滤的默认过滤规则。

例如，只允许 MAC 地址为"00-14-40-80-66-19"的主机访问外网，禁止其他计算机与外网通信，其设置方法如下：

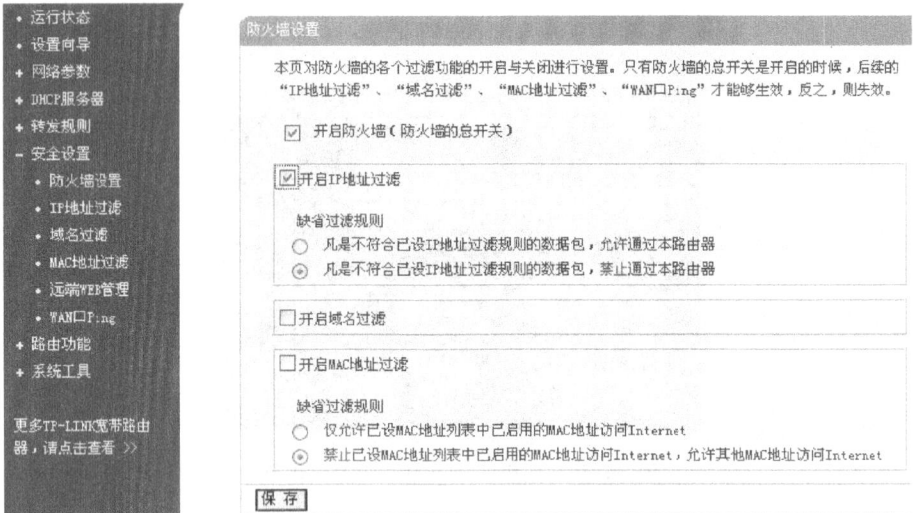

图 2-5-21　开启防火墙

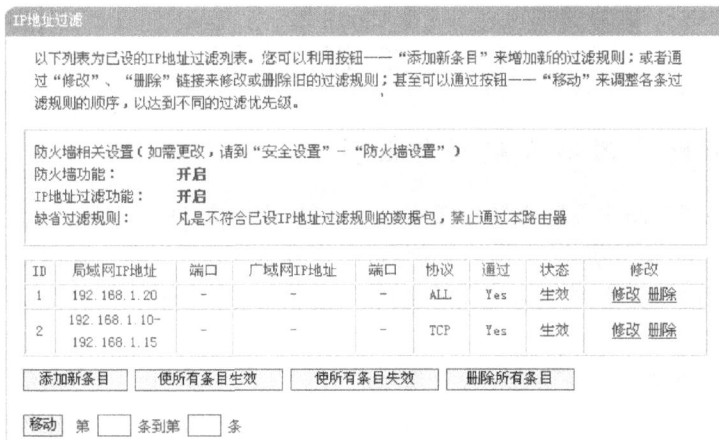

图 2-5-22　IP 地址过滤

（1）开启防火墙总开关和 MAC 地址过滤，选择默认过滤规则为：仅允许已设 MAC 地址列表中已启用的 MAC 地址访问 Internet。

（2）添加 MAC 地址过滤新条目：添加 MAC 地址“00-14-40-80-66-19”，状态选择“生效”并保存，如图 2-5-23 所示，结果如图 2-5-24 所示。

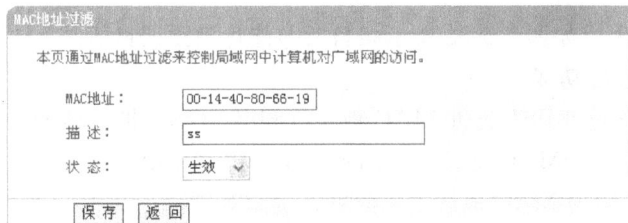

图 2-5-23　MAC 地址过滤添加条目

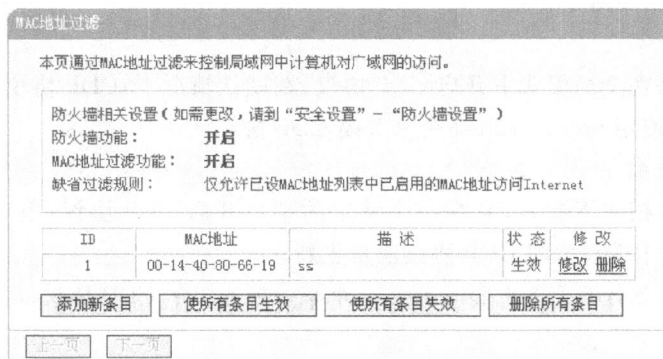

图 2-5-24　MAC 地址过滤配置结果

### 3. 域名过滤功能

域名过滤功能用于限制局域网内计算机对某些网站的访问,适用场合:在某个时间段,限制对外网某些网站的访问或限制某些需要域名解析成功后才能和外网通信的应用程序的使用,开启域名过滤功能时,必须先开启防火墙总开关。

例如,任何时间都禁止访问网站 www.qq.com,其设置方法如下:

(1)开启防火墙总开关和域名过滤。

(2)添加域名过滤条目:在域名参数后添加禁止访问的网站,选择生效状态,并保存。

## 5.5.2　思科发现协议 CDP

CDP 协议工作在 OSI 七层模型的数据链路层,即只要物理层和数据链路层正常,CDP就可以正常工作,和网络层没有关系。CDP 是思科网络设备专有的一种协议,思科的路由器、交换机等设备都可以通过思科发现协议 CDP 动态地发现邻居设备的信息,是功能强大的网络监控与故障排除工具。网络管理员使用 CDP 作为信息收集工具,通过它来收集与直接相连思科设备的有关信息。

### 1. CDP 协议工作原理

CDP 协议是通过监听邻居设备发送的 CDP 通告来学习邻居设备信息的。在默认情况下,思科设备会定期向直接相连的思科设备发送消息,即 CDP 通告,这些通告中包含特定的信息,由一系列不同数据类型的数据单元构成,每个数据单元代表了信息中的不同内容,如连接设备类型、主机名、设备所连接的路由器接口或用于进行连接的接口等。

CDP 提供每台 CDP 邻居设备的以下信息。

- 设备标识符:如为路由器配置的主机名。
- 地址列表:每种支持的协议最多对应一个网络层地址。
- 端口标识符:本地和远程端口的名称。
- 功能列表:如路由器还是交换机。
- 平台:设备的硬件平台,例如思科 1800 系列路由器。

大多数网络设备本身都不是独立工作的。在网络中,思科设备通常都会有其他邻居的思科设备。从其他设备收集到的信息有助于设计网络、排除故障以及调整设备。缺少网络拓扑记录或缺乏详细信息时,可将 CDP 作为网络发现工具,利用它来构建网络逻辑拓扑结构。

*组建中小型企业网络*

**2. CDP 协议常用命令介绍**

1) cdp run 命令

该命令是用来在全局模式下开启 CDP 协议,在默认情况下,CDP 协议在全局模式下是开启的,可以通过使用 no cdp run 命令来关闭 CDP 协议。

2) cdp enable 命令

该需要在端口模式下配置,它在一个特定的端口开启 CDP 协议,也可以通过使用 no cdp enable 来在某个端口关闭 CDP 协议消息更新。

**提示**:如果在全局模式下用 no cdp run 命令手动关闭了 CDP 协议,网络端口就不能开启 CDP 协议。

3) show cdp 命令

该命令的功能是显示发送 CDP 协议消息的间隔时间。还可以通过这个命令来查看 CDP 协议的版本信息。

4) show cdp neighbors 命令

该命令是显示所有邻居信息。如 cdp 邻居的平台、设备类型和相连接的端口等信息。

5) show cdp entry + '具体邻居设备' 命令

该命令来查看特定邻居设备的信息,通过这个命令,可以查看特定邻居的 IP 地址、硬件平台、相连接的端口、IOS 版本信息。

show cdp neighbors 和 show cdp entry 命令的部分输出显示如下:

```
R1(config)#cdp run
R1(config)#exit
R1#show cdp neighbors
Capability Codes: R - Router, T - Trans Bridge, B - Source Route Bridge
                 S - Switch, H - Host, I - IGMP, r - Repeater, P - Phone
Device ID    Local Intrfce   Holdtme    Capability   Platform    Port ID
R2           Ser 0/0/0       131        R            C1841       Ser 0/0/0
R1#show cdp entry R2
Device ID: R2
Entry address(es):
  IP address : 192.168.12.2
Platform: cisco C1841, Capabilities: Router
Interface: Serial0/0/0, Port ID (outgoing port): Serial0/0/0
Holdtime: 148
Version :
Cisco IOS Software, 1841 Software (C1841 - ADVIPSERVICESK9 - M), Version 12.4(15)T1, RELEASE
SOFTWARE (fc2) (部分省略)
```

**提示**:使用 CDP 协议提供强大功能的同时也会给网络带来安全隐患,在一般情况下,在企业内部网络上可以启用 CDP 协议,而在边缘路由器上,要禁用 CDP 协议。

# 5.6　问题与思考

1. 下列哪条命令是用来打开路由器接口的?(　　　)

　　A. Router(config-if)#enable　　　　　B. Router(config-if)#interface up

C. Router(config-if)♯ no down      D. Router(config-if)♯ no shutdown

2. 如果要查看路由器 Fa0/0 接口状态,则使用哪条命令?(    )

    A. show cdp                          B. show interface

    C. show interface fa 0/0             D. show fa0/0

3. 下面哪条命令可以设置特权模式口令"cisco"?(    )

    A. enable secret cisco               B. password secret cisco

    C. enable password secret cisco      D. enable secret password cisco

4. 网络管理员正在配置一个新的路由器,接口已经配置好了 IP 地址,并都已激活,但还没有配置路由协议或静态路由。这时路由表中出现的是什么路由?(    )

    A. 默认路由                          B. 直连路由

    C. 广播路由                          D. 没有路由,路由表是空的

5. 路由器作为网络互连设备,必须具备下列哪种功能?(    )

    A. 支持路由协议                      B. 至少有一个备份口

    C. 至少支持两个网络接口              D. 协议至少要实现到网络层

    E. 具备存储、转发和寻址功能

6. 路由器在网络中的作用是什么?

7. 叙述路由器的启动过程。

8. 路由表中的"C"、"S"、"O"分别代表什么?

9. 用 3 台路由器构成一个有 6 个网段的网络,通过配置静态路由,使网络间相通。

10. 某办公室通过宽带路由实现共享上网,但是宽带服务商已经绑定了某台计算机的 MAC 地址,如何实现办公室内所有计算机都能访问 Internet?

# 模块 6 | 防火墙技术

## 6.1 应 用 环 境

Internet 的发展给企事业单位带来了革命性的变革。越来越多的企业将自己的内部网与 Internet 相连。利用 Internet 可以提高办事效率和市场反应速度,以便使企业更具竞争力。通过 Internet,企业可以从异地取回重要数据,同时又要面对 Internet 开放带来的数据安全的新挑战和新危险。为了防止内部网络被入侵,企业内部网在接入 Internet 的时候就必须加筑安全的"护城河",通过"护城河"将内部网保护起来,而这个"护城河"就是防火墙。

## 6.2 学 习 目 标

通过此模块的学习,应该掌握如下内容:

(1) 正确认识企业网络中防火墙的作用。

(2) 掌握 Windows Server 2003 系统自带的防火墙配置方法。

(3) 了解安装 ISA 软件防火墙的系统需求,掌握 ISA 软件防火墙的安装过程。

(4) 正确配置和使用 ISA 软件防火墙。

(5) 了解 Cisco 硬件防火墙内网、外网和 DMZ 区的配置方法。

(6) 了解 Cisco 硬件防火墙配置静态路由、NAT 和反向 NAT 的方法。

(7) 了解 Cisco 硬件防火墙入侵检测、流量控制、性能监控、实现 VPN 的方法。

## 6.3 相 关 知 识

### 6.3.1 防火墙概述

防火墙是一种高级访问控制设备,置于不同网络安全域之间的一系列部件的组合,它是不同网络安全域间通信流的唯一通道,能根据企业有关的安全政策控制(允许、拒绝、监视、记录)进出网络的访问行为,本身具有较强的抗攻击能力。它是提供信息安全服务,保护网络免受非法用户的侵入,实现网络和信息安全的基础设施。防火墙主要由服务访问规则、验证工具、包过滤和应用网关 4 个部分组成,如图 2-6-1 所示。

它需要满足以下条件:内部和外部之间的所有网络数据流必须经过防火墙,只有符合安全策略的数据流才能通过防火墙,防火墙自身应对渗透(penetration)免疫。

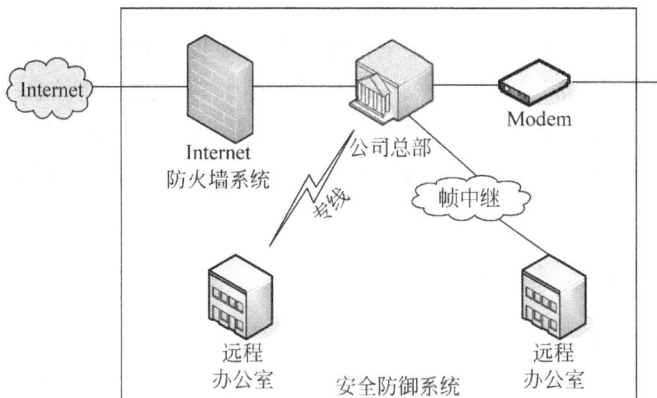

图 2-6-1　基本防火墙系统模型

## 6.3.2　防火墙的主要功能

（1）防火墙是为客户提供服务的理想位置，在其上可以配置相应的 WWW 和 FTP 服务，使 Internet 用户仅可以访问此类服务，而禁止对保护网络的其他系统服务进行访问。

（2）防火墙通过仅允许认可的和符合规则的请求通过的方式来强化安全策略，可以进行安全策略检查，所有信息都必须经过防火墙。通过防火墙可以定义一个关键点以防止外来入侵，监控网络的安全并在异常情况下给出报警提示，尤其对重大的信息量通过时进行检查。

（3）通过日志登记有效地记录网上活动，所有经过防火墙的流量都可以被记录下来，包括企业用户上网情况，可以查询 Internet 的使用情况，可以确认 Internet 接入代价、潜在的带宽瓶颈，以使费用的耗费满足企业内部财政需要。

（4）提供网络地址转换 NAT 功能，隐藏用户站点或网络拓扑，防火墙隔离了内网和外网的同时利用 NAT 来隐藏内网的各种细节，有助于缓解 IP 地址资源紧张的问题，同时可以避免当一个内部网更换 ISP 时需要重新编号的麻烦。

## 6.3.3　防火墙的技术类型

### 1. 包过滤型防火墙

根据定义好的过滤规则审查每个数据包，以便确定其是否与某一条包过滤规则匹配，过滤规则是根据数据包的报头信息进行定义的，"没有明确允许的都被禁止"。通常包过滤型防火墙安装在路由器上，而且大多数商用路由器都提供包过滤的功能。包过滤规则以 IP 包信息为基础，对 IP 源地址、目标地址、封装协议、端口号等进行筛选。包过滤在网络层进行。

### 2. 代理型防火墙

代理型防火墙也被称为代理服务器，代理服务器位于客户机与服务器之间，完全阻挡二者间的数据流，可以针对应用层进行侦测和扫描，对付基于应用层的侵入和病毒十分有效。代理型防火墙通常由两部分构成：服务器端程序和客户端程序。客户端程序与中间结点（Proxy Server）连接，中间结点再与提供服务的服务器实际连接。与包过滤防火墙不同的是，内外网间不存在直接的连接，而且代理服务器提供日志（Log）和审计（Audit）服务。

**3. 状态检测型防火墙**

状态检测型防火墙在不影响网络安全正常工作的前提下采用抽取相关数据的方法对网络通信的各个层次实行监测,检测每一个有效连接的状态,根据这些信息决定网络数据包是否能够通过防火墙,并根据各种过滤规则做出安全决策。状态检测可以对包内容进行分析,从而摆脱了传统防火墙仅局限于几个包头部信息的检测弱点,而且这种防火墙不必开放过多端口,进一步杜绝了可能因为开放端口过多而带来的安全隐患。

## 6.3.4 防火墙的体系结构

**1. 双宿主堡垒主机**

双重宿主主机体系结构是围绕双重宿主主机构筑的。双重宿主主机至少有两个网络接口,它位于内部网络和外部网络之间,这样的主机可以充当与这些接口相连的网络之间的路由器,它能从一个网络接收 IP 数据包并将之发往另一网络。实现双重宿主主机的防火墙体系结构禁止这种发送功能,完全阻止了内外网络之间的 IP 通信。两个网络之间的通信可通过应用层数据共享和应用层代理服务的方法实现。一般情况下采用代理服务的方法。

双重宿主主机的特性:双宿主主机不能直接转发任何 TCP/IP 流量,所以它可以彻底阻塞内部和外部不可信网络间的任何 IP 流量,从而把一个内部网络从一个不可信的外部网络中分离出来。这里安全是至关重要的,而用户口令控制安全是关键。

缺点:双重宿主主机是隔开内外网络的唯一屏障,一旦它被入侵,内部网络便向入侵者敞开大门,它必须支持很多用户的访问,其性能非常重要。

**2. 被屏蔽主机**

屏蔽主机体系结构由防火墙和内部网络的堡垒主机承担安全责任。一般这种防火墙比较简单,可能就是简单的路由器。典型构成是包过滤路由器+堡垒主机。包过滤路由器配置在内部网和外部网之间,保证外部系统对内部网络的操作只能经过堡垒主机。堡垒主机配置在内部网络上,是外部网络主机连接到内部网络主机的桥梁,它需要拥有高等级的安全。

屏蔽路由器可按如下规则之一进行配置:允许内部主机为了某些服务请求与外部网上的主机建立直接连接(即允许那些经过过滤的服务)。不允许所有来自外部主机的直接连接,并强迫内部主机经由堡垒主机使用代理服务。

被屏蔽主机的特性:安全性更高,双重保护,它提供的安全等级比包过滤防火墙系统要高,实现了网络层安全(包过滤)和应用层安全(代理服务)。

缺点:过滤路由器能否正确配置是安全与否的关键。如果路由器被损害,堡垒主机将被穿过,整个网络对侵袭者是开放的。

**3. 被屏蔽子网**

屏蔽子网体系结构在本质上与屏蔽主机体系结构一样,但添加了额外的一层保护体系——周边网络。堡垒主机位于周边网络上,周边网络和内部网络被内部路由器分开。

堡垒主机是用户网络上最容易受侵袭的机器,是整个防御体系的核心。堡垒主机可被认为是应用层网关,可以运行各种代理服务程序。对于出站服务不一定要求所有的服务经过堡垒主机代理,但对于入站服务应要求所有服务都通过堡垒主机。通过在周边网络上隔离堡垒主机,能减少在堡垒主机被侵入的影响。

周边网络是一个防护层,在其上可放置一些信息服务器,它们是牺牲主机,可能会受到攻击,因此又被称为非军事区(DMZ)。即使堡垒主机被入侵者控制,它仍可消除对内部网的侦听。

最简单的屏蔽子网结构有两个屏蔽(包过滤)路由器和一个堡垒主机构成,两个屏蔽路由器一个连接外网与边界网络,另一个连接边界网络与内网。为了攻进内网,入侵者必须通过两个屏蔽路由器。

外部路由器(访问路由器)保护周边网络和内部网络不受外部网络的侵犯。它把入站的数据包路由到堡垒主机。防止部分 IP 欺骗,它可分辨出数据包是否真正来自周边网络,而内部路由器不可。

内部路由器(阻塞路由器)保护内部网络不受外部网络和周边网络的侵害,它负责执行大部分过滤工作。外部路由器一般与内部路由器应用相同的规则。

## 6.3.5 防火墙的性能指标

**1. 最大位转发率**

位转发率是指在特定负载下每秒钟防火墙将允许的数据流转发至正确的目的接口的位数。最大位转发率指在不同的负载下反复测量得出的位转发率数值中的最大值。

**2. 吞吐量**

在不丢包的情况下能够达到的最大速率。吞吐量作为衡量防火墙性能的重要指标之一,吞吐量小就会造成网络新的瓶颈,以至影响到整个网络的性能。

**3. 延时**

入口处输入帧最后一个比特到达至出口处输出帧的第一个比特输出所用的时间间隔。防火墙的时延能够体现它处理数据的速度。

**4. 丢包率**

在连续负载的情况下,防火墙设备由于资源不足应转发但却未转发的帧百分比。防火墙的丢包率对其稳定性、可靠性有很大的影响。

**5. 背靠背**

从空闲状态开始,以达到传输介质最小合法间隔极限的传输速率发送相当数量的固定长度的帧,当出现第一个帧丢失时发送的帧数。背靠背包的测试结果能体现出被测防火墙的缓冲容量,网络上经常有一些应用会产生大量的突发数据包,而且这样的数据包丢失可能会产生更多的数据包,强大缓冲能力可以减小这种突发对网络造成的影响。

**6. 最大并发连接数**

穿越防火墙的主机之间或主机与防火墙之间能同时建立的最大连接数。并发连接数的测试主要用来测试被测防火墙建立和维持 TCP 连接的性能,同时也能通过并发连接数的大小体现被测防火墙对来自于客户端的 TCP 连接请求的响应能力。

**7. 最大并发连接建立速率**

穿越防火墙的主机之间或主机与防火墙之间单位时间内建立的最大连接数。最大并发连接数建立速率主要用来衡量防火墙单位时间内建立和维持 TCP 连接的能力。

# 6.4 案 例 介 绍

## 6.4.1 案例一：开启 Windows Server 2003 系统自带防火墙

采用 Windows Server 2003 操作系统的用户不需要安装任何软件，可以利用系统自带的"Internet 连接防火墙"来防范黑客的攻击。

步骤一：右击"网上邻居"，选择"属性"命令，在弹出的界面中右键单击"本地链接"，在下拉菜单中选择"属性"，出现如图 2-6-2 所示界面。选择"高级"选项卡，选中"Internet 连接防火墙"下的复选框，单击"确定"按钮后防火墙开始发挥作用。

步骤二：在另外一台机器上 Ping 本地机器，出现 Request timed out 表示 Ping 不同本地机器；也可以在另外一台机器上利用漏洞扫描工具扫描本机发现没有打开的端口。

步骤三：单击图 2-6-2 中的"设置"按钮，出现如图 2-6-3 所示界面，可在其中进行高级设置。

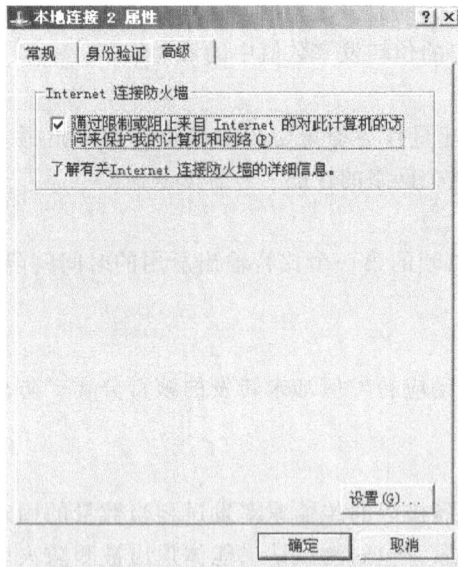

图 2-6-2　设置系统防火墙选项　　　　　　　图 2-6-3　设置系统防火墙高级选项

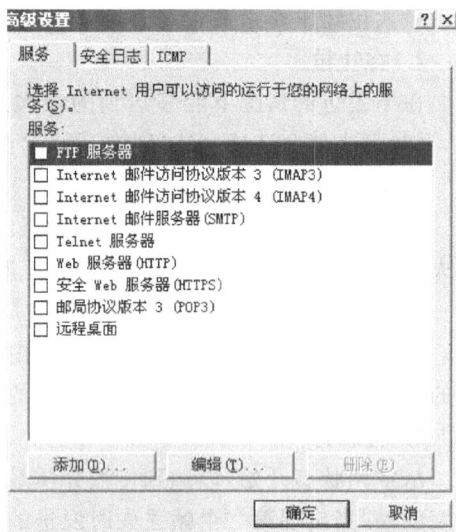

（1）选择要开通的服务，例如选中 FTP 服务，其他机器就可以通过 FTP 服务访问到本机，扫描本机可以发现 21 端口是开放的。也可以单击"添加"按钮增加相应的服务端口。例如允许 IIS 访问，需要添加 Web 服务对应的 80 号端口，就可以相互访问网站了。

（2）设置日志如图 2-6-4 所示，选择要记录的项目，防火墙将记录相应的数据，日志默认在 C:\windows\pfirewall.log，用记事本就可以打开查看。

（3）设置 ICMP 协议如图 2-6-5 所示，最常用的 Ping 就是用的 ICMP 协议，默认设置完后 ping 不通本机就是因为屏蔽了 ICMP 协议，如果想 Ping 通本机只需选中"允许传入响应请求"复选框。

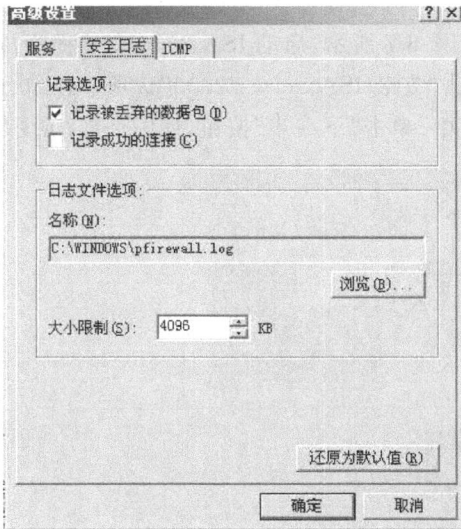

图 2-6-4  设置系统防火墙高级选项中的安全日志　　图 2-6-5  设置系统防火墙高级选项中的 ICMP

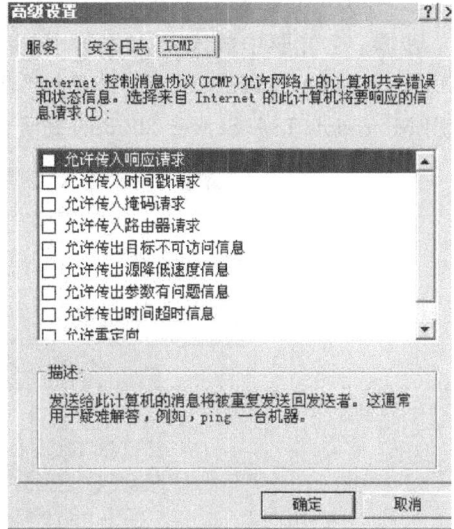

## 6.4.2　案例二：Microsoft ISA Server 系列软件防火墙应用

　　Microsoft ISA Server 目前广泛应用在中小型企业，例如将某企业部署成三宿主机外围网络形式，就可以在单个的 ISA Server 计算机上安装 3 块网卡，分别连接 Internet、DMZ 区和内部网络，如图 2-6-6 所示，以限制网络之间的通信，防止网络受到内部和外部的安全威胁。

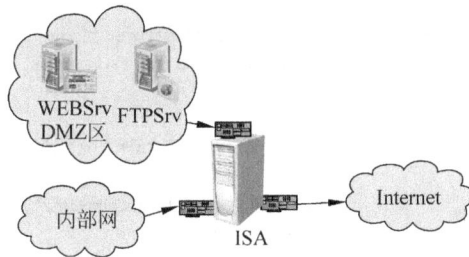

图 2-6-6　ISA 中型企业应用方案

ISA 防火墙对于硬件的最低要求如表 2-6-1 所示。

表 2-6-1　ISA 防火墙最低配置要求

| 对　　象 | 最　低　要　求 |
| --- | --- |
| CPU | 至少 550MHz 以上，推荐 2.0GHz 以上 |
| 内存 | 至少 256MB，推荐 512MB |
| 硬盘 | 至少 150MB，如果使用缓存模式，需要 NTFS 分区 |
| 操作系统 | 带有 Service Pack 1 的 Windows Server 2003 或 Windows Server 2003 R2 |
| 网卡 | 必须为连接到 ISA Server 2006 的每个网络单独准备一个适配器 |

组建中小型企业网络

**1. 任务一：安装 ISA 2006 防火墙**

步骤一：光驱中放入 ISA 2006 安装光盘，如图 2-6-7 所示，启动 ISA 2006 安装程序，在"Microsoft ISA Server 2006 安装程序"界面中，单击"安装 ISA Server 2006"选项。在"欢迎使用 Microsoft ISA Server 2006 的安装向导"界面中，单击"下一步"按钮，如图 2-6-8 所示。

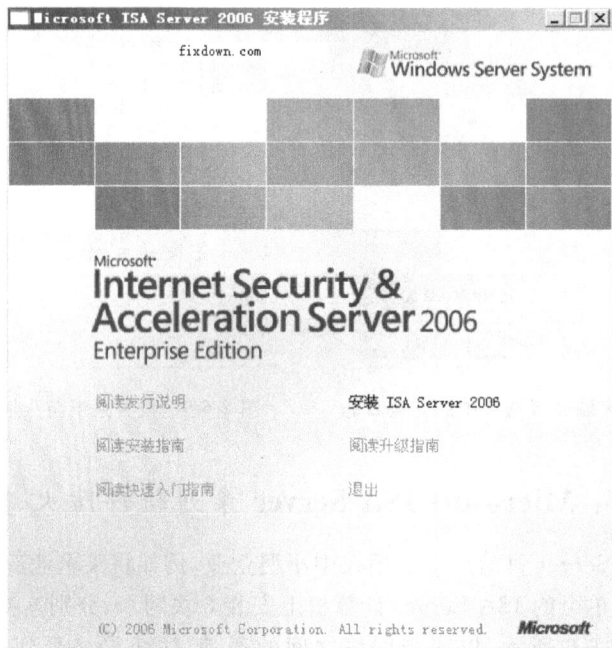

图 2-6-7　Microsoft ISA Server 2006 安装程序

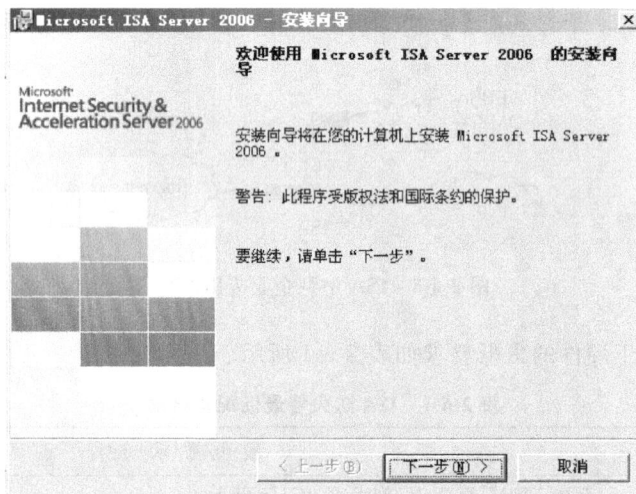

图 2-6-8　Microsoft ISA Server 2006 安装向导

步骤二：在"许可协议"界面中，选择"我接受许可协议中的条款"单选按钮，单击"下一步"按钮；在"客户信息"界面中，输入用户名、单位及序列号，单击"下一步"按钮，如图 2-6-9 和图 2-6-10 所示。

图 2-6-9　许可协议

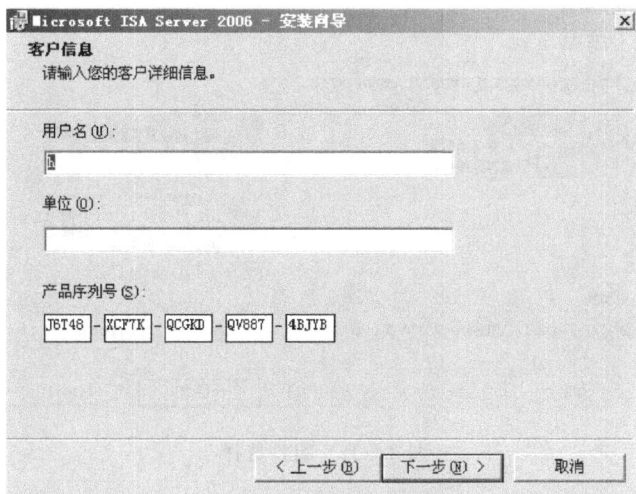

图 2-6-10　客户信息

　　步骤三：在"安装方案"界面中,选择"同时安装 ISA Server 服务和配置存储服务器"单选按钮,单击"下一步"按钮;在"组件选择"界面中,默认选择安装所有组件,即采用默认配置,直接单击"下一步"按钮即可,如图 2-6-11 和图 2-6-12 所示。

　　步骤四：在"企业安装选项"界面中,选择"创建新 ISA 服务器企业"单选按钮,单击"下一步"按钮;在"新建企业警告"界面中,单击"下一步"按钮,如图 2-6-13 和图 2-6-14 所示。

　　步骤五：在"内部网络"界面中,单击"添加"按钮,如图 2-6-15 所示。进入"地址"界面,单击"添加适配器"按钮,如图 2-6-16 所示,选择与内网相连的网卡,单击"确定"按钮。建议最好把 ISA 上的网卡根据实际连接情况命名为 LAN、WAN、DMZ 等,以方便后续使用。

　　步骤六：返回"地址"界面,编辑 IP 地址范围,单击"确定"按钮,如图 2-6-17 所示;再返回"内部网络"界面,在"内部网络地址范围"中会显示配置的地址范围。单击"下一步"按钮。

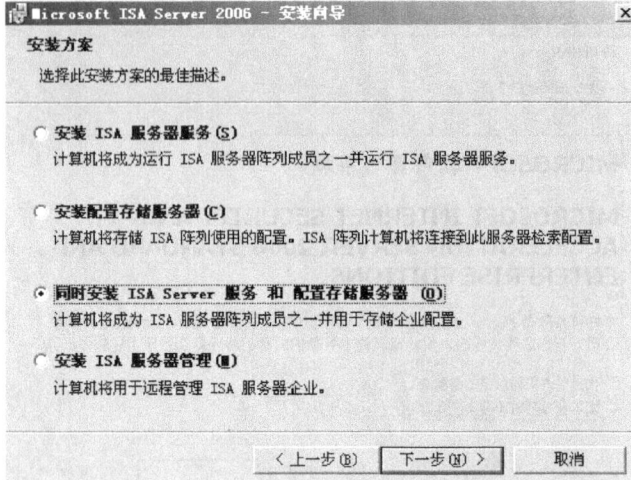

图 2-6-11　安装方案

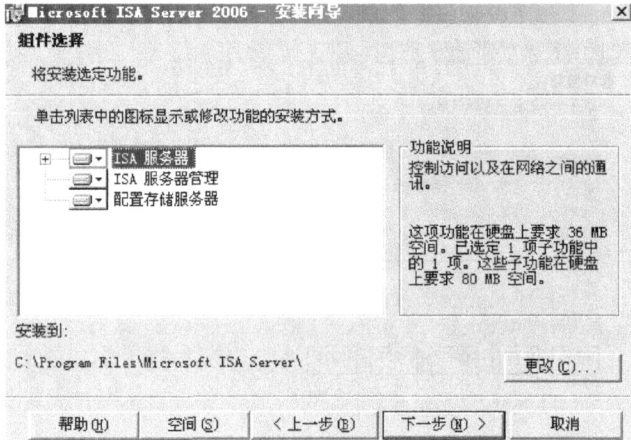

图 2-6-12　组件选择

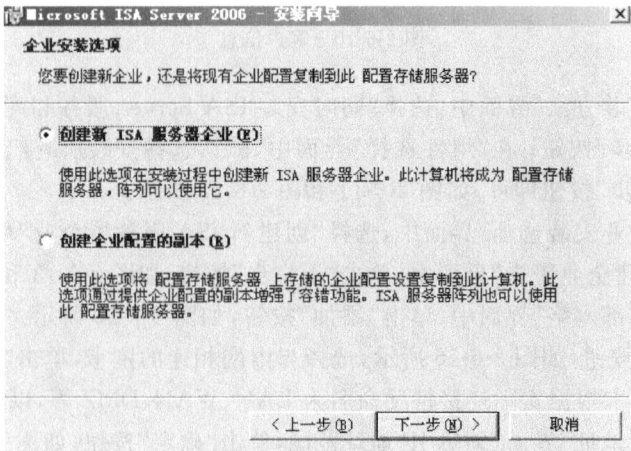

图 2-6-13　企业安装选项

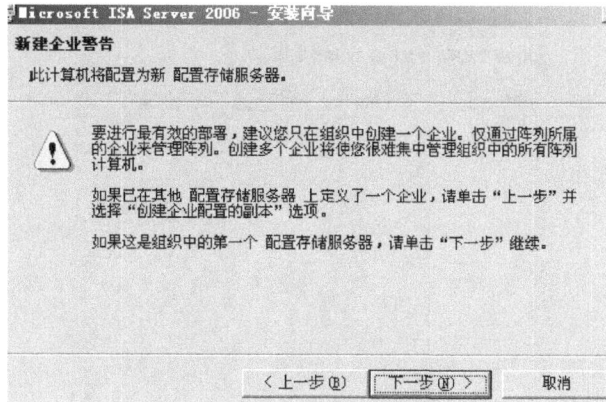

图 2-6-14　新建企业警告

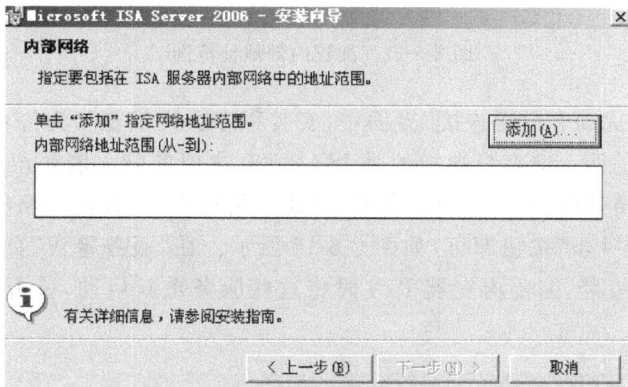

图 2-6-15　内部网络

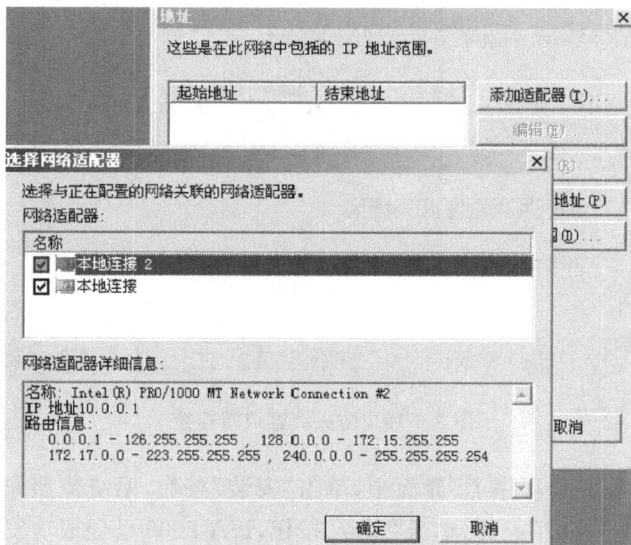

图 2-6-16　添加适配器

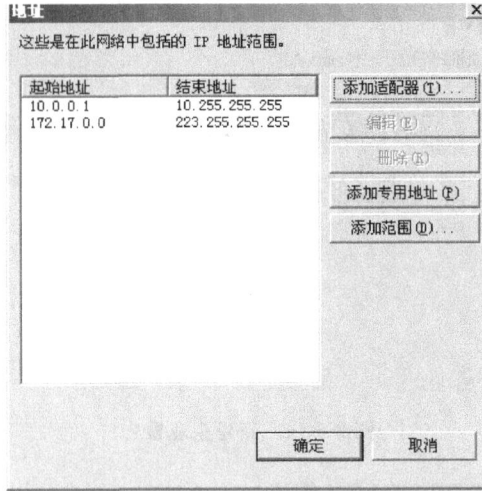

图 2-6-17　配置内部地址范围

步骤七：在"防火墙客户端连接"界面中，安装程序会询问是否允许不加密的防火墙客户端连接。不加密的防火墙客户端指的是 ISA 2000 之前的防火墙客户端，ISA 2000 之后的防火墙客户端支持数据加密，安全性更好，因此不用选中"允许不加密的防火墙客户端连接"复选框，单击"下一步"按钮即可，如图 2-6-18 所示。在"服务警告"页中，部分系统程序会影响 ISA 程序的安装，需要再安装 ISA 时将这些服务重新启动，单击"下一步"按钮，如图 2-6-19 所示。

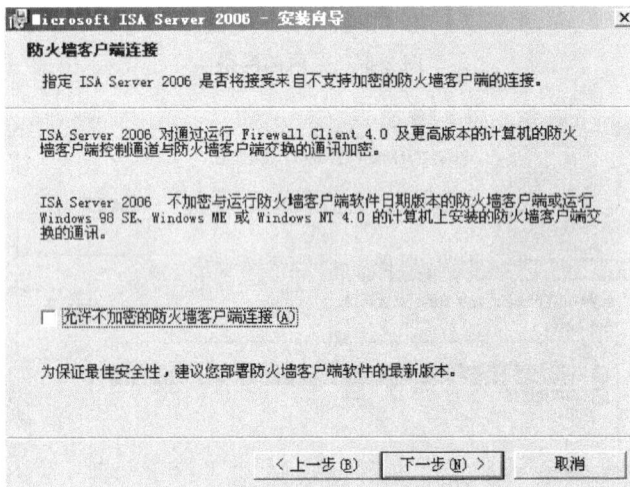

图 2-6-18　防火墙客户端连接

步骤八：在"可以安装程序了"界面中，单击"安装"按钮，系统依照配置自动安装程序，完成后出现"安装向导完成"界面，单击"完成"按钮，ISA 2006 已经成功安装，如图 2-6-20 和图 2-6-21 所示。

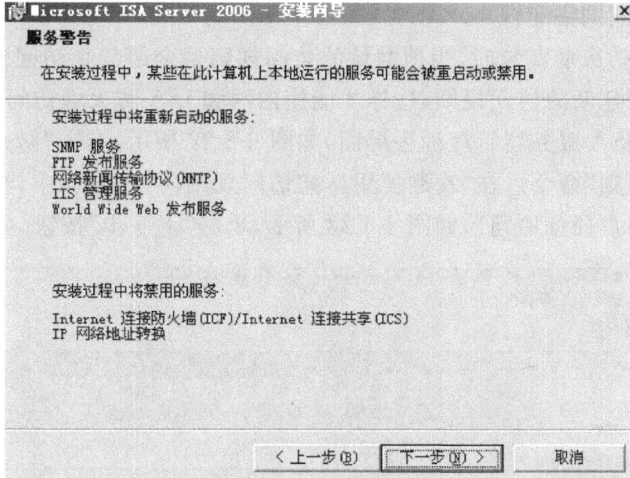

图 2-6-19　服务警告

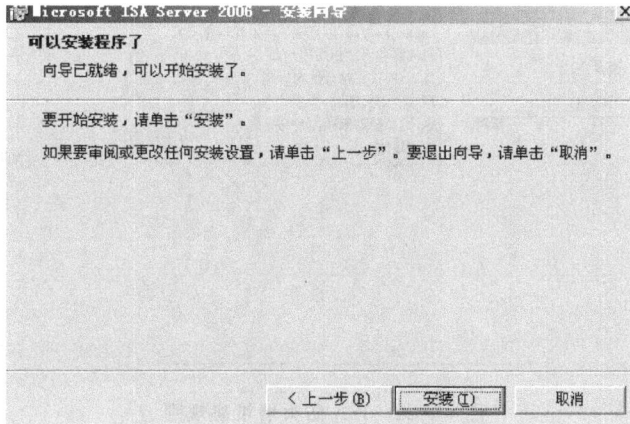

图 2-6-20　可以安装程序

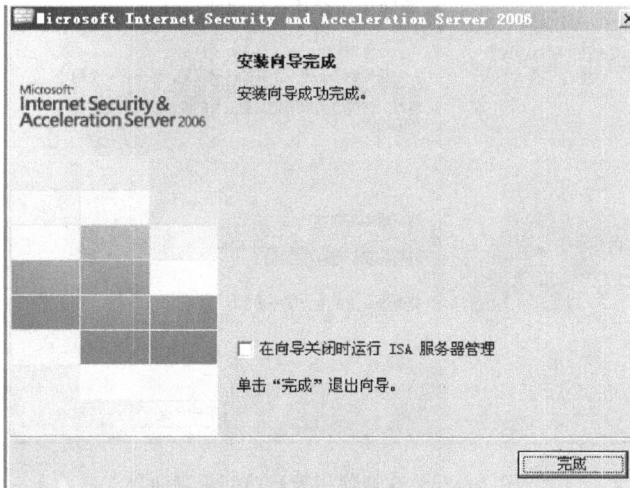

图 2-6-21　安装向导完成

**2. 任务二：访问网络配置**

由于完成 ISA 防火墙安装时，当前默认的访问规则是全部禁止访问外网的。所以在安装完成之后，首先创建新的访问规则，这样才能使内网和 ISA 防火墙访问外网。

步骤一：进入 ISA 服务器管理程序界面，如图 2-6-22 所示，右击"防火墙策略"选项，选择"新建"→"访问规则"命令。在"欢迎使用新建访问规则向导"界面中，给新建的访问规则取名为"允许内网用户任意访问"，如图 2-6-23 所示，单击"下一步"按钮。

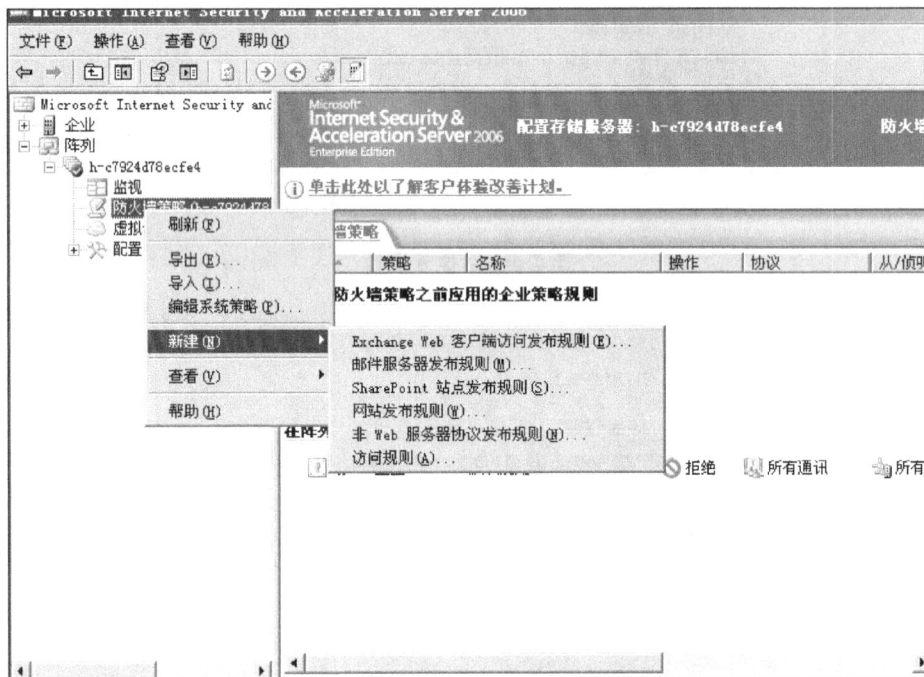

图 2-6-22　ISA 防火墙策略规则

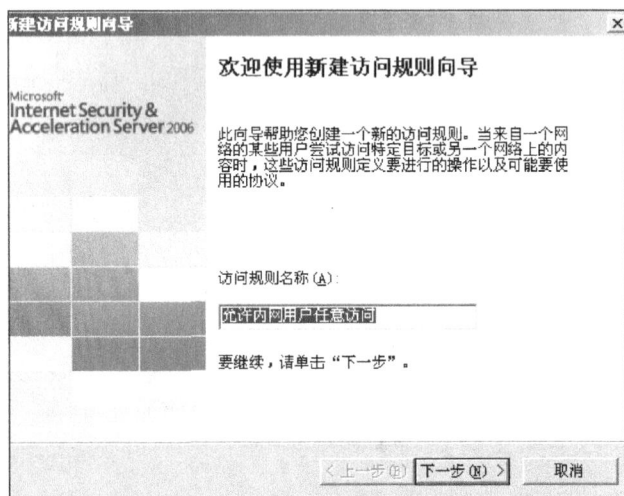

图 2-6-23　欢迎使用新建访问规则向导

步骤二：设置当客户端的访问行为与规则设定匹配时，防火墙将允许客户端进行访问。选择"允许"单选按钮，如图 2-6-24 所示，单击"下一步"按钮。在"协议"界面中，选择将规则应用到"所有出站通讯"，如图 2-6-25 所示，单击"下一步"按钮。

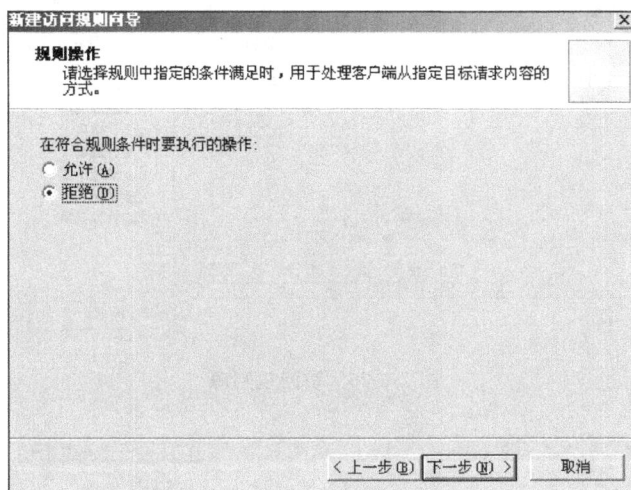

图 2-6-24　规则操作

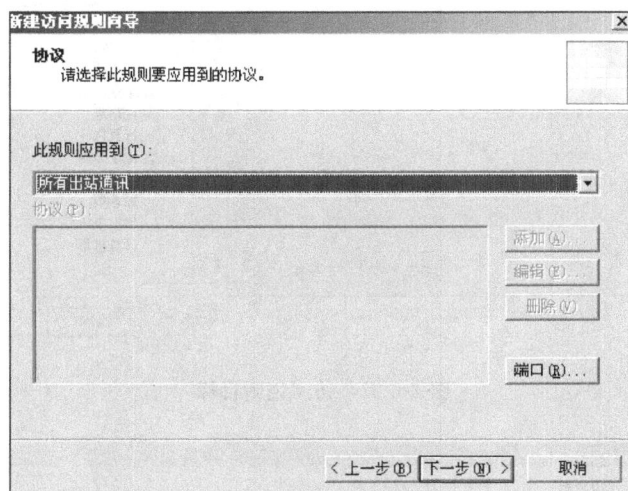

图 2-6-25　协议操作

步骤三：在"访问规则源"界面中，单击"添加"按钮，在"添加网络实体"界面中选择"网络"选项，选中"内部"选项，单击"添加"按钮，这样"内部"就成了规则的访问源。以同样的方法将"本地主机"也设置为访问源，如图 2-6-26 所示，单击"下一步"按钮。

步骤四：在"访问规则目标"界面中，单击"添加"按钮，在"添加网络实体"界面中选择"网络"选项，选中"外部"选项，单击"添加"按钮，则"外部"就成了规则的访问目标，如图 2-6-27 所示，单击"下一步"按钮。

步骤五：在"用户集"界面中，选中"所有用户"选项，单击"下一步"按钮，完成新建访问规则的设置，如图 2-6-28 和图 2-6-29 所示。

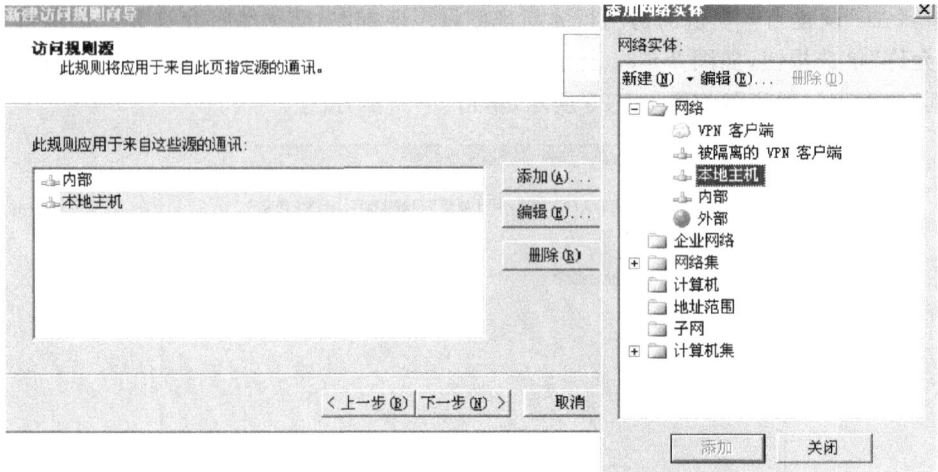

图 2-6-26  访问规则源

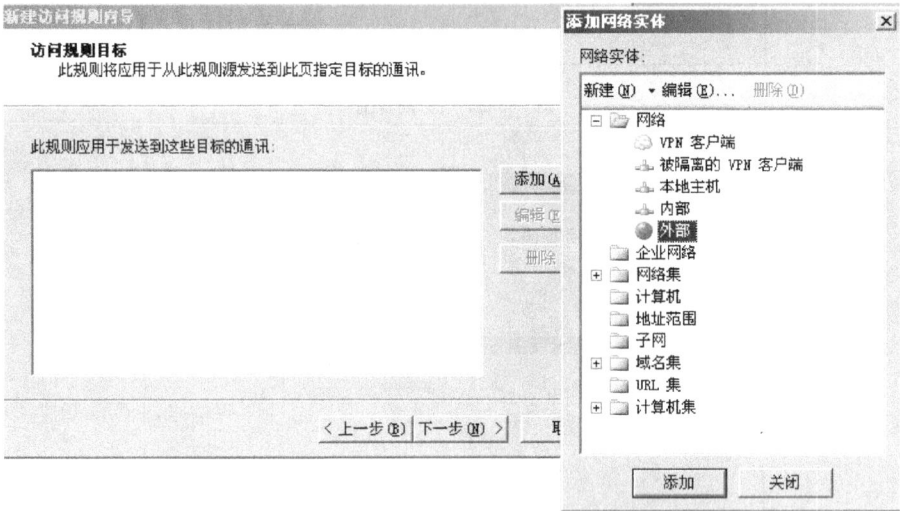

图 2-6-27  访问规则目标

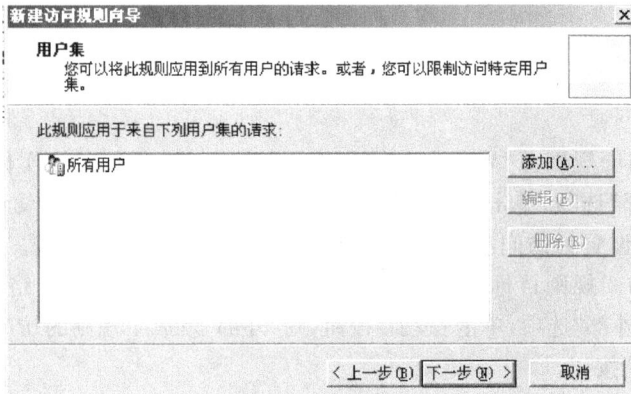

图 2-6-28  用户集

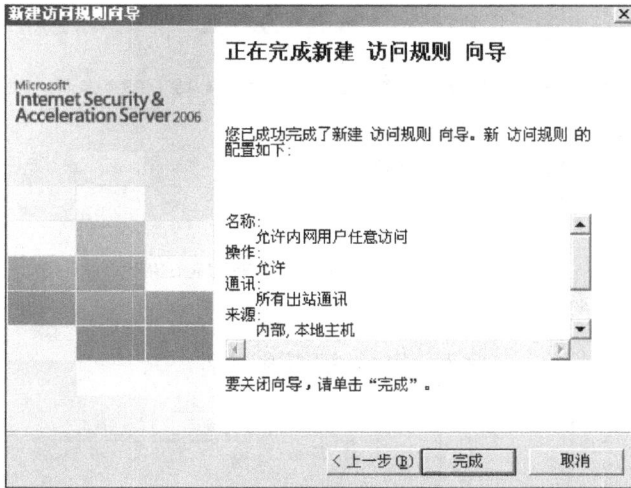

图 2-6-29　完成新建访问规则设置

步骤六：规则配置完成，这样凡是由内网计算机或 ISA 本机发起的访问外网的请求，无论是什么时间，无论使用什么协议，无论是哪些用户，ISA 一律允许。返回 ISA 防火墙主界面，在"防火墙策略"页中，单击"应用"，使规则生效，如图 2-6-30 所示。

图 2-6-30　防火墙策略应用

步骤七：完成客户端的设置，在客户机上打开 IE 浏览器，依次单击"工具"→"Internet 选项"→"连接"→"局域网设置"选项，如图 2-6-31 所示，将代理服务器设置为 ISA 内网网卡的 IP，端口为 8080，最后打开任意网站进行测试即可。

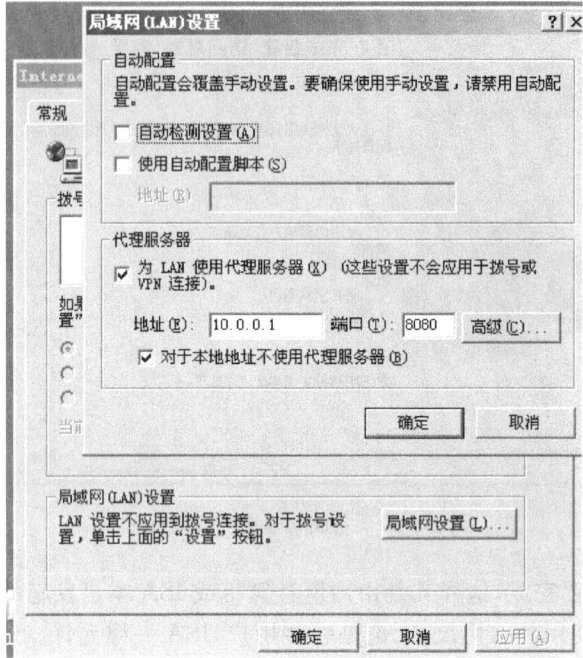

图 2-6-31 客户端设置

### 3. 任务三：访问限制配置

步骤一：进入 ISA 防火墙主界面,在"防火墙策略"界面中,进入配置好的防火墙策略,选择"配置 HTTP"命令,如图 2-6-32 和图 2-6-33 所示。

图 2-6-32 防火墙策略规则设置

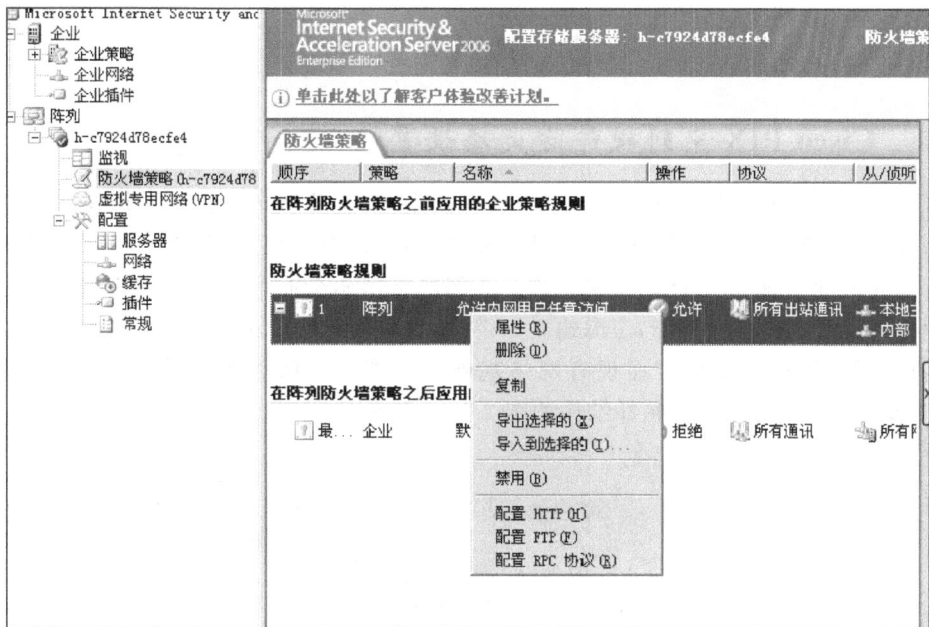

图 2-6-33　配置 HTTP 选项

步骤二：在"为规则配置 HTTP 策略"界面中，进入"签名"选项卡，单击"添加"按钮，如图 2-6-34 所示。

步骤三：在"签名"选项卡中的"名称"字段中输入任意名称。在"签名搜索条件"选项组中，添加"查找范围"为"请求头"。添加"HTTP 头"为 Host。添加"签名"为"qq.com（受限网址）"，单击"确定"按钮，单击"应用"按钮，这样受限网站就不能访问了，如图 2-6-35 所示。

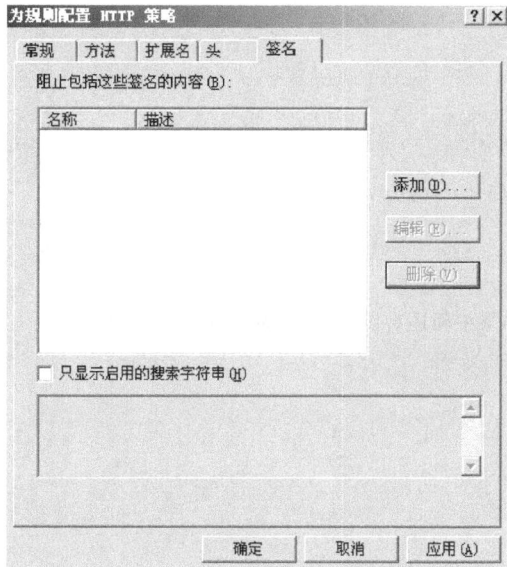

图 2-6-34　为规则配置 HTTP 策略

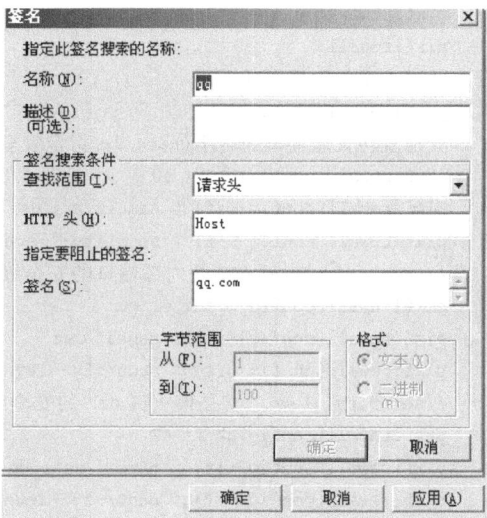

图 2-6-35　配置签名

组建中小型企业网络

# 6.5  知识拓展

## 6.5.1  Cisco PIX 系列硬件防火墙设置

丹华公司是一家典型的百人规模中小型科技企业,主要从事计算机系统集成服务。公司网络分成内部网络和外部网络。内部网络经常感染病毒,而且部分员工经常使用软件工具进行大数据量下载,影响网络正常工作;外部网络偶尔会有黑客攻击的现象;同时公司随着业务的发展也将扩大宣传,考虑建立一个 Web 服务器用来对外发布业务信息。经过讨论目前存在的问题,公司决定在现有网络基础上部署一台防火墙,经过选型后最终选择 Cisco PIX 515 防火墙。公司拓扑结构如图 2-6-36 所示。

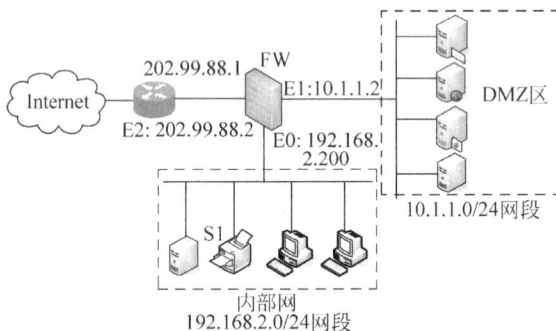

图 2-6-36  公司拓扑结构图

公司要求实现的任务和配置如下。

### 1. 任务一: 配置公司内部网和外部网

```
#转换特权用户
pixfirewall > ena
pixfirewall#
#进入全局配置模式
pixfirewall# conf t
#配置防火墙接口的名字(nameif),指定安全级别(security-level)
pixfirewall(config)# int e0
pixfirewall(config-if)# nameif inside
pixfirewall(config-if)# security-level 100
//security-level 100 是内部端口的安全级别,如果中间还有以太口,则为 security-level 10。
pixfirewall(config)# int e1
pixfirewall(config-if)# nameif dmz
pixfirewall(config-if)# security-level 50
//security-level 50 是停火区 dmz 的安全级别。
pixfirewall(config)# int e2
pixfirewall(config-if)# nameif outside
pixfirewall(config-if)# security-level 0
//security-level 0 是外部端口的安全级别(0 安全级别为最高)。
#配置内外网卡的 IP 地址(ip address)
pixfirewall(config)# int e0
```

```
pixfirewall(config-if)# ip address 192.168.2.200 255.255.255.0
pixfirewall(config-if)# no shut
pixfirewall(config)# int e1
pixfirewall(config-if)# ip address 10.1.1.2 255.255.255.0
pixfirewall(config-if)# no shut
pixfirewall(config)# int e1
pixfirewall(config-if)# ip address 202.99.88.2 255.255.255.0
pixfirewall(config-if)# no shut
```
//在配置内外网卡的 IP 地址时注意使用 no shutdown 命令激活端口,简写为 no shut。
# 允许内部网络服务器远程登录到防火墙
```
pixfirewall(config)# telnet 192.168.2.0 255.255.255.0 inside
```
# 允许外部网络服务器远程登录到防火墙,最好只允许内部网络登录
```
pixfirewall (config)# telnet 202.99.88.0 255.255.255.0 outside
```
# 配置远程登录密码
```
pixfirewall (config)# password 123456
```
# 保存配置
```
write memory
```
//在配置完成后要保存,以便进行下一步的配置及管理工作。

**2. 任务二：配置 PIX 防火墙实现 NAT**

公司希望架设防火墙后,与外部 Internet 进行通信时内网使用私有 IP 地址,这样可以隐藏公司网络内部拓扑结构,另外也能提供一定程度的网络安全。同时希望在防火墙上进行设置后,在内网中多个公司员工可以同时公用一个合法 IP 与外部 Internet 进行通信。由此需要设置防火墙实现 NAT 模式。

# 用 NAT 方式允许内网用户,用公网 ip 202.99.88.2 访问 Internet
```
nat (inside) 1 0 0
```
//0 0 表示内网所有主机。
```
global (outside) 1 interface
```
# 保存配置
```
write memory
```

## 6.5.2 知名硬件防火墙

### 1. NetScreen 防火墙

NetScreen 科技公司推出的 NetScreen 防火墙产品是一种新型的网络安全硬件产品。NetScreen 采用内置的 ASIC 技术,其安全设备具有低延时、高效的 IPSec 加密和防火墙功能,可以无缝地部署到任何网络。设备安装和操控也是非常容易,可以通过多种管理界面包括内置的 WebUI 界面、命令行界面或 NetScreen 中央管理方案进行管理。NetScreen 将所有功能集成于单一硬件产品中,它不仅易于安装和管理,而且能够提供更高可靠性和安全性。由于 NetScreen 设备没有其他品牌产品对硬盘驱动器所存在的稳定性问题,所以它是对在线时间要求极高的用户的最佳方案。采用 NetScreen 设备,只需要对防火墙、VPN 和流量管理功能进行配置和管理,削减了配置另外的硬件和复杂性操作系统的需要。这个做法缩短了安装和管理的时间,并在防范安全漏洞的工作上,省略设置的步骤。NetScreen Firewall 比较适合中型企业的网络安全需求。

### 2. Cisco Secure PIX 防火墙

Cisco Secure PIX 防火墙是 Cisco 防火墙家族中的专用防火墙设施。Cisco Secure PIX

防火墙通过端到端安全服务的有机组合,提供很高的安全性。适合仅需要与自己企业网进行双向通信的远程站点,或由企业网在自己的企业防火墙上提供所有 Web 服务的情况。Cisco Secure PIX 与普通的 CPU 密集型专用代理服务器(对应用级的每一个数据包都要进行大量处理)不同,Cisco Secure PIX 防火墙采用非 UNIX、安全实时的内置系统。可提供扩展和重新配置 IP 网络的特性,同时不会引起 IP 地址短缺问题。NAT 既可利用现有 IP 地址,也可利用 Internet 指定号码机构中预留池规定的地址来实现这一特性。Cisco Secure PIX 还可根据需要有选择性地允许地址是否进行转化。Cisco 保证 NAT 将同所有其他的 PIX 防火墙特性共同工作。Cisco Secure PIX Firewall 比较适合中小型企业的网络安全需求。

**3. 天融信网络卫士 NGFW 防火墙**

北京天融信公司的网络卫士是我国第一套自主版权的防火墙系统,目前在我国电信、电子、教育、科研等单位广泛使用。它由防火墙和管理器组成。网络卫士 NGFW 防火墙是我国首创的核检测防火墙,更加安全更加稳定。该防火墙系统集中了包过滤防火墙、应用代理、网络地址转换(NAT)、用户身份鉴别、虚拟专用网、Web 页面保护、用户权限控制、安全审计、攻击检测、流量控制与计费等功能,可以为不同类型的 Internet 接入网络提供全方位的网络安全服务。网络卫士防火墙系统是中国人自己设计的,因此管理界面完全是中文化的,使管理工作更加方便,网络卫士 NGFW 防火墙的管理界面是所有防火墙中最直观的。网络卫士 NGFW 防火墙比适合中型企业的网络安全需求。

**4. 东软 NetEye 防火墙**

NetEye 防火墙是 NetEye 防火墙系列中的较新版本,该系统在性能、可靠性、管理性等方面大大提高。其基于状态包过滤的流过滤体系结构,保证从数据链路层到应用层的完全高性能过滤,可以进行应用级插件的及时升级,攻击方式的及时响应,实现动态的保障网络安全。NetEye 防火墙对流过滤引擎进行了优化,进一步提高了性能和稳定性,同时丰富了应用级插件、安全防御插件,并且提升了开发相应插件的速度。网络安全本身是一个动态的,其变化非常迅速,每天都有可能有新的攻击方式产生。安全策略必须能够随着攻击方式的产生而进行动态调整,这样才能够动态地保护网络的安全。基于状态包过滤的流过滤体系结构,具有动态保护网络安全的特性,使 NetEye 防火墙能够有效的抵御各种新的攻击,动态保障网络安全。东软 NetEye 防火墙比较适合中小型企业的网络安全需求。

## 6.5.3 知名软件防火墙

**1. ZoneAlarm Pro 防火墙**

ZoneAlarm Pro 是一款优秀的网络防火墙软件,由 Zone Labs 公司出品。它使用很简单,界面易于浏览,具有很强的反探测和预防网络入侵的工具。只要在安装时填入用户资料,安装后重新开机,ZoneAlarm 就会自动启动执行任务。主要包括如下功能模块。

- 获奖的防火墙:可以定义信任和不信任的网络和区域,定制高级防火墙规则。
- 应用程序控制:控制应用程序是否可以访问网络,提供服务和发送邮件。
- 反间谍:保护计算机免于间谍软件的危害(lrj6.x 版新增功能)。
- 反病毒软件监控:监控计算机是否安装了反病毒软件及是否为最新的病毒定义。
- 邮件保护:保护计算机免受邮件恶意代码和病毒的威胁。

- 隐私保护：可以控制 Cookies,过滤广告,防止恶意的活动代码的威胁。
- ID 锁：保护敏感数据和隐私数据不被窃取和发送。
- 警报和日志：记录系统安全活动日志并提示安全状态。

### 2. Outpost Firewall Pro 防火墙

Agnitum 公司是一家高素质的保安软件开发商,其 Outpost Firewall Pro 及 Outpost Office Firewall 可以为个人计算机及办公室网络提供必需的 Internet 网络保护,Agnitum Outpost Firewall 是一款短小精悍、整合多种防火墙功能的网络防火墙软件,它的功能是同类 PC 软件中最强的。功能包括广告和图片过滤、内容过滤、电子邮件附件过滤等,能够预防来自 Internet 的网络攻击、浏览器攻击、后门程序、窃密软件、广告软件和其他的网络威胁。该软体不需配置就可使用,对于新手来说更简单易用。

对于一般用户而言,Outpost Firewall 所加入的内容感应提示,在输入资料时更能获得理想的保护效果,因为很多防火墙失效是因为用户设定不当,当设定 Outpost Firewall 时,Smart Advisor 功能会对新程序及数据交换发出提问,提示如何设定防火墙规则,正确地回答问题可以获得最好的保护。

Outpost Firewall 具有反间谍软件功能,配合其自行开发的反木马程序 Tauscan 软件模组,令黑客无从入手。面对身份盗窃的威胁,Outpost Firewall 加入 ID 封锁功能,利用拦截及例外清单配合字符串过滤,有关重要的身份数据及敏感资料,将不会通过即时通信软件、电子邮件等外泄给黑客,有关设定也很方便。另外任何假冒的通讯请求及未经授权的无线网路连接请求也会被拒绝,盗用宽频网络问题可得以解决。在扫描速度方面,Outpost Firewall 比 Norton 或 ZoneAlarm 等防火墙使用效果更佳。

### 3. Norton Personal Firewall

诺顿个人防火墙由 Symantec 公司出品,它是一款智能型防火墙,可确保计算机的安全,提供多层防御机制,可自动拦截入侵行为,可以控制所有传入和传出的联网通信,避免黑客和隐私威胁,保护个人资讯的安全。它不仅是功能完备的防火墙,更提供了入侵防护与隐私权控管的功能。诺顿个人防火墙使用简单,安装后立即拥有强大的防护能力。

### 4. Norman Personal Firewall

Norman Personal Firewall 是一款优秀的个人防火墙,有针对电邮系统及新闻组的防毒功能,检查电邮附件时若发现电邮软件异常就会即时禁止,对公司网络环境中最易被入侵的电邮伺服器提供更大的保护。更新快人一步,特快扫描引擎的扫描功能设定容易,可以通过控制网络连接、Active-Xs、Java-VB-Scripts、Java Applets、cookies、共享等来控制安全,可以提供 IP 过滤,防止特洛伊木马入侵。

### 5. SurfSecret Personal Firewall

SurfSecret Personal Firewall 是一款功能超强的网络安全工具,提供 3 个级别的保护功能,功能模块包括:紧急防护上锁功能;屏幕保护程序启动时自订上锁或者定时上锁;可以指定允许哪些 IP 通过哪个 Port 进行联机;支持 IP 地址范围和 IP 地址屏蔽;可以在封包被阻挡后发出提示,并且自动计次;记录最后 10 个联机到本机的 IP.lrj。

### 6. Sygate Personal Firewall Pro

Sygate Personal Firewall 程序功能强大,可以自由调节安全级别——从全无到最高,适合于网络中的单机用户来防止入侵者非法进入系统。作为一个基于主机的解决方案,该软件提供了多层保护的防火墙安全环境,可以有效地防止入侵者和黑客的侵袭。与真正的防火墙不同,Sygate Personal Firewall 能够从系统内部进行保护,并且可以在后台不间断地运行。另外,该软件提供安全访问和访问监视功能,可以提供所有用户的活动报告,当检测到入侵和不当使用后,能够立即发出警报。

# 6.6 问题与思考

任务描述:通过搭建配置企业防火墙,学会企业防火墙的使用方法。

学习目标:学会企业软硬件防火墙的搭建。

环境要求:Windows Server 2003 SP1＋ISA Server 2006 或者 Windows Server 2003 SP1＋Cisco PIX 系列防火墙。

实现步骤:

**1. 查找资料**

(1) 防火墙工作原理与分类。

(2) Windows Server 2003 系统自带防火墙配置方法。

(3) ISA 防火墙的配置方法。

(4) Cisco 防火墙的配置方法。

**2. 项目实施**

| 项 目 实 施 | 任 务 描 述 | 评 分 准 则 |
|---|---|---|
| 项目实施步骤一 | 熟悉企业拓扑结构,根据企业特性选择合适的防火墙产品 | 20 分 |
| 项目实施步骤二 | 防火墙安装前准备工作 | 15 分 |
| 项目实施步骤三 | 配置硬件防火墙 | 20 分 |
| 项目实施步骤四 | 配置软件防火墙 | 25 分 |
| 文档编写 | 将本单元的操作归纳成完整的文档文件。要求:主要步骤有截图和文字说明 | 20 分 |

# 模块 7　企业常用网络管理软件

## 7.1　应用环境

  企业常用的网络管理软件包括网络监控软件、网络管理软件、远程控制软件、网络流量监测分析软件、企业反病毒软件和入侵监测系统软件。其中反病毒已经成为企业信息安全重要的一环。特别是在企业网络中用户群较多、安全需求较高,面对病毒的威胁,需要选择更加智能全面的企业反病毒系统。而 Sniffer 又是黑客们最常用的入侵手段之一。现在品种最多、应用最广的是软件 Sniffer,绝大多数黑客们用的也是软件 Sniffer。以下主要介绍企业反病毒系统 ESET 和网络流量监测分析系统 Sniffer Pro。

## 7.2　学习目标

  通过此模块的学习,应掌握如下内容:
  (1) 掌握反病毒系统 ESET 安装方法。
  (2) 掌握反病毒系统 ESET 配置编辑器的应用。
  (3) 掌握生成客户端安装程序的方法。
  (4) 理解 Sniffer 的工作原理。
  (5) 掌握 Sniffer Pro 工具软件的使用方法。
  (6) 掌握在以太网环境下捕获、记录、分析数据包的方法。
  (7) 掌握广域网中蠕虫病毒流量分析方法。

## 7.3　相关知识

### 7.3.1　企业反病毒系统

#### 1. 企业反病毒系统概述

  面对严峻的网络安全形势,企业对网络信息安全防护越来越重视,不仅需要投入资金进行网络安全产品的采购与部署,而且应该具有合理统一的防范策略作为保障。企业反病毒系统就是针对企业网络反病毒需要提出的一套可以实时监控网络安全状态,实现企业全网病毒查杀的反病毒系统。

  常见的企业反病毒系统包括诺顿企业版、ESET NOD32 企业版、卡巴斯基企业版、360 杀毒企业版等系统。

### 2. 企业反病毒系统关键技术

互联网的普及,让新病毒能在极短时间内迅速散播至世界上的每一个角落;恶意程序的作者们在撰写新的病毒、蠕虫与间谍软件时,也致力于如何绕过防病毒软件的法眼,包括利用各种组合与包装技术来伪装,好让自己的作品可侵入系统大肆破坏。即使采用普遍特征(Generic Signature)检测技术,若遇上病毒库内并无有关特征数据,防病毒软件还是无法将新病毒辨认与进行拦截。为了更迅速应对危机,防病毒品牌无不强调更新病毒数据库之快;但即使行动有多迅速,在病毒首次现身与用户成功更新数据库之间,还是存在一段时间差,这段时间差可由数分钟到长达数天不等,依据防病毒品牌的效率而定。那么,计算机系统在这段时间里不就宛如出现缺口,任由病毒肆虐?

针对这种状况,防病毒产品的引擎里除具备普遍特征检测外,加入了更卓越的先进启发式技术(Advanced Heuristics Technology)和虚拟机技术,有效防止新变种的蠕虫与病毒入侵。

1)启发式扫描技术

为了对付病毒的不断变化和对未知病毒的研究,启发式扫描方式出现了。启发式扫描是通过分析指令出现的顺序,或特定组合情况等常见病毒的标准特征来决定文件是否感染未知病毒。因为病毒要达到感染和破坏的目的,通常的行为都会有一定的特征,例如读写敏感文件,自我删除、自我复制,获取操作系统底层权限等。所以可以根据扫描特定的行为或多种行为的组合来判断一个程序是否是病毒。

2)虚拟机技术

针对变形病毒、未知病毒等复杂的病毒情况,极少数防病毒软件采用了虚拟机技术,达到对未知病毒良好的查杀效果。它实际上是一种可控的,由软件模拟出来的程序虚拟运行环境,在此环境中虚拟执行程序。虽然病毒通过各种方式来躲避防病毒软件,但是当它运行在虚拟机中时,它并不知道自己的一切行为都在被虚拟机所监控,所以当它在虚拟机中脱去伪装进行传染时,就会被虚拟机发现,利用虚拟机技术就可以发现大部分的变形病毒和大量的未知病毒。

3)预警系统

为了强化引擎的准确性与效率,防病毒产品在最新版本里加入了预警系统。系统把病毒分析能力由个人计算机范围拓展至全球性规模处理;每当客户端的产品遇到疑似病毒的文件时,便可自动或手动地将该文件压缩加密,并快速地提交给病毒实验室的相关人员进行分析研究;一旦发现确定为病毒,厂方便可尽快进行后续的处理动作。

4)查杀病毒 DNA

传统的防病毒软件是依靠病毒库中的病毒特征码做出识别的,一些防病毒软件也经常标榜其病毒库庞大、更新频率高等,但事实上,病毒库在更新前,用户的系统是完全暴露在新的威胁攻击之下的,从而可能造成破坏性的后果。同时,超庞大的病毒库不仅会降低系统的效率,而且对新的、变种的新型病毒也显得无能为力。

与被动防御的传统防病毒软件不同,部分防病毒系统采用的是主动出击、御敌于先,凭借其成熟且稳定的防病毒引擎,融高级启发式检测技术等前摄性防御技术于一体,即使在没有病毒样本的情况下,也可以根据基因码、虚拟机以及代码分析等多种前摄性技术收集病毒的共同行为特征,通过在扫描文件时主动地分析文件的代码和结构,并在虚拟的仿真系统环境里执行它,来观察评定其是否包含具有危险性的恶意行为,进而采取相应有效的防止手段。专业测试显示,这些产品能够在病毒特征库更新前,通过启发性分析,针对不同的病毒环境使用多种病毒检测手段来全面查杀已知和未知的病毒,将那些极具危险性的恶意行为拒之门外,彻底消除了零日攻击的威胁,为用户构建一个立体的防护屏障,实现真正的"零天防护"。

## 7.3.2 网络分析系统

### 1. 网络分析系统概述

企业网络经过各种必要的配置与测试,开始进入运行期。但在网络运行过程中,网络管理员发现公司网络有时会出现一些性能下降的问题,如数据包发送很慢,用户响应时间变长,某些路由器的包转发速率突然下降,某些服务器主机出现不正常的运行缓慢甚至是死机现象,在此需要引入收集和分析网络数据的工具 Sniffer。

Sniffer 原有监听嗅探之意,后来演变成网络流量监听或嗅探工具的统称。以以太网帧的监听嗅探为例,在正常情况下,以太网网卡对所接收的帧进行检查,如果帧目的 MAC 地址是广播地址或者与自己的物理地址一致时,网卡就产生一个硬件中断以引起操作系统的注意,然后将帧传送给系统进一步处理,否则就将这个帧丢弃。

但是如果将网卡被设置成"混杂"状态,那么它将会接收所有在网络中传输的帧,无论是广播帧还是发向某一指定地址的单播帧,这就形成了监听。如果某主机的以太网卡被设置成这种监听模式,它就成了一个以太网嗅探器。

不同网络的可监听性是不同的。一般以太网被监听的可能性比较高,因为以太网是一个广播型的网络;微波和无线网被监听的可能性同样比较高,因为无线电本身是一个广播型的传输介质,弥散在空中的无线电信号可以被很轻易地截获;光网络被监听的可能性较低,因为光纤本身具有较高的安全性与保密性。

### 2. 网络分析系统功能

除了网络流量捕获功能外,绝大部分的网络分析工具都进一步提供了流量分析、问题诊断、实时监控、网络状态收集与报告、故障报警等功能。例如,根据协议类型给出网络流量的分类显示、带宽利用率,显示活动中的网络连接及关于请求的响应时间,各种统计结果可选择以数据或图表、图形方式显示。用户还可以通过设置工具中内嵌的专家系统,设置故障报警的触发条件,报警可通过邮件、短信和屏幕报警等多种形式。

作为常见的收集和分析网络数据的工具,Sniffer 为网络管理人员提供重要工具和帮手,它有助于网络管理员对网络流量进行监控与分析,通过将多种 Sniffer 放置在网络的不同地方,可构成一个性能监控与入侵警报系统。但是,网络安全工具或机制常常是一柄双刃剑。由于网络中的大部分数据是以明文方式传送的,所以 Sniffer 也难免被用于特殊的或不恰当的目的,如对网络进行非法监控,非法获得用户名和帐号、个人信息或其他信息,或找到网络的漏洞,实施进一步的网络攻击。掌握 Sniffer 的使用是为了更好地维护网络安全与运行,而不是做破坏者。

### 3. 网络分析系统安装应用

不同的 Sniffer 工具在功能和设计上有很多不同。有的只能监听与分析一种或几种协议,而另一些可能能够分析上百种协议。一般情况下,大多数的 Sniffer 工具至少能够分析以太网、TCP/IP 等主流协议。其中应用广泛的 Sniffer Pro 软件是 NAI(Network Associate)公司推出的协议分析软件,它功能强大,支持多种协议,如标准的以太网、TCP/IP、PPPOE 等,并且能够进行快速解码分析,可运行在各种 Windows 操作系统平台上。

　　Sniffer 的安装位置的选择是使 Sniffer 发挥作用的关键。通常情况下,Sniffer 应该安装在内部网络与外部网络通信的中间位置,例如代理服务器中。也可以安装在局域网内的任意一台计算机上,但此时只能对局域网内部的通信进行分析。

　　默认情况下,Sniffer 会监控网络中所有传输的数据包,但在分析网络协议、查找网络故障时,有许多数据包并不是管理员所关心的。通过定义过滤器,管理员可以设定捕获条件,Sniffer 只接收与问题或事件相关的数据,从而便于进行数据分析。Sniffer 提供了捕获数据包前的过滤规则的定义,过滤规则包括 2、3 层地址的定义和几百种协议的定义。

　　通常情况下,Sniffer 根据所设置的过滤器捕获数据,管理员再对这些数据进行分析,并从中发现网络中所存在的问题。如果捕获到的数据比较重要,还可以将这些数据进行保存,从而可以在日后进行详细的分析。

# 7.4　案　例　介　绍

## 7.4.1　案例一:企业反病毒系统 ESET NOD32 的设置

　　某企业计划安装反病毒系统,期望该系统具有中央管理及更新服务器功能,可通过远程进行安装部署,控制台端可以随时监测到来自客户端的病毒情况,并进行后台处理。还可以根据需要定制不同的报表,报告针对所有病毒或者特定病毒情况;也可以针对具体的用户来定义报表,以方便管理员的统筹管理。同时对移动用户的移动设备提供病毒防护。建议选用 ESET NOD32 企业版防病毒系统。

　　ESET NOD32 企业反病毒系统由 3 部分组成:ESET NOD32 防病毒软件、ESET 远程管理服务器、ESET 远程管理控制台。这 3 个软件可以通过官方网站下载获得。企业中的所有客户机均需要安装 ESET NOD32 防病毒软件,而在企业反病毒系统的管理服务器上要安装 ESET 远程管理服务器、ESET 远程管理控制台软件。

　　在安装软件前,需要将服务器管理端口开放 2221~2224 和 2846 端口,将客户机端口开放 137~139 和 445 端口,同时要确保没有其他安全防护程序,关闭系统自带的防火墙。

　　**1. 任务一:安装 ESET NOD32 企业版反病毒系统软件**

　　步骤一:从安装光盘中找到安装程序,双击安装程序后出现安装向导界面,单击"下一步"按钮,如图 2-7-1 所示;在"最终用户许可协议"界面中,选择"我接受许可协议中的条款"单选按钮,单击"下一步"按钮,如图 2-7-2 所示。

　　步骤二:在"安装模式"界面中,选择"典型"模式,单击"下一步"按钮,如图 2-7-3 所示;在"自动更新"界面中,病毒软件需要及时更新程序和病毒库,在更新时需要向服务器提供有效的用户名和密码,在"用户名"和"密码"文本框中输入已获得的用户名和密码信息,没有的用户可以选择"以后再设置参数"复选框,单击"下一步"按钮,如图 2-7-4 所示。

　　步骤三:在"ThreatSense. Net 预警系统"界面中,通过该配置可以及时提交系统遇到的最新威胁到实验室,选择"启用 ThreatSense. Net 预警系统"复选框,单击"下一步"按钮,如图 2-7-5 所示;在"检测潜在不受欢迎的应用程序"界面中,为使计算机的性能、速度和可靠性更高,需要选择"启用潜在不受欢迎的应用程序检测功能"单选按钮,单击"下一步"按钮,如图 2-7-6 所示。

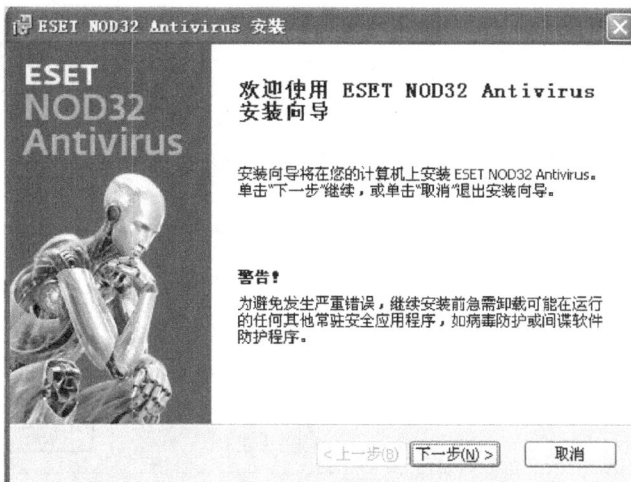

图 2-7-1　ESET NOD32 安装向导

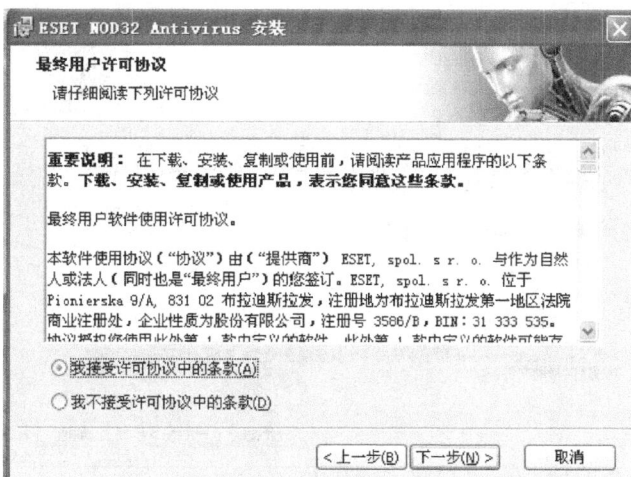

图 2-7-2　最终用户许可协议

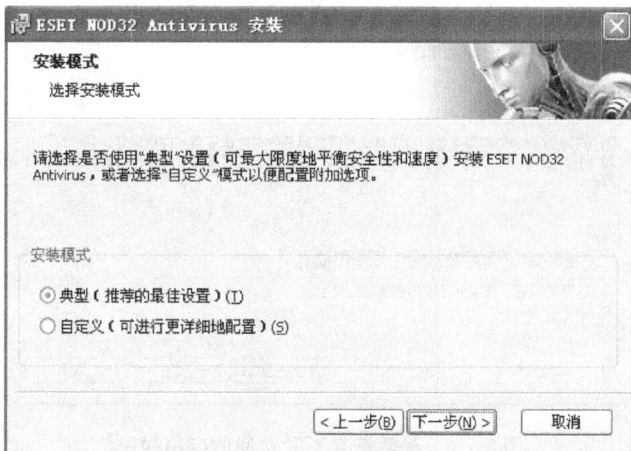

图 2-7-3　安装模式

项目二

组建中小型企业网络

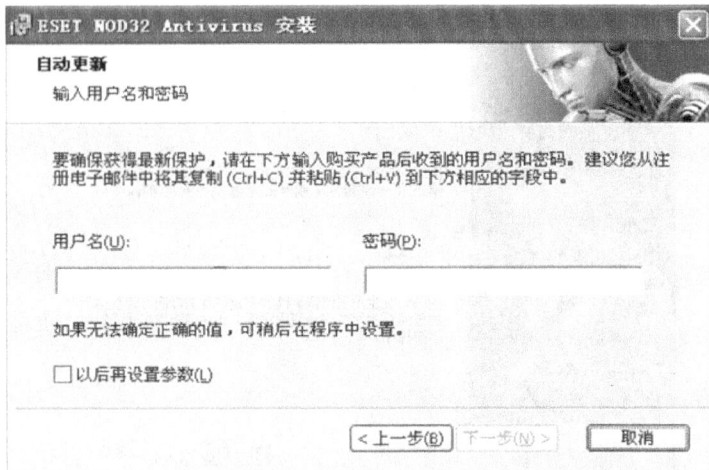

图 2-7-4　自动更新

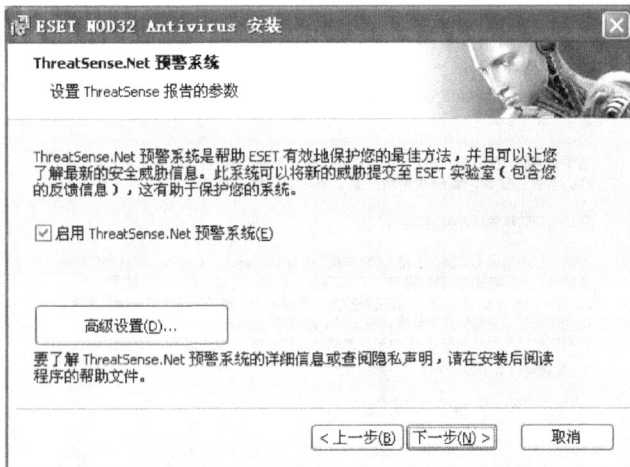

图 2-7-5　ThreatSense. Net 预警系统

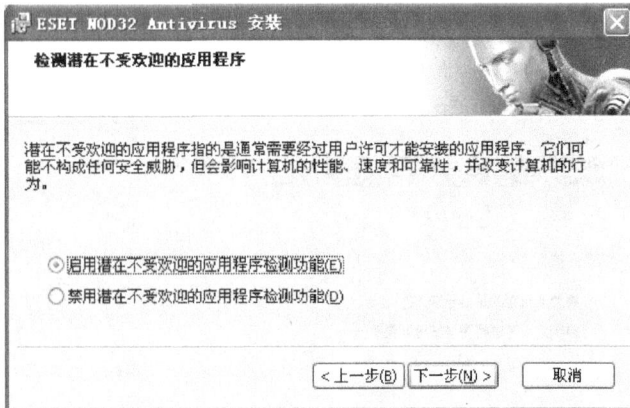

图 2-7-6　检测潜在不受欢迎的应用程序

步骤四：在"准备安装"界面中，单击"安装"按钮，系统自动安装程序，并显示安装进度；安装结束后，单击"完成"按钮，完成 ESET 安装向导，如图 2-7-7 和图 2-7-8 所示。

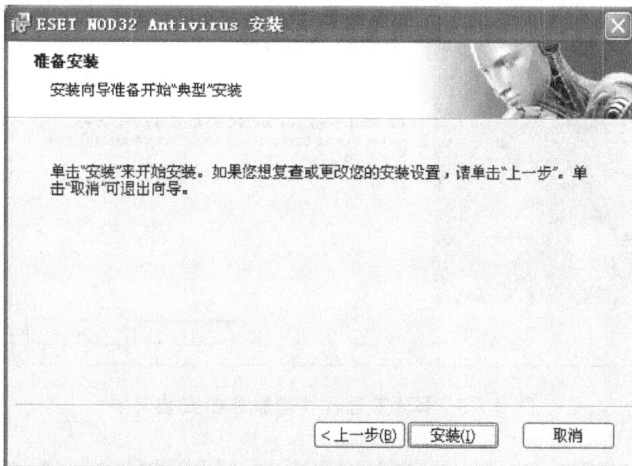

图 2-7-7　准备安装

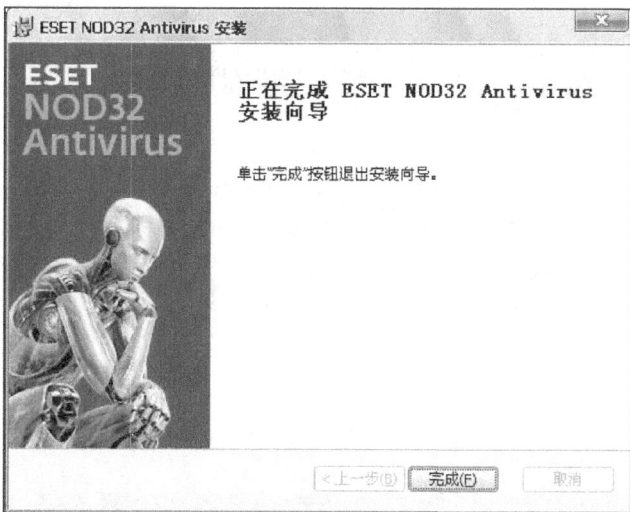

图 2-7-8　完成安装

**2. 任务二：安装 ESET 远程管理服务器**

步骤一：如图 2-7-9 所示，运行 ESET 远程管理服务器安装程序，在安装向导页面中单击 Next(下一步)按钮，在 End-User License Agreement(最终用户许可协议)界面中，选择 I accept the terms in the License Agreement(我接受许可协议中的条款)单选按钮，单击 Next (下一步)按钮，如图 2-7-10 所示。

步骤二：在 Select type of installation(选择安装类型)界面中，选择 Typical(典型)模式，单击 Next(下一步)按钮，如图 2-7-11 所示；在 Select license key(选择许可证密钥)界面中，单击 Browse(浏览)按钮，选择.lic 许可证密钥文件，添加成功后显示该产品的基本信息，单击 Next(下一步)按钮，如图 2-7-12 所示。

图 2-7-9　ESET 远程管理服务器安装向导

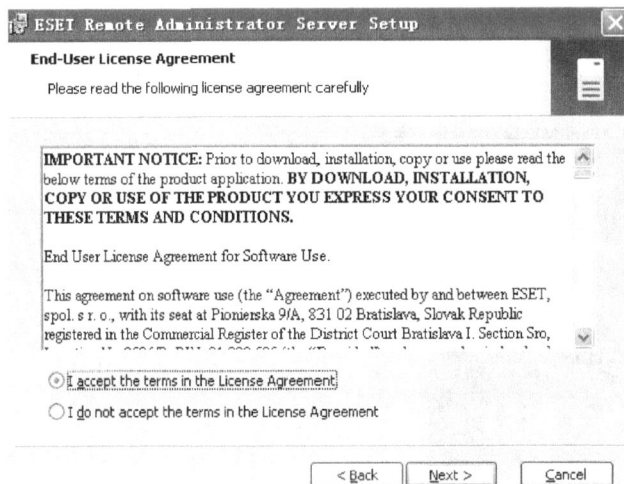

图 2-7-10　最终用户许可协议

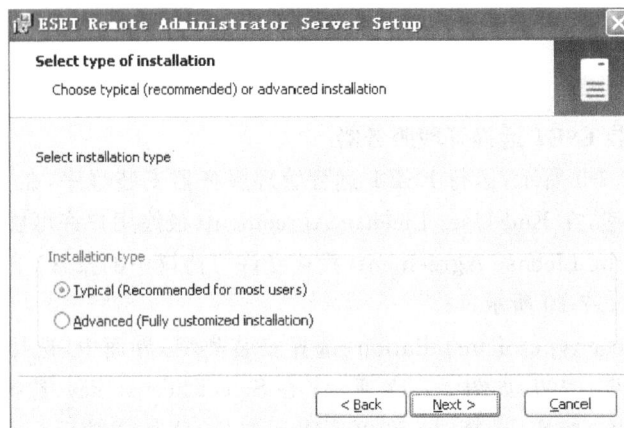

图 2-7-11　选择安装类型

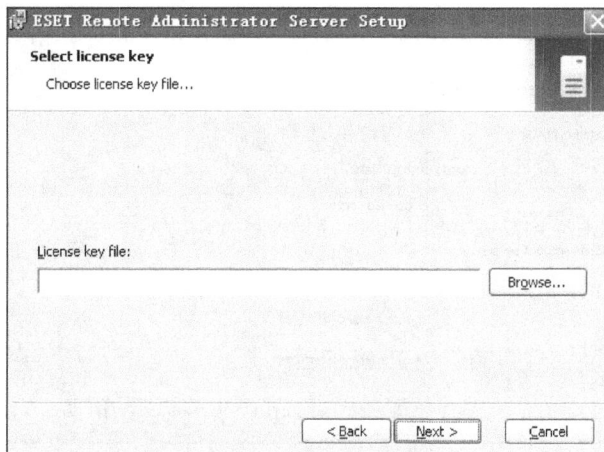

图 2-7-12　许可证密钥

步骤三：在 Security settings(安全设置)界面中,分别单击 Set(设置)按钮来设置控制台管理员权限密码、控制台只读权限密码、远程代理安装程序密码、客户端密码、客户端与服务器同步密码,如图 2-7-13 所示,配置完成后单击 Next(下一步)按钮；在 Updates(更新)界面中,选择 Set update parameters later(以后再设置更新参数)选项,单击 Next(下一步)按钮,如图 2-7-14 所示。

图 2-7-13　安全设置

步骤四：在 Ready to Install(准备安装)页面中,单击 Install(安装)按钮,系统自动安装程序,并显示安装进度；安装结束后,单击 Finish(完成)按钮,完成 ESET 远程管理服务器安装向导。

**3. 任务三：安装 ESET 管理控制台并进行设置**

步骤一：运行 ESET 管理控制台安装程序,在安装向导页面中单击 Next(下一步)按钮,如图 2-7-15 所示；在 End-User License Agreement(最终用户许可协议)界面中,选择 I accept the terms in the License Agreement(我接受许可协议中的条款)单选按钮,单击 Next(下一步)按钮,如图 2-7-16 所示。

组建中小型企业网络

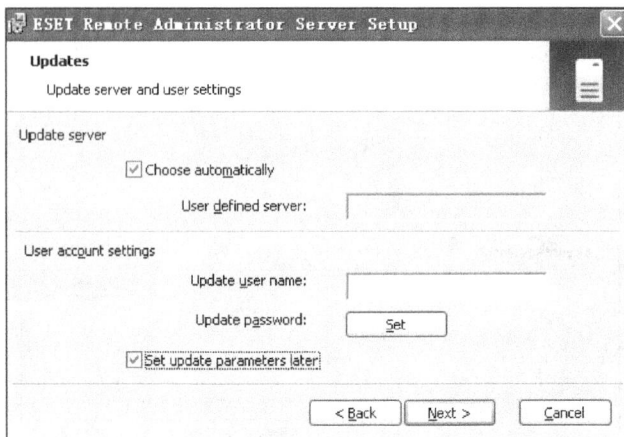

图 2-7-14　更新设置

图 2-7-15　ESET 远程管理控制台安装向导

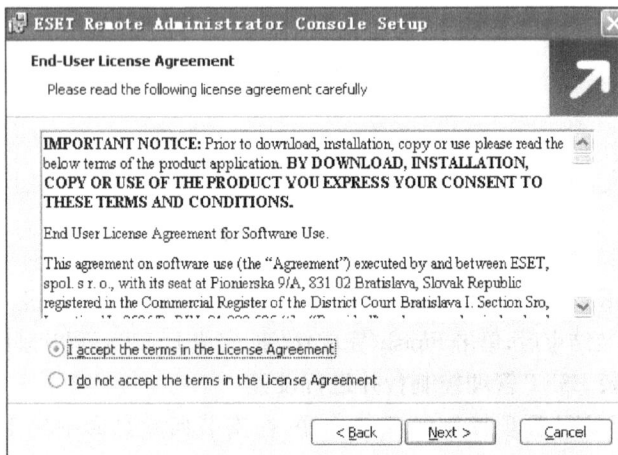

图 2-7-16　最终用户许可协议

步骤二：在 Select type of installation（选择安装类型）界面中，选择 Typical（典型）选
项，单击 Next（下一步）按钮，如图 2-7-17 所示；在 Select Installation Folder（选择安装文件
夹）界面中，单击 Browse（浏览）按钮，在弹出的对话框中指定安装目录或者默认目录，然后
单击 Next（下一步）按钮，如图 2-7-18 所示。

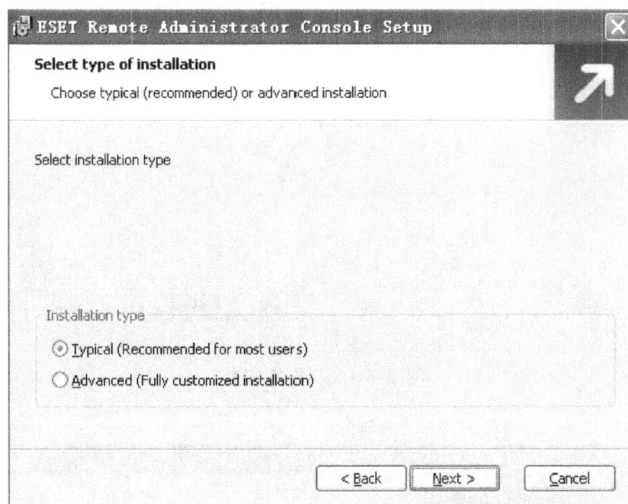

图 2-7-17　选择安装类型

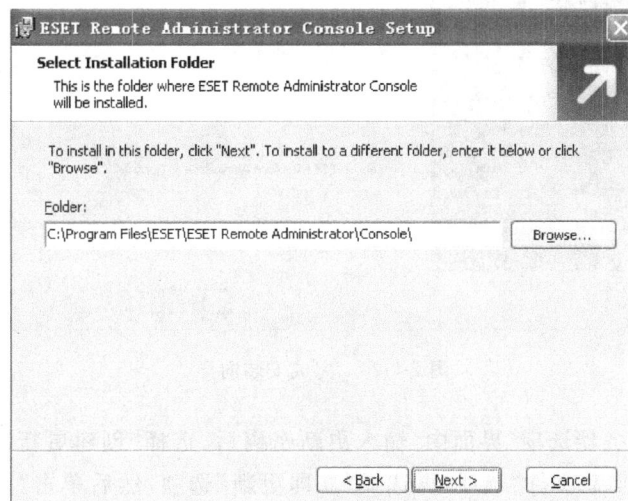

图 2-7-18　选择安装文件夹

步骤三：在 Ready to Install（准备安装）界面中，单击 Install（安装）按钮，系统自动安装
程序，显示安装进度；安装结束后，单击 Finish（完成）按钮，完成 ESET 远程管理控制台安
装向导，如图 2-7-19 和图 2-7-20 所示。

步骤四：启动安装好的 ESET 远程管理控制台，"输入服务器密码"界面中，设置服务器
为 localhost：2223，访问权限为管理员，密码为安装程序时设置的密码即可，然后单击"确
定"按钮。

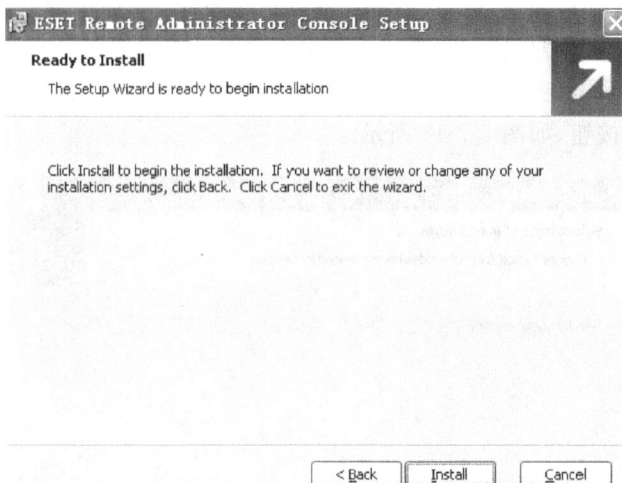

图 2-7-19　准备安装

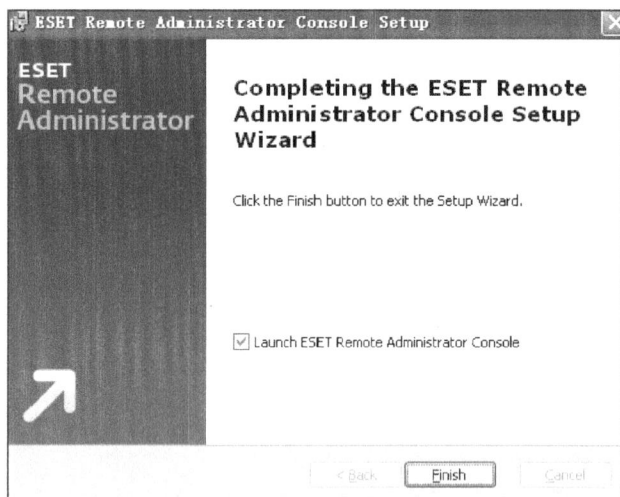

图 2-7-20　完成安装向导

步骤五：在"服务器选项"界面中，输入更新密码后，选择"创建更新镜像"和"通过内部 HTTP 服务器提供更新文件"选项，再选择"立即更新"选项，然后单击"确定"按钮，现在远程管理控制台已经更新完毕。

步骤六：客户端也需要通过设置才能和控制台连接，在客户端软件中的高级设置里选择"更新"选项，然后单击"编辑"按钮，输入更新服务器地址"http：服务器 IP：2221"，单击"添加"按钮和"确定"按钮，客户端设置完毕。

**4. 任务四：ESET 配置编辑器操作**

步骤一：打开远程管理控制台（ERAC），选择"文件"菜单中的"新任务"选项，再选择"配置"选项，单击"确定"按钮后，在"客户端配置"界面中单击"创建"按钮，即可打开配置编辑器，如图 2-7-21～图 2-7-23 所示。

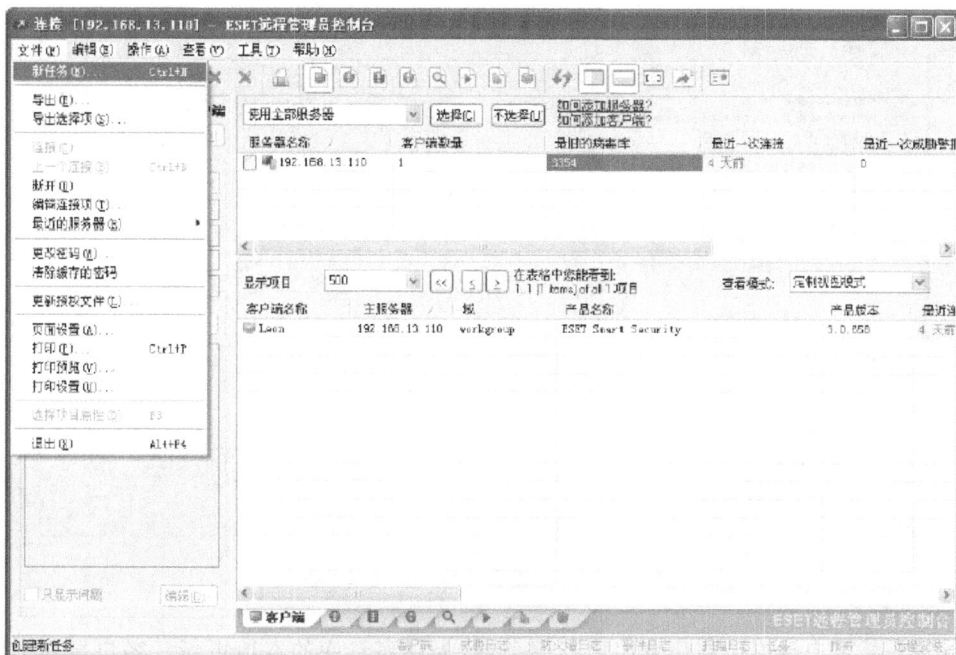

图 2-7-21　ESET 远程管理控制台

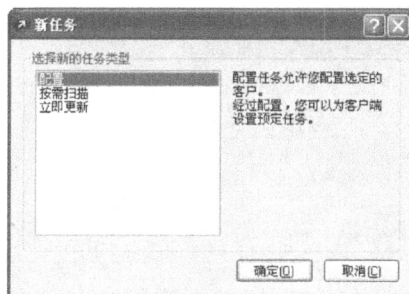

图 2-7-22　新任务

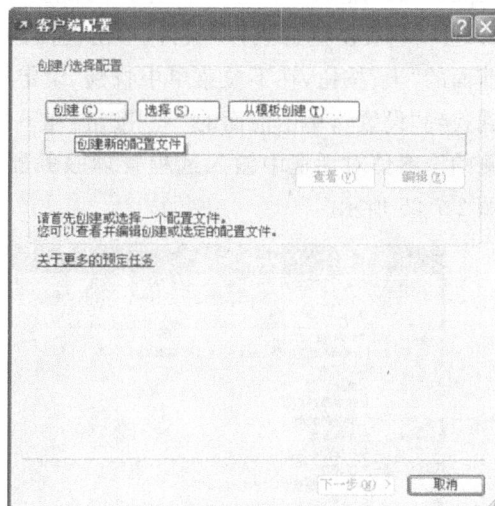

图 2-7-23　客户端配置

　　步骤二：客户端连接到远程管理服务器,集中管理整个网络中 ESET NOD32 客户端的配置、运行状况、日志、病毒报告等信息。在打开的配置编辑器界面中找到"ESET NOD32 安全套装,ESET NOD32 防病毒软件"项目,单击前面的"＋"按钮,在下拉菜单中选择"ESET 核心"选项,单击前面的"＋"按钮,在下拉菜单中选择"设置"项目,单击前面的"＋"按钮,在下拉菜单中找到"远程管理"选项,单击前面的"＋"按钮,在下拉菜单中找到"服务器地址"选项进行配置,在右侧的设置值对话框中输入远程管理服务器的地址 192.168.1.10,如图 2-7-24 所示。

*组建中小型企业网络*

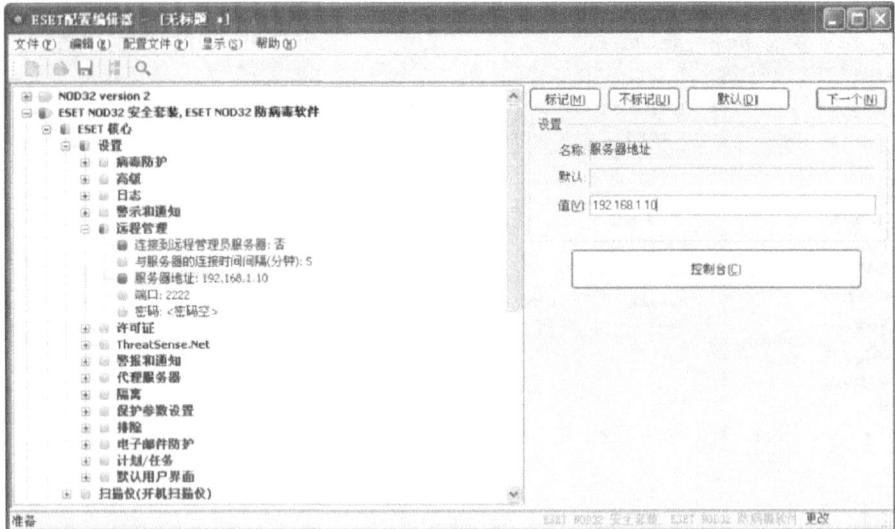

图 2-7-24　配置连接远程管理服务器

步骤三：客户端连接到病毒库更新服务器，提供病毒库的本地更新。客户端要更新病毒库，另一种方法可以直接从局域网中的镜像更新服务器中进行更新，需要对客户端设置更新的服务器地址和端口号。在打开的配置编辑器界面中找到"ESET NOD32 安全套装，ESET NOD32 防病毒软件"项目，单击前面的"＋"按钮，在下拉菜单中找到"升级模块"，单击前面的"＋"按钮，在下拉菜单中找到"设定档"项目，单击前面的"＋"按钮，在下拉菜单中找到找到"设置"，单击前面的"＋"按钮，在下拉菜单中找到"升级服务器"项目进行配置，在右侧的设置值对话框中输入远程管理服务器地址和端口号，http://192.168.1.10：2221，如图 2-7-25 所示。

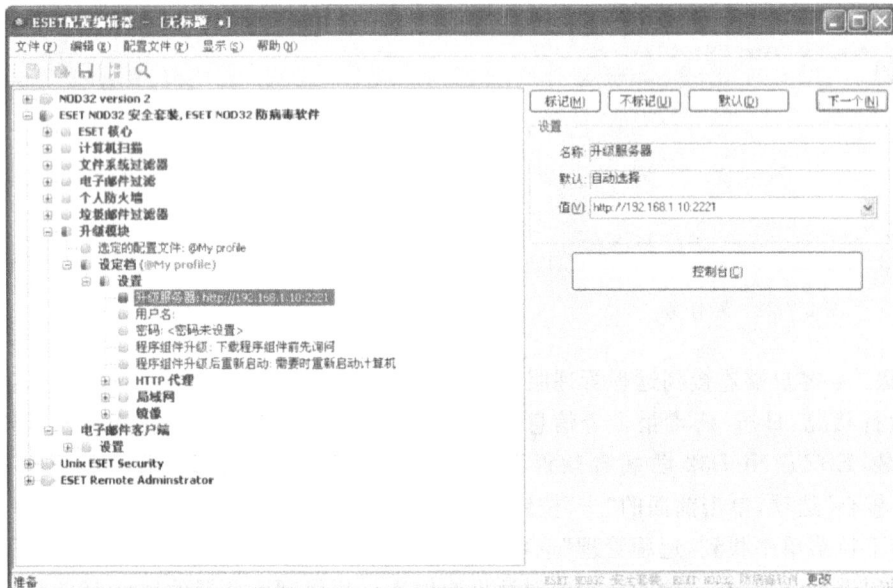

图 2-7-25　配置连接病毒库更新服务器

步骤四：设置客户端的密码保护，以防止修改。在打开的配置编辑器界面中找到"ESET NOD32 安全套装，ESET NOD32 防病毒软件"选项，单击前面的"＋"按钮，在下拉菜单中找到"ESET 核心"选项，单击前面的"＋"按钮，在下拉菜单中找到"设置"选项，单击前面的"＋"按钮，在下拉菜单中找到"保护参数设置"选项，单击前面的"＋"按钮，在下拉菜单中找到"保护密码"选项进行配置，如图 2-7-26 所示。单击"设置密码"按钮，输入需要的密码即可，如图 2-7-27 所示。完成配置后，单击"保存"按钮，选择合适的保存名字和位置，方便日后使用，如图 2-7-28 所示。

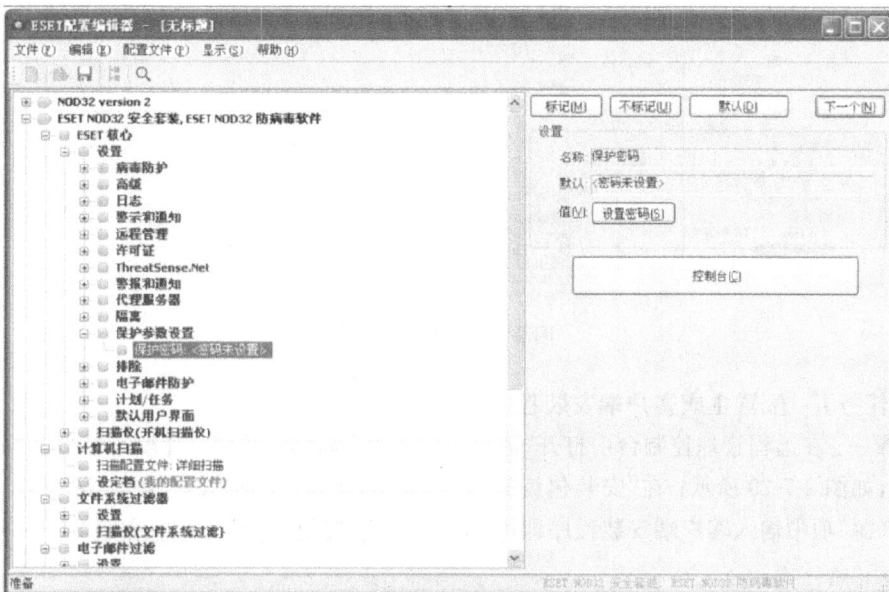

图 2-7-26　设置保护密码

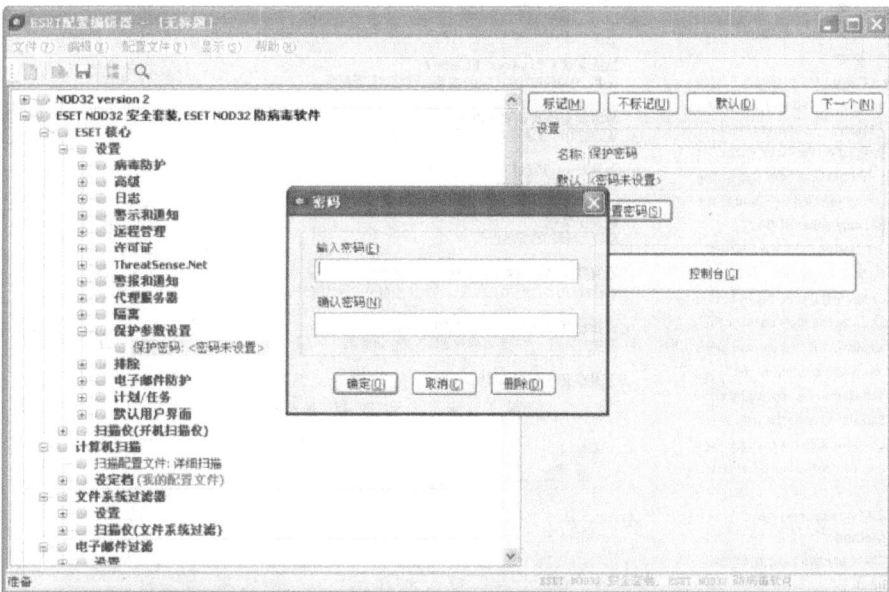

图 2-7-27　输入保护密码

组建中小型企业网络

图 2-7-28　保存配置

**5. 任务五：配置生成客户端安装程序**

步骤一：在远程管理控制台中打开"远程安装工具"选项组，单击"管理安装包"中的"安装包"按钮，如图 2-7-29 所示；在"安装包编辑器"界面中，单击"添加"按钮进入"证书与详情"界面，在"来源"项中输入客户端安装程序即可，单击"创建"按钮，如图 2-7-30 和图 2-7-31 所示。

图 2-7-29　远程安装工具

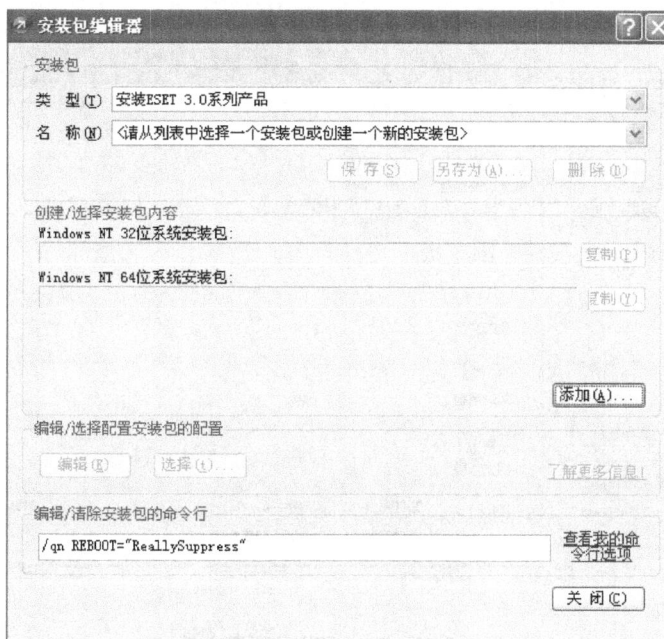

图 2-7-30　安装包编辑器

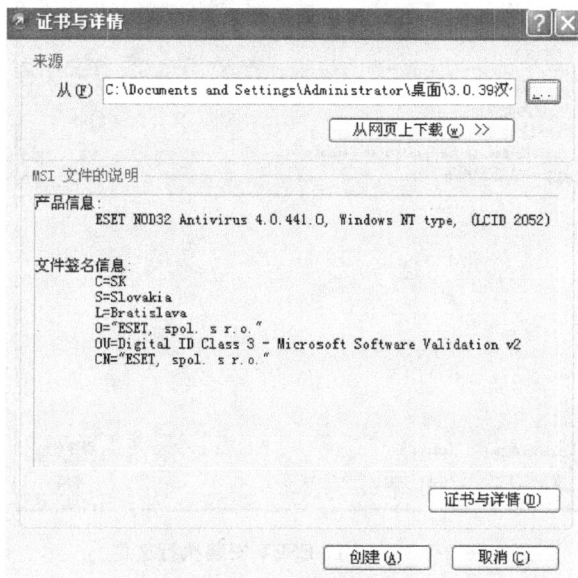

图 2-7-31　证书与详情

　　步骤二：返回"安装包编辑器"界面，在"编辑/选择配置安装包的配置"选项组中单击"选择"按钮后，进入"打开"界面，在"桌面"位置生成一个 ESET 配置文件，单击"打开"按钮，如图 2-7-32 所示。再单击"创建/选择安装包内容"中的"复制"按钮，将 ESET 安装执行文件进行保存，如图 2-7-33 所示。

组建中小型企业网络

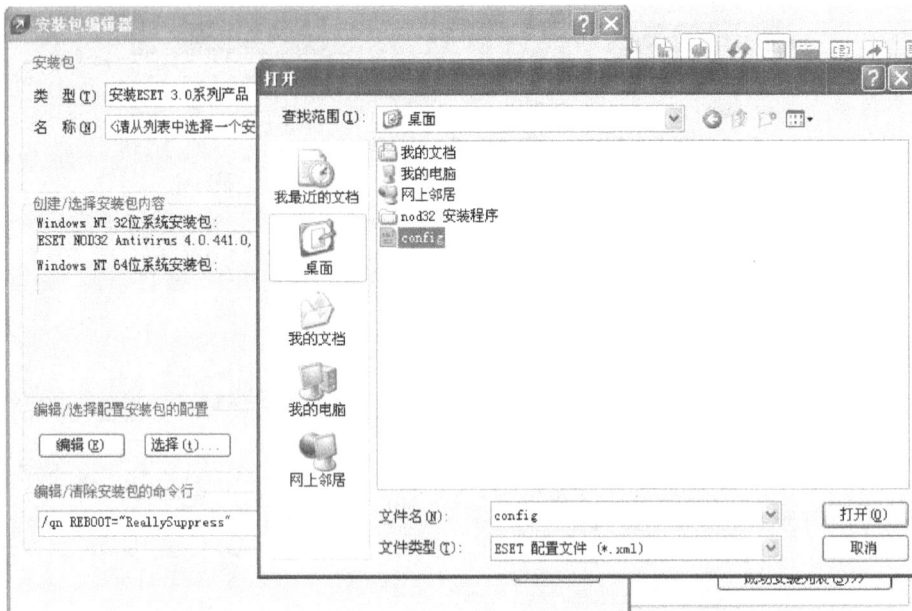

图 2-7-32　生成 ESET 配置文件

图 2-7-33　生成 ESET 安装执行文件

## 7.4.2　案例二：网络分析系统 Sniffer 的配置与使用

### 1. 任务一：配置使用 Sniffer Pro 软件的基本功能

在一家小型企业中架设一台主机充当 FTP 与 WWW 服务器，另一台主机充当 FTP 与
WWW 服务器的客户端，而主机 PC2 承担包捕获器的功能，以进行网络数据包捕获与分析
工作，如图 2-7-34 所示。使用 Sniffer Pro 软件检查网络中计算机的连接状况、协议数据包
分布，捕获网络中传输的 HTTP 数据、FTP 数据并进行分析。

步骤一：在完成环境的物理搭建后，完成相关 IP 配置与服务器配置后，进行 Sniffer Pro 的安装工作。以 Sniffer Pro 4.7.5 为例，在获得软件后，双击其安装文件进入安装向导，如图 2-7-35 所示，单击"下一步"按钮，根据向导提示完成软件的安装。

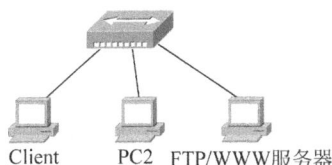

图 2-7-34　网络拓扑结构

图 2-7-35　Sniffer Pro 4.7.5 的安装

步骤二：单击"开始"→"所有程序"→"Sniffer Pro"→"Sniffer"命令，启动 Sniffer，如图 2-7-36 所示。其中 为捕获面板，从左到右的图标顺序依次为"捕获开始"、"捕获暂停"、"捕获停止"、"捕获停止并查看"、"捕获查看"、"捕获条件编辑"和"设置捕获条件"。

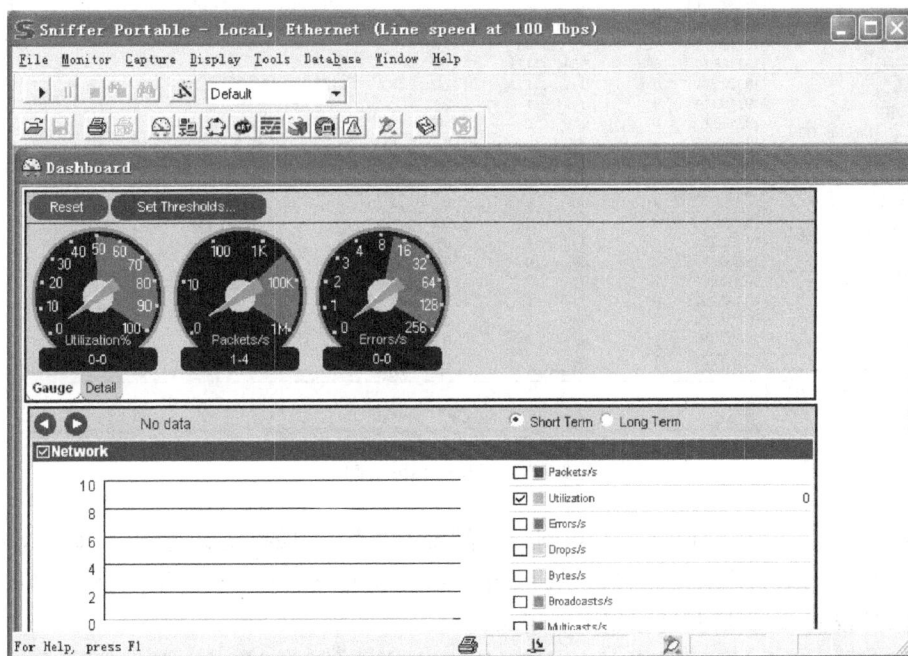

图 2-7-36　Sniffer Pro 工作界面

组建中小型企业网络

步骤三：选择捕获流量的网络接口，单击"监控"菜单，在下拉菜单中选择"选定设置"项，出现如图 2-7-37 所示的"设置"对话框，选择相应的网卡，单击"确定"按钮。或者单击"文件"菜单"选定设置"命令，选择相应的网卡，单击"确定"按钮。

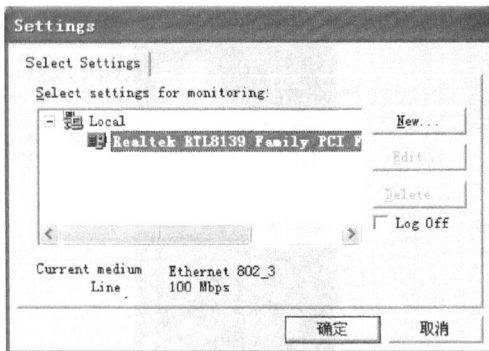

图 2-7-37　设置监听的网络接口

步骤四：监测网络中主机，选择"监控"菜单中的"主机列表"命令，单击窗口中左边的 图标，观察网络中的主机情况，如图 2-7-38 所示。

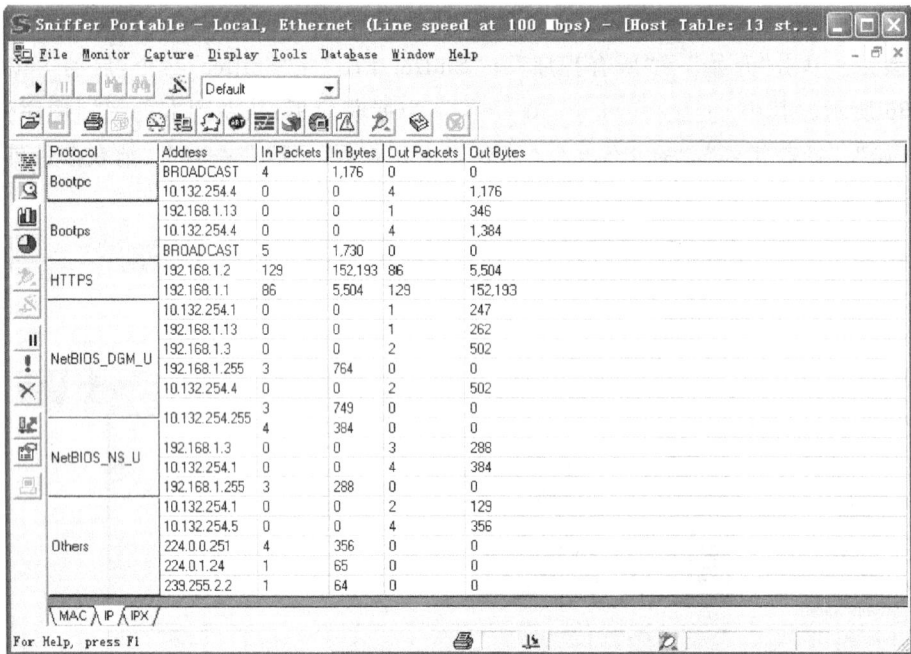

图 2-7-38　Host table 窗口

步骤五：定义相应的捕获过滤规则，选择"捕获"菜单中的"定义过滤器"命令，出现如图 2-7-39 所示的捕获定义规则对话框。单击"高级"选项卡，选中 IP→TCP→HTTP 选项，单击"确定"按钮，完成捕获过滤规则的定义。

步骤六：监测分析网络中传输的 HTTP 数据，单击"捕获"菜单中的"开始"命令，开始进行数据包的捕获，开始捕获后会弹出如图 2-7-40 所示的"专家分析"窗口，在该窗口中单

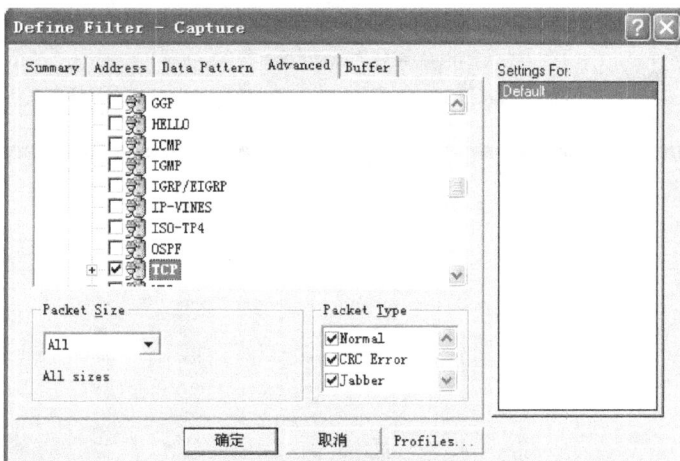

图 2-7-39　捕获定义规则对话框

击各选项卡以观察各项记录。在捕获的过程中,从客户机上访问 Web 服务器,注意观察捕获数据中所产生的变化。

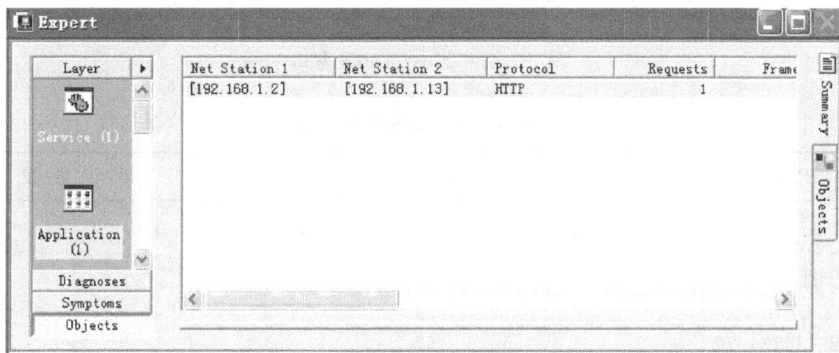

图 2-7-40　捕获过程中的 Expert 窗口

步骤七:也可以将捕获过滤规则定义为监测 FTP 协议,选择"捕获"菜单中的"定义过滤器"命令,在捕获定义规则对话框中单击"高级"选项卡,选中 IP→TCP→FTP 选项,单击"确定"按钮。

步骤八:监测分析网络中传输的 FTP 数据,单击"捕获"菜单,在下拉菜单中选择"开始"命令,开始进行数据包的捕获。在捕获的过程中,从客户机上访问 FTP 服务器,注意观察捕获到的数据并进入解码窗口进行解码。

**2. 任务二:蠕虫病毒流量分析**

在一家中型企业中,网络管理员发现公司网络会出现一些性能下降的问题,如数据包发送很慢,用户响应时间变长,某些路由器的包转发速率突然下降,某些服务器主机出现不正常的运行缓慢甚至是死机现象,怀疑感染蠕虫病毒,需要进行蠕虫病毒流量分析。

步骤一:利用 Sniffer 的监控主机的功能,将所有计算机按照发出数据包的包数多少进行排序,找出产生网络流量最大的主机,如图 2-7-41 所示。发现如下 IP 地址存在问题,存在仅有发包、收包很少或没有的现象,如表 2-7-1 所示。

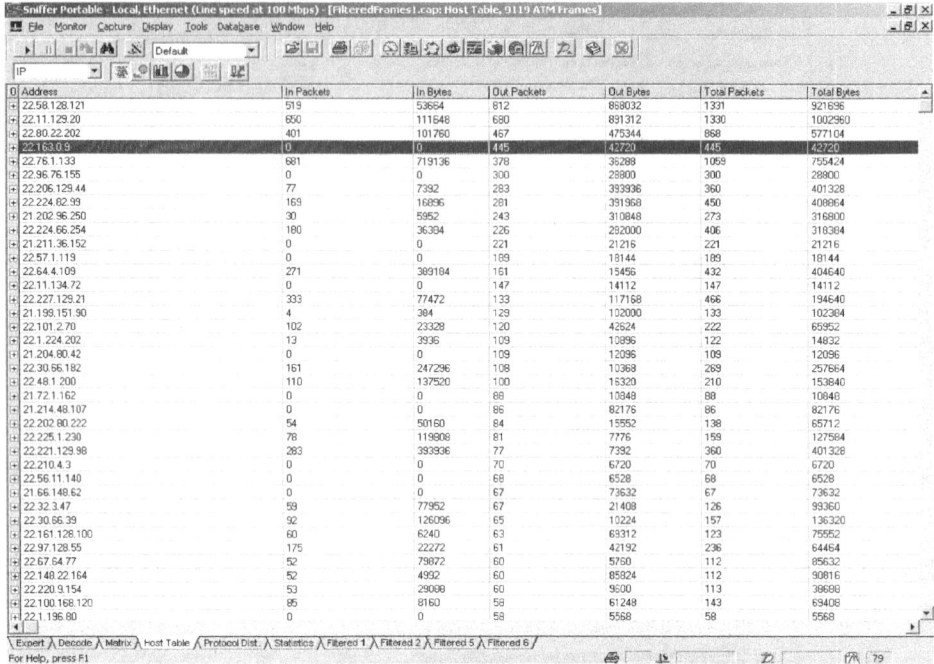

图 2-7-41　Host Table 窗口

表 2-7-1　IP 地址存在问题

| IP 地址 | 发 包 数 量 | 收 包 数 量 |
|---|---|---|
| 22.96.76.155 | 300 | 0 |
| 21.202.96.250 | 243 | 30 |
| 21.211.36.252 | 221 | 0 |
| 22.57.1.119 | 189 | 0 |
| 22.11.134.72 | 147 | 0 |
| 21.199.151.90 | 129 | 4 |
| 22.1.224.202 | 109 | 13 |
| 21.204.80.42 | 109 | 0 |

步骤二：对部分主机流量进行分析，首先对 IP 地址为 22.163.0.9 的主机产生的网络流量进行过滤，查看其网络流量的流向，利用 Sniffer 的网络连接功能可以看到发包目标，如图 2-7-42 和图 2-7-43 所示。发包的目标地址多而分散，且对每个目标地址只发两个数据包。

步骤三：通过 Sniffer 的解码功能了解这台主机向外发出的数据包的内容，如图 2-7-44 所示。该主机发出的所有的数据包都是 HTTP 的 SYN 包，SYN 包是主机要发起 TCP 连接时发出的数据包，也就是地址为 22.163.0.9 的主机试图同网络中非常多的主机建立 HTTP 连接，但没有得到任何回应，这些目标主机 IP 地址非常广泛，而且根本不是 HTTP 服务器，发出这些包的时间间隔又非常短（毫秒级），应该不是人为发出的。由此可知 22.163.0.9 的主机产生的网络流量肯定是异常网络流量。它的网络流量是某种软件自动发出的，很可能是感染了某种采用 HTTP 协议传播的病毒，不断在网络中寻找 HTTP 服务器从而进行传播。

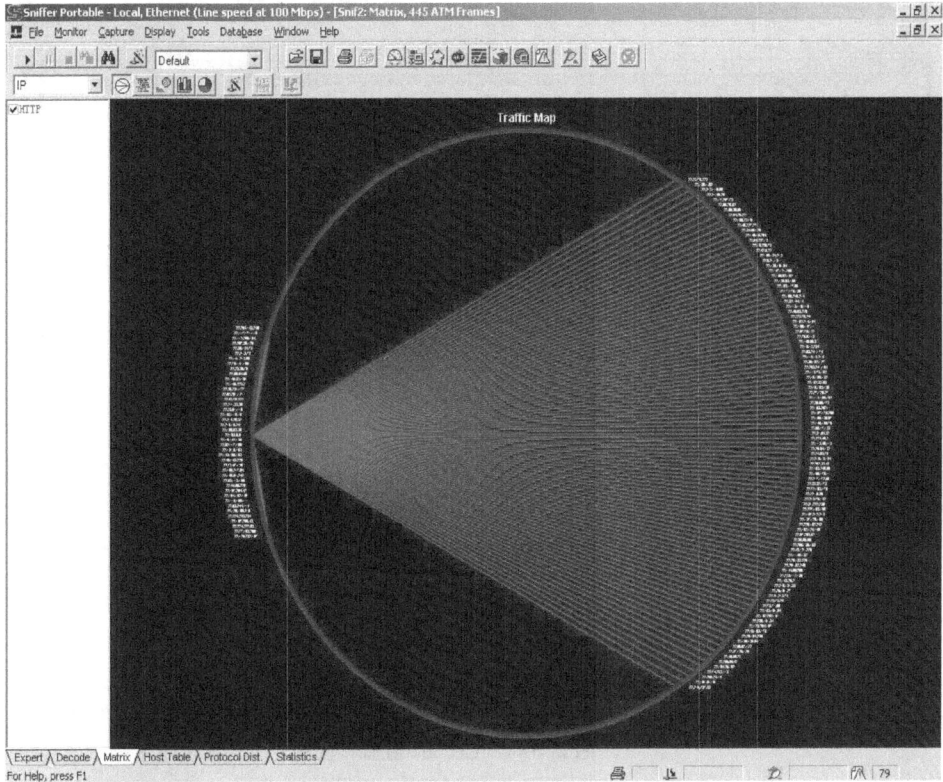

图 2-7-42　Traffic Map 窗口

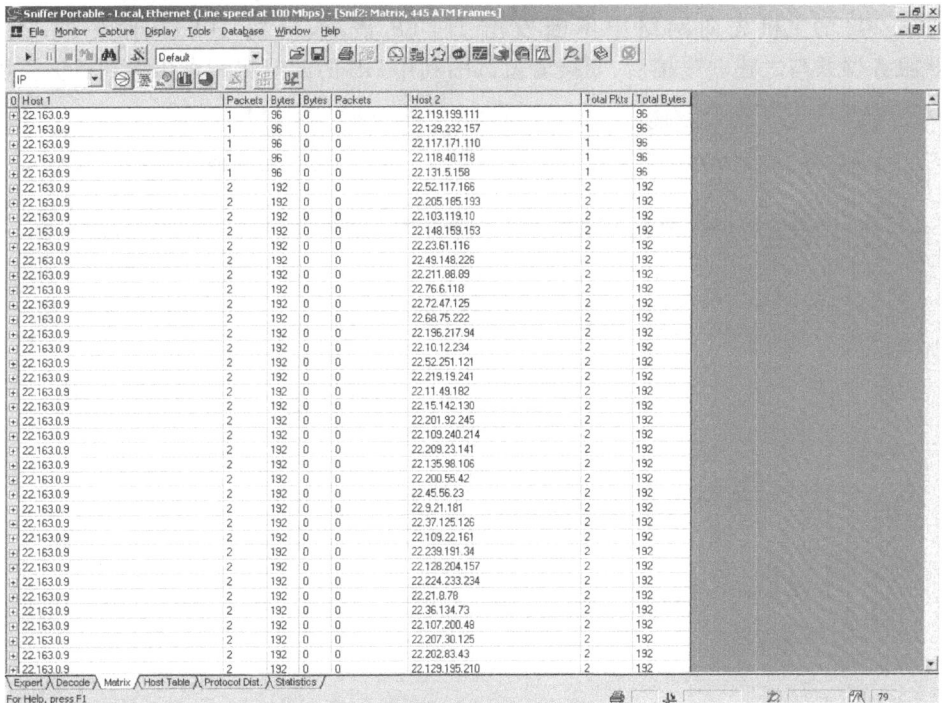

图 2-7-43　Host Table 窗口

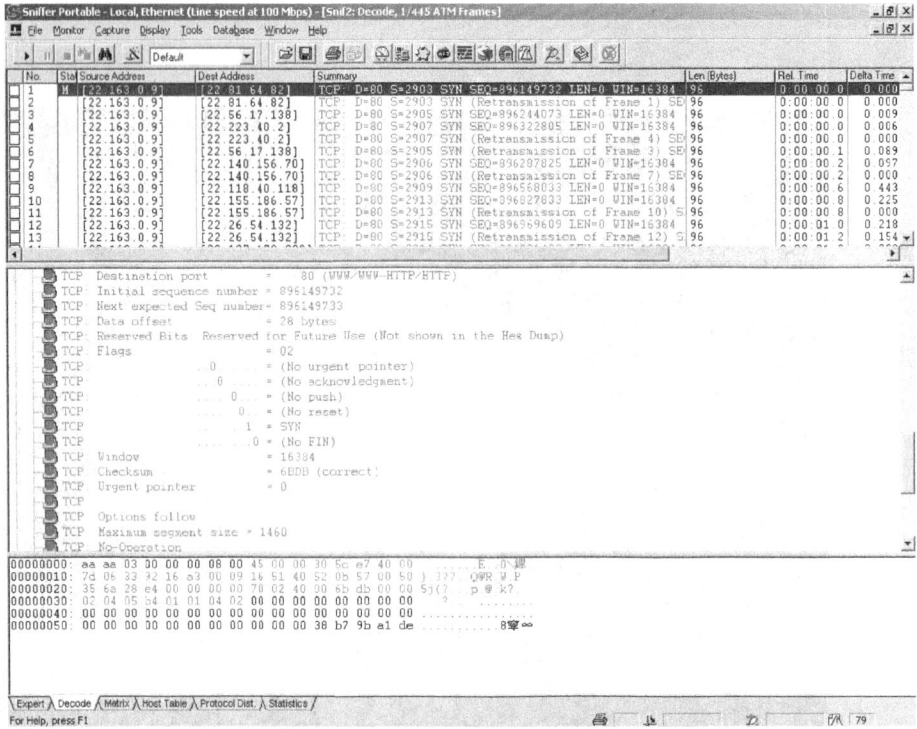

图 2-7-44　Decode 窗口

步骤四：再来分析 IP 地址为 22.1.224.202 的主机产生的网络流量，就能清楚地看到感染病毒的计算机的网络行为轨迹。由图 2-7-45 和图 2-7-46 中可以清楚地看到，地址为 22.1.224.202 的主机先向网络中不断发出 HTTP 请求，寻找 HTTP 服务器，在发现 HTTP 服务器并与之建立连接后，紧接着就试图利用 IIS 的漏洞将病毒传播到目标主机。

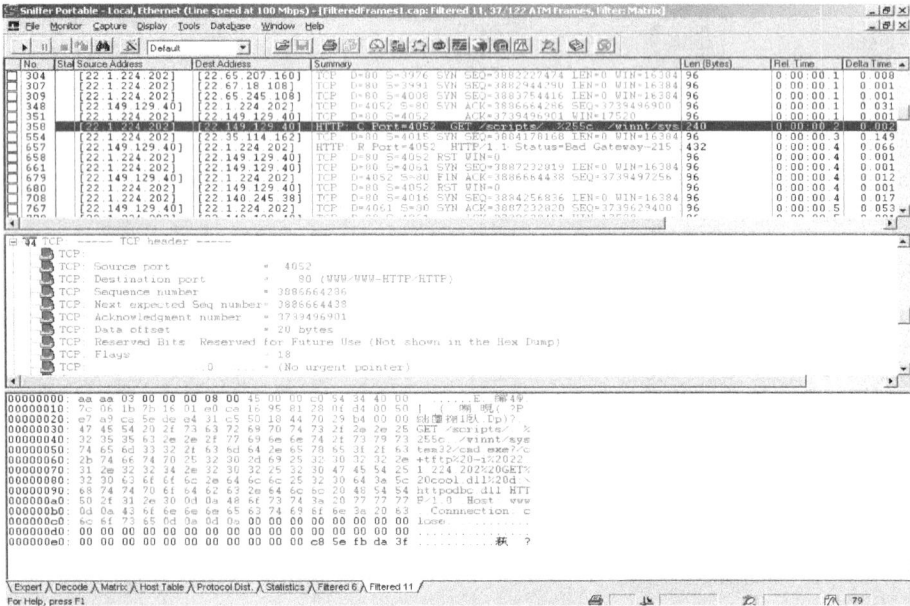

图 2-7-45　Filtered 窗口

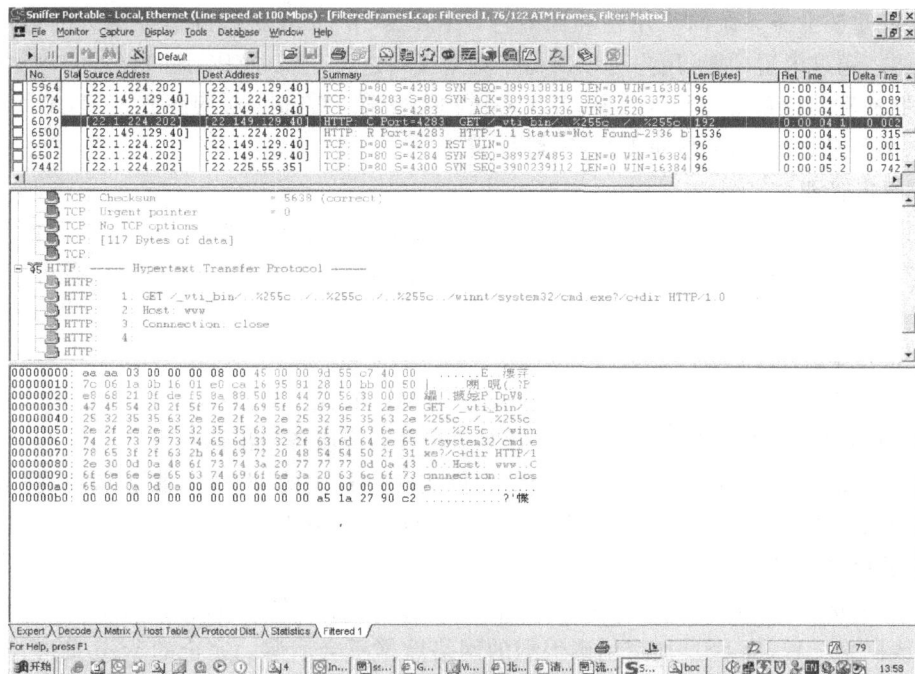

图 2-7-46　Filtered 窗口

正是由于大量感染病毒的计算机不断向网络中发送数据包,而且是小数据包,使网络的效率非常低,大大影响了网络的性能,并导致业务应用的无法正常运行,给用户带来很大损失。采用协议分析的方法,能非常直观且快速地发现这些计算机,帮助网络管理人员快速确定并解决问题。

# 7.5　知 识 拓 展

## 7.5.1　WhatsUp Gold

WhatsUp Gold 软件是 Ipswitch 公司开发的监视 TCP/IP、NetBEUI 和 IPX 网络状态的使用方便的工具。当被监视的网络元件对测试没有响应,WhatsUP Gold 既可启动可视的警报也可进行声音报警。WhatsUp Gold 将通过数字 BP 机、E-mail、声音警报等进行通知。Whatsup Professional 软件可安装在 Windows 2003/XP,它不需要专门昂贵的投资。用户对它的评价是具有非常昂贵的产品才拥有的很多功能,而价格却非常低廉。

WhatsUp Gold 可以自动发现网络设备,并且提供一个网络 explorer 界面,显示网络的逻辑结构。它将全部数据存储在一个关系数据库中,从而有效地监控上千个网络设备。WhatsUp Gold 能够扫描网络查找路由器、交换机、服务器、打印机等网络设备。通过直观简单的配置向导,WhatsUp 在数分钟内就可以对网络进行检查。WhatsUp Gold 产品的特点和功能体现在如下几个方面。

### 1. 监控全面

对网络服务状态、SNMP 数据以及 Windows 和 syslog 事件提供全面的监控和警告能力,以跟踪重要业务系统的可用性和高效性。WhatsUp Gold 将详细监控网络的可用性和工作性能。通过内置功能,用户可以对每个网络设备进行 Ping 操作,还可以检查网络服务、E-mail 服务和其他重要应用的状态,其核心监控功能有:Windows 服务监控、TCP/UDP 端口监控、事件日志监控、系统资源监控、维护模式。

**2. 警告管理**

当设备出错或系统性能下降时,WhatsUp Gold 将执行指定的行为。可以设置单独的警告和行为规则以提高通知能力:普通警告、自动解决问题、为单个服务定义警告、警告扩充、SNMP Trap。

**3. 报告集成**

为设备和服务的可用性和工作性能提供 HTML 报告,以分析网络的发展趋势。既可以为成组设备生成 HTML 报告,也可以针对单个设备或服务给出该种报告。

为了方便读取和定制,WhatsUp Gold 提供实时和过去的 HTML 报告选项,报告可以按月、星期、天或时间进行访问,包括设备报告、系统报告、分组报告。

**4. 远程访问安全**

通过 WhatsUp Professional 的 IIS 兼容 web 接口,可以在任何时间和地点访问网络状态或更改网络配置,而 SSL 加密则确保您的网络数据不会泄漏。完全的 web 接口、SSL 加密、IIS 兼容 Web 服务器、用户认证选项、短消息服务网关(SMS Gateway)和 GSM Modem 方式真正实现对整个网络的实时监控。

## 7.5.2 Red Eagle

网络监管专家——Red Eagle 主要实现网络通信的过滤和封堵,详细记录所有访问过的网站信息,甚至是在网站上提交的表单等,全面掌握上网行为。

Red Eagle 可以监视电子邮件的收发,记录邮件的时间、收件人、发件人、标题,甚至是正文和附件等全部内容。无论是通过 Outlook、Foxmail 等工具收发邮件,还是通过 IE 等浏览器在网页上直接发送邮件,都可以进行监控记录。

它可以监视上传和下载的文件,追查私密资料的泄漏,监视 MSN 的聊天内容,记录传送文件的基本信息,甚至分析低层的 MAC/IP/TCP/UDP 数据包,以优化网络性能、追查网络内的后门或病毒程序等,可以记录每一台计算机上运行过的应用程序和打开过的窗口等内容,记录任何访问过共享文件夹内容的用户资料,不间断地在后台对所有计算机的屏幕界面进行快照录影,可以实时监视每一台计算机的屏幕界面,并可以对界面进行录影和回放重现,支持多界面监视、循环监视。

Red Eagle 在管理端可以直接遥控和操作任何一台计算机。可以对各种协议进行网络流量分析,提供分析图表。提供强大、详尽、灵活、自定义和个性化的查询和分析功能。根据查询和分析结果输出 Word 文档报表。远程列举并能禁止通信端口、移动存储等硬件设备,还可以输出详尽的资产报告。远程获取计算机上的应用程序、网络连接、网络共享、系统信息等基本资料和运行情况,可以远程设置计算机的安全选项、系统参数等。

对大中型企业可以支持 Microsoft SQL Server 储存大量的数据;小型单位可以使用默认的 Microsoft Access 数据库,也可以对个人计算机进行安全监管,提供数据库的备份、恢复等维护操作,支持远程安装客户端程序。

### 7.5.3 BlackICE PC Protection

ISS 安全公司出品的一款著名的入侵检测系统,拥有强大的检测、分析以及防护功能,系统资源占用率极少,而且很容易使用,可以侦察出谁在扫你的端口,在它们进攻我们的计算机之前拦截,保护计算机不受侵害,可以收集入欺者的 IP 地址、计算机名-网络系统地址、硬件地址-MAC 地址,形成日志以供查看!作为个人网络防火墙来说,绝对是首选!

BlackICE PC Protection 是一款强大的防止非法入侵及防火墙工具。该软件通过分析进出计算机的信号,并用该信号建立随机的防火墙以保护计算机。它可以防止大多数类型的非法入侵,并可以按照需要自定义相关设置等。BlackICE PC Protection 的 3.6 版包括新的整合协议分析模块 9(PAM),支持程序级协议分析和 7 层协议侦测技术,还提高了 APM 的可用性和修复错误,该版本软件更易于使用。

### 7.5.4 网管大师

网管大师可以捕获网络上的任何数据包,并且可以将网络通信信息按照不同的协议统计出来,对网络上的故障进行排查。它可以对局域网进行扫描,迅速掌握局域网上活动的主机,查找到网络上的共享资源。通过切入到 Winpcap 底层驱动模式进行数据采集,并且可以对数据的捕获进行筛选设置,不仅可以监视本地主机,还可以监视远程主机的一举一动。为了方便管理员的操作,节省时间,提高工作效率,可以开启网络大师的"热键"功能。

# 7.6 问题与思考

任务描述:通过配置企业反病毒系统和网络管理软件,学会反病毒软件和网络管理软件的使用方法。

学习目标:学会网络管理类软件的使用。

环境要求:Windows Server 2003 SP1+ESET 或者 Windows Server 2003 SP1+Sniffer Pro。

实现步骤:

**1. 查找资料**

(1)网络流量监控分析的工作原理。

(2)网络管理类软件有哪些?

(3)如何配置网络管理类软件?

**2. 项目实施**

| 项 目 实 施 | 任 务 描 述 | 评分准则 |
|---|---|---|
| 项目实施步骤一 | 自学网络管理类软件的种类,选择合适的网络管理类软件应用在企业中 | 15 分 |
| 项目实施步骤二 | 网络管理类软件安装前准备工作 | 15 分 |
| 项目实施步骤三 | 配置 ESET 企业版软件 | 25 分 |
| 项目实施步骤四 | 配置 Sniffer Pro 软件 | 25 分 |
| 文档编写 | 将本单元的操作归纳成完整的文档文件。要求:主要步骤有截图和文字说明 | 20 分 |

# 模块 8

## 综 合 练 习

## 8.1 实 践 环 境

某企业现大约有 40 个结点,公司设有行政部门、财务部、技术部、市场部,其中行政、财务、技术部设在总公司 A 处,市场部设在分公司 B 处,公司计划采用路由器和二层交换机进行组网,实现公司网络的互联,企业内部还提供若干服务器实现不同的服务功能,网络拓扑如图 2-8-1 所示,服务器及部门 IP 地址规划如表 2-8-1 和表 2-8-2 所示。

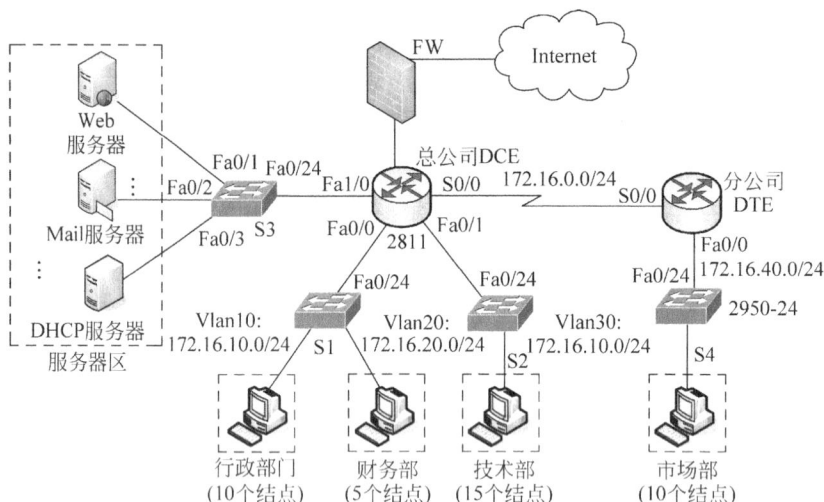

图 2-8-1 企业拓扑图

表 2-8-1 服务器 IP 地址

| 名　　称 | IP 地 址 | 名　　称 | IP 地 址 |
|---------|---------|---------|---------|
| 公网地址 | 202.10.65.85/30 | Mail 服务器 | 172.16.2.2/24 |
| Web 服务器 | 172.16.2.1/24 | DHCP 服务器 | 172.16.3.1/24 |

表 2-8-2 部门 IP 地址规划

| 部　　门 | 网络 IP 地址 | 部　　门 | 网络 IP 地址 |
|---------|-----------|---------|-----------|
| 行政部门 | 172.16.10.0/24 | 技术部 | 172.168.30.0/24 |
| 财务部 | 172.168.20.0/24 | 市场部 | 172.168.40.0/24 |

说明:这里没给出的一些相关参数读者可自行设置。

# 8.2 实 践 内 容

网络拓扑的搭建和设备参数的配置使用实际设备和模拟软件均可。具体实践内容要求如下:

(1) 根据网络拓扑选择合适的网络设备型号,并在模拟环境下搭建网络。

(2) 配置交换机,具体要求:

① 基本参数配置——根据网络拓扑和 IP 规划结果配置设备名称和 IP 地址,并要求将来能够实现远程管理。

② 配置 VLAN 并划分端口,使每个不同部门都是一个独立的广播域;并验证各交换机中静态 VLAN 配置的正确性。

(3) 配置路由器,具体要求:

① 路由器的基本配置——根据拓扑标识及 IP 地址规划对主机名、登录密码、接口参数进行配置,要求将来能进行远程管理。

② 使用配置静态路由和单臂路由的方式,实现网络内部的互联互通。

③ 验证路由器配置及其连通性。

(4) 配置 DHCP 服务器实现 IP 地址的自动分配。

① 配置 DHCP 服务器 IP 地址、安装 DHCP 服务器并配置 DHCP 服务。

② 配置 DHCP 中继。

③ 检查服务器地址的分配情况。

(5) 配置电子邮件服务器实现收发电子邮件的功能。

① 安装电子邮件服务器。

② 设置邮件存储位置为"D:\邮件"。

③ 新创建一域名为 boter.com 的域。

④ 新建一名为 tony 的邮箱。

(6) 采用防火墙技术保证公司网络安全,要求:

① 公司内除财务部外的所有主机都可以访问 WAN 网络。

② 公司内部所有主机都可访问服务器区。

③ WAN 网可以访问公司 Web 服务器和邮件服务器,其他全部拒绝。

# 8.3 评 分 细 则

| 序号 | 考核内容 | 考核要点 | 配分 | 考核标准 |
|---|---|---|---|---|
| 1 | 网络规划 | 理解层次化设计概念及网络设备功能 | 6分 | 错一个扣2分,扣完为止 |
| | | 设备选择合理 | 5分 | 错一个扣2分,扣完为止 |
| | | 绘制网络拓扑图 | 4分 | 根据拓扑结构、设备标注、连线考核,每错一处扣1分,扣完为止 |

| 序号 | 考核内容 | 考核要点 | 配分 | 考核标准 |
|---|---|---|---|---|
| 2 | 交换机具体配置 | 交换机初始配置(可通过 telnet 方式登录) | 5分 | 错一处扣1分,扣完为止 |
| | | 创建 VLAN 及端口划分 | 10分 | 实现每个部门都是独立的广播域,每错一处扣2分,扣完为止 |
| 3 | 路由器具体配置 | 路由器初始配置 | 5分 | 错一处扣1分,扣完为止 |
| | | 实现 VLAN 间通信 | 10分 | 错一个3分,扣完为止 |
| | | 配置静态路由 | 10分 | 错一个扣2分,扣完为止 |
| 4 | DHCP 具体配置 | 安装配置 DHCP 服务器 | 10分 | 错一个扣2分,扣完为止 |
| | | 配置 DHCP 中继并测试 | 10分 | 错一处扣2分,扣完为止 |
| 5 | 邮件服务器配置 | 安装邮件服务器及设置邮件存储位置 | 6分 | 错一处扣2分,扣完为止 |
| | | 域和邮箱的管理 | 4分 | 错一处扣2分,扣完为止 |
| 6 | 软件防火墙配置 | 服务器安装配置 | 5分 | 错一处扣2分,扣完为止 |
| | | 配置访问规则及应用 | 10分 | 错一处扣2分,扣完为止 |
| 合计 | | 100 | | |

# 项目三

# 组建校园网

# 模块 1 校园网规划

## 1.1 应用环境

在中国的过亿网民当中,教育的用户占有 13.0%,教育用户当中绝大部分的网民主体是来自于学生用户。同时,随着国家信息化工作的深入开展,提高教育系统信息化水平成为当前工作的重点。而校园网建设则是教育系统信息化建设的关键,尤其是高校校园网建设。

## 1.2 学习目标

通过本模块的学习,要了解当前校园网建设的需求,了解校园网建设的总体原则;掌握校园网建设的设计方法;掌握校园网安全防护方法;掌握校园网管理与维护方法。

## 1.3 相关知识

### 1.3.1 校园网概述

校园网是为学校师生提供教学、科研和综合信息服务的宽带多媒体网络。首先,校园网应为学校教学、科研提供先进的信息化教学环境。这就要求:校园网是一个宽带、具有交互功能和专业性很强的局域网络。多媒体教学软件开发平台、多媒体演示教室、教师备课系统、电子阅览室以及教学、考试资料库等,都可以在该网络上运行。如果一所学校包括多个专业学科(或多个系),也可以形成多个局域网络,并通过有线或无线方式连接起来。其次,校园网应具有教务、行政和总务管理功能。

校园网建设则是教育系统信息化建设的关键,尤其是高校校园网建设。在信息化的建设过程中,它的作用体现在如下几个方面:

(1) 校园网能促进教师和学生尽快提高应用信息技术的水平;信息技术学科的内容是发展的,它是一门应用型学科,因此,为了让学生学到实用的知识,必须给他们提供一个实践的环境,这个环境离不开校园网。

(2) 校园网为教师提供了一种先进的辅助教学工具、提供了丰富的资源库,所以校园网是学校进行教学改革、推行素质教育的一种必不可少的工具。

(3) 校园网是学校现代化管理的基础,深入、全面的学校信息管理系统必须建立在校园网上。

（4）校园网提供了学校与外界交流的窗口,学校应将校园网与互联网连接,这也是学校信息化的要求,做到了这一步,通过校园网去了解世界、在互联网上树立学校的形象都是很容易的。

## 1.3.2 校园网络的结构化建设

校园网网络系统从结构上分为核心层、汇聚层和接入层,如图 3-1-1 所示。分层思想使网络有一个结构化的设计,针对每个层次进行模块化的分析,对统一管理网络和维护非常有帮助。

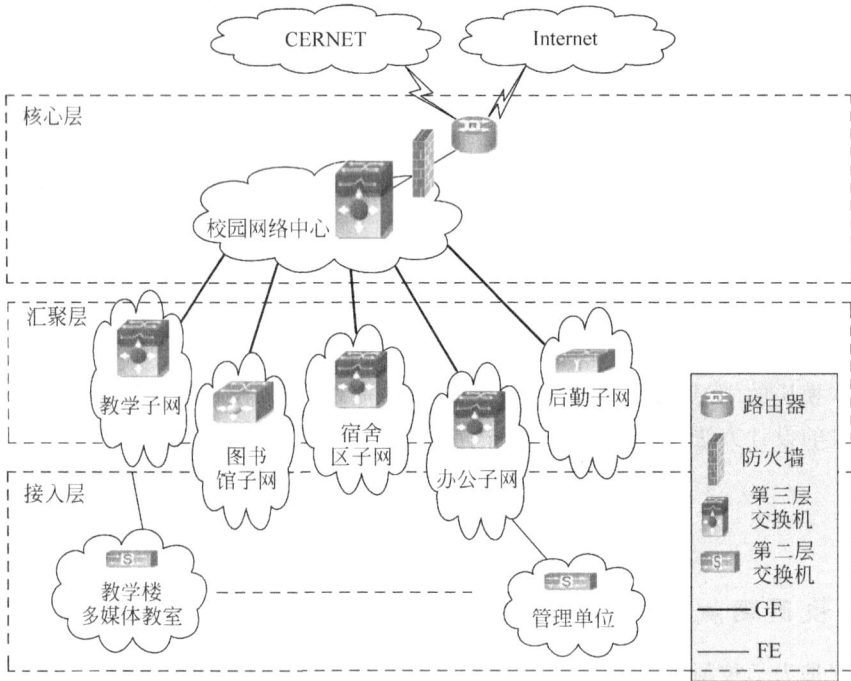

图 3-1-1　校园网络结构图

### 1. 核心层建设

核心层的功能主要是实现骨干网络之间的优化传输,骨干层设计任务的重点通常是冗余能力、可靠性和高速的传输。网络的控制功能最好尽量少在骨干层上实施。核心层一直被认为是所有流量的最终承受者和汇聚者,所以对核心层的设计以及网络设备的要求十分严格。核心层设备将占投资的主要部分,如图 3-1-2 所示。

核心层设计的一个重点是冗余,网络的冗余设计可以分成 3 个层次:

1）网络设备的冗余设计

采用冗余配置的单机或多台设备互为热备。当然最好的方式是多台设备互为热备。但是这种方案一般情况下比较昂贵。

2）网络链路的冗余设计

往往链路的冗余设计是最易被实现和被用户接受的冗余方式。主要原因是这种冗余设计构思简单而且便宜。链路的冗余实现可以通过多种技术,目前最流行的是链路聚合技术

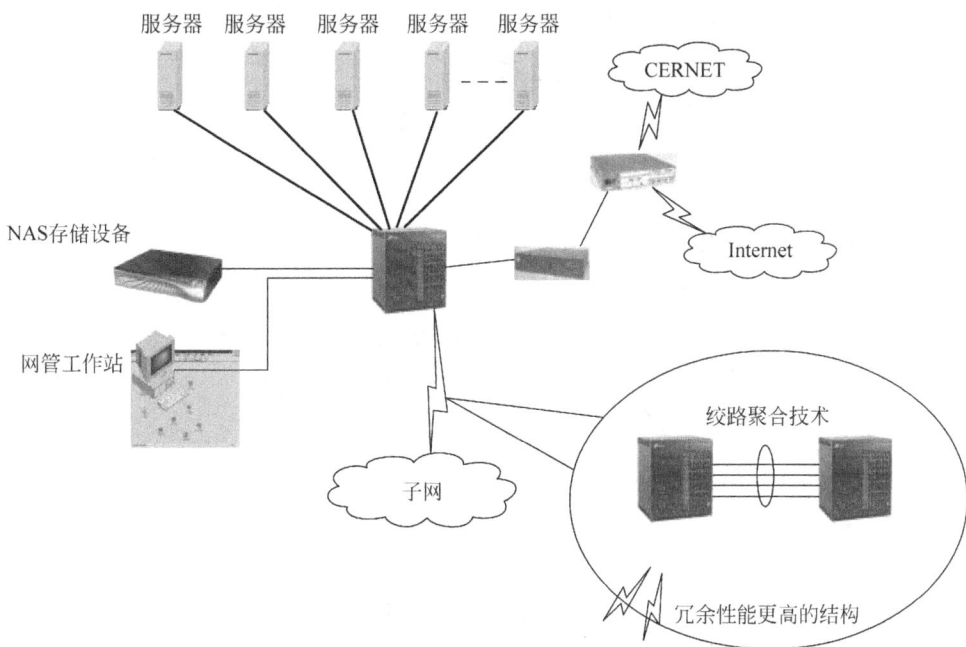

图 3-1-2 核心层结构图

（802.3ad）和生成树技术（802.1D）。

3）服务器的冗余设计

服务器的冗余设计包括了很多的方面：链路、硬件和软件等。链路的冗余可以采用双网卡方式或在单片多口网卡上使用链路聚合技术；硬件的冗余可以采用双服务器热备的方法；软件的冗余可以采用双服务器软件镜像的方法。冗余设计是网络设计的重要部分，是保证网络整体可靠性能的重要手段。但是投资也将增加。当然，3个层次的设计可以贯穿整个网络，每个冗余设计都有针对性。我们也可以针对重要的应用，选择其中一部分或几部分应用到网络中。

**2. 汇聚层建设**

对于大型校园网络，汇聚层的设计与核心层的设计思想十分类似。那就是将汇聚层当作本地交换系统的核心来设计，每个汇聚层的设计应该符合本地交换系统的应用需求。比如，对于教学系统，可能存在大量的语音和视频传输。据此，应该考虑汇聚层对 QoS 有良好的支持并且能提供大的带宽。如果本地子网无特殊需求，可以考虑这里是降低网络投资成本的点，选用一般设备即可，如图 3-1-3 所示。

**3. 接入层建设**

接入层设备是将终端用户接入到网络中的设备，它应该具备即插即用特性以及易于维护的特点。

另外，设备对恶劣环境的抵抗能力也应该考虑在内。至少性能方面应该考虑几个方面：

- 能提供好的性能价格比，不需要过高的性能。
- 需求端口密度高的时候，最好使用堆叠方式。
- 建议重要部门的接入层设备提供网络管理功能。

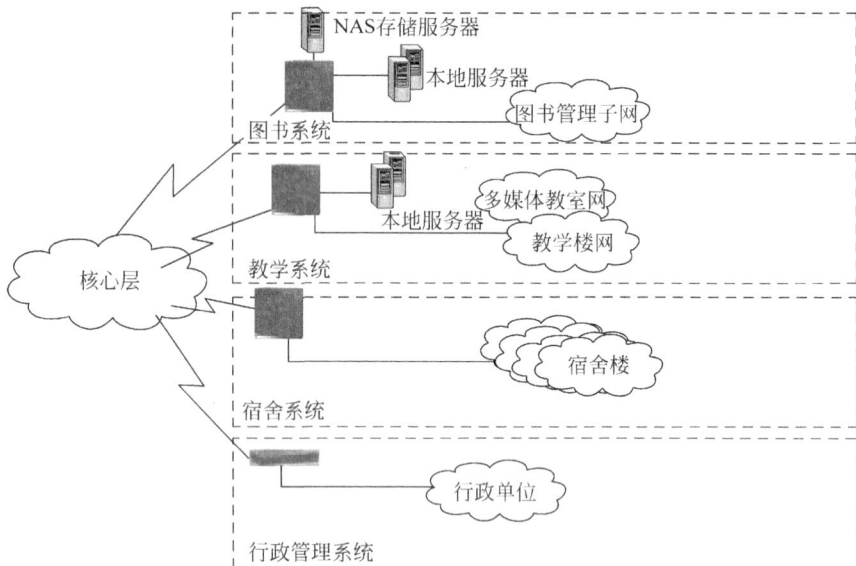

图 3-1-3　汇聚层设计

- 如果有多媒体应用,设备应该提供 IGMP Snooping 功能,以充分利用带宽。
- 依据实际流量的情况选择上连带宽。
- 接入层设备是节约投资的考虑点。

**4. 无线网络的建设**

原来局限于在办公室的有线网络显然已经不能满足当前校园网络用户的需求。能在教室、多媒体教室、阶梯教室、礼堂、会议室、图书馆甚至在体育馆、足球场、操场等场所连接互联网成为校园网络用户迫切的渴望,总之只有随时随地能够连接到网络才能满足目前教育网用户对网络的需求。什么样的网络才能满足教育网用户这么多需要呢?用户的选择——无线局域网。

无线局域网可以解决很多问题:

(1)解决信息点流动的问题。一般来说,如教室、图书馆、会议室等地方一般是不可能布设太多信息点的,但是随着学生中笔记本电脑的普及和现代化教学的普及,上述场所往往在同一时刻有大量的计算机,而目前的有线校园网没有办法使学生们在这些区域上网。采用无线方式,在有限的信息点上连接无线接入器,就可以轻松从一个信息点扩展到成百上千个信息点的应用。

(2)解决难以布线的问题。在实验室、体育馆、礼堂等地方是不宜布线的,但校园网的用户却有上网的需求,采用无线局域网,可以简化在这些区域网络实施,提供直径近 200 米的无线网络覆盖,用户可以在无线所覆盖的区域移动应用。

(3)提高教学效率。教师和学生上课的时候不必再往返于图书馆、办公室、教室、宿舍,采用无线方案可以使老师和同学们在上述地方随意地检索图书馆的网上资料、服务器的教案、寝室计算机中的作业。同时,为用户对校园网的其他资源的应用提供了更便利的条件,提高了资源的利用率。

（4）节约成本。AP 无线接入点可以使原来的一个信息点同时接入数十乃至数百个用户设备，布线的投资以及维护成本大大降低。

### 1.3.3　校园网络的运营方法

在校的学生和老师是接受新知识、使用新技术的"先行群体"。身处 Internet 快速发展的浪潮中，校园网络中诞生了许多新的需求，例如：学生希望在校内学生宿舍区能提供网络服务，进行信息收集、资料检索、与外界沟通、丰富课余生活等；教职工希望在家中也能访问校内信息资源和 Internet。

同时，也由于学校担负着因网络建设而承担的各种费用：

（1）CERNET 向学校收取 DDN 线路月租费或者一定的流量费用。

（2）连接至 ChinaNET 或者 CNCNET 的第二个 INTERNET 商业网络出口需要支付月租费。

（3）校园网的建设需要投入。

（4）校园网的维护需要运维投入。

因此，迫使校园网建设开始考虑向着可运营方向发展。要求既能够支持用户管理、计费等网络运维特性，同时又要求具备较高的性能价格比以适应学校的经济条件。此外，校园网具有可运营特性也是为了利于学生的管理，对课余有上网需求的学生提供类似校外网吧的上网服务，但是设定科学的管理策略（如上网收费费率比校外网吧的低、晚 12 点之后不允许上网的限时上网等），可以避免学生跑到校外的网吧，整天留恋于网上，疏于学业。从而将学生从管理混乱的社会网吧吸引回来。

### 1.3.4　校园网络的安全

针对教育网络的安全隐患和漏洞，非法用户和黑客可以制造出各种安全风险，这些风险由多种因素引起，与教育网的系统结构和应用、教育网的服务器和终端的可靠性等因素息息相关。根据 OSI 参考模型，将这些风险分为物理层面的安全风险、网络层面的安全风险、系统层面的安全风险、应用层面的安全风险和管理风险。

**1. 物理层安全风险**

网络的物理安全是整个教育网网络系统安全的前提。物理安全的风险主要有：地震、水灾、火灾等环境事故；电源故障；人为操作失误或错误；设备被盗、被毁；电磁干扰；线路截获。以及高可用性的硬件、双机多冗余的设计、机房环境及报警系统、安全意识等。因此，要尽量避免网络的物理安全风险。

**2. 网络层安全风险**

网络结构的安全涉及网络拓扑结构、网络路由状况及网络的环境等，除此之外还包括网络设备，如交换机、路由器本身是否存在安全隐患或错误的配置。

**3. 系统层安全风险**

所谓系统的安全显而易见是指整个教育网网络操作系统、网络硬件平台、数据库系统是否可靠且值得信任。

**4. 应用层安全风险**

应用系统的安全与具体的应用是有关的,它涉及很多方面。应用系统的安全是动态的、不断变化的。应用的安全性也涉及信息的安全性,它包括很多方面,如应用广泛的电子邮件服务、WWW 服务、DNS 服务等。

**5. 管理风险**

管理是网络安全中最最重要的部分。责权不明、管理混乱、安全管理制度不健全及缺乏可操作性等都可能引起管理安全的风险。

建立全新网络安全机制,必须深刻理解网络并能提供直接的解决方案,因此,最可行的做法是管理制度和管理解决方案的结合。

### 1.3.5 校园网络的管理

校园网管理的主要目的是保障网络运行的品质,如维持网络传送速率、降低传送错误率、确保网络安全等。

**1. 系统管理**

随时掌握网络内任何设备的增减与变动,管理所有网络设备的设置参数。当故障发生时,管理人员可以重设或改变网络设备的参数,以维持网络的正常运作。

**2. 故障管理**

为确保网络系统的高稳定性,在网络出现问题时,必须及时察觉问题的所在。它包含所有结点运作状态、故障记录的追踪与检查及平常对各种通信协议的测试。

**3. 效率管理**

在于评估网络系统的运作,统计网络资源的运用及各种通信协议的传输量等,更可提供未来网络提升或更新规划的依据。

**4. 安全管理**

为防范不被授权的用户擅自使用网络资源,以及用户蓄意破坏网络系统的安全,要随时做好安全措施,如合法的设备存取控制与加密等。

**5. 计费管理**

了解网络使用时间,能针对各个局部网络做使用统计。一则可作为使用网络计费的依据,更可作为日后网络升级或更新规划的参考。

**6. 信息管理**

网络上的信息分成两部分:一是由管理员放置的信息,它们的品质一般较高;另一部分是由用户放置的,可能会有一些问题,要对这部分信息进行管理。

# 1.4 案例介绍

下面以 A 大学校园网络建设为例,按照网络的需求分析、设计原则、数字化校园设计方案、校园网络的运营、校园网的安全、校园网络的管理为建设思路,建设与开发成一个先进的、兼容性好的、多应用的、安全的、可运营、易管理的综合网络系统。

## 1.4.1 需求分析

### 1. 校园网建设的目的

校园网建设的目标应该是：

- 建设一个以办公自动化、计算机辅助教学、现代计算机校园文化为核心，以现代网络技术为依托，技术先进、扩展性强、能覆盖全校主要楼宇的校园主干网络。
- 将学校的各种 PC、工作站、终端设备和局域网连接起来，并与有关广域网相连，在网上宣传自己和获取 Internet 网上的教育资源。
- 形成结构合理、内外沟通的校园计算机网络系统，在此基础上建立能满足教学、科研和管理工作需要的软硬件环境，开发各类信息库和应用系统，为学校各类人员提供充分的网络信息服务。
- 系统总体设计将本着总体规划、分布实施的原则，充分体现系统的技术先进性、高度的安全可靠性，同时具有良好的开放性、可扩展性。本着为学校着想，合理使用建设资金，使系统经济可行。

### 2. 高校校园网应用

1）电子身份

在现实校园中，每一个成员都有一个固定的身份，如教师、管理人员、学生等，成员的身份可以通过其工作证/学生证得到确认。

对于数字化的校园中的每一个成员，他在数字空间也相应地需要有一个固定的身份，即电子身份。但是，在以前的校园数字化建设中，各个系统是独立建立起来的，每个系统都有自己的用户管理体系，各系统之间互不相通，造成了用户在不同的系统中拥有不相干的身份，给用户的使用和系统的用户管理都带来了很大的麻烦。因此，应当建立一套统一的电子身份管理系统，学校的每一个成员都有一个与其真实身份相对应的电子身份，用户可以使用自己的电子身份访问数字校园中有权访问的任何系统。

2）校园一卡通

所谓校园一卡通，就是利用 IC 卡作为电子身份的载体，使教师、学生在校园中能够使用 IC 卡完成一系列与其身份相关的活动。通过采用校园一卡通的解决方案，可以全面实现校园的高度信息化、自动化管理。

3）信息服务

信息服务是指根据用户的需求，将信息按照用户的逻辑提取出来，以方便的接口提供给用户。信息发布是校园网的基本功能：管理信息系统将信息收集、整理起来，主要是提供给特定的用户用于管理活动；而信息一旦收集整理起来，就可以提供给更多需要的用户使用。将信息系统中的数据按用户的需要，提取出来，展示出去，这就是信息发布的任务。

综合信息服务系统将建立一个覆盖全校的、综合性的、开放的、分布的、多媒体的信息服务的总平台，为全校提供一个统一的、提供更多服务内容的、可以满足用户个性化需要的信息服务门户。

4）网上办公

办公自动化系统为学校领导以及各职能部门提供了基于校园网的协同办公环境,使学校办公逐步向电子化、无纸化方向迈进。

同时由于校园网络连接了办公室、计算机实验室、学生宿舍乃至教师家庭,同样一件工作在不同的场所办理可能成为现实。

5）网上教学

网络教学是一种新型教育手段,它是为适应 21 世纪社会经济和科技发展对高素质创造型人才的需要,创造一个在教师指导下的学生自主式学习的环境。

（1）网络教学资源。

网络教学的资源是开展网络教学的基础,它包括教师的电子讲义、课件、录像、试题库以及各种数字化的教学素材。

（2）网络教学平台。

网络教学平台是一个全新的教学环境,它为校园网上的同步远程教学提供实时双向交互的多媒体网络教学环境,为校园上的异步远程教学提供自主学习的网络教学环境。

网络教学平台将建设成一个支持包括网上备课、课件制作、教学素材建设、网络授课、网上交流、网上自学、网络考试等多种服务的综合教学平台,全面支持教学各个环节。

（3）数字图书馆。

数字图书馆是采用现代高新技术所支持的数字信息资源系统,是下一代因特网上信息资源的管理模式,将从根本上改变目前因特网上信息分散、不便使用的现状。它涉及数字信息资源的生产、加工、存储、检索、传递、保护、利用、归档、删除等全过程。

6）电子商务

随着远程教育的开展和校内管理与服务的数字化进展,网上招生、在线注册、网上社区服务、网上支付等具有校园特色的电子商务将蓬勃发展。电子商务平台的建设对于数字校园中和支付相关的各个应用系统的发展具有重要的推动作用。

## 1.4.2 设计原则

校园网络建设遵循以下基本原则。

**1. 高带宽**

校园网络是一个庞大而且复杂的网络,为了保障全网的高速转发和校园网全网的组网设计的无瓶颈性,要求方案设计的阶段就要充分考虑到,同时要求核心交换机具有高性能、高带宽的特点,整网的核心交换要求能够提供无瓶颈的数据交换。

**2. 可运营性**

校园校园网络的建设、使用和维护需要投入大量的人力、物力,因此网络的运营是网络持续发展基础。所以在建设时要充分考虑业务的扩展能力,能针对不同的用户需求提供丰富的增值业务,使网络具有自我造血机制,实现以网养网。

**3. 可扩充性**

考虑到校园用户数量和业务种类发展的不确定性,要求对于核心交换机与汇聚交换机具有强大的扩展功能,校园网络要建设成完整统一、组网灵活、易扩充的弹性网络平台,能够随着需求变化,充分留有扩充余地。

**4.开放性**

技术选择必须符合相关国际标准及国内标准,避免个别厂家的私有标准或内部协议,确保网络的开放性和互连互通,满足信息准确、安全、可靠、优良交换传送的需要;开放的接口,支持良好的维护、测量和管理手段,提供网络统一实时监控的遥测、遥控的信息处理功能,实现网络设备的统一管理。

**5.安全可靠性**

设计应充分考虑整个网络的稳定性,支持网络结点的备份和线路保护,提供网络安全防范措施。

# 1.4.3 数字化校园解决方案

对 A 高校数字化校园网建设需求和上层应用的详细分析和深刻理解,综合当前各种网络产品的技术优点,"智能、安全"数字化校园网解决方案真正为高校校园网建设提供高安全、高智能的运营级综合网络。

如图 3-1-4 所示,本解决方案整体采用三层组网结构模型(核心层/会聚层/接入层)进行层次化设计,同时针对校园网各典型区域的特点进行了相应的局部详细设计,充分利用原有的布线系统和光纤资源,结合校园网的原有应用系统并充分考虑未来的发展和扩容,构建一套可以在现有光纤系统和布线系统上提供高速、智能、安全的可运营的网络系统。

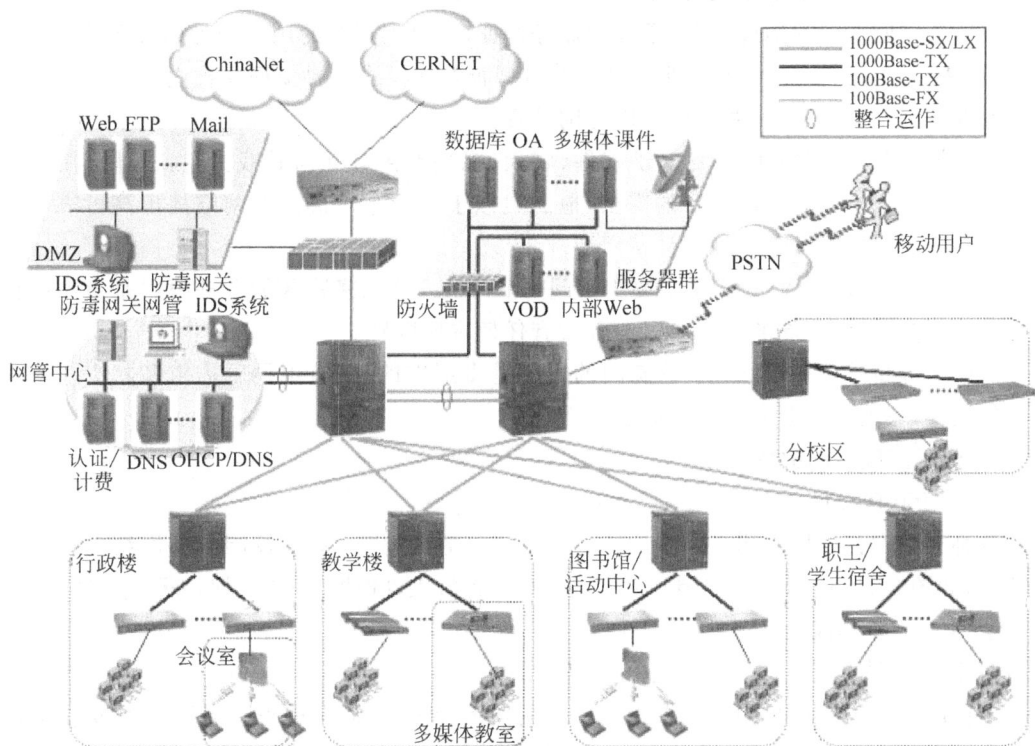

图 3-1-4 "智能、安全"的可运营的校园网拓扑结构

校园网的核心层可根据网络规模选用思科的 Cisco Catalyst 6509、Cisco Catalyst 6509 核心路由交换和。

校园网汇聚层可根据所在区域规模选用 Cisco Catalyst3526 汇聚层交换机。

在校园网的接入层，针对校园网的不同区域选用 Cisco Catalyst 2960 交换机和无线产品，在图书馆、活动中心、会议室、体育馆等开阔、难于布线的场所，使用 Cisco Aironet 1260 系列无线产品部署高速无线 LAN，构建灵活、易用、安全的接入网络。

校园网出口使用选用 Cisco ASA 5520-K8 和 Cisco PIX-525 系列防火墙构建三区域安全系统，以高速链路接入 CERNET 作为外访主路由，同时以百兆链路接入 ChinaNet 作为外访备用路由，保证与 Internet 的可靠连接；所有对外提供服务的系统全部部署在 DMZ 区，有效防止来自外网的破坏。

另外，分别在 DMZ 区和内网安装 IDS 入侵检测系统和防病毒网关与防火墙进行实时互动，构造一个真正全方位的安全防范系统。

服务器上，建设有 Web 服务器、FTP 服务器、Mail 服务器、DNS 服务器、DHCP 服务器、BBS 服务器、VOD 服务器等，采用联想系列服务器。

## 1.4.4 校园网络的运营

### 1. 校园网运营的机会点

据调查，学生占所有网民比例的 25%，这些用户都集中在校园网内部或者学校外面的网吧。学校上网用户密度很大，需求也日趋个性化和多样化。

按照校园网不同的地理位置、不同的业务特征，可以把高校的用户分为如下 3 种：

(1) 教学办公区。教学区的业务是一种典型企业网模式。要保证在校内资源共享的同时需要保证网络的安全性，并可区分内外网计费。

(2) 学生宿舍区主要以收发电子邮件、聊天、视频点播与互动游戏为主，这部分用户有着区别于传统校园网教学区用户的需求，他们类似于商业用户群。对网络提出高可靠与高稳定、便于维护管理、区分内外网计费等要求。

(3) 教工家属区。业务流量主要为访问 Internet。教工家属区的业务模式是典型的商业网模式，与运营商开展的宽带小区业务没有任何本质区别。

从以上分析可以得出结论：校园网的用户是多层次的，具有不同的需求和特点。对于不同的用户，可能的运营方式会不同。

### 2. 可运营校园网解决方案

1) 对于新建校区

这种方案在接入层采用支持 802.1X 认证计费的交换机，提供校园内部网络的认证计费功能，如图 3-1-5 所示。在校园网外网的出口配置接入管理器，用户访问外网使用 DHCP＋Web 认证和计费功能。

2) 旧网改造

旧网改造方案是在校园网的外网出口采用接入管理器，而保持校园网的其他部分不变，提供集中式的认证计费解决方案。用户访问外网，通过外网出口的接入管理器进行 DHCP＋WEB 认证，认证通过之后进行计费，如图 3-1-6 所示。

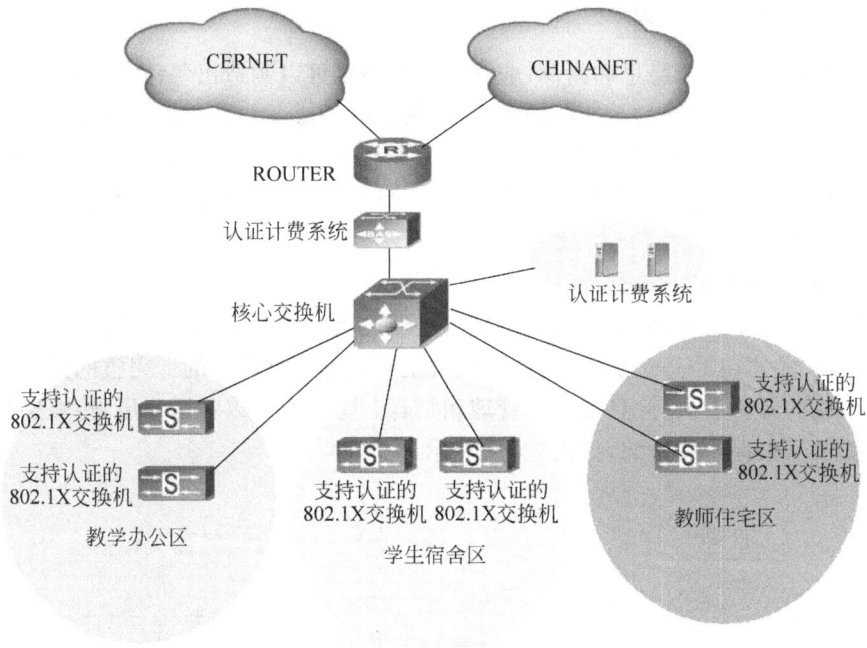

图 3-1-5　新建校区的认证计费解决方案

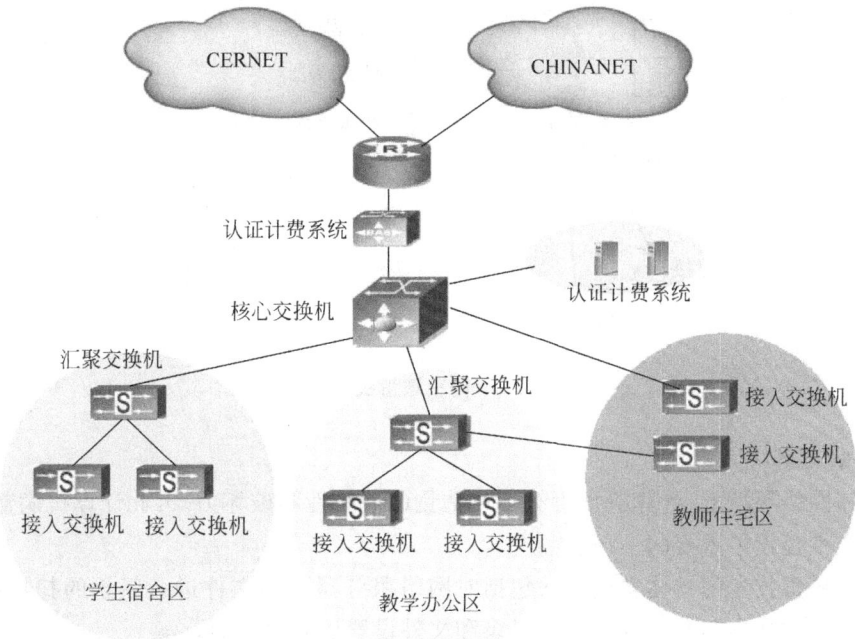

图 3-1-6　旧网改造的认证计费解决方案

## 1.4.5 校园网络的安全

针对教育网络的安全隐患和漏洞,非法用户和黑客可以制造出各种安全风险,这些风险由多种因素引起,与教育网的系统结构和应用,教育网的服务器和终端的可靠性等因素息息相关。根据 OSI 参考模型,这些风险可分为物理层面的安全风险,网络层面的安全风险、系统层面的安全风险、应用层面的安全风险和管理风险。针对各种安全风险制定了相应的网络安全解决方案。

**1. 防火墙解决方案**

防火墙主要用于对网络和系统的保护,它是通过允许或禁止数据包经过网络的不同层来实现的,而网络本身是一个层次结构,因此安全问题也是分层次的。完整的安全解决方案应该覆盖网络的各个层次,并且与安全管理相结合。防火墙可以在网络层、传输层和应用层上进行数据的安全保护和过滤,如图 3-1-7 所示。

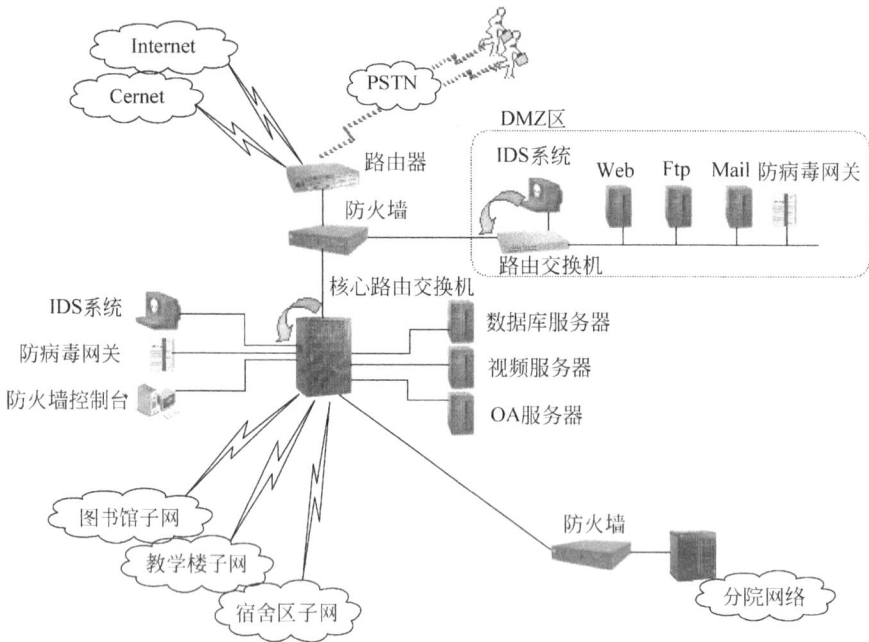

图 3-1-7 防火墙解决方案

**2. 防病毒解决方案**

由于在网络环境下,计算机病毒有不可估量的威胁性和破坏力,因此计算机病毒的防范是网络安全性建设中重要的一环。

网络反病毒技术的具体实现方法包括对网络服务器中的文件进行频繁的扫描和监测;在工作站上用防病毒芯片以及对网络目录和文件设置访问权限等。

根据教育网的网络结构和计算机分布情况,病毒防范系统应该能够配置成分布式运行和集中管理,由防病毒代理和防病毒服务器端组成。

防病毒客户端安装在系统的关键主机中,如关键服务器、工作站和网管终端。在防病毒服务器端能够交互式地操作防病毒客户端进行病毒扫描和清杀,设定病毒防范策略。能够从多层次进行病毒防范,第一层工作站、第二层服务器、第三层网关都能有相应的防毒软件提供完整的、全面的防病毒保护。

**3. 系统安全解决方案**

系统的安全主要指操作系统、应用系统的安全性以及网络硬件平台的可靠性。对于操作系统的安全防范可以采取如下策略:网络上的服务器和网络设备绝对不能采取同一家的产品;系统内部调用不对 Internet 公开;关键性信息不直接公开。例如:计费系统的数据库绝对要隐藏在内部;尽可能采用安全性高的操作系统。

在应用系统安全上,主要考虑通信的授权、传输的加密和审计记录。这必须加强登录过程的认证(特别是在到达服务器主机之前的认证),确保用户的合法性。其次应该严格限制登录者的操作权限,将其完成的操作限制在最小的范围内。再次需要加强主机的管理上,在加强主机的管理上,除了上面谈的访问控制外和系统漏洞检测外,还采用访问存取控制,对权限进行分割和管理。应用安全平台要加强资源目录管理和授权管理、传输加密、审计记录和安全管理。

为了保证系统的安全,一方面,应该对系统进行升级和安全增强配置;另一方面,应通过漏洞检测工具,定时对系统进行安全漏洞扫描,以便于及时发现安全隐患,并根据评估软件的安全补救建议修补系统。

网络安全检测工具通常是一个网络安全性评估分析软件,其功能是用实践性的方法扫描分析网络系统,检查报告系统存在的弱点和漏洞,建议补救措施和安全策略,达到增强网络安全性的目的。

# 1.4.6 校园网络的管理

校园网管理的主要目的是保障网络运行的品质,如维持网络传送速率、降低传送错误率、确保网络安全等。包括的主要内容系统管理、故障管理、效率管理、安全管理、计费管理、信息管理等。具体的解决方案可分为集中式管理、分布式管理。

**1. 集中方式管理**

如图 3-1-8 所示,这种管理方式的特点是:

- 全部的状态信息汇集至一台网管工作站。
- 适合中小型校园的应用服务集中的模式。

**2. 分布式管理**

这种管理方式网管采用 LinkManager。管理对象为中心设备及骨干、汇聚层设备;各接入层采用 LinkManagerBN,如图 3-1-9 所示。

**说明**:LinkManager 系列网管系统是一套基于 Windows 平台的高度集成、功能完善、实用性强、方便易用的全中文用户界面的网络管理软件。

这种方案的特点是:

- 搭建灵活,配置方便。
- 适用与大型或有分校区的校园网。
- 缺点是各系统组件之间缺少联系。

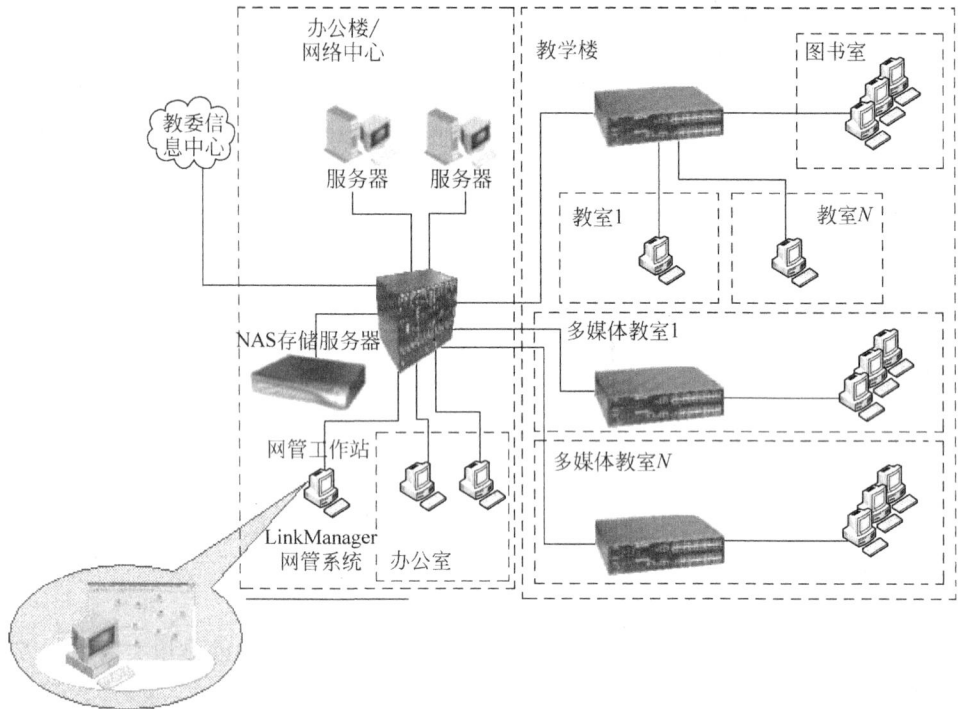

图 3-1-8　集中式管理模式

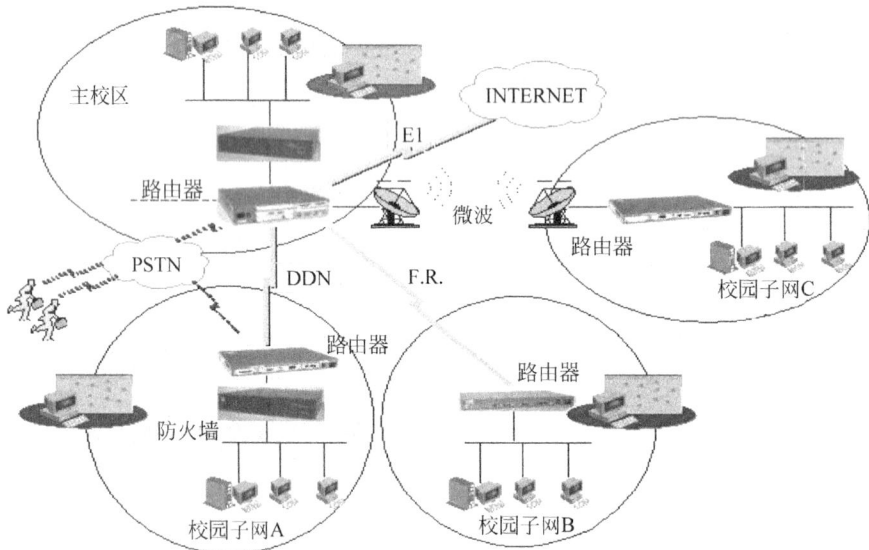

图 3-1-9　分布式管理模式

# 1.5 知 识 扩 展

**物联网**

**1. 概念**

物联网是新一代信息技术的重要组成部分,其英文名称是 Internet of Things(IOT),也称为 Web of Things。由此,顾名思义,"物联网就是物物相连的互联网"。这包含两层意思:第一,物联网的核心和基础仍然是互联网,是在互联网基础上的延伸和扩展的网络;第二,其用户端延伸和扩展到了任何物品与物品之间,进行信息交换和通信,如图 3-1-10 所示。

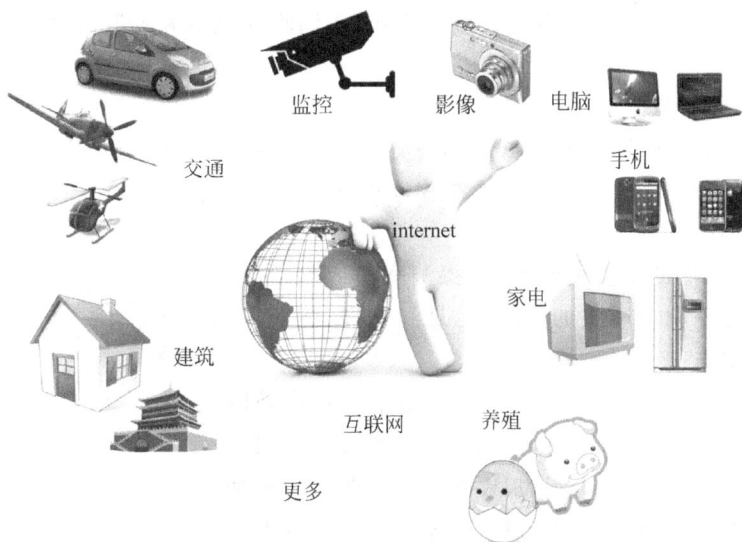

图 3-1-10 物联网示意图

物联网的定义是:通过射频识别(RFID)、红外感应器、全球定位系统、激光扫描器等信息传感设备,按约定的协议,把任何物品与互联网相连接,进行信息交换和通信,以实现对物品的智能化识别、定位、跟踪、监控和管理的一种网络。

**2. 产生背景**

(1) 1990 年,物联网的实践最早可以追溯到 1990 年施乐公司的网络可乐贩售机——Networked Coke Machine。

(2) 1999 年,在美国召开的移动计算和网络国际会议首先提出物联网(Internet of Things)这个概念;是 1999 年 MIT Auto-ID 中心的 Ashton 教授在研究 RFID 时最早提出来的。提出了结合物品编码、RFID 和互联网技术的解决方案。当时基于互联网、RFID 技术、EPC 标准,在计算机互联网的基础上,利用射频识别技术、无线数据通信技术等,构造了一个实现全球物品信息实时共享的实物互联网(Internet of things,简称物联网),这也是在 2003 年掀起第一轮华夏物联网热潮的基础。

(3) 2005 年 11 月 17 日,在突尼斯举行的信息社会世界峰会(WSIS)上,国际电信联盟(ITU)发布《ITU 互联网报告 2005:物联网》,引用了"物联网"的概念。报告指出,无所不在的"物联网"通信时代即将来临,世界上所有的物体从轮胎到牙刷、从房屋到纸巾都可以通过因特网主动进行交换。射频识别技术(RFID)、传感器技术、纳米技术、智能嵌入技术将得到更加广泛的应用。

(4) 2008 年后,为了促进科技发展,寻找经济新的增长点,各国政府开始重视下一代的技术规划,将目光放在了物联网上。在中国,温家宝总理在视察中科院无锡物联网产业研究所时,对于物联网应用也提出了一些看法和要求。自温总理提出"感知中国"以来,物联网被正式列为国家五大新兴战略性产业之一,写入"政府工作报告",物联网在中国受到了全社会的极大关注,其受关注程度是在美国、欧盟以及其他各国不可比拟的。

(5) 2009 年 1 月 28 日,奥巴马就任美国总统后,与美国工商业领袖举行了一次"圆桌会议",作为仅有的两名代表之一,IBM 首席执行官彭明盛首次提出"智慧地球"这一概念,建议新政府投资新一代的智慧型基础设施。当年,美国将新能源和物联网列为振兴经济的两大重点。

### 3. 物联网支撑技术

(1) RFID:电子标签属于智能卡的一类,物联网概念是 1998 年 MIT Auto-ID 中心主任 Ashton 教授提出来的,RFID 技术在物联网中重要起"使能"(Enable)作用。

(2) 传感网:借助于各种传感器,探测和集成包括温度、湿度、压力、速度等物质现象的网络,也是温总理"感知中国"提法的主要依据之一。

(3) M2M:这个词国外用得较多,侧重于末端设备的互联和集控管理,中国三大通信营运商在推 M2M 这个理念。

(4) 两化融合:工业信息化也是物联网产业主要推动力之一,自动化和控制行业是主力,但目前来自这个行业的声音相对较少,如图 3-1-11 所示。

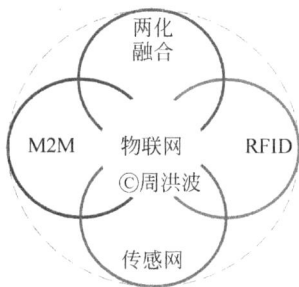

图 3-1-11　物联网四大支撑技术

### 4. 应用案例

(1) 物联网传感器产品已率先在上海浦东国际机场防入侵系统中得到应用。

系统铺设了 3 万多个传感结点,覆盖了地面、栅栏和低空探测,可以防止人员的翻越、偷渡、恐怖袭击等攻击性入侵。而就在不久之前,上海世博会也与中科院无锡高新微纳传感网工程技术研发中心签下订单,购买防入侵微纳传感网 1500 万元产品。

(2) ZigBee 路灯控制系统点亮济南园博园。

ZigBee 无线路灯照明节能环保技术的应用是此次园博园中的一大亮点。园区所有的功能性照明都采用了 ZigBee 无线技术达成的无线路灯控制。

(3) 首家高铁物联网技术应用中心在苏州投用

我国首家高铁物联网技术应用中心 2010 年 6 月 18 日在苏州科技城投用,该中心将为高铁物联网产业发展提供科技支撑。

(4) 国家电网首座 220 千伏智能变电站

2011 年 1 月 3 日,国家电网首座 220 千伏智能变电站——无锡市惠山区西泾变电站日前投入运行,并通过物联网技术建立传感测控网络,实现了真正意义上的"无人值守和巡检"。

（5）首家手机物联网落户广州

将移动终端与电子商务相结合的模式,让消费者可以与商家进行便捷的互动交流,随时随地体验品牌品质,传播分享信息,实现互联网向物联网的从容过度,缔造出一种全新的零接触、高透明、无风险的市场模式。

**5. 发展趋势**

业内专家认为,物联网一方面可以提高经济效益,大大节约成本;另一方面可以为全球经济的复苏提供技术动力。目前,美国、欧盟等都在投入巨资深入研究探索物联网。我国也正在高度关注、重视物联网的研究,工业和信息化部会同有关部门,在新一代信息技术方面正在开展研究,以形成支持新一代信息技术发展的政策措施。

中国移动总裁王建宙提及,物联网将会成为中国移动未来的发展重点。运用物联网技术,上海移动已为多个行业客户度身打造了集数据采集、传输、处理和业务管理于一体的整套无线综合应用解决方案。最新数据显示,目前已将超过 10 万个芯片装载在出租车、公交车上,形式多样的物联网应用在各行各业大显神通,确保城市的有序运作。在世博会期间,"车务通"全面运用于上海公共交通系统,以最先进的技术保障世博园区周边大流量交通的顺畅;面向物流企业运输管理的"e 物流",将为用户提供实时准确的货况信息、车辆跟踪定位、运输路径选择、物流网络设计与优化等服务,大大提升物流企业综合竞争能力。

此外,普及以后,用于动物、植物和机器、物品的传感器与电子标签及配套的接口装置的数量将大大超过手机的数量。物联网的推广将会成为推进经济发展的又一个驱动器,为产业开拓了又一个潜力无穷的发展机会。按照目前对物联网的需求,在近年内就需要按亿计的传感器和电子标签,这将大大推进信息技术元件的生产,同时增加大量的就业机会。

要真正建立一个有效的物联网,有两个重要因素:一是规模性,只有具备了规模,才能使物品的智能发挥作用;二是流动性,物品通常都不是静止的,而是处于运动的状态,必须保持物品在运动状态,甚至高速运动状态下都能随时实现对话。

美国权威咨询机构 FORRESTER 预测:到 2020 年,世界上物物互联的业务,跟人与人通信的业务相比,将达到 30:1,因此,"物联网"被称为是下一个万亿级的通信业务。

# 1.6　问题与思考

1. 如果你要做一个小型的校园网络规划,请写出校园网络建设步骤。
2. 请画出你设计的校园网网络拓扑图。
3. 防火墙在校园网建设中起到什么作用?
4. 在网络建设中,为什么要做需求分析?

# 模块 2 | 子网掩码与子网划分

## 2.1 应 用 环 境

在网络中为了区别不同的计算机,要给计算机指定一个联网专用号码,这个号码就是"IP 地址"。Internet 上的每台主机(Host)都有一个唯一的 IP 地址。IP 协议就是使用这个地址在主机之间传递信息。

但是互联网是由许多小型网络构成的,每个网络上都有许多主机,这样便构成了一个有层次的结构。那么如何用 IP 地址定位一台网络中的主机呢? 我们将每个 IP 地址都分割成网络号和主机号两部分,通过 IP 地址的二进制与子网掩码的二进制进行与运算,确定某个设备的网络地址和主机号。

我们知道,Internet 组织机构定义了 5 种 IP 地址,有 A、B、C 3 类地址。A 类网络有126 个,每个 A 类网络可能有 16 777 214 台主机。而在同一 A 类网络中有这么多结点是不可能的,网络会因为广播通信而饱和,结果造成大部分地址没有分配出去。这时,可以使用子网划分,把基于类的 IP 网络进一步分成更小的网络,划分子网,给每个子网分配一个新的子网网络地址。使用子网可以提高网络应用的效率。

## 2.2 学 习 目 标

在项目一的模块 4 中我们了解了 IP 的基本结构和分类。在这个基础上,通过本模块的学习,将掌握以下内容:

(1) 子网掩码。
(2) 子网划分。
(3) 可变长子网掩码 VLSM。
(4) IPv6 地址。

## 2.3 相 关 知 识

### 2.3.1 子网掩码

**1. 子网掩码的概念**

子网掩码(subnet mask)又叫网络掩码、地址掩码、子网络遮罩,它是一种用来指明一个

IP 地址的哪些位标识的是主机所在的子网以及哪些位标识的是主机的位掩码。子网掩码不能单独存在,它必须结合 IP 地址一起使用。子网掩码只有一个作用,就是将某个 IP 地址划分成网络地址和主机地址两部分。

**2. 子网掩码的作用**

子网掩码是一个 32 位地址,是与 IP 地址结合使用的一种技术。它的主要作用有两个:一是用于屏蔽 IP 地址的一部分以区别网络标识和主机标识,并说明该 IP 地址是在局域网上,还是在远程网上;二是用于将一个大的 IP 网络划分为若干小的子网络。

**3. 确定子网掩码**

为了定义地址的网络部分和主机部分,我们使用子网掩码。子网掩码的设定必须遵循一定的规则。与二进制 IP 地址相同,子网掩码由 1 和 0 组成,且 1 和 0 分别连续。子网掩码的长度也是 32 位,左边是网络位,用二进制数字"1"表示,1 的数目等于网络位的长度;右边是主机位,用二进制数字"0"表示,0 的数目等于主机位的长度。这样做的目的是为了让掩码与 IP 地址做 AND 运算时用 0 遮住原主机数,而不改变原网络段数字,而且很容易通过 0 的位数确定子网的主机数。

如图 3-2-1 所示。在代表网络部分的每个位的位置上置入二进制 1,在代表主机部分的每个位的位置上置入二进制 0,即可创建子网掩码。例如:IP 地址 192.16.4.1 的子网掩码为 255.255.255.0。

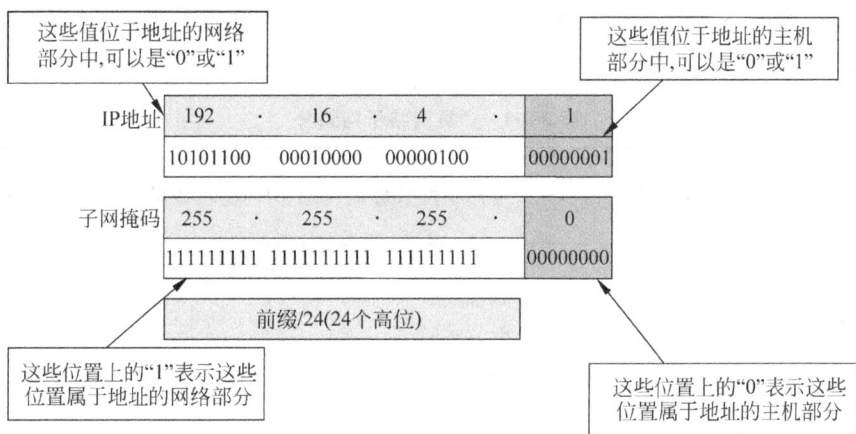

图 3-2-1　IP 地址与子网掩码

**4. 子网掩码的分类**

子网掩码一共分为两类:一类是默认(自动生成)子网掩码;一类是扩展子网掩码。默认子网掩码即未划分子网,对应的网络部分都置 1,主机部分都置 0。

* A 类网络默认子网掩码为 255.0.0.0。
* B 类网络默认子网掩码为 255.255.0.0。
* C 类网络默认子网掩码为 255.255.255.0。

扩展子网掩码是将一个网络划分为几个子网,需要每一段使用不同的网络号或子网号。关于扩展子网掩码的问题,将在下面介绍。

### 2.3.2 子网划分

**1. 子网划分的概念**

子网划分(Sub Networking)是指由网络管理员将一个给定的网络分为若干个更小的部分,这些更小的部分就称为子网(Subnet)。当网络中的主机总数未超过所给定的某类网络可容纳的最大主机数,但内部又要划分为若干个分段进行管理时,就可以采用子网划分的方法。

为了创建子网,网络管理员需要从原由 IP 地址的主机位中借出连续的若干高位作为子网网络标识,如图 3-2-2 所示,经过划分的子网因为其主机数量减少,已经不需要原来那么多位作为主机标识,从而可以将这些多余的高位主机位用做子网标识。

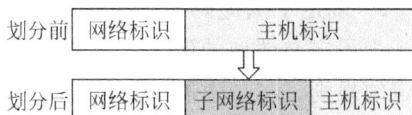

| 划分前 | 网络标识 | 主机标识 | |
|---|---|---|---|
| 划分后 | 网络标识 | 子网络标识 | 主机标识 |

图 3-2-2　子网划分示意图

**2. 子网划分的方法**

我们可以向主机位部分借用一个或多个主机位作为网络位创建子网。具体做法是延长掩码,从地址的主机部分借用若干位来增加网络位。使用的主机位越多,可以定义的子网也就越多。每借用一个位,可用的子网数量就翻一番。例如,借用 1 个位可以定义 2 个子网。如果借用 2 个位,则有 4 个子网。但是,每借用一个位,每个子网可用的主机地址就会减少。以一个 C 类网络为例,在表 3-2-1 中,可以看出,随着子网数量的增加,子网内可用的主机数量在减少。

表 3-2-1　C 类网络子网划分

| 向主机位借用个数<br>(子网网络位个数) | 子网数量 | 可用子网数量 | 子网内主机数量 | 可用主机数量 |
|---|---|---|---|---|
| 1 | $2^1=2$ | $2-2=0$ | 无可用子网 | 无可用主机 |
| 2 | $2^2=4$ | $4-2=2$ | 64 | $64-2=62$ |
| 3 | $2^3=8$ | $8-2=6$ | 32 | $32-2=32$ |
| 4 | $2^4=16$ | $16-2=14$ | 16 | $16-2=14$ |
| 5 | $2^5=32$ | $32-2=32$ | 8 | $8-2=6$ |
| 6 | $2^6=64$ | $64-2=62$ | 4 | $4-2=2$ |
| 7 | $2^7=128$ | $128-2=126$ | 2 | 特殊用途 |
| 8 | $2^8=256$ | 无可用子网 | 无主机 | 无可用主机 |

用于计算子网和主机的公式:

使用此公式可计算子网数量 $2^n$,其中,$n$ 为借用的位数。

要计算每个网络的主机数量,可以使用公式 $2^n-2$,其中,$n$ 为留给主机的位数。

**3. 子网划分的优点**

- 解决了 IP 地质严重匮乏的问题。
- 实现更小的广播域。
- 更好的利用主机位。
- 解决不同物理空间的主机使用同一网络。

# 2.4　案例介绍

**1. 案例一**

某公司的路由器有两个接口用于互联两个网络,如图 3-2-3 所示。

图 3-2-3　网络连接示意图

假设公司准备使用的地址块为 192.168.1.0/24。要解决使用一个地址块来连接两个网络的问题,可以创建两个子网。使用子网掩码 255.255.255.128 取代原来的掩码 255.255.255.0,向主机借用了一位。最后一个二进制 8 位数的最高位用于区分这两个子网。其中一个子网的这个位为 0,而另一个子网的这个位为 1,如图 3-2-4 所示。

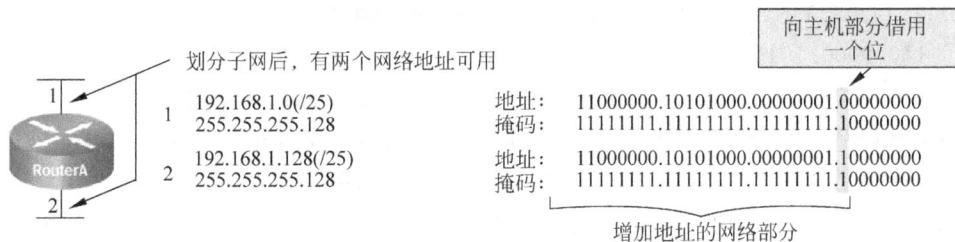

图 3-2-4　基本子网划分

这时,原来的 192.168.1.0/24 的网络被划分为了 192.1681.0/25 和 192.168.128.0/25 两个子网,每个子网中的有 128 个主机,如图 3-2-5 所示。

| 子网 | 网络地址 | 主机范围 | 广播地址 |
|------|----------|----------|----------|
| 0 | 192.168.1.0/25 | 192.168.1.1 - 192.168.1.126 | 192.168.1.127 |
| 1 | 192.168.1.128/25 | 192.168.1.129 - 192.168.1.254 | 192.168.1.255 |

图 3-2-5　编址方案

**2. 案例二**

某集团公司给下属子公司甲分配了一段 IP 地址 192.168.5.0/24,现在甲公司有两层办公楼(一楼和二楼),统一从 1 楼的路由器上公网。一楼有 100 台计算机联网,二楼有 53 台计算机联网。如果你是该公司的网管,你该怎么去规划这个 IP?

根据需求,画出下面这个公司简单的拓扑,如图 3-2-6 所示。

将 192.168.5.0/24 划成 3 个网段:一楼一个网段,至少拥有 101 个可用 IP 地址;二楼一个网段，至少拥有 54 个可用 IP 地址；一楼和二楼的路由器互联用一个网段，需要 2 个 IP 地址。

分析：在划分子网时优先考虑最大主机数来划分。在本例中，先使用最大主机数来划分子网。101 个可用 IP 地址，那就要保证至少 7 位的主机位可用（$2^m-2\geqslant 101$，$m$ 的最小值=7）。如果保留 7 位主机位，那就只能划出两个网段，剩下的一个网段就划不出来了。但是我们剩下的一个网段只需要 2 个 IP 地址并且二楼的网段只需要 54 个可用 IP，因此，可以从第一次划出的两个网段中选择一个网段来继续划分二楼的网段和路由器互联使用的网段。

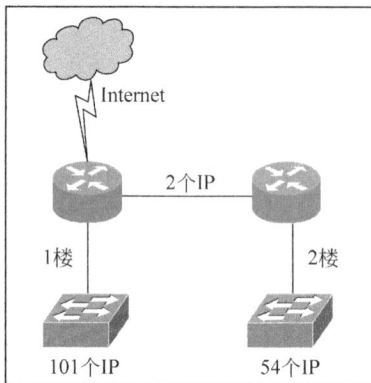

图 3-2-6　公司拓扑

步骤：

（1）先根据大的主机数需求，划分子网。

因为要保证一楼网段至少有 101 个可用 IP 地址，所以，主机位要保留至少 7 位。先将 192.168.5.0/24 用二进制表示：

11000000.10101000.00000101.00000000/24

主机位保留 7 位，即在现有基础上网络位向主机位借 1 位，子网掩码为 11111111.11111111.11111111.10000000。划分了两个子网，网络地址为：

① 11000000.10101000.00000101.00000000/25（192.168.5.0/25）。

② 11000000.10101000.00000101.10000000/25（192.168.5.128/25）。

一楼网段从这两个子网段中选择一个即可，这里选择 192.168.5.0/25。二楼网段和路由器互联使用的网段从 192.168.5.128/25 中再次划分得到。

（2）再划分二楼使用的网段。二楼使用的网段从 192.168.5.128/25 这个子网段中再次划分子网获得。因为二楼至少要有 54 个可用 IP 地址，所以，主机位至少要保留 6 位（$2^m-2\geqslant 54$，$m$ 的最小值=6）。

先将 192.168.5.128/25 用二进制表示：

11000000.10101000.00000101.10000000/25

主机位保留 6 位，即在现有基础上网络位向主机位借 1 位，得到子网掩码为：

11111111.11111111.11111111.11000000

这时，在 192.168.5.128 子网中，可再划分出 2 个子网：

① 11000000.10101000.00000101.10000000/26（192.168.5.128/26）。

② 11000000.10101000.00000101.11000000/26（192.168.5.192/26）。

二楼网段从这两个子网段中选择一个即可，这里选择 192.168.5.128/26。

路由器互联使用的网段从 192.168.5.192/26 中再次划分得到。

（3）最后划分路由器互联使用的网段，路由器互联使用的网段从 192.168.5.192/26 这个子网段中再次划分子网获得。因为只需要 2 个可用 IP 地址，所以，主机位只要保留 2 位即可（$2^m-2\geqslant 2$，$m$ 的最小值=2）。

先将 192.168.5.192/26 用二进制表示：

11000000.10101000.00000101.11000000/26

主机位保留 2 位，即在现有基础上网络位向主机位借 4 位，得到子网掩码为：

11111111. 11111111. 11111111.11111100

这时，在 192.168.5.192/26 子网中，划分出 16 个子网：

11000000.10101000.00000101.11000000/30(192.168.5.192/30)
11000000.10101000.00000101.11000100/30(192.168.5.196/30)
11000000.10101000.00000101.11001000/30(192.168.5.200/30)
⋮
11000000.10101000.00000101.11110100/30(192.168.5.244/30)
11000000.10101000.00000101.11111000/30(192.168.5.248/30)
11000000.10101000.00000101.11111100/30(192.168.5.252/30)

路由器互联网段从这 16 个子网中选择一个即可，这里选择 192.168.5.252/30。

（4）在本案例中，进行子网划分后网络地址规划为：

一楼

网络地址：192.168.5.0/25

主机 IP 地址：192.168.5.1/25～192.168.5.126/25

广播地址：192.168.5.127/25

二楼

网络地址：192.168.5.128/26

主机 IP 地址：192.168.5.129/26～192.168.5.190/26

广播地址：192.168.5.191/26

路由器互联：

网络地址：192.168.5.252/30

两个 IP 地址：192.168.5.253/30、192.168.5.254/30

广播地址：192.168.5.255/30

# 2.5 知 识 扩 展

## 2.5.1 可变长子网掩码 VLSM

细分子网即使用可变长子网掩码 VLSM(Variable Length Subnet Mask)，其目的是最大限度地提高编址效率。采用传统的子网划分来确定主机总数时，每个子网分配的地址数量相同。在 2.4 节的案例二中，其实已经使用到了 VLSM 技术。

VLSM 是一种产生不同大小子网的网络分配机制，指一个网络可以配置不同的掩码。开发可变长度子网掩码的想法就是在每个子网上保留足够的主机数的同时，把一个网分成多个子网时有更大的灵活性。如果没有 VLSM，一个子网掩码只能提供给一个网络。

## 2.5.2 无类域间路由 CIDR

1992 年引入了 CIDR,它意味着在路由表层次的网络地址"类"的概念已经被取消,代之以"网络前缀"的概念。例如,在传统的 IP 地址中,我们说 192.168.1.5 是一个 C 类 IP,但是在 CIDR 无类域间路由中,就没有类别的概念了,表达方式为 192.168.1.5/27。"/27"为网络前缀。

Internet 中的 CIDR——Classless Inter-Domain Routing,翻译成中文为无类别域间路由。基本思想是取消地址的分类结构,取而代之的是允许以可变长分界的方式分配网络数。它支持路由聚合,可限制 Internet 主干路由器中必要路由信息的增长。IP 地址中 A 类已经分配完毕,B 类也已经差不多了剩下的 C 类地址已经成为大家瓜分的目标。显然对于一个国家、地区、组织来说分配到的地址最好是连续的。那么如何来保证这一点呢? 于是提出了 CIDR 的概念。

CIDR 的"无类别"的意思是现在的选路决策是基于整个 32 位 IP 地址的掩码操作。而不管其 IP 地址是 A 类、B 类或是 C 类,都没有什么区别。它的思想是:把许多 C 类地址合起来作 B 类地址分配。采用这种分配多个 IP 地址的方式,使其能够将路由表中的许多表项归并总结成更少的数目。

VLSM 与 CIDR 的区别:
- CIDR 是把几个标准网络合成一个大的网络。
- VLSM 是把一个标准网络分成几个小型网络(子网)。
- CIDR 是子网掩码往左边移了。
- VLSM 是子网掩码往右边移了。

## 2.5.3 IPv6 地址

### 1. IPv6 的概念

IPv6 是 Internet Protocol Version 6 的缩写,它是 IETF 设计的用于替代现行版本 IP 协议——IPv4——的下一代 IP 协议。IPv6 正处在不断发展和完善的过程中,它在不久的将来将取代目前被广泛使用的 IPv4。每个人将拥有更多 IP 地址。

### 2. IPv6 的特点及优势

与 IPV4 相比,IPV6 具有以下几个优势:
- IPv6 具有更大的地址空间。

IPv4 中规定 IP 地址长度为 32,最大地址个数为 $2^{32}$;而 IPv6 中 IP 地址的长度为 128,即最大地址个数为 $2^{128}$。与 32 位地址空间相比,其地址空间增加了 $2^{128}-2^{32}$ 个。
- IPv6 使用更小的路由表。

IPv6 的地址分配一开始就遵循聚类(Aggregation)的原则,这使得路由器能在路由表中用一条记录(Entry)表示一片子网,大大减小了路由器中路由表的长度,提高了路由器转发数据包的速度。
- IPv6 增加了增强的组播支持以及对流的支持。

这使得网络上的多媒体应用有了长足发展的机会,为服务质量(Quality of Service,QoS)控制提供了良好的网络平台。

- IPv6 加入了对自动配置的支持。

这是对 DHCP 协议的改进和扩展,使得网络(尤其是局域网)的管理更加方便和快捷。

- IPv6 具有更高的安全性。

在使用 IPv6 网络中用户可以对网络层的数据进行加密并对 IP 报文进行校验,在 IPv6 中的加密与鉴别选项提供了分组的保密性与完整性。极大地增强了网络的安全性。

- 允许扩充。如果新的技术或应用需要时,IPv6 允许协议进行扩充。
- 更好的头部格式。

IPv6 使用新的头部格式,其选项与基本头部分开,如果需要,可将选项插入到基本头部与上层数据之间。这就简化和加速了路由选择过程,因为大多数的选项不需要由路由选择。

- 新的选项。IPv6 有一些新的选项来实现附加的功能。

**3. IPv6 地址表示**

IPv6 地址为 128 位长,但通常写作 8 组,每组为 4 个十六进制数的形式。例如:2001: 0db8:85a3:08d3:1319:8a2e:0370:7344 是一个合法的 IPv6 地址。如果 4 个数字都是零,可以被省略。

例如:2001:0db8:85a3:0000:1319:8a2e:0370:7344 等价于 2001:0db8:85a3::1319: 8a2e:0370:7344 遵从这些规则,如果因为省略而出现了两个以上的冒号的话,可以压缩为一个,但这种零压缩在地址中只能出现一次。

**4. 对网络管理的影响**

IPv6 中有足够的地址为地球上每一平方英寸的地方分配一个独一无二的 IP 地址。虽然这实际上能够使你能想到的任何设备都分配一个 IP 地址,但是,这对于管理地址分配的管理员来说却是一个噩梦。幸运的是,IPv6 包含一种"结点自动配置"功能。这实际上是在所有的 IPv6 网络中替代 DHCP(动态主机配置协议)和 ARP(地址解析协议)的下一代技术,能够让你不进行任何设置就可以把新设备连接到网络。

随着 IPv6 功能的增加,又出现一些潜在的管理问题。IPv6 本身提供了安全支持功能,这种功能称作 IPSec。根据 VPN 建立的方式,加密也许包括也许不包括某些头信息。VPN 可以减少客户机和服务器之间通信管理的工作量。管理端点(IKE,互联网密钥交换)之间的安全策略也是很复杂的。

# 2.6　问题与思考

1. IP 地址通过什么来定义网络?

2. 说出 3 种类型的 IPv4 地址名称及其用途。

3. 查看图 3-2-7 与当前配置,秘书办公室的主机 A 由于故障被更换。尽管更换的计算机可以成功 Ping 通 127.0.0.1,但是却无法访问公司网络。问题的原因可能是什么?

4. 下面的 IP 地址都属于同一个子网,下列关于这些 IP 地址的说法,哪些是正确的?
(多选)

IP 地址:

```
192.168.223.99
192.168.223.107
```

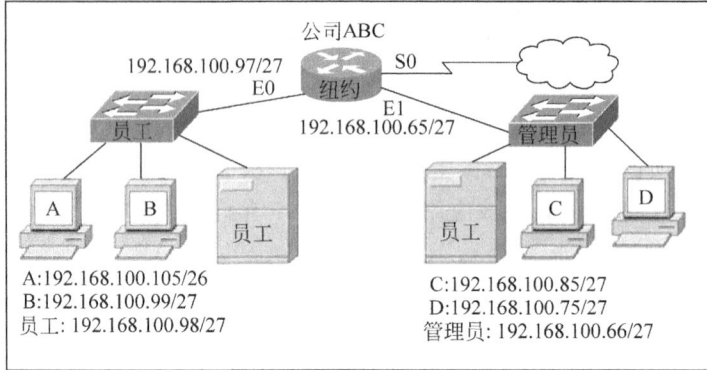

图 3-2-7    拓扑图

192.168.223.117
192.168.223.127

A. 它们最后一个二进制数的最高 4 位相同

B. 它们的低位有 5 位相同

C. 它们的高位有 27 位相同

D. 192.168.223.99 可能是其地址范围的网络号

E. 255.255.255.224 是其地址范围的正确掩码

F. 192.168.223.127 是其地址范围的广播地址

5. 请在左侧的选项中选择与右侧选项相对应的条目进行连线。

| 192.168.16.192/30 | 借用 4 个位创建子网 |
|---|---|
| 172.27.64.98/23 | 6 个可用子网 |
| 172.18.125.6/20 | 每个子网有两台可用主机 |
| 10.1.167.36/13 | 该网络未划分子网 |
| 192.168.87.212/24 | 每个子网有 512 个地址 |
| 172.31.16.128/19 | |

# 模块 3　大中型网络中的路由和路由选择

## 3.1　应　用　环　境

在互联网各种级别的网络中随处都可见到路由器。接入网络使得家庭和小型企业可以连接到某个互联网服务提供商；企业网中的路由器连接着一个校园或企业内成千上万的计算机；骨干网上的路由器终端系统通常是不能直接访问的，它们连接长距离骨干网上的 ISP 和企业网络。互联网的快速发展无论是对骨干网、企业网还是接入网都带来了不同的挑战。企业级路由器不但要求端口数目多、价格低廉，而且要求配置起来简单方便，并提供 QoS。

## 3.2　学　习　目　标

在此模块中，我们将学习路由器的基本概念、功能、工作过程以及校园网中路由器的基本配置。

## 3.3　相　关　知　识

### 3.3.1　路由器的基本知识

**1. 路由器的概念**

路由器(Router)是连接因特网中各局域网、广域网的设备，它会根据信道的情况自动选择和设定路由，以最佳路径，按前后顺序发送信号的设备。路由器是互联网络的枢纽、起着"交通警察"的作用。

目前路由器已经广泛应用于各行各业，各种不同档次的产品已成为实现各种骨干网内部连接、骨干网间互联和骨干网与互联网互联互通业务的主力军。路由和交换之间的主要区别就是交换发生在 OSI 参考模型第二层（数据链路层），而路由发生在第三层，即网络层。这一区别决定了路由和交换在移动信息的过程中需使用不同的控制信息，所以两者实现各自功能的方式是不同的，如图 3-3-1 所示。

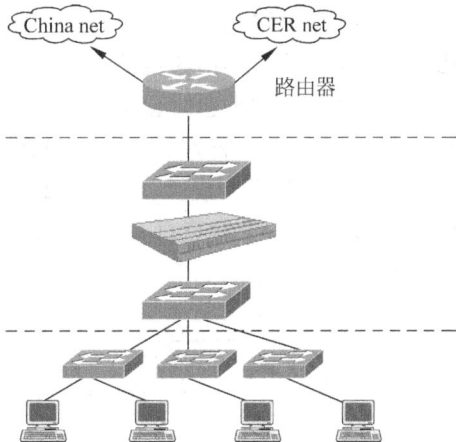

图 3-3-1　路由器的位置

**2. 路由器的功能**

路由器的一个功能是连通不同的网络,另一个功能是选择信息传送的线路。选择通畅快捷的近路,能大大提高通信速度,减轻网络系统通信负荷,节约网络系统资源,提高网络系统畅通率,从而让网络系统发挥出更大的效益。

从过滤网络流量的角度来看,路由器的作用与交换机和网桥非常相似。但是与工作在网络物理层、从物理上划分网段的交换机不同,路由器使用专门的软件协议从逻辑上对整个网络进行划分。例如,一台支持 IP 协议的路由器可以把网络划分成多个子网段,只有指向特殊 IP 地址的网络流量才可以通过路由器。对于每一个接收到的数据包,路由器都会重新计算其校验值,并写入新的物理地址。因此,使用路由器转发和过滤数据的速度往往要比只查看数据包物理地址的交换机慢。但是,路对于那些结构复杂的网络,使用路由器可以提高网络的整体效率。

**3. 路由表**

路由器的主要工作就是为经过路由器的每个数据帧寻找一条最佳传输路径,并将该数据有效地传送到目的站点。由此可见,选择最佳路径的策略即路由算法是路由器的关键所在。为了完成这项工作,在路由器中保存着各种传输路径的相关数据——路径表(Routing Table),供路由选择时使用。路径表中保存着子网的标志信息、网上路由器的个数和下一个路由器的名字等内容。路径表可以是由系统管理员固定设置好的,也可以由系统动态修改;可以由路由器自动调整,也可以由主机控制。

1) 静态路径表

由系统管理员事先设置好固定的路径表称为静态(Static)路径表,一般是在系统安装时就根据网络的配置情况预先设定的,它不会随未来网络结构的改变而改变。

2) 动态路径表

动态(Dynamic)路径表是路由器根据网络系统的运行情况而自动调整的路径表。路由器根据路由选择协议(Routing Protocol)提供的功能,自动学习和记忆网络运行情况,在需要时自动计算数据传输的最佳路径。

**4. 路由器的工作过程**

路由器的主要用途是连接多个网络,并将数据包转发到自身的网络或其他网络。由于路由器的主要转发决定是根据第三层 IP 数据包(即根据目的 IP 地址)做出的,因此路由器被视为第三层设备。作出决定的过程称为路由。

路由器在收到数据包时会检查其目的 IP 地址。如果目的 IP 地址不属于路由器直连的任何网络,则路由器会将该数据包转发到另一路由器。在图 3-3-2 中,R1 会检查数据包的目的 IP 地址。搜索路由表后,R1 将数据包转发到 R2。R2 收到数据包时,会也检查该数据包的目的 IP 地址。R2 在搜索自身的路由表后,将数据包通过与 R2 直连的以太网转发到 PC2。

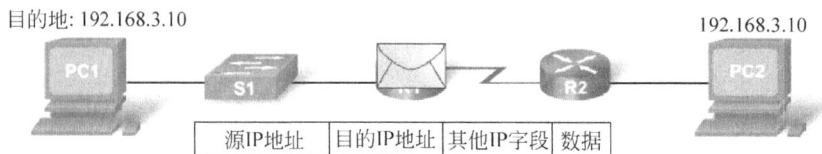

图 3-3-2　数据包的转发

每个路由器在收到数据包后,都会搜索自身的路由表,寻找数据包目的 IP 地址与路由表中网络地址的最佳匹配。如果找到匹配项,就将数据包封装到对应外发接口的第二层数据链路帧中。数据链路封装的类型取决于接口的类型,如以太网接口或 HDLC 接口。

最后,数据包到达与目的 IP 地址相匹配的网络中的路由器。在本例中,路由器 R2 收到来自 R1 的数据包。然后 R2 会确定与目的设备 PC2 处在同一网络的以太网接口,并将数据包从该接口转发出去。

## 3.3.2　路由器的基本配置命令

在项目二中我们学习了思科路由器的基本配置。在这里我们按照对路由器需要的基本配置任务介绍在下面案例中需要的路由器的配置命令:

### 1. 为路由器命名

首先进入全局配置模式。

```
Router＃config t
```

然后为路由器设置唯一的主机名。

```
Router(config)＃hostname R1
R1(config)＃
```

### 2. 设置口令

配置一个口令,用于进入特权执行模式。

```
Router(config)＃enable secret password
```

配置控制台和 Telnet 的口令配置。

```
R1(config)＃line console 0          //控制台口令
R1(config－line)＃password cisco
R1(config－line)＃login
R1(config－line)＃exit

R1(config)＃line vty 0 4            //Telnet 口令
R1(config－line)＃password cisco
R1(config－line)＃login
R1(config－line)＃exit
```

**注意**:如果不在控制台命令行中输入 login 命令,那么用户无须输入口令即可获得命令行访问权。

### 3. 配置接口

路由器一般具有快速以太网接口——FastEthernet0/0,用于连接不同的 LAN;还具有各种类型的 WAN 接口——Serial0/0/0,用于连接多种串行链路,如图 3-3-3 所示。

配置路由器接口的 IP 地址和其他信息。首先指定接口类型和编号以进入接口配置模式。然后配置 IP 地址和子网掩码:

```
R1(config)＃interface FastEthernet0/0
R1(config－if)＃ip address 192.168.1.1 255.255.255.0
```

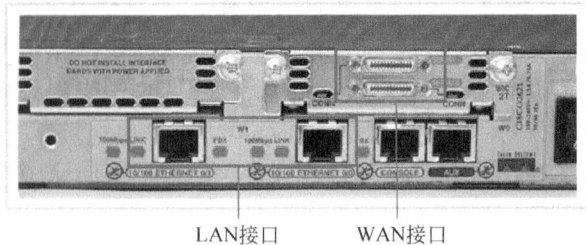

LAN接口　　　　WAN接口

图 3-3-3　路由器的网络接口

```
R1(config-if)♯description   R1LAN//为接口配置说明文字
R1(config-if)♯no shutdown
```

**说明**：建议为每个接口配置说明文字，以帮助记录网络信息。说明文字最长不能超过240 个字符。在说明中提供接口所连接的网络类型，以及该网络中是否还有其他路由器等信息，以利于今后的故障排除工作。

**4. 保存路由器更改**

在完成了基本配置后，必须将 running-config 保存到非易失性存储器，即路由器的NVRAM。这样，路由器在断电或出现意外而重新加载时，才能够以当前配置启动。路由器配置完成并经过测试后，必须将 running-config 保存到 startup-config 作为永久性配置文件：

```
R1(config)♯copy running-config startup-config
```

**5. 静态路由配置**

静态路由是指由网络管理员手工配置的路由信息。当网络的拓扑结构或链路的状态发生变化时，网络管理员需要手工去修改路由表中相关的静态路由信息。

配置静态路由的命令是 ip route。配置静态路由的语法格式为：

```
Router(config)♯ip route network-address subnet-mask {ip-address | exit-interface }
```

下面介绍语法中的参数：

（1）network-address——要加入路由表的远程网络的目的网络地址。

（2）subnet-mask——要加入路由表的远程网络的子网掩码。此外，还必须使用以下一个或两个参数。

- ip-address——一般指下一跳路由器的 IP 地址。
- exit-interface——将数据包转发到目的网络时使用的送出接口。

命令实例：

```
R1(config)♯ip route 172.16.1.0 255.255.255.0 172.16.2.2
```

# 3.4　案例介绍

某高校有 3 个校区，组成校园网。每个校区有一个路由器作为出口，路由器之间使用广域网线路连接，网络连接拓扑示意图如图 3-3-4 所示。

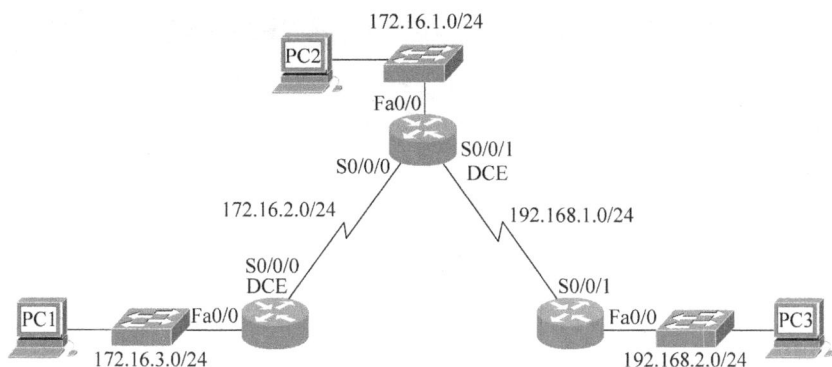

图 3-3-4　拓扑图

本案例将创建一个与拓扑图类似的网络。完成网络通畅所需的初始路由器配置。使用如表 3-3-1 所示的地址表中提供的 IP 地址为网络设备分配地址。完成基本配置之后,测试网络设备间的连通性。

表 3-3-1　地址表

| 设　备 | 接　口 | IP 地址 | 子　网　掩　码 | 默　认　网　关 |
|---|---|---|---|---|
| R1 | Fa0/0 | 172.16.3.1 | 255.255.255.0 | 不适用 |
| | S0/0/0 | 172.16.2.1 | 255.255.255.0 | 不适用 |
| R2 | Fa0/0 | 172.16.1.1 | 255.255.255.0 | 不适用 |
| | S0/0/0 | 172.16.2.2 | 255.255.255.0 | 不适用 |
| | S0/0/1 | 192.168.1.2 | 255.255.255.0 | 不适用 |
| R3 | FA0/0 | 192.168.2.1 | 255.255.255.0 | 不适用 |
| | S0/0/1 | 192.168.1.1 | 255.255.255.0 | 不适用 |
| PC1 | 网卡 | 172.16.3.10 | 255.255.255.0 | 172.16.3.1 |
| PC2 | 网卡 | 172.16.1.10 | 255.255.255.0 | 172.16.1.1 |
| PC3 | 网卡 | 192.168.2.10 | 255.255.255.0 | 192.168.2.1 |

使用 Packet Tracer 构建一个拓扑图如图 3-3-5 所示的网络。

执行路由器基本配置如下:

(1) 按照表 3-3-1 中的地址将 3 个 PC 配置好 IP 地址。图 3-3-6 给出了 PC1 的配置。

(2) 完成路由器的基本配置,以路由器 R1 为例:

```
Router > en
Router#config t
Enter configuration commands, one per line. End with CNTL/Z.
Router(config)#hostname R1
R1(config)#enable password cisco
R1(config)#line console 0
R1(config-line)#password class
R1(config-line)#login
R1(config-line)#line vty 0 4
R1(config-line)#password class
R1(config-line)#login
R1(config-line)#end
```

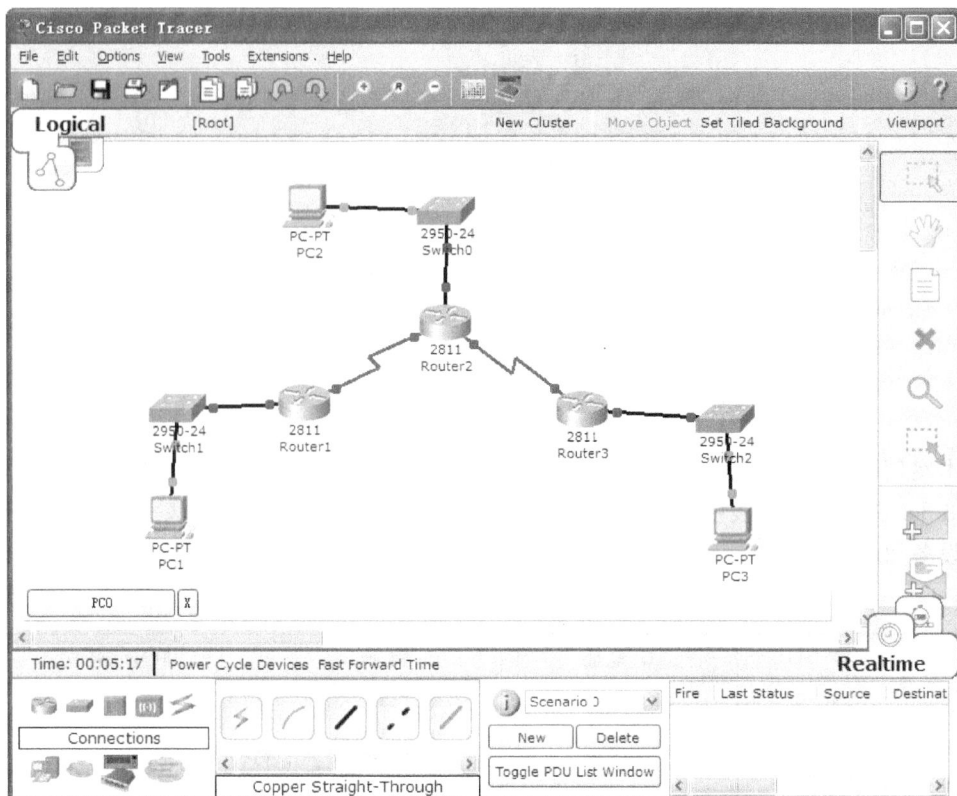

图 3-3-5　PT 中的拓扑图

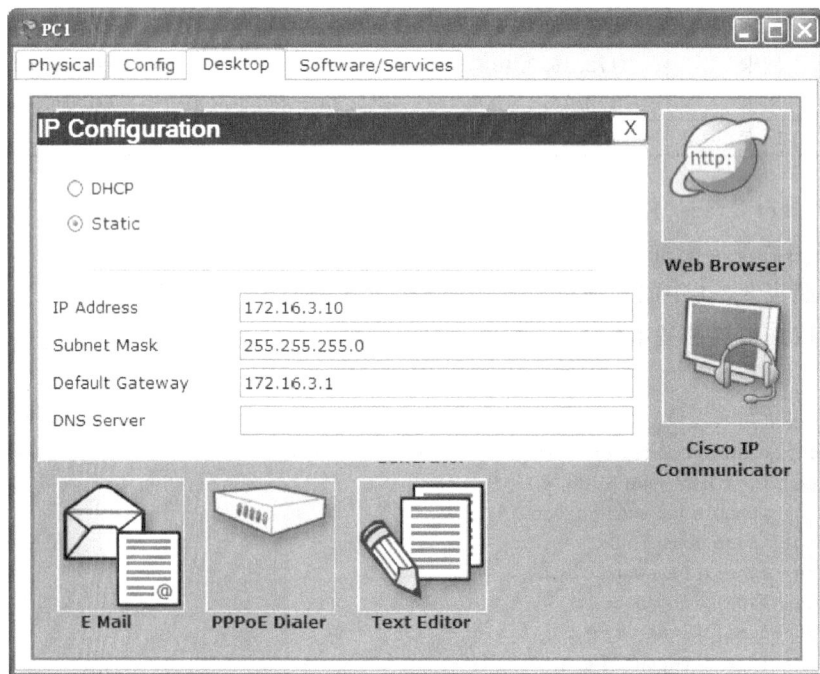

图 3-3-6　PC 的地址配置

**注意**：如果在路由器输入过程中不想收到来自路由器的自动提供的消息，可以使用 Router(config-line)♯logging synchronous 命令解除消息提供。

（3）配置路由器的接口地址。

R1 路由器：

```
R1(config)♯int fa0/0              //配置以太网接口
R1(config-if)♯ip address 172.16.3.1 255.255.255.0
R1(config-if)♯no shutdown
R1(config)♯int s0/0/0            //配置广域网接口
R1(config-if)♯ip address 172.16.2.1 255.255.255.0
R1(config-if)♯clock rate 64000
R1(config-if)♯no shutdown
```

**注意**：在配置路由器的广域网接口时要在串行链路的 DCE 端要配置时钟频率，在一个网络中路由器的时钟频率只能有一个。

R2 路由器：

```
R2(config)♯int fa 0/0
R2(config-if)♯ip address 172.16.1.1 255.255.255.0
R2(config-if)♯no shut
R2(config-if)♯int s0/0/0
R2(config-if)♯ip address 172.16.2.2 255.255.255.0
R2(config-if)♯no shut
R2(config)♯int s0/0/1
R2(config-if)♯ip address 192.168.1.2 255.255.255.0
R2(config-if)♯clock rate 64000
R2(config-if)♯no shut
```

R3 路由器：

```
R3(config-if)♯int fa0/0
R3(config-if)♯ip address 192.168.2.1 255.255.255.0
R3(config-if)♯no shutdown
R3(config-if)♯int s0/0/1
R3(config-if)♯ip address 192.168.1.1 255.255.255.0
R3(config-if)♯no shutdown
```

**注意**：可以使用 no ip domain-lookup 命令来取消名称解析，这样我们在输错命令的情况下不会等待太长时间。

（4）配置静态路由。

R1 路由器：

```
R1(config)♯ip route 172.16.1.0 255.255.255.0 172.16.2.2
R1(config)♯ip route 192.168.1.0 255.255.255.0 172.16.2.2
R1(config)♯ip route 192.168.2.0 255.255.255.0 172.16.2.2
R1(config)♯end
```

R2 路由器：

```
R2(config)♯ip route 172.16.3.0 255.255.255.0 172.16.2.1
R2(config)♯ip route 192.168.2.0 255.255.255.0 192.168.1.1
R2(config)♯exit
```

R3 路由器：

```
R3(config)#ip route 172.16.3.0 255.255.255.0 192.168.1.2
R3(config)#ip route 172.16.2.0 255.255.255.0 192.168.1.2
R3(config)#ip route 172.16.1.0 255.255.255.0 192.168.1.2
R3(config)#exit
```

在配置完成后可以使用 show ip route 命令查看路由表,如图 3-3-7 所示。

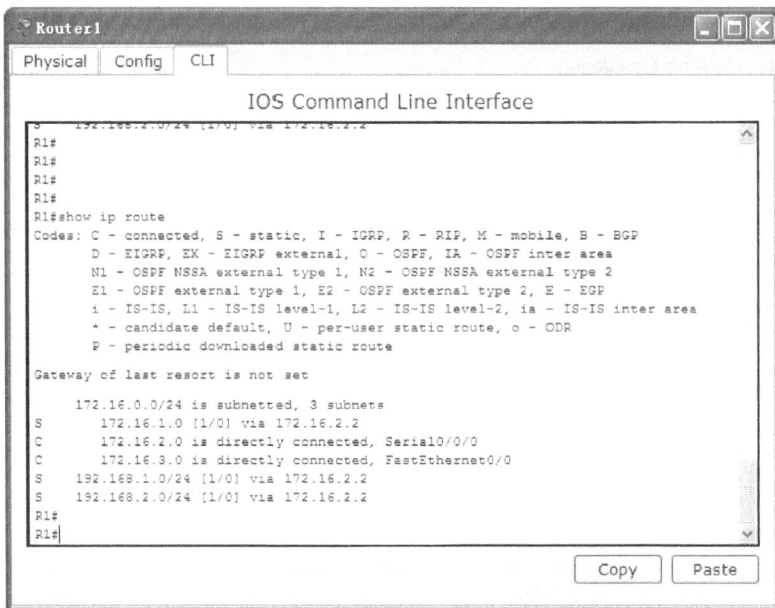

图 3-3-7　查看 R1 的路由表

(5)测试连通。

PC1 ping PC3,如图 3-3-8 所示。

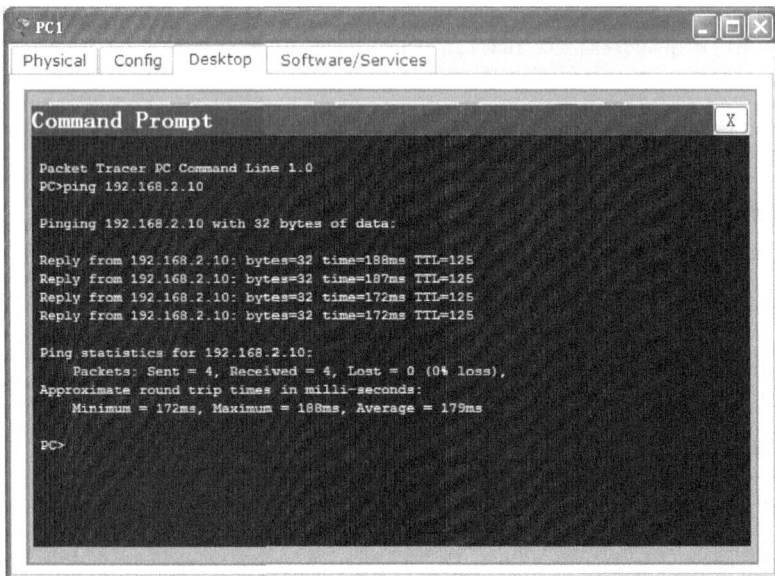

图 3-3-8　PC1 与 PC3　ping 通

PC1 ping PC3，如图 3-3-9 所示。

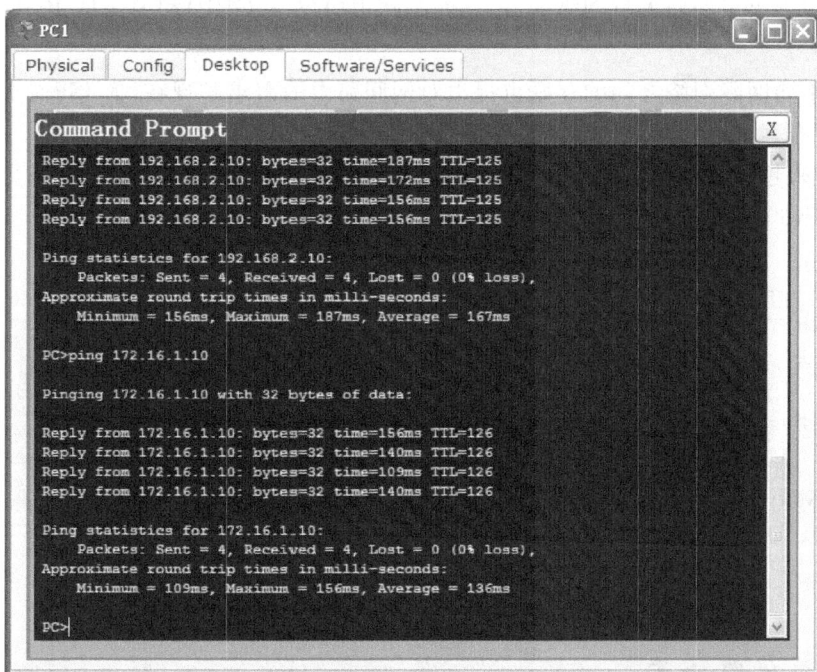

图 3-3-9　PC1 与 PC2　ping 通

在校园网中，由于路由条目比较少并且要求路由表稳定，所以采用了静态路由。

# 3.5　知　识　扩　展

## 3.5.1　动态路由

动态路由协议自 20 世纪 80 年代初期开始应用于网络。1982 年第一版 RIP 协议问世，不过，其中的一些基本算法早在 1969 年就已应用到 ARPANET 中。

随着网络技术的不断发展，网络的愈趋复杂，新的路由协议不断涌现。图 3-3-10 显示了路由协议的分类情况。

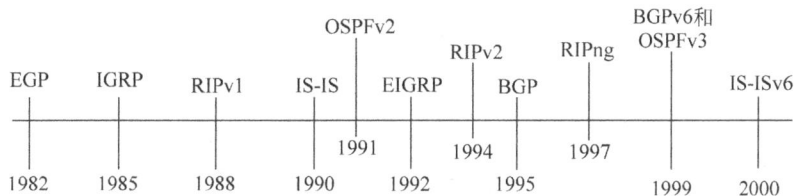

图 3-3-10　路由协议的发展历程

路由信息协议（RIP）是最早的路由协议之一，目前已经演变到 RIPv2 版。但新版的 RIP 协议仍旧不具有扩展性，无法用于较大型的网络。为了满足大型网络的需要，两种高级路由协议——开放最短路径优先(OSPF)协议和"中间系统到中间系统"(IS-IS)协议应运而生。Cisco 也推出了面向大型网络的"内部网关路由协议"(IGRP)和增强型 IGRP(EIGRP)协议。

此外,不同网际网络之间的互联也提出对网间路由的需求。现在,各 ISP 之间以及 ISP 与其大型专有客户之间采用边界网关路由(BGP)协议来交换路由信息。

目前越来越多的用户设备使用 IP 地址,IPv4 地址空间已近乎耗尽,IPv6 随之出现。为支持基于 IPv6 的通信,新的 IP 路由协议诞生,如图 3-3-11 所示。

| | 内部网关协议 | | | | 外部网关协议 |
| | 距离矢量路由协议 | | 链路状态路由协议 | | 路径矢量 |
| --- | --- | --- | --- | --- | --- |
| 有类 | RIP | IGRP | | | EGP |
| 无类 | RIPv2 | EIGRP | OSPFv2 | IS-IS | BGPv4 |
| IPv6 | RIPng | EIGRP(IPv6) | OSPFv3 | IS-IS(IPv6) | BGPv4(IPv6) |

图 3-3-11　路由信息协议

## 3.5.2　无线路由器

### 1. 无线路由器的概念

无线路由器就是带有无线覆盖功能的路由器,它主要应用于用户上网和无线覆盖。市场上流行的无线路由器一般都支持专线 XDSL/CABLE、动态 XDSL、PPTP 4 种接入方式,它还具有其他一些网络管理的功能,如 DHCP 服务、NAT 防火墙、MAC 地址过滤等等功能。

无线路由器(Wireless Router)好比将单纯性无线 AP 和宽带路由器合二为一的扩展型产品,它不仅具备单纯性无线 AP 所有功能如支持 DHCP 客户端、支持 VPN、防火墙、支持 WEP 加密等,而且还包括了网络地址转换(NAT)功能,可支持局域网用户的网络连接共享。可实现家庭无线网络中的 Internet 连接共享,实现 ADSL 和小区宽带的无线共享接入,如图 3-3-12 所示。

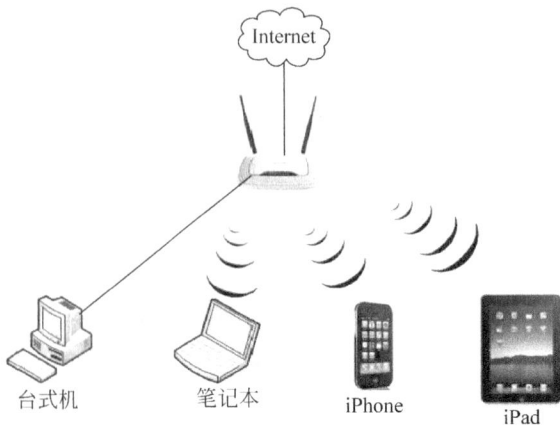

图 3-3-12　无线路由器的连接

无线路由器可以与所有以太网连接的 ADSL Modem 或 Cable Modem 直接相连,也可以在使用时通过交换机/集线器、宽带路由器等局域网方式再接入。其内置有简单的虚拟拨号软件,可以存储用户名和密码拨号上网,可以实现为拨号接入 Internet 的 ADSL、CM 等提供自动拨号功能,而无需手动拨号或占用一台计算机做服务器使用。此外,无线路由器一般还具备相对更完善的安全防护功能。

**2. 无线路由器的数据传输率**

实际的情况是无线局域网的实际传输速度只能达到产品标称最大传输速度的一半以下;比如 802.11b 的理论最大速度为 11Mbps,通过测试,在无线网络环境较好的情况下,传输 100MB 的文件需要 3 分钟左右;而在相同的环境下,换为支持 802.11g 的产品,传输 100MB 的文件就只需要 30s 左右。因此在选购产品时,在需要的传输速率的基础上,还应作上浮考虑。

**3. 增益天线**

在无线网络中,天线可以达到增强无线信号的目的,可以把它理解为无线信号的放大器。天线对空间不同方向具有不同的辐射或接收能力,而根据方向性的不同,天线有全向和定向两种。

1) 全向天线

在水平面上,辐射与接收无最大方向的天线称为全向天线。全向天线由于无方向性,所以多用在点对多点通信的中心台。比如想要在相邻的两幢楼之间建立无线连接,就可以选择这类天线。

2) 定向天线

有一个或多个辐射与接收能力最大方向的天线称为定向天线。定向天线能量集中,增益相对全向天线要高,适合于远距离点对点通信,同时由于具有方向性,抗干扰能力比较强。比如一个小区里,需要横跨几幢楼建立无线连接时,就可以选择这类天线,如图 3-3-13 所示。

常见的无线路由器一般都有一个 RJ45 口为 WAN 口,也就是 UPLink 到外部网络的接口,其余 2~4 个口为 LAN 口,用来连接普通局域网,内部有一个网络交换机芯片,专门处理 LAN 接口之间的信息交换。通常无线路由的 WAN 口和 LAN 之间的路由工作模式一般都采用 NAT (Network Address Transfer)方式。所以,其实无线路由器也可以作为有线路由器使用。

图 3-3-13　无线路由器

### 3.5.3　云计算与路由器

目前随着云计算、视频应用、社交网络等业务应用的兴起,互联网上的流量增长迅猛,激增的流量使 IP 骨干网和城域网对路由性能提升的需求不断高涨,面向"100G 平台"的新一代路由设备逐渐成为应用热点。网络设备厂商 H3C 在 2011 年初发布基于 100G 平台的新一代核心路由器 CR16000 之后,随即得到了运营商、电力、公安等领域用户的重点关注,并在多家电力项目中得到了普遍应用,将 100G 路由推入了大规模应用时代。

随着云计算业务的发展,云内交换和云间交换的数据量越来越大。据统计,在运营商的某些大型城域网,云间交换的数据量已经超过整体流量的 40%,并且有进一步扩大的趋势。云间交换数据量的爆发式增长,给现有 IP 城域和骨干网带来了巨大压力,对路由设备的架构和设备性能也提出了更为严苛的要求,也使得运营商和高端行业用户对 100G 平台路由设备给予了更多关注。据调查显示,在 140 家参与调查的电信运营商中,有 60% 的运营商希望在未来 3 年部署 100G 设备。

## 3.6　问题与思考

1. 路由器与三层交换机有什么区别?
2. 路由器中路由表有什么作用?
3. 静态路由与动态路由有什么区别?

# 模块 4 | 大中型网络中的三层交换

## 4.1 应 用 环 境

要说三层交换机在诸多网络设备中的作用,用"中流砥柱"形容并不为过。在校园网、城域教育网中,从骨干网、城域网骨干、汇聚层都有三层交换机的用武之地,尤其是核心骨干网一定要用三层交换机,否则整个网络成千上万台的计算机都在一个子网中,不仅毫无安全可言,也会因为无法分割广播域而无法隔离广播风暴。

如果采用传统的路由器,虽然可以隔离广播,但是性能又得不到保障。而三层交换机的性能非常高,既有三层路由的功能,又具有二层交换的网络速度。二层交换是基于 MAC 寻址,三层交换则是转发基于第三层。

## 4.2 学 习 目 标

在项目二中我们学习到了关于交换机的基本配置命令和一些基本配置方法,在本模块中,我们将学习在大中型网络中如何使用交换机来实现三层功能。

## 4.3 相 关 知 识

### 4.3.1 什么是二层交换

二层交换技术是发展比较成熟的技术,二层交换机是第二层数据链路层设备,可以识别数据包中的 MAC 地址信息,根据 MAC 地址进行转发,并将这些 MAC 地址与对应的端口记录在自己内部的一个地址表中。具体的工作流程如下:

(1) 当交换机从某个端口收到一个数据包,它先读取包头中的源 MAC 地址,这样它就知道源 MAC 地址的机器是连在哪个端口上的。

(2) 再去读取包头中的目的 MAC 地址,并在地址表中查找相应的端口。

(3) 如地址表中有与目的 MAC 地址对应的端口,把数据包直接复制到这端口上。

(4) 如地址表中找不到相应的端口,则把数据包广播到所有端口上,当目的机器对源机器回应时,交换机又可以了解到目的 MAC 地址与哪个端口对应,在下次传送数据时就不再需要对所有端口进行广播了。

这个过程不断循环,对于全网的 MAC 地址信息都可以学习到,二层交换机就是这样建立和维护它自己的地址表的。

从二层交换机的工作原理可以推知以下 3 点：

（1）由于交换机对多数端口的数据进行同时交换，这就要求具有很宽的交换总线带宽，如果二层交换机有 $N$ 个端口，每个端口的带宽是 $M$，若交换机总线带宽超过 $N\times M$，那么这台交换机就可以实现线速交换。

（2）学习端口连接的机器的 MAC 地址，写入地址表，地址表的大小（一般两种表示方式：一为 BEFFER RAM，一为 MAC 表项数值），地址表大小影响交换机的接入容量。

（3）还有一个就是二层交换机一般都含有专门用于处理数据包转发的 ASIC（Application specific Integrated Circuit）芯片，因此转发速度可以做到非常快。由于各个厂家采用 ASIC 不同，直接影响产品性能。

**说明**：这 3 个方面也是评判二层交换机优劣的主要技术参数，在选购交换机的时候可是以此为参考。

## 4.3.2 什么是三层交换

三层交换（也称多层交换技术，或 IP 交换技术）是相对于传统交换概念而提出的。众所周知，传统的交换技术是在 OSI 网络标准模型中的第二层交换机——数据链路层进行操作的，而第三层交换技术爱网络模型中的第三层实现了分组的告诉转发。简单说就是"第二层交换技术＋第三层转发"。

近年来对三层技术的宣传非常多，到处都在喊三层技术，有人说这是个非常新的技术；也有人说，三层交换嘛，不就是路由器和二层交换机的堆叠？事实果真如此吗？下面先来通过一个简单的网络来看看三层交换机的工作过程。如图 3-4-1 所示，使用 IP 的设备 A 通过三层交换机与使用 IP 的设备 B 连接。

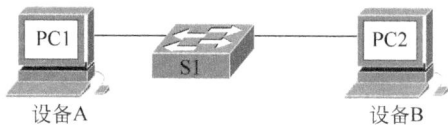

图 3-4-1　PC1 通过交换机与 PC2 连接

比如 A 要给 B 发送数据，已知目的 IP，那么 A 就用子网掩码取得网络地址，判断目的 IP 是否与自己在同一网段。

如果在同一网段，但不知道转发数据所需的 MAC 地址，A 就发送一个 ARP 请求，B 返回其 MAC 地址，A 用此 MAC 封装数据包并发送给交换机，交换机起用二层交换模块，查找 MAC 地址表，将数据包转发到相应的端口。

如果目的 IP 地址显示不是同一网段的，那么 A 要实现和 B 的通信，在流缓存条目中没有对应 MAC 地址条目，就将第一个正常数据包发送向一个默认网关，这个默认网关一般在操作系统中已经设好，对应第三层路由模块，所以可见对于不是同一子网的数据，最先在 MAC 表中放的是默认网关的 MAC 地址；然后就由三层模块接收到此数据包，查询路由表以确定到达 B 的路由，将构造一个新的帧头，其中以默认网关的 MAC 地址为源 MAC 地址，以主机 B 的 MAC 地址为目的 MAC 地址。通过一定的识别触发机制，确立主机 A 与 B 的 MAC 地址及转发端口的对应关系，并记录到流缓存条目表中，以后的 A 到 B 的数据，就直接交由二层交换模块完成。这就通常所说的一次路由多次转发。

以上就是三层交换机工作过程的简单概括，可以看出三层交换的特点：

（1）由硬件结合实现数据的高速转发。

这就不是简单的二层交换机和路由器的叠加,三层路由模块直接叠加在二层交换的高速背板总线上,突破了传统路由器的接口速率限制,速率可达几十 Gbit/s。

**说明**:算上背板带宽,速率和带宽是三层交换机性能的两个重要参数。

(2)简洁的路由软件使路由过程简化

大部分的数据转发,除了必要的路由选择交由路由软件处理,都是又二层模块高速转发,路由软件大多都是经过处理的高效优化软件,并不是简单照搬路由器中的软件。

## 4.3.3 二层交换与三层交换的区别

通过前面的学习,可以知道二层交换机用于简单的小型局域网络。在小型局域网中,广播包影响不大,二层交换机的快速交换功能、多个接入端口和低价格为小型网络用户提供了很完善的解决方案。

三层交换机的最重要的功能是加快大型局域网络内部的数据的快速转发,加入路由功能也是为这个目的服务的。如果把大型网络按照部门、地域等因素划分成一个个小局域网,这将导致大量的网际互访,单纯地使用二层交换机不能实现网际互访;如单纯地使用路由器,由于接口数量有限和路由转发速度慢,将限制网络的速度和网络规模,采用具有路由功能的快速转发的三层交换机就成为首选。

目前已经很少有人用第二层交换机,主要是因为其性能的局限性,相信随着通信行业的发展,比三层交换机更加出色的交换机会不断地出现,在今天的网络建设中,三层交换机就以其高效的性能、优良的性价比得到了用户的认可和赞许。目前,三层交换机在企业网、校园网建设、智能社区接入等许多场合得到了大量的应用,市场的需求和技术的更新推动这种应用向纵深发展。

## 4.3.4 三层交换机配置的基本命令

在前面的学习中我们已经掌握了二层交换机的基本配置,这里就不再赘述了。本节主要介绍三层交换机与 VLAN 相关的命令以及实现路由功能的命令。

### 1. VLAN 命令

交换机 VLAN 设置:

```
switch#vlan database                                    //进入 VLAN 设置
switch(vlan)#vlan 2                                     //建立 VLAN 2
switch(vlan)#no vlan 2                                  //删除 VLAN 2
switch(config)#int f0/1                                 //进入端口 1
switch(config-if)#switchport access vlan 2             //当前端口加入 VLAN 2
switch(config-if)#switchport mode trunk               //设置为干线模式
switch(config-if)#switchport trunk allowed vlan 1,2   //设置允许的 VLAN
switch(config-if)#switchport trunk encapsulation dot1q //设置 VLAN 中继
switch(config)#vtp domain   ABC                        //设置发 VTP 域名为 ABC
switch(config)#vtp password   ABC                      //设置发 VTP 密码为 ABC
switch(config)#vtp mode server                         //设置发 VTP 模式为服务器模式
switch(config)#vtp mode client                         //设置发 VTP 模式为客户端模式
```

### 2. 三层功能命令

交换机设置 IP 地址:

```
switch(config)＃interface vlan 1 ；进入 VLAN 1
switch(config - if)＃ip address ；设置 IP 地址
switch(config)＃ip default - gateway ；设置默认网关
```

三层交换机多出的就是路由能力,体现在 vlan 的互相通信功能和端口的路由能力。开启路由功能:

```
switch＃ip routing
```

进入 VLAN 配置网段网关与路由配置接口相同:

```
        switch＃interface vlan 1
switch(config)＃ip 192.168.1.1 255.255.255.0                    //配置网关
```

路由配置与路由器配置相同,只是把接口换为 VLAN＋VLAN 号。开启接口路由功能,进入接口配置:

```
switch(config)＃no swichport
```

# 4.4  案例介绍

近年来,随着互联网和信息化建设的迅猛发展,使人们越来越感觉到传统路由器已经从原来的交通指挥员变成了现在的路口瓶颈。传统路由器在网络中起到隔离网络、隔离广播、路由转发、防火墙的作业,并且随着网络的不断发展,它们的工作量也在迅速增长。如今出于安全和管理方便等方面的考虑,VLAN(虚拟局域网)技术在网络中得到了大量应用。

VLAN 技术可以逻辑隔离各个不同的网段、端口甚至主机,而各个不同 VLAN 间的通信都要经过路由器来完成转发。由于局域网中数据流量很大,VLAN 间大量的信息交换都要通过路由器来完成转发,这时候随着数据流量的不断增长,路由器就成为网络的瓶颈。为了解决局域网络的这个瓶颈,很多企业内部、学校和小区建设局域网时都采用了三层交换机。

下面就以某校园网中的一个三层交换机为例,来介绍思科 3560 三层交换机如何实现 VLAN 间路由。

信息技术系的教师使用 PC1 和 PC3,电子系的老师使用 PC2、PC1 和 PC3 在一个 VLAN 中,PC2 在另一个 VLAN 中,而两个系的教师要互相通信,这时要在三层交换机 3560 上进行 VLAN 间路由的配置。拓扑图如图 3-4-2 所示。

地址表如表 3-4-1 所示。

表 3-4-1  地址表

| 设 备 名 | 接 口 | IP 地址 | 子 网 掩 码 | 默 认 网 关 |
|---|---|---|---|---|
| 三层交换机 | VLAN 10 | 192.168.1.1 | 255.255.255.0 | — |
| | VLAN 20 | 192.168.2.1 | 255.255.255.0 | — |
| PC1 | 网卡 | 192.168.10.2 | 255.255.255.0 | 192.168.10.1 |
| PC2 | 网卡 | 192.168.20.2 | 255.255.255.0 | 192.168.20.1 |
| PC3 | 网卡 | 192.168.10.3 | 255.255.255.0 | 192.168.10.1 |

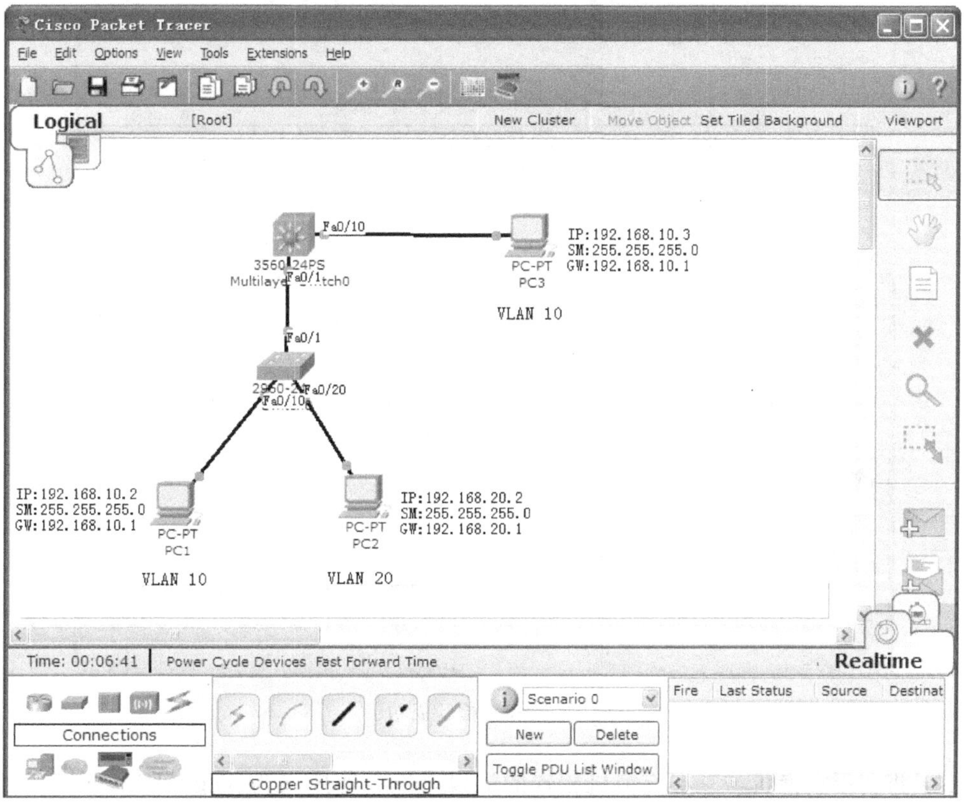

图 3-4-2　三层交换机拓扑图

从拓扑图中可以看出:

PC1 与 PC3 在 VLAN10 中,PC2 在 VLAN20 中,下面来看具体的配置步骤:

(1) 在二层交换机上配置 VLAN 10、VLAN 20。分别将二层交换机 Fa0/10 和 Fa0/20 划分到 VLAN 10 和 VLAN 20 中。

```
Switch#config t
Switch(config)#hostname S2
S2(config)#vlan 10
S2(config-vlan)#name xinxi
S2(config-vlan)#vlan 20
S2(config-vlan)#name dianzi
S2(config-vlan)#exit
S2(config)#int fa0/10
S2(config-if)#switchport mode access
S2(config-if)#switchport access vlan 10
S2(config-if)#int fa0/20
S2(config-if)#switchport mode access
S2(config-if)#switchport access vlan 20
S2(config-if)#exit
```

使用 show vlan brief 命令查看是否配置成功,如图 3-4-3 所示。

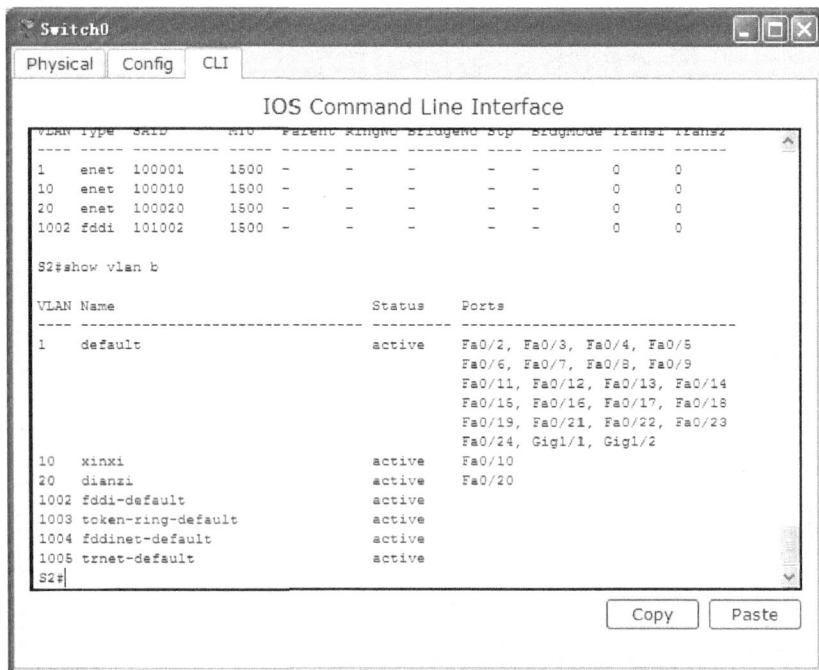

图 3-4-3　检验成功

（2）将二层交换机与三层交换机相连的端口 Fa0/1 都定义为 Tag　VLAN 模式（封装 TRUNK）。

二层交换机的配置：

```
S2(config)#int fa0/1
S2(config-if)#switchport mode trunk
```

在三层交换机上不仅打 TRUNK，还要进行封装：

```
S1(config)#int fa0/1
Switch(config-if)#switchport trunk encapsulation dot1q
Switch(config-if)#switchport mode trunk
```

（3）在三层交换机上创建 VLAN 10 和 VLAN 20，并将三层交换机上的 Fa0/10 端口划分到 VLAN 10 中，也就是将 PC3 划分到 VLAN 10 中，并进行验证。

```
S1(config)#vlan 10
S1(config-vlan)#name xinxi
S1(config-vlan)#vlan 20
S1(config-vlan)#name dianzi
S1(config-vlan)#exi
S1(config)#int fa0/10
S1(config-if)#switchport mode access
S1(config-if)#switchport access vlan 10
S1(config-if)#end
S1#show vlan brief
```

验证过程如图 3-4-4 所示。

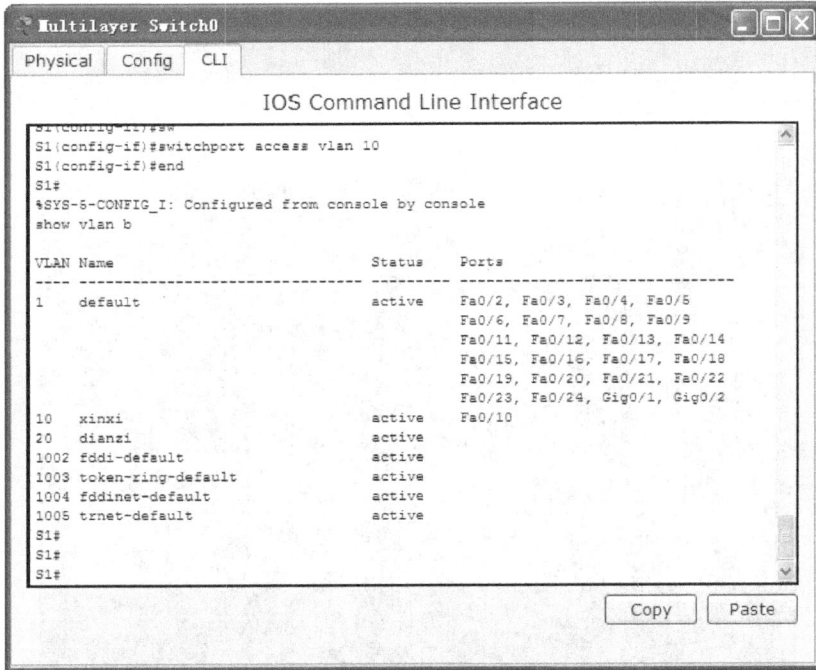

图 3-4-4　验证三层交换机 VLAN 配置

（4）将 3 个 PC 按地址表进行配置，如图 3-4-5 所示。

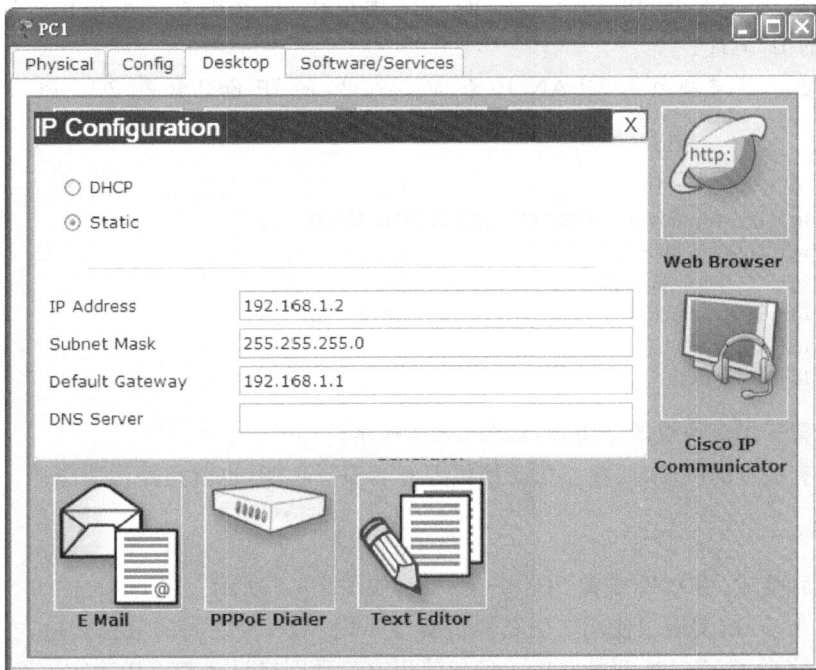

图 3-4-5　PC1 的配置

(5) 验证 PC1 与 PC2 虽然在一个二层交换机下,但是因为在两个不同的 VLAN 内,所以不能通信,如图 3-4-6 所示。

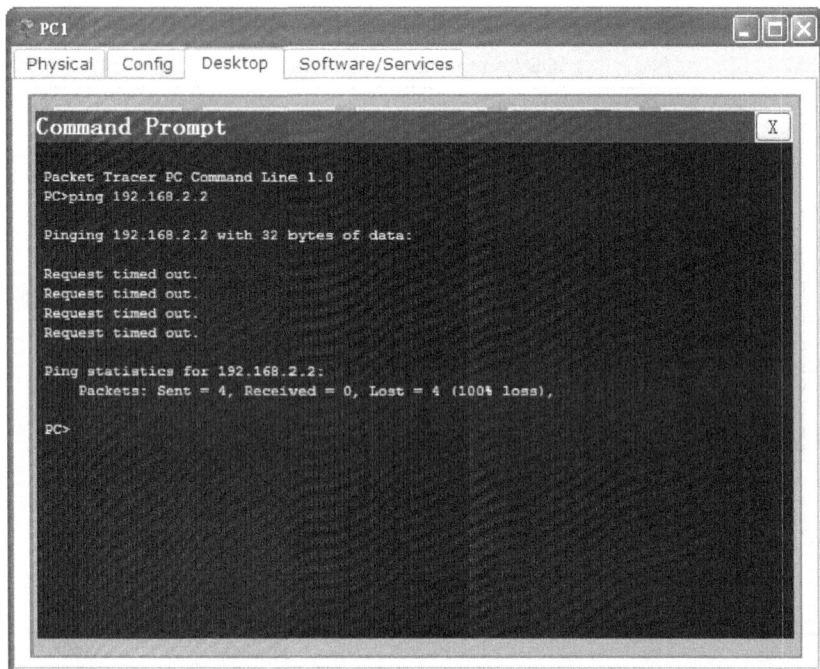

图 3-4-6　PC1 ping PC2

(6) 创建 VLAN 10 和 VLAN 20 的 SVI 虚拟接口,并配置虚拟接口 VLAN 10 和 VLAN 20 的 IP 地址。

**注意**:在三层交换机上 VLAN 10 和 VLAN 20 的 IP 地址就是 PC1、PC3 和 PC2 的网关。

```
S1(config)# int vlan 10
S1(config-if)# ip address 192.168.1.1 255.255.255.0
S1(config-if)# no shut
S1(config-if)# int vlan 20
S1(config-if)# ip address 192.168.2.1 255.255.255.0
S1(config-if)# no shut
S1(config-if)# exit
```

(7) 查看三层交换机的路由表,如图 3-4-7 所示。

(8) 还有关键的一步,要在三层交换机上开启三层功能,也就是路由功能:

```
Switch(config)# ip routing
```

(9) 最后验证,用 PC1 或者 PC3 ping PC2,如图 3-4-8 所示。

通过以上步骤,实现了使用三层交换机实现不同 VLAN 之间的数据传输,在模块 3 中用路由器也实现了 VLAN 间的路由。虽然使用这两种网络设备都可以达到不同 VLAN 间的数据传输,但是三层交换机与路由器之间还是存在着本质区别的。在局域网中进行多子

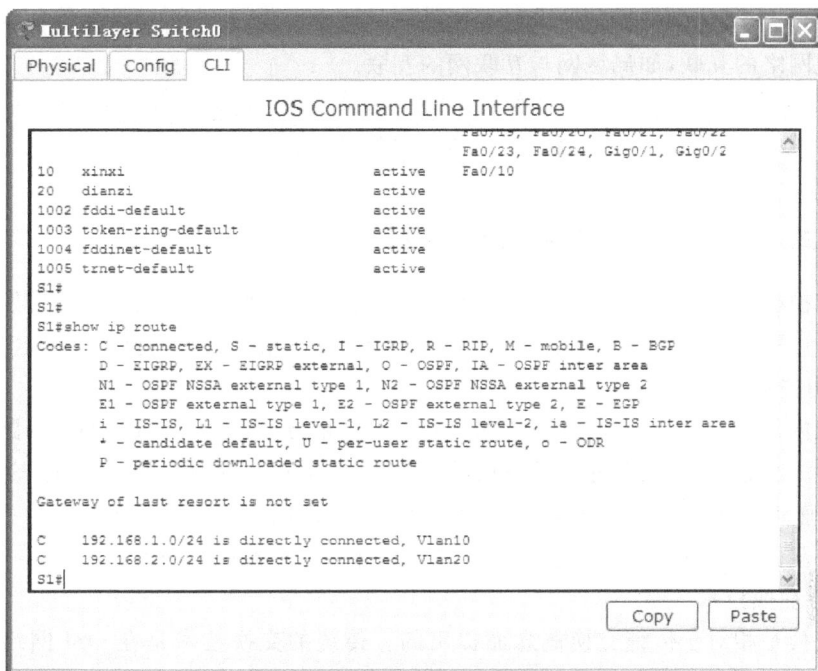

图 3-4-7　查看三层交换机路由表

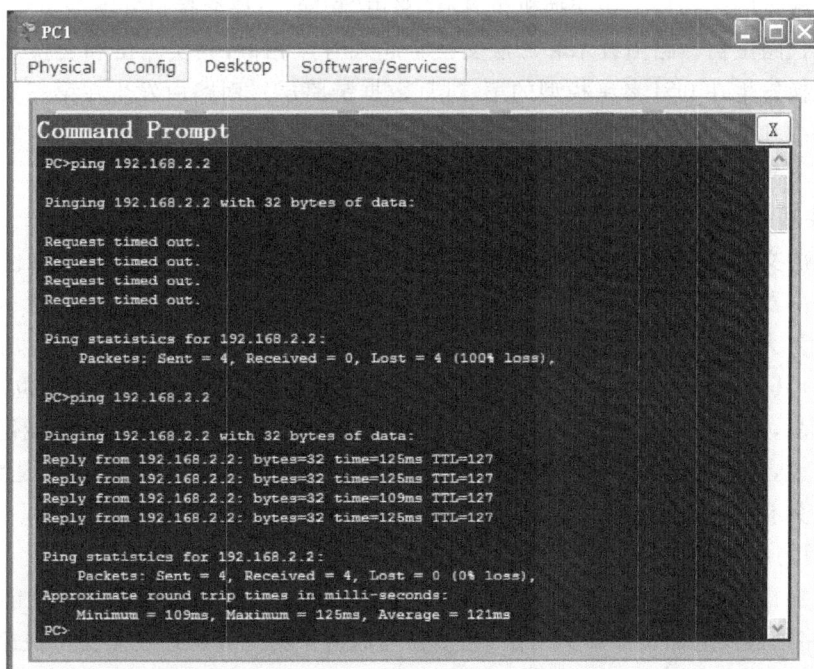

图 3-4-8　验证 VLAN 间通信

组建校园网

网连接,最好还选用三层交换机,特别是在不同子网数据交换频繁的环境中。路由器虽然路由功能非常强大,但它的数据包转发效率远低于三层交换机,更适合于数据交换不是很频繁的不同类型网络的互联,如局域网与互联网的互联。

# 4.5　知　识　拓　展

## 4.5.1　三层交换机与路由器的区别

三层交换机和路由器都工作在网络的第三层,根据 IP 地址进行数据包的转发。那么三层交换就可以取代路由了吗? 其实不然,下面来看一下三层交换机与路由器的区别。

**1. 路由技术**

路由器内部有一个路由表,标明了如果要去某个地方,下一步应该往哪走。路由器从某个端口收到一个数据包,它首先把链路层的包头去掉(拆包),读取目的 IP 地址,然后查找路由表,若能确定下一步往哪送,再加上链路层的包头(打包),把该数据包转发出去;如果不能确定下一步的地址,则向源地址返回一个信息,并把这个数据包丢掉。

**2. 三层交换技术**

三层交换是相对于传统交换概念而提出的。传统的交换技术是在 OSI 网络标准模型中的第二层——数据链路层进行操作的,而三层交换技术是在网络模型中的第三层实现了数据包的高速转发。简单地说,三层交换技术就是二层交换技术＋三层转发技术。

**3. 两种技术的对比**

两者最根本的区别是三层交换机也具有"路由"功能,三层交换机并不等于路由器,同时也不可能取代路由器。路由技术和二层交换看起来有点相似,其实路由和交换之间的主要区别就是交换发生在 OSI 参考模型的第二层(数据链路层),而路由发生在第三层。这一区别决定了路由和交换在传送数据的过程中需要使用不同的 控制信息,所以两者实现各自功能的方式是不同的。

1) 主要功能不变

虽然三层交换机与路由器都具有路由功能,但不能因此而把它们等同起来。就和现在许多宽带路由器不仅具有路由功能,还提供了交换机端口、硬件防火墙功能,但不能把它与交换机或者防火墙等同起来一样。因为路由器的主要功能还是路由功能,其他功能只不过是附加功能,其目的是使设备适用面更广、使其更加实用。这里的三层交换机也一样,它仍是交换机产品,只不过它是具备了一些基本的路由功能的交换机,它的主要功能仍是数据交换。也就是说,它同时具备了数据交换和路由转发两种功能,但其主要功能还是数据交换,而路由器仅具有路由转发这一种主要功能。

2) 使用场所不同

三层交换机主要用于简单的局域网连接。正因如此,三层交换机的路由功能通常比较简单,路由路径远没有路由器那么复杂,它用在局域网中的主要用途还是提供快速数据交换功能,以满足局域网数据交换频繁的应用特点。而路由器则不同,它是为了满足不同类型的网络连接。虽然也适用于局域网之间的连接,但它的路由功能更多地体现在不同类型网络之间的互联上,如局域网与广域网之间的连接、不同协议的网络之间的连接等,所以路由器主要用于不同类型的网络之间,它最主要的功能就是路由转发,解决好各种复杂路由路径网络的连接就是它的最终目的。

3) 处理数据的方式不同

路由器一般由基于微处理器的软件路由引擎执行数据包交换,而三层交换机通过硬件执行数据包交换。三层交换机在对第一个数据流进行路由后,它将会产生一个 MAC 地址与 IP 地址的映射表,当同样的数据流再次通过时,将根据此表直接从二层通过而不是再次路由,从而消除了路由器进行路由选择而造成网络的延迟,提高了数据包转发的效率。同时,三层交换机的路由查找是针对数据流的,它利用缓存技术,很容易利用 ASIC 技术来实现,因此,可以大大节约成本,并实现快速转发。而路由器的转发采用最长匹配的方式,实现复杂,通常使用软件来实现,转发效率较低。

## 4.5.2  第四层交换机

### 1. 第四层交换机的概念

Internet 的迅猛发展,电子商务、电子政务、电子贸易、电子期货等网络交易方式的采用,在加速物流、资金流周转的同时,也加速了信息急速骤增,给网络信息中心服务器增加了极大的压力,从而使普遍需要缓解网络核心系统压力的需求一浪高过一浪。为此,不得不开始考虑第四层交换的概念以满足基于策略联网、高级 QoS(Quality of Service,服务质量)以及其他服务改进的要求。

第四层交换的一个简单定义是:它是一种功能,它决定传输不仅仅依据 MAC 地址(第二层网桥)或源/目标 IP 地址(第三层路由),而且依据 TCP/UDP(第四层)应用端口号。第四层交换功能就像是虚 IP,指向物理服务器。它传输的业务服从的协议多种多样,有HTTP、FTP、NFS、Telnet 或其他协议。在 IP 世界,业务类型由终端 TCP 或 UDP 端口地址来决定,在第四层交换中的应用区间则由源端和终端 IP 地址、TCP 和 UDP 端口共同决定。

在第四层交换中为每个供搜寻使用的服务器组设立虚 IP 地址(VIP),每组服务器支持某种应用。在域名服务器(DNS)中存储的每个应用服务器地址是 VIP,而不是真实的服务器地址。

当某用户申请应用时,一个带有目标服务器组的 VIP 连接请求(例如一个 TCP SYN包)发给服务器交换机。服务器交换机在组中选取最好的服务器,将终端地址中的 VIP 用实际服务器的 IP 取代,并将连接请求传给服务器。这样,同一区间所有的包由服务器交换机进行映射,在用户和同一服务器间进行传输。

### 2. 四层交换机支持的主要技术

1) 包过滤/安全控制

在大多数路由器上,采用第四层信息去定义过滤规则已经成为默认标准,所以有许多路由器被用作包过滤防火墙,在这种防火墙上不仅能够配置允许或禁止 IP 子网间的连接,还可以控制指定 TCP/UDP 端口的通信。和传统的基于软件的路由器不一样,第四层交换区别于第三层交换的主要不同之处,就是在于这种过滤能力是在 ASIC 专用高速芯片中实现的,从而使这种安全过滤控制机制可以全线速地进行,极大地提高了包过滤速率。

2）服务质量

在网络系统的层次结构中,TCP/UDP 第四层信息,往往用于建立应用级通信优先权限。如果没有第四层交换概念,服务质量/服务级别就必然受制于第二层和第三层提供的信息,例如 MAC 地址、交换端口、IP 子网或 VLAN 等。显然,在信息通信中,因缺乏第四层信息而受到妨碍时,紧急应用的优先权就无从谈起,这将大大阻止紧急应用在网络上的迅速传输。第四层交换机允许用基于目的地址、目的端口号(应用服务)的组合来区分优先级,于是紧急应用就可以获得网络的高级别服务。

3）服务器负载均衡

在相似服务内容的多台服务器间提供平衡流量负载支持时,第四层信息是至关重要的。因此,第四层交换机在核心网络系统中,担负服务器间的负载均衡是一项非常重要的应用。第四层交换机所支持的服务器负载均衡方式,是将附加有负载均衡服务的 IP 地址,通过不同的物理服务器组成一个集,共同提供相同的服务,并将其定义为一个单独的虚拟服务器。这个虚拟服务器是一个有单独 IP 地址的逻辑服务器,用户数据流只需指向虚拟服务器的 IP 地址,而不直接和物理服务器的真实 IP 地址进行通信。只有通过交换机执行的网络地址转换(NAT)后,未被注册 IP 地址的服务器才能获得被访问的能力。这种定义虚拟服务器的另一个好处是:在隐藏服务器的实际 IP 地址后,可以有效地防止非授权访问。

4）主机备用连接

主机备用连接主机备用连接为端口设备提供了冗余连接,从而在交换机发生故障时有效地保护系统,这种服务允许定义主备交换机,同虚拟服务器定义一样,它们有相同的配置参数。由于第四层交换机共享相同的 MAC 地址,备份交换机接收和主单元全部一样的数据。这使得备份交换机能够监视主交换机服务的通信内容。主交换机持续地通知备份交换机第四层的有关数据、MAC 数据以及它的电源状况。主交换机失败时,备份交换机就会自动接管,不会中断对话或连接。

5）统计

通过查询第四层数据包,第四层交换机能够提供更详细的统计记录。因为管理员可以收集到更详细的哪一个 IP 地址在进行通信的信息,甚至可根据通信中涉及哪一个应用层服务来收集通信信息。当服务器支持多个服务时,这些统计对于考察服务器上每个应用的负载尤其有效。增加的统计服务对于使用交换机的服务器负载均衡服务连接同样十分有用。

## 4.5.3 光纤交换机

随着企业网络数据的不断增加和网络应用的频繁,许多企业开始意识到需要专门构建自己的光纤交换机存储系统网络来满足日益提升的数据存储性能要求。当前,最为热门的数据存储网络就是 SAN(Storage Area Network,存储区域网络),就是把整个存储当做一个单独的网络与服务器所在企业局域网连接。

它的特点就是采用传输速率较高的光纤通道与服务器网络,或者 SAN 网络内部组件的连接,这样,整个存储网络就具有非常宽的带宽,为高性能的数据存储提供了保障。而在这种 SAN 存储网络中,起着关键作用的就是我们常常听到的光纤交换机(FC Switch,也有称"光纤通道交换机"和"SAN 交换机"的)了。

光纤交换机是一种高速的网络传输中继设备,比较普通交换机来说,它采用了光纤电缆作为传输介质。光纤传输的优点是速度快、抗干扰能力强,如图 3-4-9 所示。

作为存储系统非常重要的设备之一,光纤通道交换机有着广泛的应用,但是我们对其还不是很了解,现在主要针对光纤通道交换机的种类问题进行介绍。

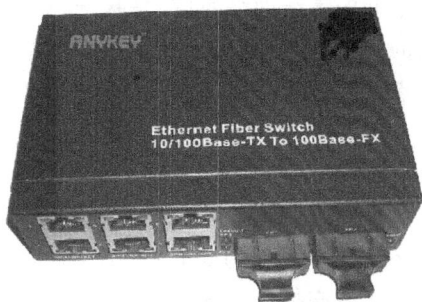

图 3-4-9　光纤交换机

**1. 入门级交换机**

入门级交换机的应用主要集中于 8~16 个端口的小型工作组,它适合低价格、很少需要扩展和管理的场合。它们往往被用来代替集线器,可以提供比集线器更高的带宽和提供更可靠的连接。人们一般不会单独购买入门级交换机,而是经常和其他级别交换机一起购买,以组成一个完整的存储解决方案。

**2. 工作组级光纤交换机**

光纤交换机提供将许多交换机级联成一个大规模的网络的能力。通过连接两台交换机的一个或多个端口,连接到交换机上的所有端口都可以看到网络的唯一的映像,在这个网络上的任何结点都可以和其他结点进行通信。

从本质上讲,通过级联交换机,能够建立一个大型的、虚拟的、具有分布式优点的交换机,并且它可以跨越的距离非常大。由多个交换机建立起来的组织,看起来就像是一个由单独的交换机组成的组织,所有交换机上的端口可以像访问本地交换机一样查看和访问这个组织上的所有其他端口。

**3. 核心级光纤交换机**

核心级交换机一般位于大型 SAN 的中心,使若干边缘交换机相互连接,形成一个具有上百个端口的 SAN 网络。核心交换机也可以用作单独的交换机或者边缘交换机,但是它增强的功能和内部结构使它在核心存储环境下工作得更好。核心交换机的其他功能还包括:支持光纤以外的协议、支持 2Gbps 光纤通道、高级光纤服务(例如:安全性、中继线和帧过滤等)。

核心级光纤交换机通常提供很多端口,从 64 口到 128 个端口到更多。它使用非常宽的内部连接,以最大的带宽路由数据帧。使用这些交换机的目的是为了建立覆盖范围更大的网络和提供更大的带宽,它们被设计成为在多端口间以尽可能快的速度用最短的延迟路由帧信号。

## 4.5.4　无线交换机

随着无线网络的快速发展,无线应用也随之增多在商用领域,为了使运作更方便快捷,企业中导入个人移动设备(如 Notebook、PDA、WiFi Phone 等具备无线上网功能的移动装置)也日益渐多,当无线技术在企业广泛应用,面临大量设置、集中管理的问题时,企业用户呼唤着新技术新产品的出现,于是以无线网路控制器作为集中管理机制的无线交换机便在万众期待中诞生了,如图 3-4-10 所示。

早期的无线网络通信,是基于 Access Point(AP)平台实现的,这种传统意义上的无线 AP 是最早构成无线网络的结点,当然,它很稳定,并且遵循 802.11 系列无线协议。但是在越来越多的使用环境下,第一代无线产品 Access Point 已经开始在很多方面变的弱小下来,甚至出现了一些问题,最明显的就是不好管理,在这种趋势的催生下,Symbol 于 2002 年的 9 月提出了一个全新的无线网络理念——无线交换机系统。

无线交换机系统屏除了以无线 AP 为基础传输平台的传统方法,而转而采用了 back end-front end 方式,所谓 back end-front end 方式是指一种非常"聪明"的方法,它将一台无线交换机置于用户的机房内,称为 back-end,而将若干类似于天线功能的 Access Port 置于前端,称为 front-end,这样一来,所有的管理和数据处理都集中到功能更加

图 3-4-10    无线交换机

强大的无线交换机上来,这为我们提供了什么? 或许打个比方可以使我们理解得更为透彻。可以把早期的 Access Point 看成是有线网中的 HUB,它仅仅是网络的第二层设备,仅通过一个 MAC 地址进行通信;而将无线交换机看成是有线网中的交换机,它可以有 4 个不同的 MAC 地址进行通信,很显然,我们可以看出无线交换机的改进,以下列出一些无线交换机的优势:集中智能的管理;端到端的通信提供更强的安全性;更加智能的无线带宽管理;更高效的无线安全策略管理。

在使用无线交换机之前,可以通过 WLAN 将无线 AP 连接到有线网络,同时也要使用安全软件等工具其他数据来管理无线的网络。现有的无线局域网(WLAN)架构基本上都是采用了智能型接入点(胖无线 AP)的传统分布式结构。

它面临的问题显而易见:对无线 AP 必须逐一管理、单个进行;不可能在整个系统内查看到网络可能受到的攻击与干扰,从而影响了负载平衡的能力;无线 AP 不能区分无线话音等实时应用与数据传输应用的不同需求;如果某个接入点遭遇盗窃或破坏,安全将得不到保证。而以 WLAN 无线交换机为核心+简单接入点(瘦无线 AP)的集中式管理架构会成为未来的发展方向。该架构通过集中管理、简化无线 AP 来解决这个问题。在这种构架中,无线交换机替代了原来二层交换机的位置,"瘦"无线 AP 取代了原有的企业级无线 AP。通过这种方式,就可以在整个企业范围内把安全性、移动性、QoS 和其他特性集中起来管理。

# 4.6    问题与思考

1. 分析三层交换机与二层交换机的区别。
2. 什么是四层交换? 四层交换机的主要技术有哪些?
3. 三层交换机使用什么命令来开启路由功能?
4. VLAN 间路由配置。

拓扑图如图 3-4-11 所示,根据图中给出的 IP 地址和接口搭建网络。在交换机和路由

器上完成基本配置后,在所有交换机上配置 VLAN 和 VLAN 中继协议,配置路由器的快速
以太网接口以支持 802.1 中继,并根据所配置的 VLAN 为路由器配置子接口。最后测试
VLAN 间路由。

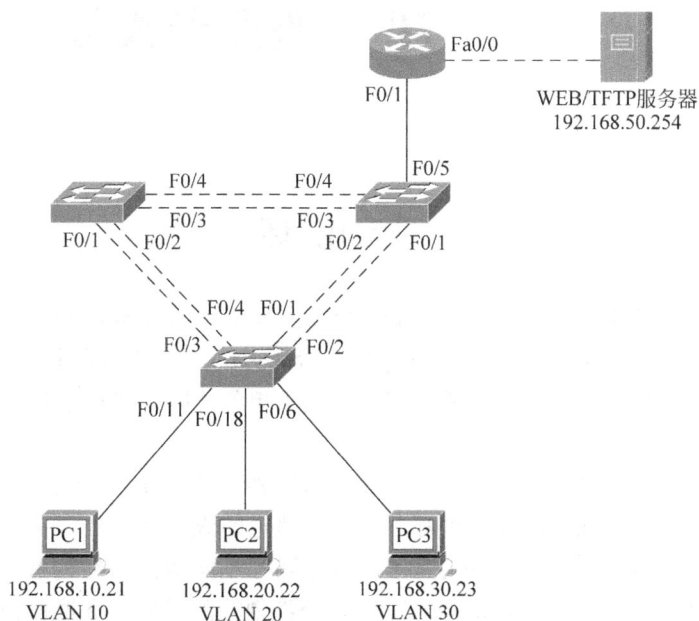

图 3-4-11　拓扑图

# 模块 5 | 大中型网络中的 Windows Server 2003 服务器配置

## 5.1 应 用 环 境

目前,在网络服务器中使用的网络操作系统主要有 Windows Server 2000、Windows Server 2003、UNIX 和 Linux 等。其中,Windows Server 2003 以其安全稳定、操作方便、易学易用,能够按照用户的需要以集中或分布的方式承担各种服务器角色等特点,而成为最主流的网络服务器操作系统。

Windows Server 2003 作为网络操作系统或服务器操作系统,具有高性能、高安全性和配置方便等特点,在任意规模的应用中都可以成为理想的服务器平台,尤其在日趋复杂的企业应用和 Internet、Intranet、Extranet、远程访问环境等不同的网络结构和应用场合中提供许多网络技术和服务。Windows Server 2003 是经济划算的优质服务器操作系统。

## 5.2 学 习 目 标

在本模块将介绍 Windows Server 2003 中域控制器、FTP、Web、DNS 服务器的搭建、配置与管理。

## 5.3 相 关 知 识

### 5.3.1 域控制器

下面介绍域、域控制器、活动目录的概念。

**1. 域**

"域"的真正含义指的是服务器控制网络上的计算机能否加入的计算机组合。在对等网模式下,任何一台计算机只要接入网络,其他计算机就都可以访问共享资源,如共享上网等。

在对等网中,数据的传输是非常不安全的。在"域"模式下,至少有一台服务器负责每一台联入网络的计算机和用户的验证工作,相当于一个单位的门卫,称为"域控制器(Domain Controller,DC)"。如图 3-5-1 所示,在域模式的网络中,使用域帐户可以登录本域中的任何主机,使用域帐户登录可以访问本域中的所有授权资源,本域中的系统管理员可以通过委派授权域帐户来提高系统的安全性,便于帐户集中管理。

Windows Server 2003 创建的第一个域称为根域,是域树中所有其他域的根域,例如 163.com 或 sina.com 这样的域为根域。域与 DNS 的域层级有紧密的关系,并与其相似,在

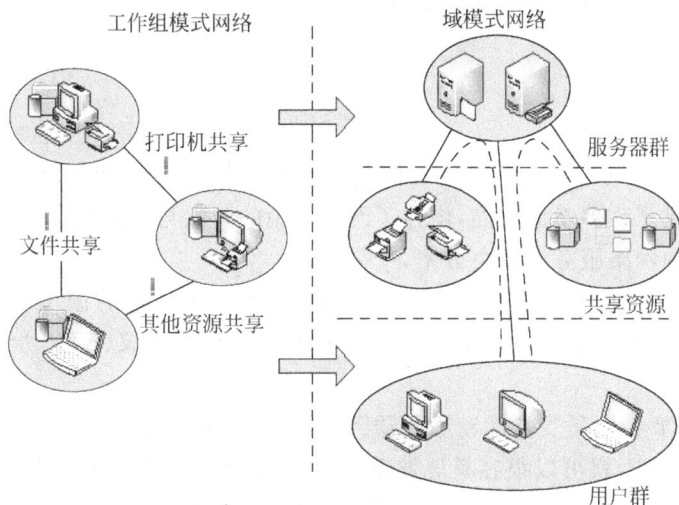

图 3-5-1　工作组与域模式网络

后面学习 DNS 的时候请注意这一点。

说明：域是网络中的一个逻辑单位，域分为根域和子域。在 Windows Server 2003 根域基础上创建的域称为根域的子域。

**2. 域控制器**

域控制器（Domain Controller，DC）是域中的管理计算机。域控制器使用"Active Directory 安装向导"创建。在网络中创建第一个域控制器的同时，也创建了第一个域、第一个林和第一个站点，并安装了活动目录（Active Directory，AD）。在 Windows Server 2003 里，域中所有的域控制器都是平等的关系，不再区分主域控制器和备份域控制器。

域控制器中包含了由这个域的帐户、密码、属于这个域的计算机等信息构成的数据库。当计算机联入网络时，域控制器首先要鉴别这台计算机是否是属于这个域的，用户使用的登录帐号是否存在、密码是否正确。如果以上信息有一样不正确，那么域控制器就会拒绝这个用户从这台计算机登录。不能登录，用户就不能访问服务器上有权限保护的资源，只能以对等网用户的方式访问 Windows 共享出来的资源，这样就在一定程度上保护了网络上的资源。

要把一台计算机加入域，仅仅使它和服务器在网上邻居中能够相互"看"到是远远不够的，必须要由网络管理员进行相应的设置，把这台计算机加入到域中。这样才能实现文件的共享。

**3. 活动目录 AD**

AD 是一种可以保存网络对象信息的目录服务，是 Windows Server 2003 的重要功能之一。AD 存储了有关网络对象的信息，使用 AD 可以将网络中的各种资源，如用户、组、计算机、打印机、共享等资源组织起来，进行集中管理，让管理员和用户能够轻松地查找和使用这些信息。

AD 使用了一种结构化的数据存储方式，并以此作为基础对目录信息进行合乎逻辑的分层组织。Microsoft AD 服务是 Windows 平台的核心组件，它为用户管理网络环境各个组成要素的标识和关系提供了有效的手段。

## 5.3.2 Web

### 1. IIS 简介

IIS 6.0 和 Windows Server 2003 在网络应用服务器的管理、可用性、可靠性、安全性与可扩展性方面提供了许多新的功能,增强了网络应用的开发与国际性支持,同时提供了可靠的、高效的、完整的网络服务器解决方案。

IIS 是一种 Web 网页服务组件。它是 Microsoft 公司主推的服务器,最新的版本是 Windows Server 2003 里面包含的 IIS 6.0。IIS 支持 HTTP 协议、FTP 协议以及 SMTP 协议等。

IIS 的一个重要特性是支持活动服务器网页(Active Server Pages,ASP)。自从 IIS 3.0 版本以后引入了 ASP,就可以很容易地发布动态 Web 网页内容和开发基于 Web 网页的应用程序。对于诸如 VBScript、JavaScript 等开发的软件,或者由 Visual Basic、Java、Visual C++等开发的系统,以及现有的公用网关接口(Common Gateway Interface,CGI)和 WinCGI 脚本开发的应用程序,IIS 都提供强大的本地支持。

### 2. Web 服务的概念

World Wide Web(也称 Web、WWW 或万维网)是 Internet 上集文本、声音、动画、视频等多种媒体信息于一身的信息服务系统,整个系统由 Web 服务器、浏览器(Browser)及通信协议 3 部分组成。

WWW 系统采用客户机/服务器结构。

在客户端,WWW 系统通过 Netscape Navigator 或者 Internet Explorer 等工具软件提供查阅超文本的方便手段。

在服务器端,定义了一种组织多媒体文件的标准——超文本标记语言(HyperText Markup Language,HTML),按 HTML 格式存储的文件称作超文本文件。Web 页间采用超级文本(HyperText)的格式互相链接,通过这些链接可从一个网页跳转到另一网页上,也就是所谓的超链接。WWW 采用超文本传输协议 HTTP(HyperText Transfer Protocol),实现文本、图形、图像、视频等多种媒体分布式存储与应用。

### 3. Web 服务的工作原理

Web 应用采用客户机/服务器模式,其服务过程如图 3-5-2 所示,客户端启动 Web 客户程序即浏览器,输入客户想查看的 Web 页的地址,客户程序通过 DNS 解析服务器 IP 地址,客户程序与该地址的服务器连通,并告诉服务器需要哪一页面,服务器将该页面发送给客户程序,客户程序显示该页面内容,这时客户就可以浏览该页面了。

### 4. Web 服务的访问方式

Internet 中的网站成千上万,为了准确查找,采用了统一资源定位器(Uniform Resource Locator,URL)为全世界唯一标识某个网络资

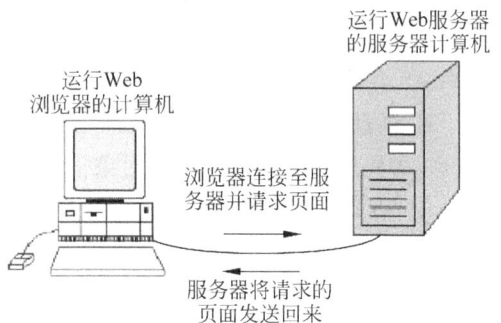

图 3-5-2　Web 服务器的工作过程

源,其描述格式为:

协议://主机名称/路径名/文件名:端口号

例如:http://www.dlvtc.edu.cn,客户程序首先看到 http(超文本传输协议),知道处理的是 HTTP 连接,接下来的是 www.dlvtc.edu.cn 站点地址。http 协议默认使用 TCP 协议 80 端口,可以省略不写。

## 5.3.3 FTP

在 5.3.2 节中,我们已经了解了 IIS 的功能,本节继续介绍 IIS 中的另一个重要的组件——FTP。

### 1. FTP 的概念及功能

如图 3-5-3 所示,FTP 有两个意思,其中一个是指文件传输协议(File Transfer Protocol),是 Internet 上使用得最广泛的文件传输协议;另一个是文件传输服务,FTP 提供交互式的访问,用来在远程主机与本地主机之间或两台远程主机之间传输文件。

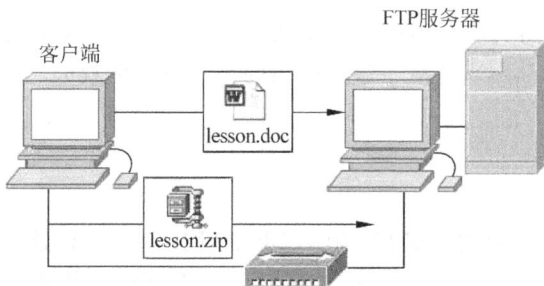

图 3-5-3　FTP 服务器

FTP 协议是 Internet 上用来传送文件的协议,是使用最普遍的文件传输协议。在 Internet 上通过 FTP 服务器可以进行文件的上传(Upload)或者下载(Download)。FTP 是实时联机服务,在使用之前必须是具有该服务的一个用户(即具有用户名和口令),工作时客户端必须先登录到作为服务器一方的计算机上。用户登录后可以进行文件搜索和文件传送等有关操作,如改变当前工作目录、列文件目录、设置传输参数及传送文件等。使用 FTP 可以传送所有类型的文件,如文本文件、二进制可执行文件、图像文件、声音文件和数据压缩文件等。

### 2. FTP 的工作原理

FTP 服务采用典型的客户机/服务器工作模式,如图 3-5-4 所示,FTP 服务器默认设置两个端口 21 和 20。端口 21 用于监听 FTP 客户机的连接请求,端口 20 用于传输数据。

整个 FTP 建立连接的过程有以下几步:

(1)连接请求:FTP 服务器会自动对默认端口进行监听(默认端口是可以修改的,一般为 21),当某个客户机向这个专用端口请求建立连接时便激活了服务器上的控制进程。

(2)连接回应:通过这个控制进程进行用户名密码及权限的验证。

(3)文件请求:当验证完成后,服务器与客户机之间还会建立另外一条专有连接进行文件数据的传输,通常使用的是 20 端口。

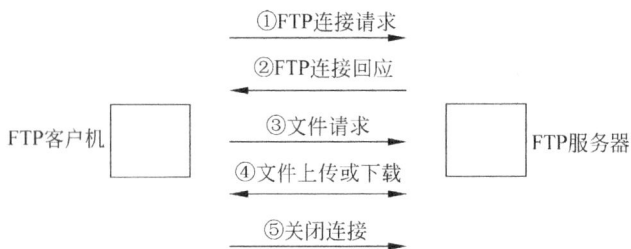

图 3-5-4　FTP 的工作原理

（4）文件上传或者下载：在传输过程中服务器上的控制进程将一直工作，并不断发出指令操作整个 FTP 传输。

（5）传输完毕后控制进程发送给客户机结束指令，关闭连接。

**3. FTP 的访问方式**

FTP 服务分为普通 FTP 与匿名 FTP 服务两种类型。

- 普通 FTP 服务要求用户在登录时提供正确的用户名和用户密码。
- 匿名 FTP 服务的实质是提供服务的机构在它的 FTP 服务器上建立一个公开帐号（通常为 anonymous），并赋予该帐号访问公共目录的权限。

## 5.3.4　DNS

**1. DNS 的概念**

名称是计算机在网络中的标识符。在 TCP/IP 网络中，每台计算机都拥有一个用数字表示的 IP 地址，IP 地址唯一地标识一台计算机。如果某台计算机想访问网络中的其他计算机，它就应该知道对方的 IP 地址。但是仅仅用数字表示的名称标识过于烦琐，并且在实际中，用户在访问网络中的资源时，一般并不希望使用对方的 IP 地址去访问，而是通过容易记忆的计算机名来访问。

为了便于记忆，便产生了使用 IP 地址之外的名称方案，也就是使用简单易记的名称来标识网络中的计算机（包括其他形式的网络结点），DNS 就是这样一个名称解决方案。

Windows Server 2003 DNS 允许用户使用符合 DNS 标准的名称访问网络资源。DNS 可将名称解析成 IP 地址，它也能集成 Windows Server 2003 其他服务以扩展名称解析能力。

**2. DNS 的工作原理**

DNS 是基于客户机/服务器模式运行的。在这种模型中，DNS 服务器上有一个数据库，其中保存着 DNS 名称空间中名称和 IP 地址的映射关系，DNS 服务器利用这个数据库为客户端提供名称解析服务，这个数据库在 DNS 中称为区域。

DNS 客户机会向 DNS 服务器发出名称解析的查询请求，以获取有关 DNS 名称空间中名字和 IP 地址的映射关系。如果这台 DNS 服务器的数据库不负责存储客户端所查询的名称和 IP 地址的映射关系，所以这台服务器会向其他的 DNS 服务器发出查询，直到获得客户端请求的名称和 IP 地址的映射关系为止。

查询有递归查询和迭代查询两种类型，其查询过程如图 3-5-5 所示。

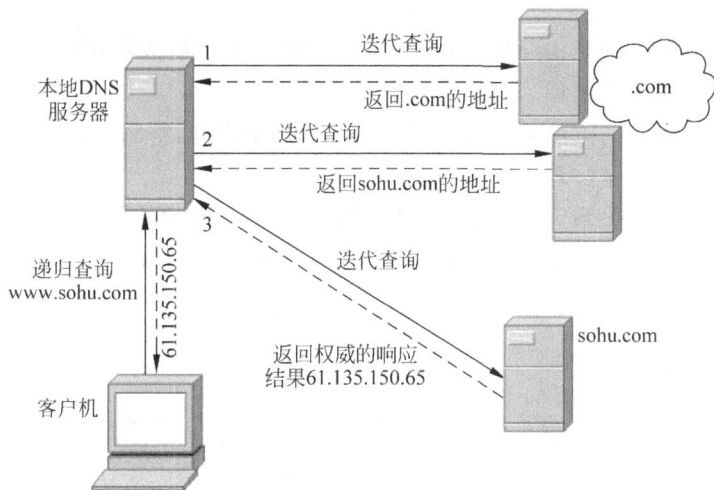

图 3-5-5　DNS 查询过程

（1）客户机向本地 DNS 服务器发送一个递归查询请求，要求得到 www.sohu.com 所对应的 IP 地址。本地 DNS 服务器是指在该客户端的 TCP/IP 属性中配置的 DNS 服务器的 IP 地址。

（2）本地 DNS 服务器接收到查询请求后，检查自己的区域数据库。如果发现数据库中没有对应的记录，本地 DNS 服务器则向根域 DNS 服务器发出一个迭代查询请求，要求解析 www.sohu.com 所对应的 IP 地址。

（3）根域 DNS 服务器中记录着所有顶级域的 DNS 服务器的信息，根域 DNS 服务器将带有 .com 这一顶级域的 DNS 服务器的 IP 地址的响应返回给本地 DNS 服务器。

（4）本地 DNS 服务器接收到这个响应后，向 .com 域的 DNS 服务器发出迭代查询请求，要求解析 www.sohu.com 所对应的 IP 地址。

（5）.com 域的 DNS 服务器中记录着 .sohu.com 域中的 DNS 服务器的信息，.com 域的 DNS 服务器将 .sohu.com 域的 DNS 服务器的 IP 地址作为响应发送给本地 DNS 服务器。

（6）本地 DNS 服务器接收到这个响应后，向 .sohu.com 域的 DNS 服务器发出迭代查询请求，要求解析 www.sohu.com 所对应的 IP 地址。

（7）在 .sohu.com 域的 DNS 服务中记录着 www.sohu.com 这一域名与其 IP 地址的对应关系。此时，它将 www.sohu.com 所对应的 IP 地址作为响应发送给本地 DNS 服务器。

（8）本地 DNS 服务器将得到的 IP 地址响应发送给客户端，客户端收到这个 IP 后，即可访问目的计算机。

从客户端查询资源记录的性质上来讲，客户端查询过程分为两种：正向查询和反向查询。将客户端请求的名称解析为对应的 IP 地址称为正向查询；将客户端请求的 IP 地址解析为对应的名称称为反向查询。

### 3. 域名与域名空间

在 DNS 的概念中，使用 IP 地址访问网页是很麻烦的，所以采用了简单易记的名字来标识网络中的计算机,这个简单易记的名字就是域名。

域名(Domain Name)是由一串用点符号(.)分隔的名字组成的用以表示 Internet 上某一台计算机或计算机组的名称。

域名管理主机名字的方法是将各子系统用不同的组管理,空间中的每一层称为一个域,域与域之间用一个点符号(.)隔开。

将各个域按照层次关系进行组合,可以得到一棵域树,树中的每个叶子都有一个相应的标识符,如图 3-5-6 所示,北京大学网站主页的域名就是 www.pku.edu.cn。

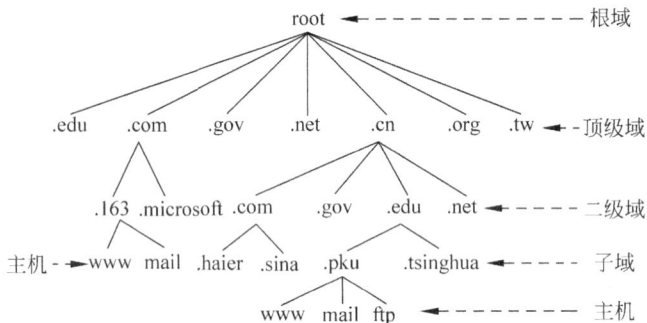

图 3-5-6　DNS 域名结构

在域名空间中,根域位于顶部,紧接在根域下面的是顶级域,每个顶级域又可以进一步划分为不同的二级域,二级域再划分出子域,子域下面可以是主机也可以是再划分的子域,直到最后的主机。一个主机拥有的域名就是域名系统中从树叶到树根路径上对应的标识符的有序序列。

域名国际管理机构 ICANN 负责全面管理 DNS 及根域的分配与注册,而将顶级域委托给域名注册局等注册机构。

在一个域名中(如 example.abc.com),域的级别从左到右逐渐升高,高级别的域包含低级别的域。

通常,将最右侧的那个级别的域名称为顶级域名,从右到左依次为二级域名、三级域名。域名在整个 Internet 中是唯一的。

顶级域名可以分为通用顶级域名和国家代码顶级域名两种。

通用顶级域名如:com(商业机构)、net(网络服务机构)、gov(政府机构)、edu(教育机构)。

国家代码顶级域名一般是两个表示该域所在的国家或地区的字母,如 cn(中国)、uk(英国)、de(德国)、jp(日本)、us(美国)、eu(欧盟)、hk(中国香港)。

URL 是 Uniform Resource Location(统一资源定位符)的缩写,是用于完整地描述 Internet 上网页和其他资源地址的标识方法。Internet 上的每个网页都具有唯一的名称标识,通常称为 URL 地址,即网址。URL 由传输协议、域名及资源的路径和类型组成,其格式为(方括号[ ]中的为可选项):

```
potocol ://hostname[:port]/path/
```

在网络中使用 DNS 服务器之前,必须先规划 DNS 域名空间,包括确定如何使用 DNS 命名和通过使用 DNS 要达到什么目的等内容。

# 5.4 案例介绍

## 5.4.1 域控制器

目前很多单位网络中的 PC 数量均超过 10 台。按照 Microsoft 的说法,一般网络中的
PC 数目低于 10 台,则建议采用对等网的工作模
式;如果超过 10 台,则建议采用域的管理模式,
因为域可以提供一种集中式的管理,这相比于对
等网的分散管理有非常多的好处。在校园网中有
上百台、上千台的计算机,使用域模式的网络就很
重要了。本案例要把下面的拓扑图中一个
Windows Server 2003 服务器提升为域控制器,如
图 3-5-7 所示。

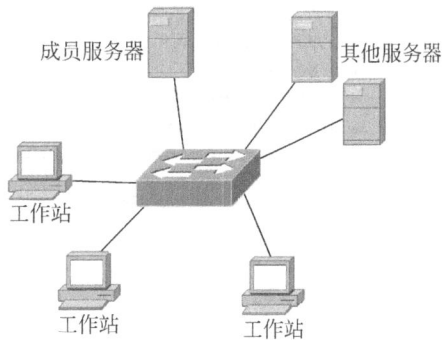

图 3-5-7　域控制器拓扑图

规划、准备工作:

- 已安装了 Windows Server 2003 操作
  系统。
- 服务器上至少要有一个 NTFS 分区。
- 配置本机 IP 地址和 DNS 服务器地址:要求 DNS 服务器地址与本机 IP 地址设置成
  相同的值,在这里我们将域控制器与 DNS 服务器的 IP 地址设置为 192.168.5.1。

**1. 以建立一个独立的新域为例介绍域控制器的安装过程**

(1) 配置域控制器 DC 有两种方法:第一种是输入"开始"→"运行"→dcpromo 命令,弹
出安装向导,按照 AD 安装向导进行安装,图 3-5-8 所示;第二种配置 DC 的方式是执行"开
始"→"管理工具"→"管理您的服务器"→"添加或删除角色"→"弹出配置您的服务器向导"
命令,结果如图 3-5-9 所示。

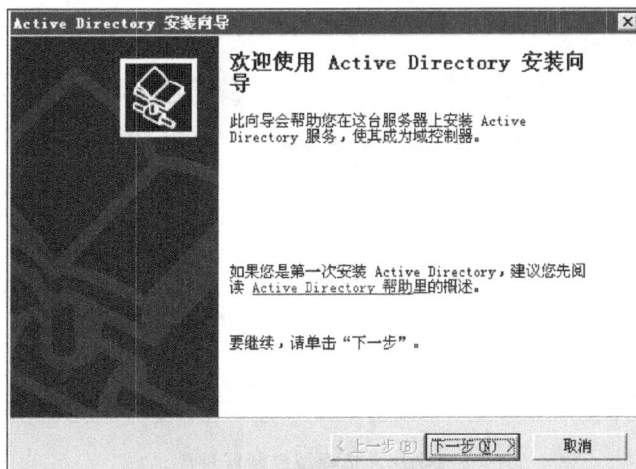

图 3-5-8　AD 安装向导

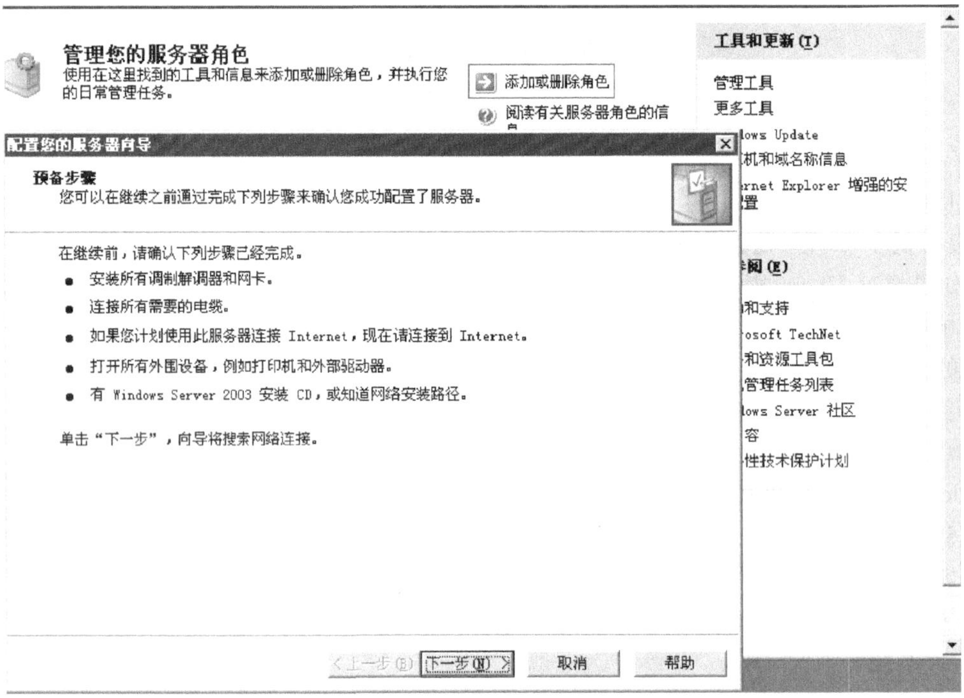

图 3-5-9　使用管理服务器到出向导

（2）单击"下一步"按钮，选择"域控制器（active directory）"选项，单击"下一步"按钮，如图 3-5-10 所示。

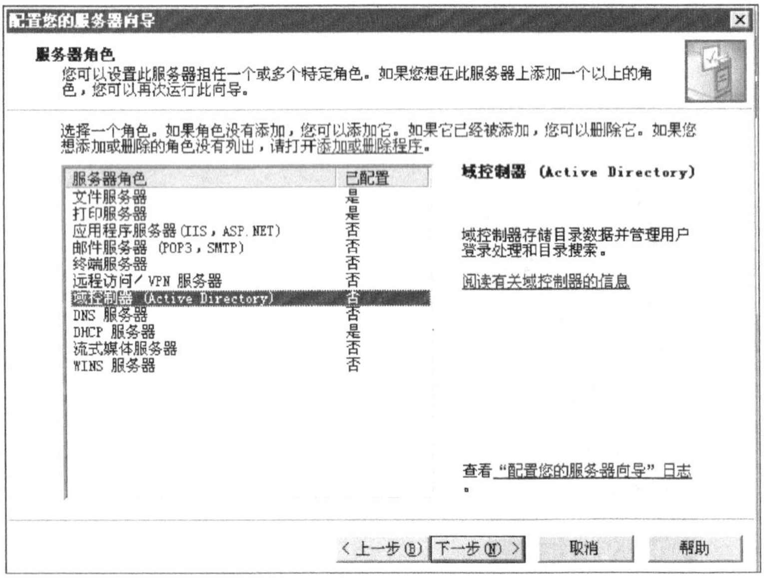

图 3-5-10　选择域控制器角色

（3）出现 AD 安装向导（和输入命令相同），单击两次"下一步"按钮，在出现的界面中选择"新域的域控制器"单选按钮，单击"下一步"按钮，如图 3-5-11 所示。

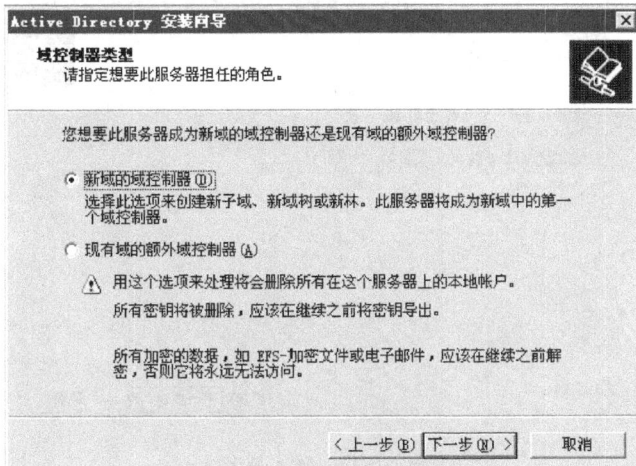

图 3-5-11　选择新域的域控制器

**注意**：因为是创建新的域环境，所以选择新域的域控制器。

（4）单击"下一步"按钮后会出现创建一个新域的对话框，如图 3-5-12 所示。

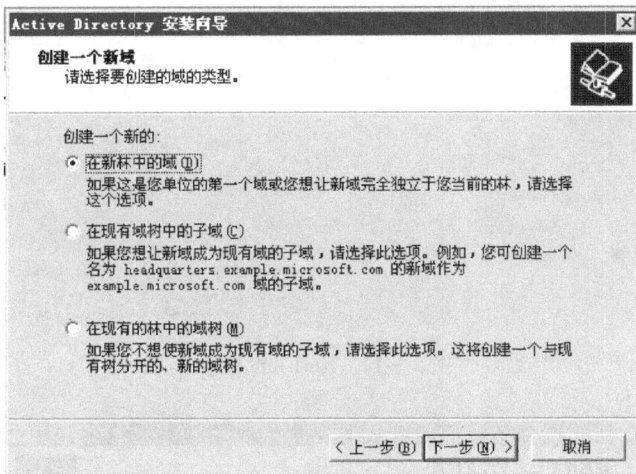

图 3-5-12　选择新林中的域

**注意**：域林比域树大，每一个选项下面有详细介绍，在后面的知识扩展中也有讲解。

（5）每个域都需要有一个域名，由于一个域建立后再更改域名会是很麻烦的事，所以这里应慎重设置。在网络中域名应遵循 DNS 规则且不允许重复。

在图 3-5-13 中输入域名后，单击"下一步"按钮，系统会在网络中检测该域名是否可用。本例中设置域名为"test.com"。输入成功后单击"下一步"按钮。

（6）设置 NetBIOS 域名，默认是域名的前半段，一般不需要更改，如图 3-5-14 所示。

（7）确认域名无误后，单击"下一步"按钮，设置数据库和日志文件夹的位置，如图 3-5-15 所示。

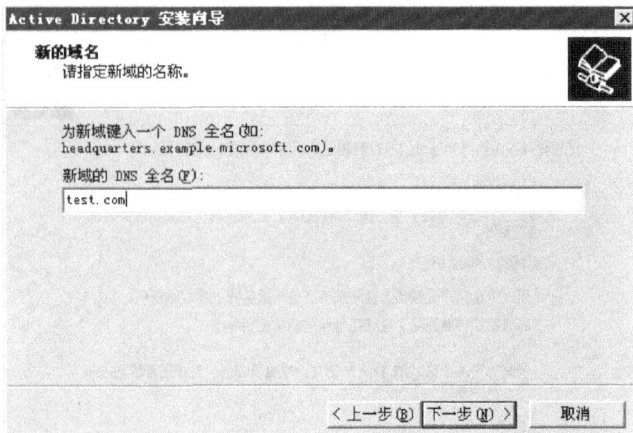

图 3-5-13 输入域名

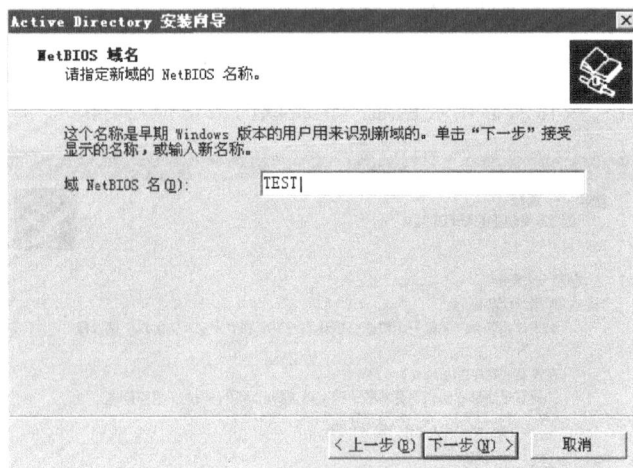

图 3-5-14 NetBIOS 域名

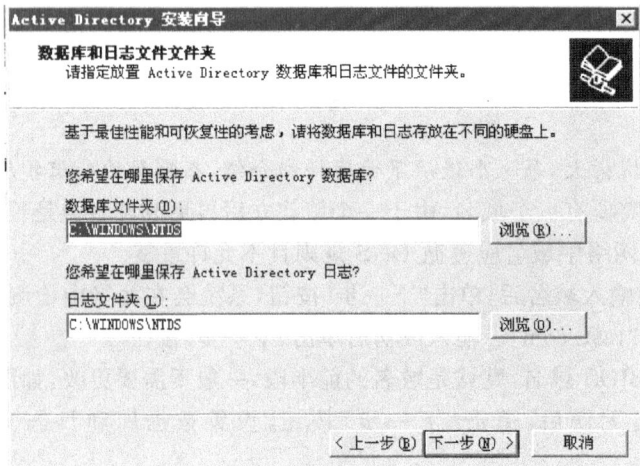

图 3-5-15 设置数据库和日志文件夹的位置

**注意**：如果条件允许，最好把数据库文件夹和日志文件夹放置在不同的硬盘上，这样，如果系统发生严重故障，不至于使数据库和日志同时丢失。这样也能提高系统性能。

（8）设置共享的系统卷位置，选择共享文件夹的位置，单击"下一步"按钮，如图 3-5-16 所示。

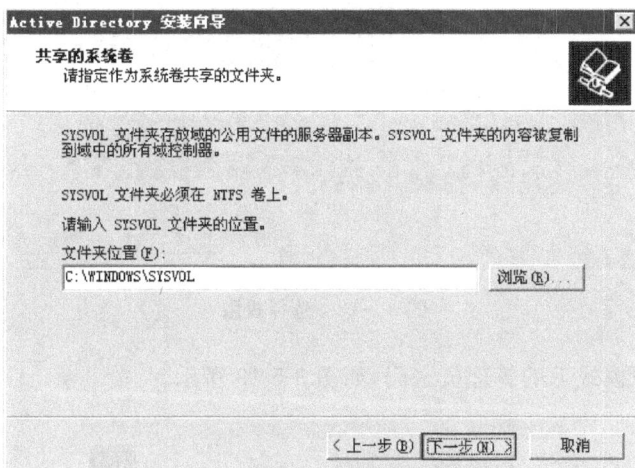

图 3-5-16　设置共享的系统卷

（9）选择 DNS 服务器，这里选择在安装活动目录的同时在本机上安装并配置 DNS 服务器，如图 3-5-17 所示。

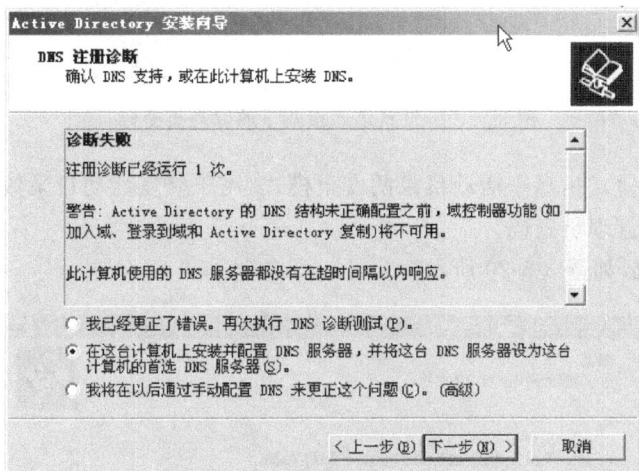

图 3-5-17　选择 DNS 服务器

**注意**：第一次配置都会出现诊断失败的情况。

（10）选择默认权限，如图 3-5-18 所示。

为保证域信息的安全性，应选择"只与 Windows 2000 或 Windows Server 2003 操作系统兼容的权限"，这种选择要求用户需经过验证才能访问域中的信息。但它要求域中的服务器都应该运行在 Windows 2000 或 Windows Server 2003 之上。

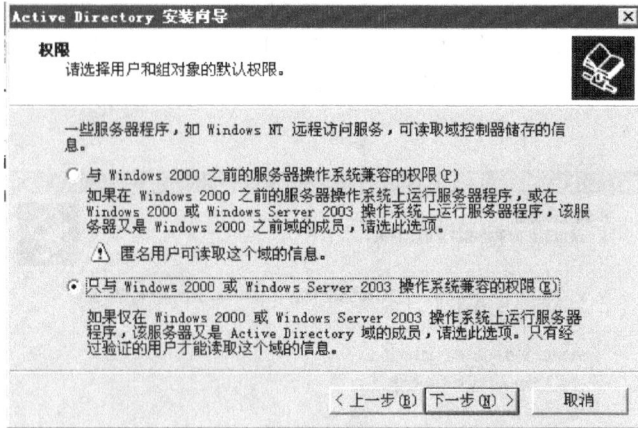

图 3-5-18　选择权限

（11）设置还原模式下的管理员密码，如图 3-5-19 所示。

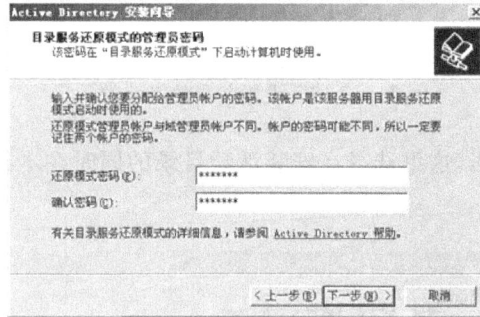

图 3-5-19　设置还原模式下的管理员密码

目录服务还原模式相当于活动目录的安全模式，用于修复活动目录数据库，此处设置以这种方式启动时的管理员密码。

（12）设置完成，如图 3-5-20 所示。

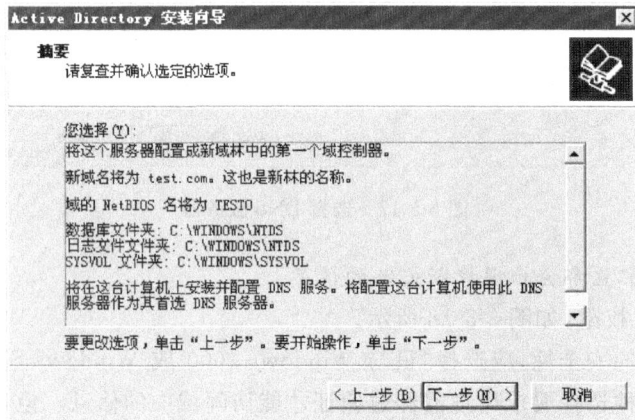

图 3-5-20　设置完成

检查设置的各项内容是否符合要求，如果符合，单击"下一步"按钮，系统开始安装活动目录，如图 3-5-21 所示。

图 3-5-21　开始安装活动目录

**注意**：在安装的过程中可能需要到 I386 文件，应提前准备好。

安装完成后，重新启动计算机，该计算机就成为域控制器了，如图 3-5-22 和图 3-5-23 所示。

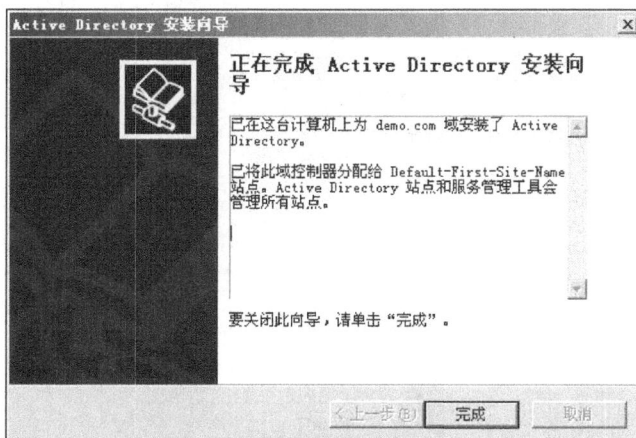

图 3-5-22　安装完成

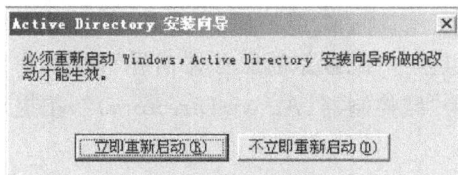

图 3-5-23　选择重启

重启计算机之后看一下安装了 AD 后和没有安装的时候有什么区别。首先第一感觉就是关机和开机的速度明显变慢了，并且多出了一个"登录到"的选择框，如图 3-5-24 所示。

进入系统后，右击"我的电脑"图标，在弹出的快捷菜单中选择"属性"命令，选择"计算机名"选项卡，看一下登录界面，如图 3-5-25 所示。

图 3-5-24　登录界面

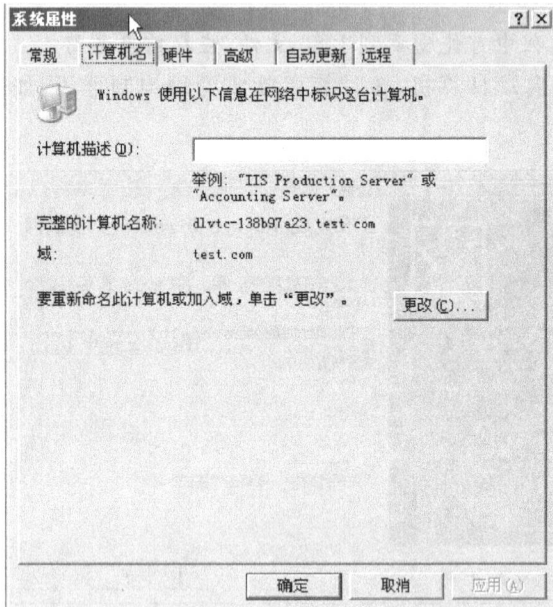

图 3-5-25　计算机属性

**2. 域控制器的删除过程**

运行"开始"→"管理工具"→"配置您的服务器向导"命令,弹出"配置您的服务器向导"对话框。选择服务器角色为"域控制器(Active Directory)",按提示进行下去就可以将域控制器删除了。

如果删除的域控制器是该域中最后一台域控制器,则该域也被删除,该域中所有的域帐户也被删除。

**3. 工作站加入到域**

把拓扑图(图 3-5-6)中的一台成员服务器提升为域控制器后,再来看如何把拓扑图中的工作站加入到域中。

(1) 由于从网络安全性考虑,尽量少的使用域管理员帐号,所以先在域控制器上建立一个委派帐号,登录到域控制器,运行"dsa. msc",出现"AD 用户和计算机"管理控制台(或者通过"开始"→"管理工具"→"Active Directory 用户和计算机"选项进入控制器),如图 3-5-26 所示。

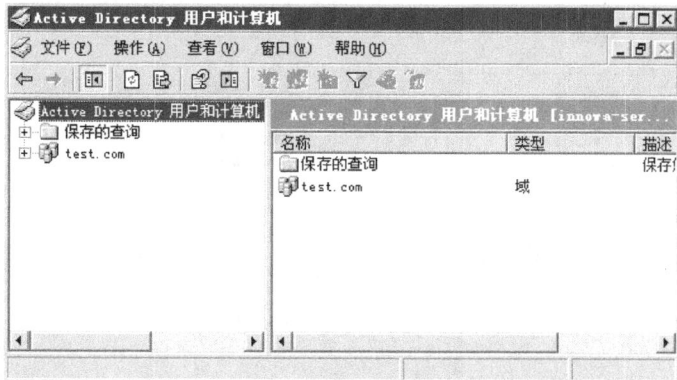

图 3-5-26  Active Directory 用户和计算机控制台

(2)新建用户,展开 test. com 选项,在 Users 上右击,在弹出的快捷菜单中选择"新建"→"用户"命令,如图 3-5-27 所示。

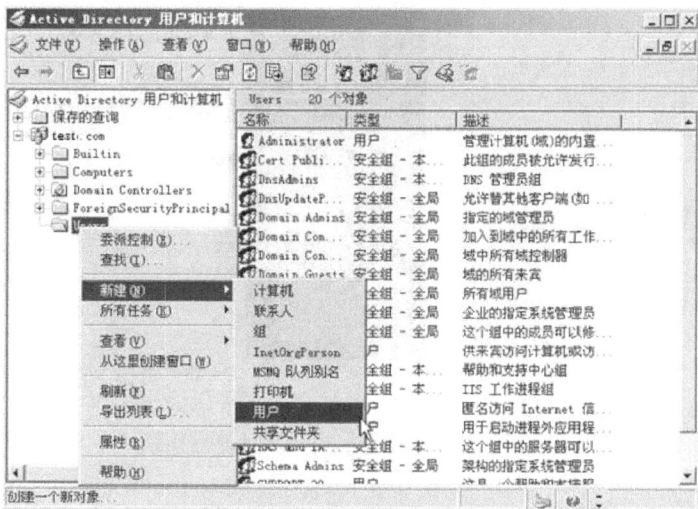

图 3-5-27  新建用户

**注意**:在 Users 中新建用户,如果用户过多,那么在 Users 看到许多用户,比较混杂,所以建议新建一个"组织单元",在"组织单元"中添加用户。

(3)出现新建用户的向导,这里新建了一个名为 wmh 的用户,并且把密码设为"永不过期",单击"下一步"按钮,直到完成,就可以完成用户的创建,如图 3-5-28 所示。

(4)打开"Active Directory 用户和计算机"控制台,右击 test. com 选项,在弹出的快捷菜单中选择"委派控制"命令,出现"控制委派向导"界面,如图 3-5-29 所示,然后单击"下一步"按钮。

(5)单击"添加"按钮,并输入刚刚创建的 wmh 帐号,如图 3-5-30 所示。

(6)选择"将计算机加入到域"复选框,然后单击"下一步"按钮,如图 3-5-31 所示。

(7)完成设置,如图 3-5-32 所示。

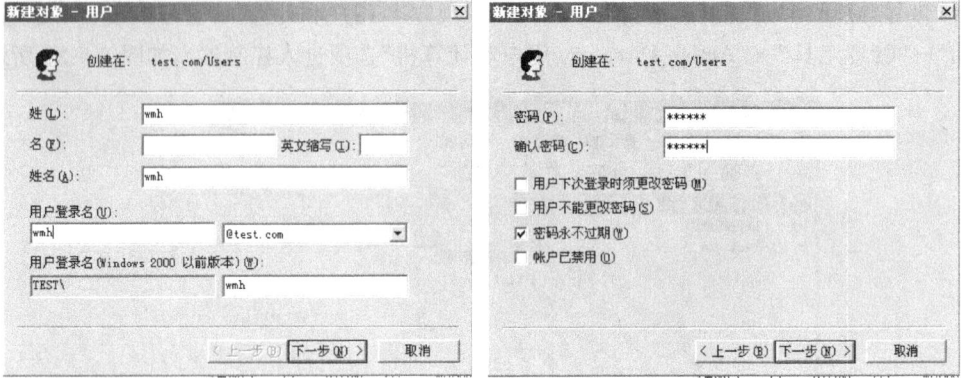

图 3-5-28　建立 wmh 用户

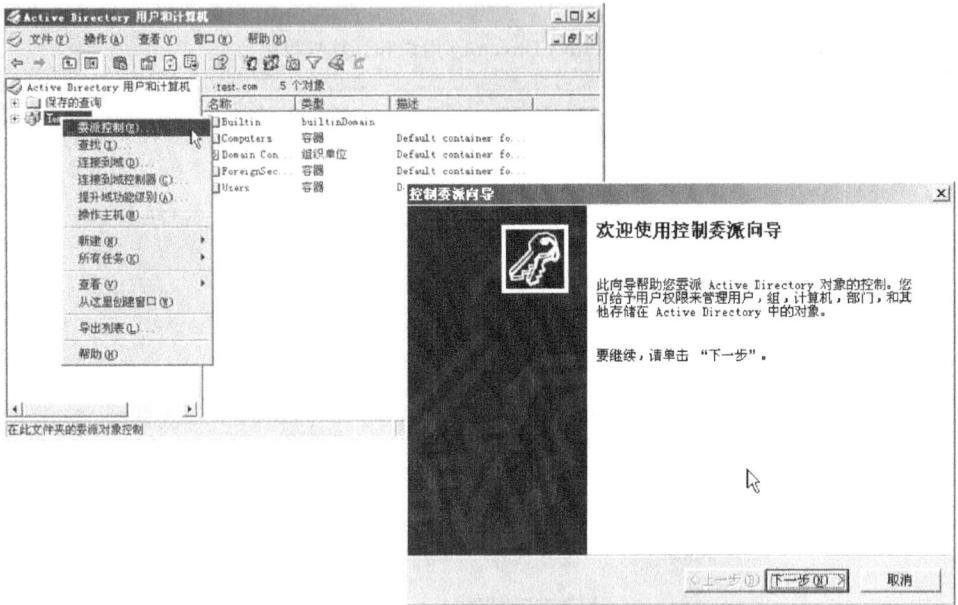

图 3-5-29　委派控制向导

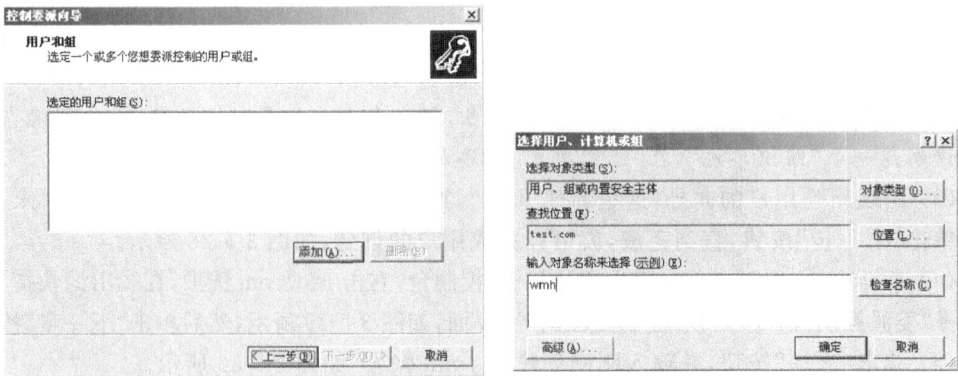

图 3-5-30　添加帐号

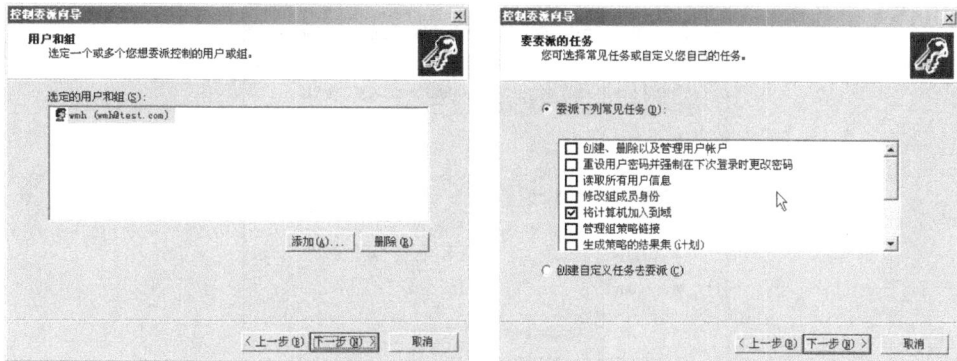

图 3-5-31　设置委派向导

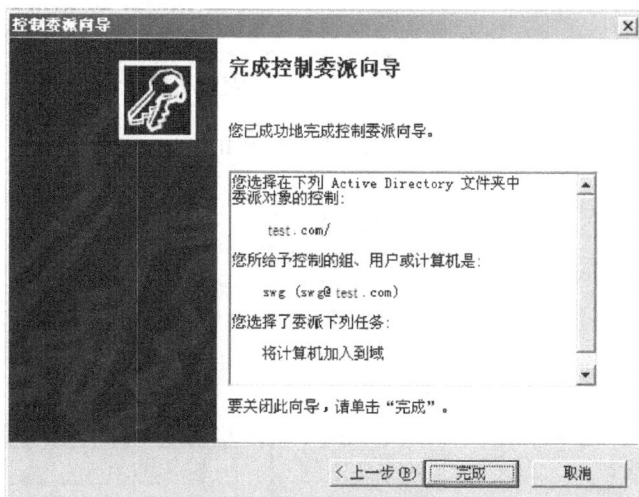

图 3-5-32　完成设置

（8）设置工作站。

在本案例中采用的客户端操作系统是 Windows XP 专业版，下面先来设置这台 Windows XP 的网络，如图 3-5-33 所示。

- 计算机名：TestXP。
- IP 地址：192.168.5.5。
- 子网掩码：255.255.255.0。
- DNS 服务器：192.168.5.1。

**注意**：Windows XP 的 Home 版由于针对的是家庭用户，是不能加入域的。

（9）设置完网络以后，右击“我的电脑”图标，在弹出的快捷菜单中选择“属性”命令，在出现的对话框中输入计算机名，在“隶属于”选项组中选择“域”单选按钮，并输入“test.com”，单击“确定”按钮，如图 3-5-34 所示。

（10）最后看一下设置好的 Windows XP 工作站加入域的界面，可以看到“登录到”界面，选择域登录，这样就可以用域用户进行登录了。进入系统后，在“我的电脑”上右击，选择“属性”命令，选中“计算机名”选项卡，如图 3-5-35 所示。

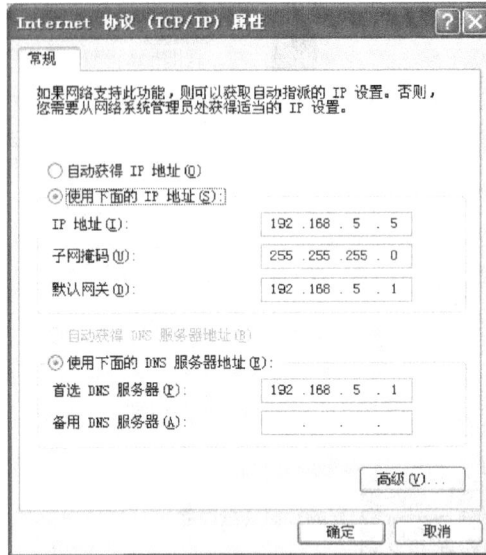

图 3-5-33　设置工作站的 IP 地址

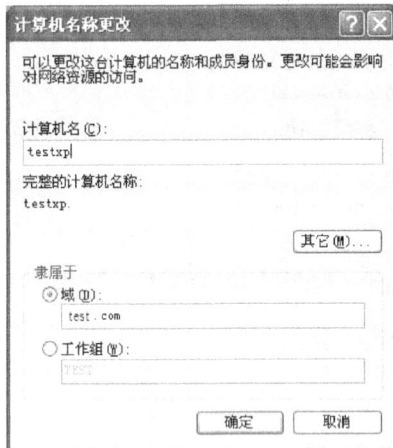

图 3-5-34　更改计算机属性

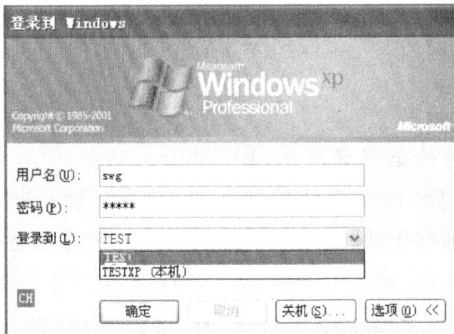

图 3-5-35　登录界面

## 5.4.2 Web

在 A 学院校园网建设时,学院组织人员制作了一个反映学院全貌的学院主页,现在需要发布学院的主页。

假设 A 学院的 Web 服务器的 IP 地址是 192.168.1.10。在这个案例中要完成的任务有:

- 安装 IIS 信息服务器。
- 安装 Web 服务器。
- 创建一个新的 Web 站点。
- 配置 Web 站点属性。
- 访问 Web 站点。

### 1. 安装 IIS 信息服务器

一般情况下,Windows Server 2003 服务器的默认安装中没有安装 IIS 6.0 组件。因此,需要另外单独安装 IIS 6.0。安装方法如下:

第一步:选择"开始"→"设置"→"控制面板"→"添加/删除程序"选项,如图 3-5-36 所示。

图 3-5-36 "添加或删除程序"对话框

第二步:在"添加/删除程序"对话框中选择"添加/删除 Windows 组件",弹出"Windows 组件向导"对话框,如图 3-5-37 所示。

第三步:在 Windows 组件向导对话框中选择"应用程序服务器"复选框,单击"详细信息"按钮,在其中选择"Internet 信息服务(IIS)"复选框,单击"确定"按钮,如图 3-5-38 所示。

第四步:回到如图 3-5-37 所示"Windows 组件向导"对话框中,单击"下一步"按钮。这时,需要在光驱中放入 Windows Server 2003 的系统安装盘,如图 3-5-39 所示。

**注意**:如果在计算机中有 I386 文件,也可以单击"确定"按钮,找到 I386 文件进行安装。

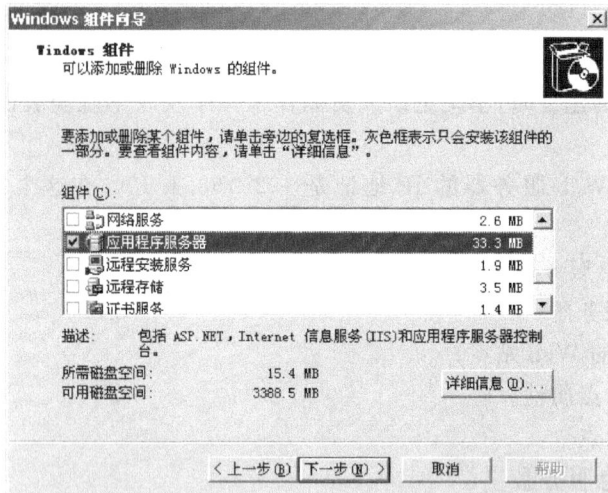

图 3-5-37 "Windows 组件向导"对话框

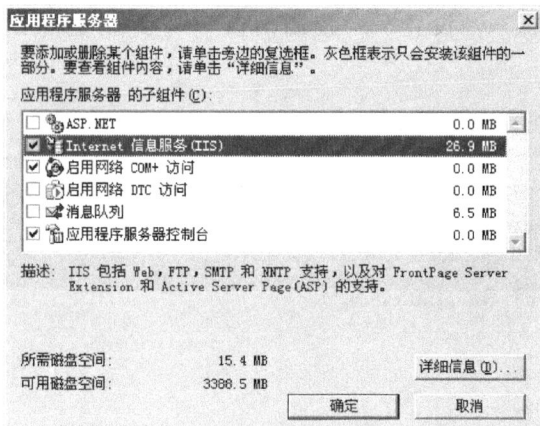

图 3-5-38 "应用程序服务器"对话框

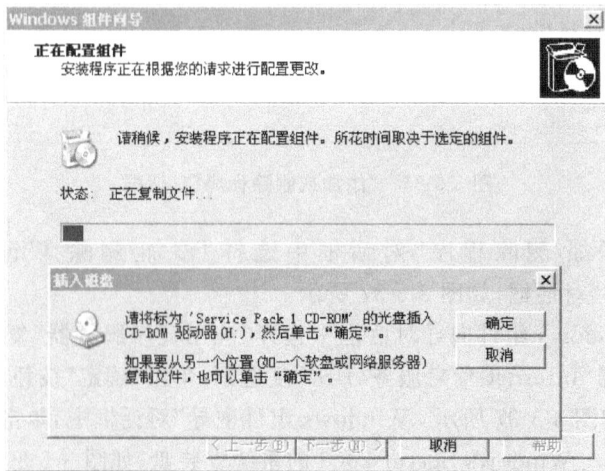

图 3-5-39 Windows 组件向导安装对话框

第五步：安装完毕后，选择"开始"→"设置"→"控制面板"→"管理工具"→"Internet 信息服务(IIS)管理器"选项，出现如图 3-5-40 所示的"Internet 信息服务"对话框。

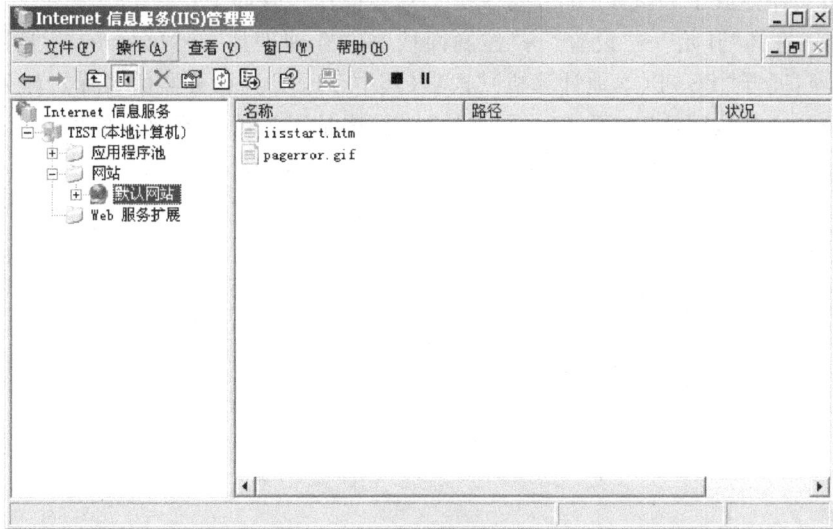

图 3-5-40　"Internet 信息服务"对话框

第六步：在 IE 浏览器的地址栏中输入"http://localhost"或者"http://你的计算机名字"或者"http://127.0.0.1"。按 Enter 键后，如果出现"建设中"字样，表示 IIS 安装成功，如图 3-5-41 所示。

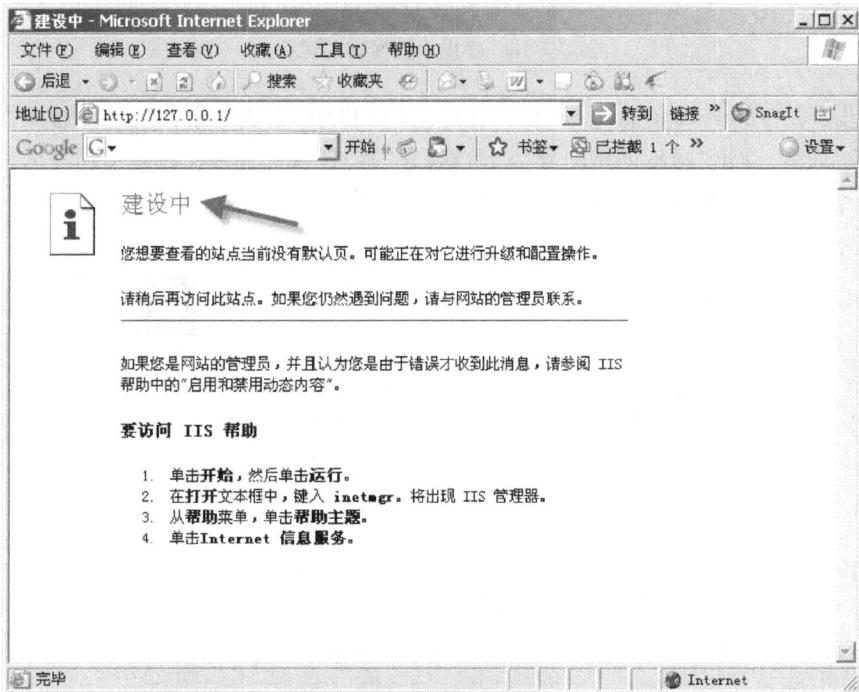

图 3-5-41　成功安装 IIS

项目三

组建校园网

### 2. 建设与发布站点

A 学院已经制作好一个网站,现在要建设一个 Web 服务器,将制作好的网站发布上去。所有的网站文件存放于 D:\WyWeb 目录中。具体操作步骤如下:

第一步:选择"开始"→"设置"→"控制面板"→"管理工具"→"Internet 信息服务(IIS)管理器"选项,展开"TEST(本地计算机)"选项(其中 TEST 为服务器的名称),然后展开"网站"选项。右击"默认网站"选项,停止网站的运行,这是因为需要释放示例网站已经占用的 80 号端口。当然,也可以直接将示例网站删除,如图 3-5-42 所示。

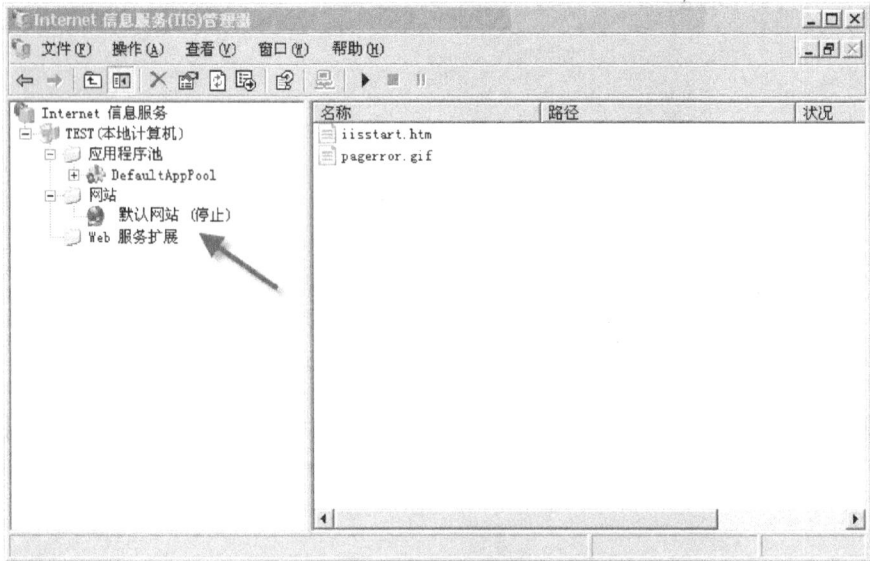

图 3-5-42　停止示例网站的运行

第二步:在"Internet 信息服务(IIS)管理器"窗口中,右击"网站"选项,选择"设置"→"控制面板"命令,弹出"网站创建向导"对话框,在"描述"文本框中,根据实际写入对要发布网站的描述,例如,描述为"我的网站",如图 3-5-43 所示。

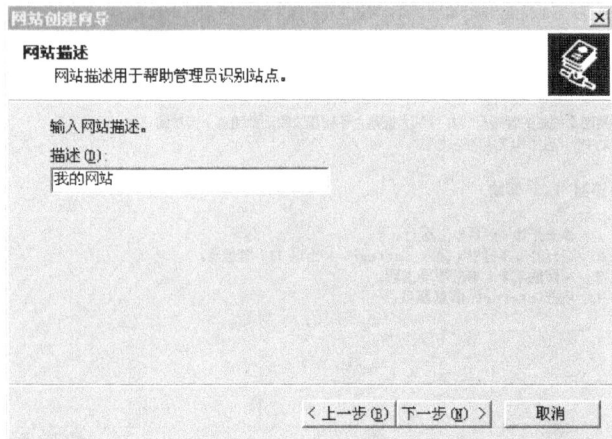

图 3-5-43　网站描述

第三步：在如图 3-5-43 所示的界面中单击"下一步"按钮，进入"IP 地址和端口设置"窗口。其中，在"网站 IP 地址"下拉列表框中选择分配到的 IP 地址，其他选项使用默认设置即可，如图 3-5-44 所示。

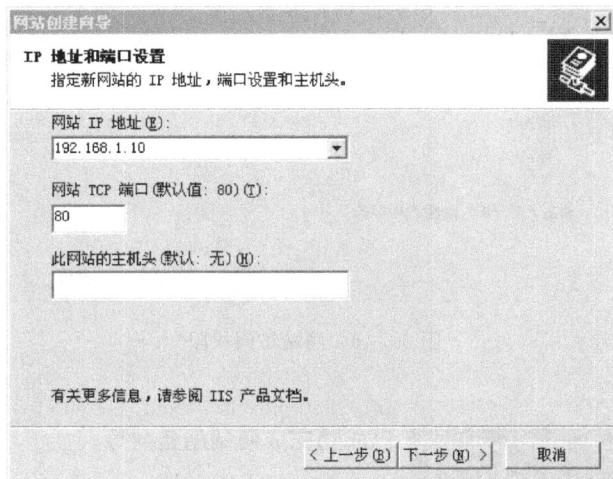

图 3-5-44　IP 地址和端口设置

第四步：在如图 3-5-44 所示的界面中单击"下一步"按钮，进入"网站主目录"窗口。单击"路径"下的"浏览"按钮，选择已经制作好的网站文件所在目录，这里为"D:\MyWeb"。根据实际需要，选择是否选中"允许匿名访问网站"复选框，一般应该选择允许，如图 3-5-45 所示。

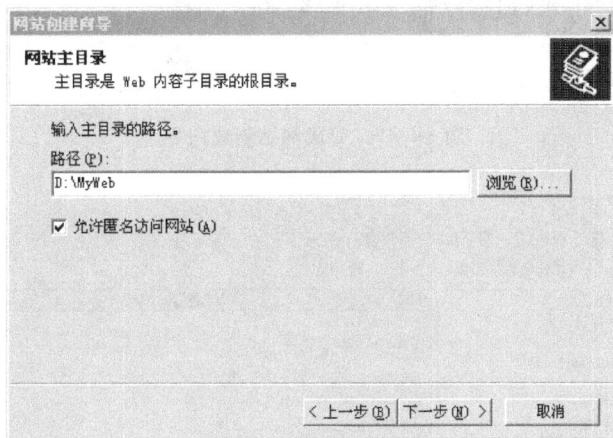

图 3-5-45　网站主目录

第五步：在如图 3-5-45 所示的界面中单击"下一步"按钮，进入"网站访问权限"窗口，一般采用默认设置即可，如图 3-5-46 所示。

第六步：在如图 3-5-46 所示的界面中单击"下一步"按钮，进入"已成功完成网站创建向导"窗口，如图 3-5-47 所示。

第七步：在如图 3-5-47 所示的界面中单击"完成"按钮，即完成网站的发布，如图 3-5-48 所示。

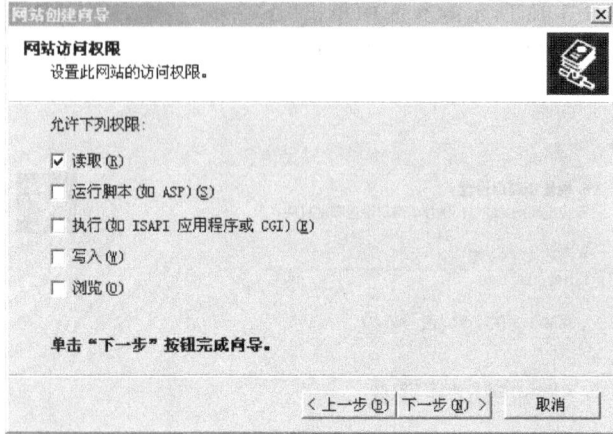

图 3-5-46　网站访问权限

图 3-5-47　完成网站创建向导

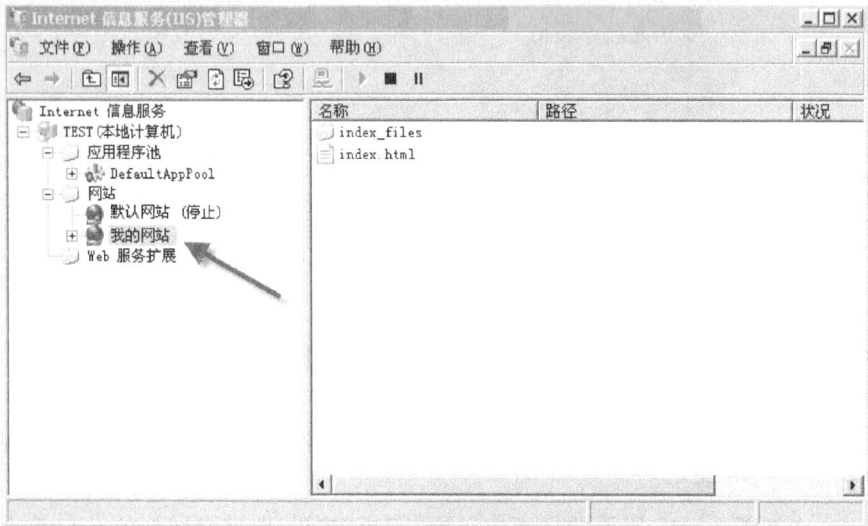

图 3-5-48　成功创建我的网站

第八步：右击"我的网站"选项，在弹出的快捷菜单中选择"属性"命令，选择"文档"选项卡，在启用默认文档中添加网站的首页"index.html"，并上移到最顶端，如图3-5-49所示。

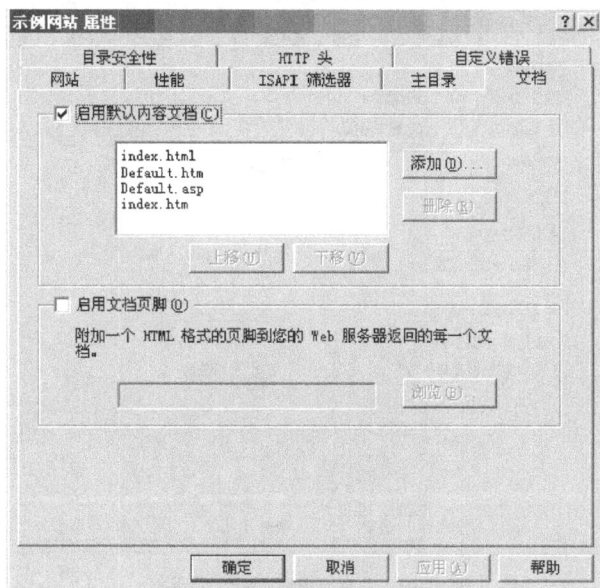

图3-5-49　设置启用默认文档

第九步：测试"我的网站"是否正常运行。打开IE浏览器，在地址栏输入的网址（这里为http://192.168.1.10）访问"我的网站"。如图3-5-50所示，即表示"我的网站"已经成功发布于网络中。

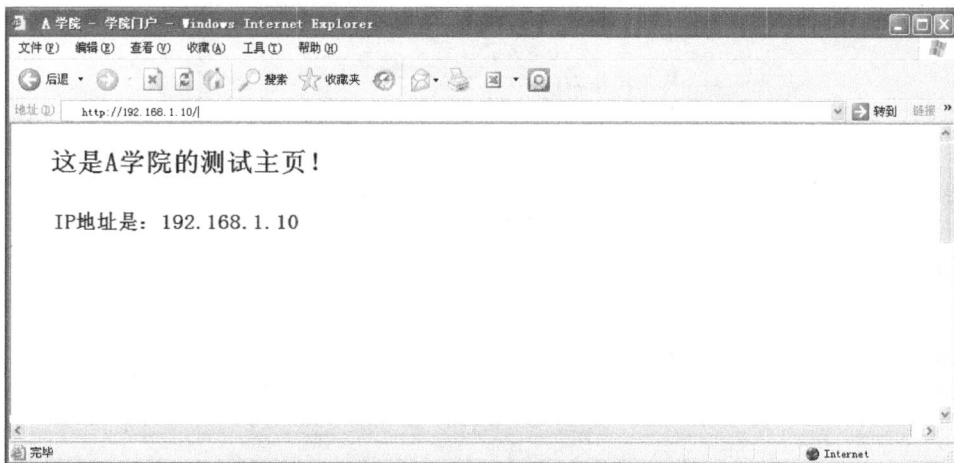

图3-5-50　测试网站

### 3. Web站点的配置与管理

基本Web站点的配置操作步骤如下。

第一步：选择"开始"→"设置"→"控制面板"→"管理工具"→"Internet信息服务(IIS)管理器"选项，展开"TEST(本地计算机)"选项(其中TEST为服务器的名称)，然后展开"网站"选项。

第二步：右击"默认网站"选项，然后单击"属性"命令，如图 3-5-51 所示。

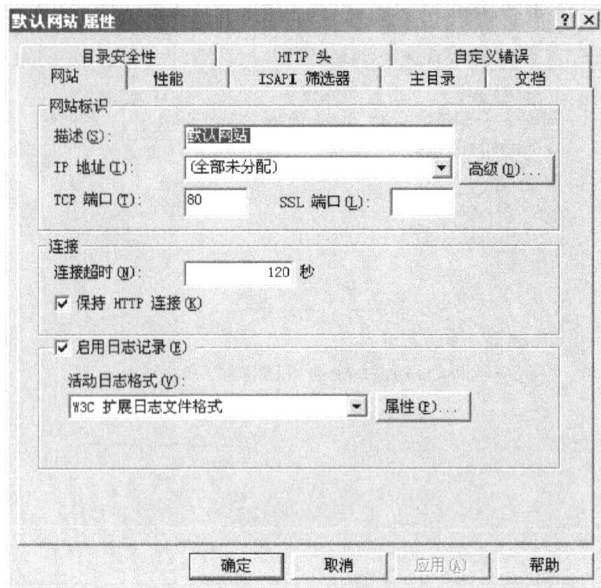

图 3-5-51　默认网站属性对话框

第三步：单击如图 3-5-51 所示的界面中的"网站"选项卡。在"描述"文本框中填入发布网站的简单描述"示例网站"。在"IP 地址"下拉列表框中，填入已分配计算机的 IP 地址"192.168.1.10"，如图 3-5-52 所示。

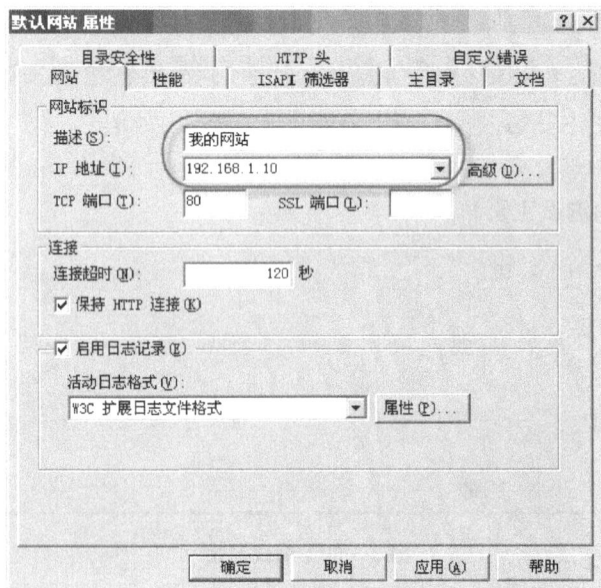

图 3-5-52　"网站"选项卡

第四步：单击如图 3-5-52 所示的界面的"性能"选项卡，该选项卡用于设置影响内存与带宽的使用和 Web 连接数量的属性。

通过配置某个特定站点上的网络带宽,可以更好地控制访问该站点的通信量。例如,通过在低优先级的 Web 站点上限制带宽,可以放宽对它的访问量的限制;同样,当指定到某个 Web 站点的连接数量时,就可以为其他站点释放资源。而设置是站点专用的,应根据网络通信量和使用变化情况进行调整。

(1) 单击"限制网站可以使用的带宽"复选框,将其选中,可配置 IIS 将网络带宽调节到选定的最大带宽,以千字节每秒(KB/s)为单位。

(2) 单击"网站连接"复选框,可选择特定数目或者不限定数目的 Web 服务连接。限制连接可使计算机资源能够用于其他进程。

**注意**:每个浏览 Web 站点的客户机通常都使用大约 3 个连接,如图 3-5-53 所示。

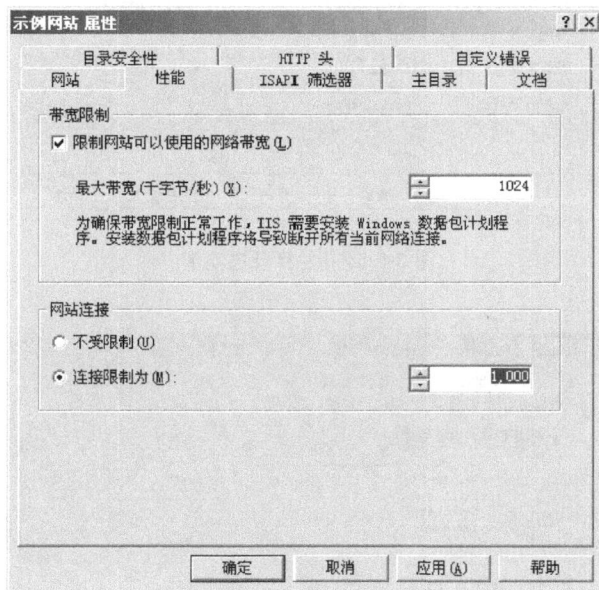

图 3-5-53 "性能"选项卡

(3) 单击"主目录"选项卡。如图 3-5-54 所示。如果想使用存储在本地计算机上的网站内容,单击"此计算机上的目录"单选按钮,然后在"本地路径"文本框中输入想要的路径。例如,默认路径为 C:\Inetpub\wwwroot。

**注意**:为了增加安全性,一般不在根目录下创建 Web 内容文件夹。如果要使用存储在另一台计算机上的 Web 内容,则单击"另一台计算机上的共享"单选按钮,然后在显示的网络目录框中输入所需位置;如果要使用存储在另一个 Web 地址的 Web 内容,则单击"重定向到 URL"单选按钮,然后在"重定向到"文本框中输入所需位置。在"客户端将定向到"选项组中,选中相应的复选框。

(4) 单击"文档"选项卡,该选项卡用于设置网站的默认启动文档,如图 3-5-55 所示。请注意可由 IIS 用作默认启动文档的文档列表。如果要使用 example.htm 作为启动文档,就必须添加它。添加方法是:单击"添加"按钮,在"添加默认文档"对话框中,输入 example.htm,单击"确定"→"上移"按钮,直到 example.htm 显示在列表的顶部。

第五步:单击"确定"按钮,关闭"默认网站"对话框。

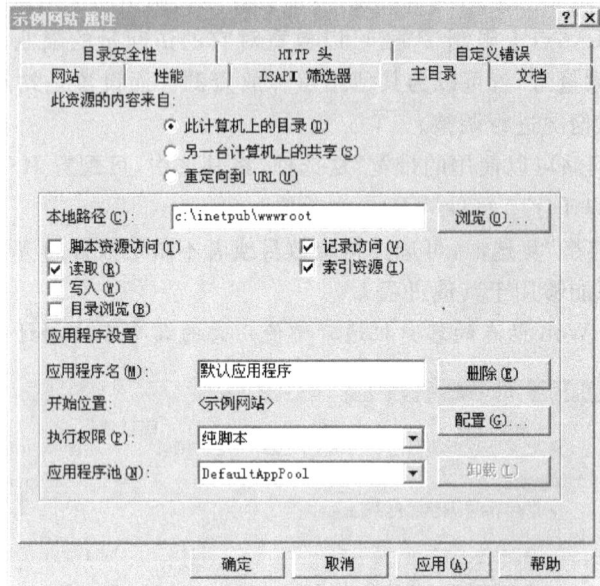

图 3-5-54　主目录选项卡

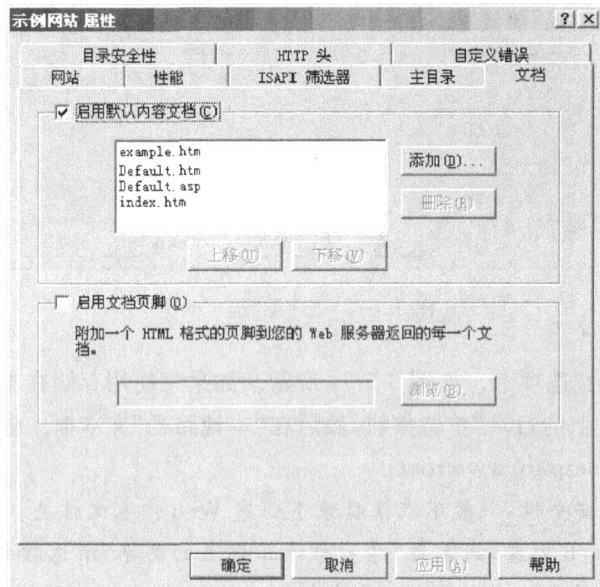

图 3-5-55　文档选项卡

第六步：右击"默认网站"选项，然后单击"权限"命令，对话框显示在此 Web 站点上具有操作权限的用户帐户。单击"添加"按钮，可以添加其他可操作此 Web 站点的用户帐户，如图 3-5-56 所示。

第七步：单击"确定"按钮，返回到"Internet 信息服务(IIS)服务器"窗口。

第八步：同其他 Windows 平台一样，此时默认 Web 站点已经启动了。值得注意的是，

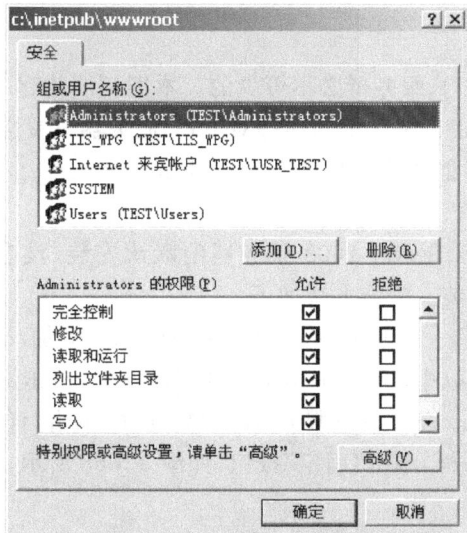

图 3-5-56    默认网站权限对话框

IIS 6.0 最初安装完成是只支持静态内容的,不能正常显示基于 ASP 的动态 Web 网页内容,因此首先要做的就是打开其动态内容支持功能。在"Internet 信息服务(IIS)服务器"窗口中,打开 IIS 管理窗口左面单击"Web 服务扩展"选项,启用 Active Server Pages 选项,单击"允许"按钮,如图 3-5-57 所示。

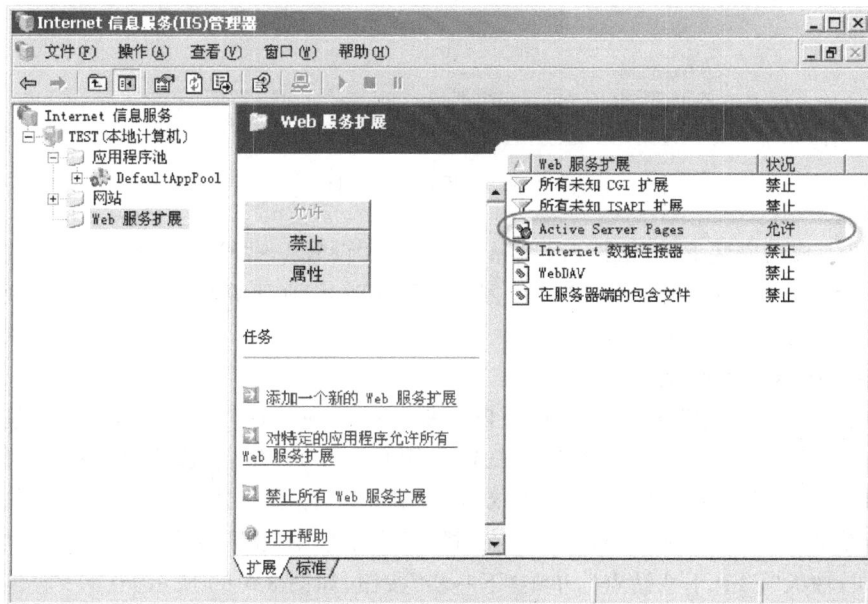

图 3-5-57    Web 服务扩展对话框

现在,该服务器已配置为接受访问"默认网站"的 Web 请求。可以将"默认网站"的内容替换为想要的 Web 内容,或者创建新的 Web 站点。

项
目
三

组建校园网

### 5.4.3　FTP

在校园网的建设中,FTP 服务器必不可少的。本案例要构建一台 FTP 服务器,为校园网中的计算机提供文件传送任务。要求能够对 FTP 服务器设置连接限制、日志记录、消息、验证客户端身份等属性,并能创建用户隔离的 FTP 站点。

**1. 安装 FTP 服务器**

一般情况下,Windows Server 2003 服务器的默认安装,没有安装 FTP 服务。因此,FTP 服务需要另外单独安装。安装方法如下:

第一步:选择"开始"→"设置"→"控制面板"→"添加/删除程序"命令,然后在"Windows 组件向导"对话框中,选中"应用服务器"复选框,单击"详细信息"按钮,在"应用服务器"对话框中,选中"Internet 信息服务(IIS)"复选框,单击"详细信息"按钮,选中"文件传输协议(FTP)服务"复选框,单击"确定"按钮,如图 3-5-58 所示。

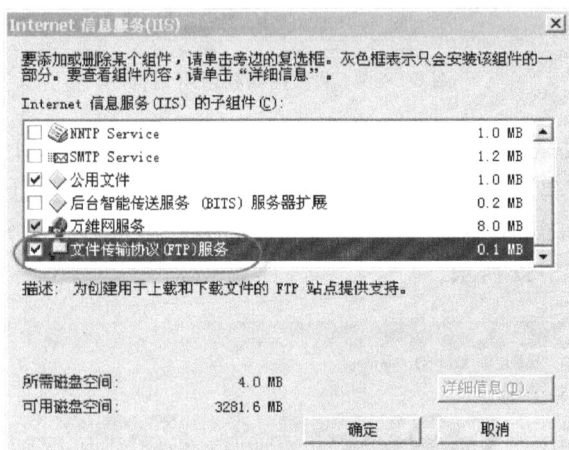

图 3-5-58　添加 FTP 组件

第二步:成功安装 FTP 组件后,选择"开始"→"设置"→"控制面板"→"管理工具"→"Internet 信息服务(IIS)管理器"选项,展开"TEST(本地计算机)"选项,会发现多出了"FTP 站点"选项,如图 3-5-59 所示。

**2. 创建新的 FTP 站点**

第一步:选择"开始"→"设置"→"控制面板"→"管理工具"→"Internet 信息服务(IIS)管理器"选项,展开"TEST(本地计算机)"选项,用右击"FTP 站点"选项,从弹出的快捷菜单中选择"新建"→"FTP 站点"命令,打开"欢迎使用 FTP 站点创建向导"对话框,单击"下一步"按钮,弹出"FTP 站点描述"对话框。在"描述"文本框中,根据实际情况输入站点的说明文字,例如,输入"FTP 下载站点",单击"下一步"按钮,如图 3-5-60 所示。

第二步:打开"IP 地址和端口设置"对话框,在"输入 FTP 站点使用的 IP 地址"下拉列表框中,选择或者直接输入 IP 地址,并设定 TCP 端口的值为 21,单击"下一步"按钮,如图 3-5-61 所示。

第三步:打开"FTP 用户隔离"对话框,FTP 用户隔离支持 3 种隔离模式,每一种模式都会启动不同的隔离和验证等级。根据实际需要选择一种隔离模式,单击"下一步"按钮,如图 3-5-62 所示。

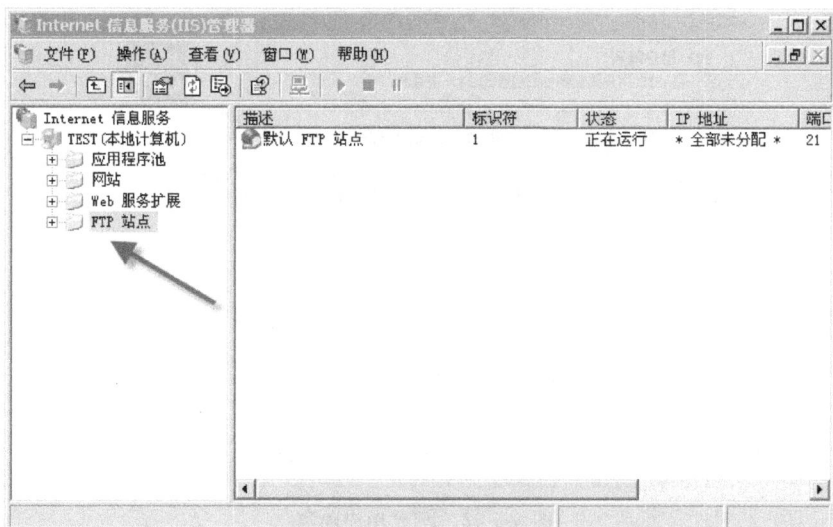

图 3-5-59　成功安装 FTP 组件

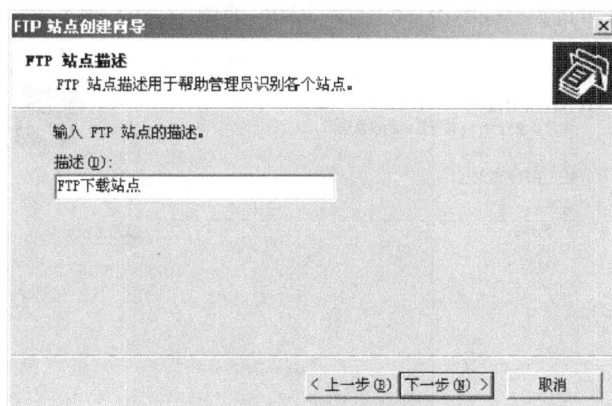

图 3-5-60　FTP 站点描述

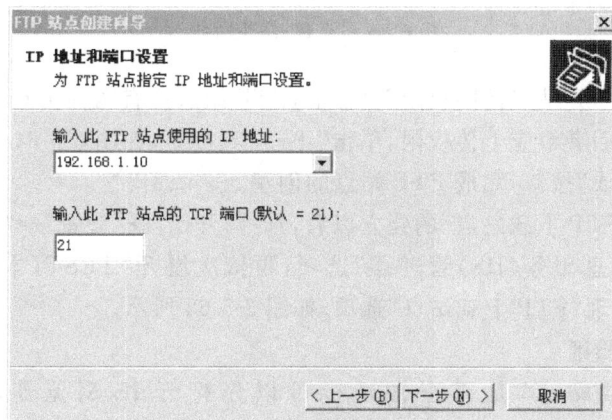

图 3-5-61　IP 地址和端口设置

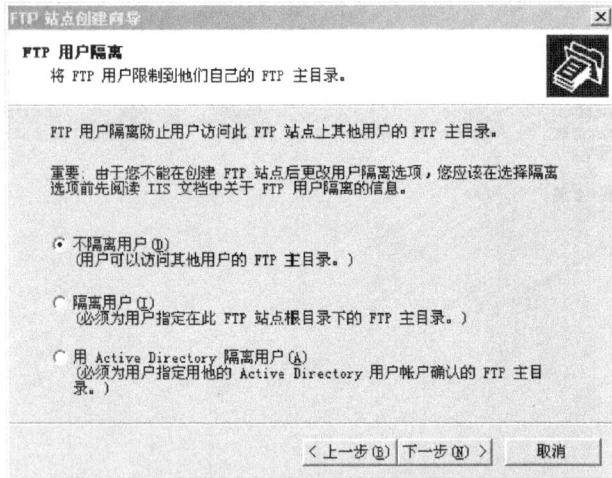

图 3-5-62　FTP 用户隔离

第四步：弹出"FTP 站主目录"对话框,在"路径"文本框中输入主目录的路径或者单击"浏览"按钮选定主目录的路径,单击"下一步"按钮,如图 3-5-63 所示。

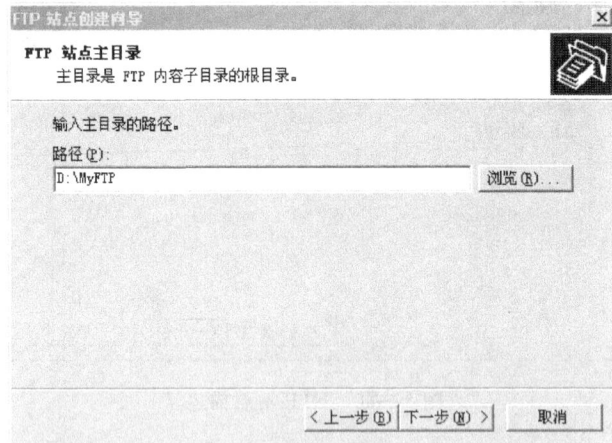

图 3-5-63　FTP 站主目录

第五步：打开"FTP 站点访问权限"对话框,FTP 站点只有两种访问权限：读取和写入。前者对应下载权限,后者对应上传权限,单击"下一步"按钮,如图 3-5-64 所示。在最后弹出的对话框中单击"完成"按钮,完成 FTP 站点的创建。

第六步：完成"FTP 下载站点"的建立以后,选择"开始"→"设置"→"控制面板"→"管理工具"→"Internet 信息服务(IIS)管理器"选项,再依次展开"TEST(本地计算机)"选项、"FTP 站点"选项,出现"FTP 下载站点"选项,如图 3-5-65 所示。

**3. FTP 服务器验证**

测试"FTP 下载站点"是否正常运行可以先打开 IE 浏览器,在地址栏输入：ftp://192.168.1.10(FTP 服务器的 IP 地址),检查是否能够访问"FTP 下载站点"。如图 3-5-66 所示,即表示"FTP 下载站点"运行正常。

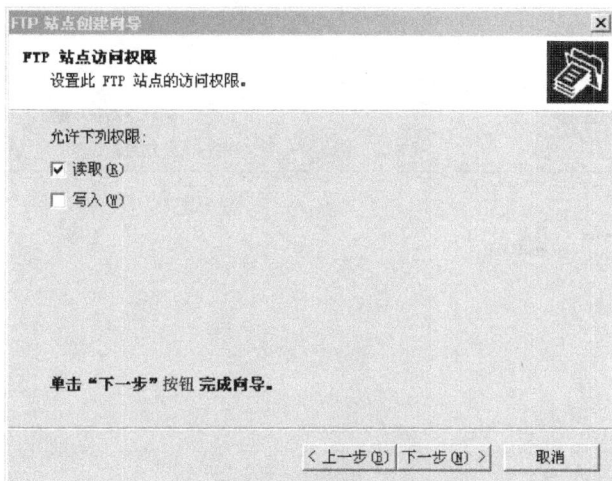

图 3-5-64　FTP 站点访问权限

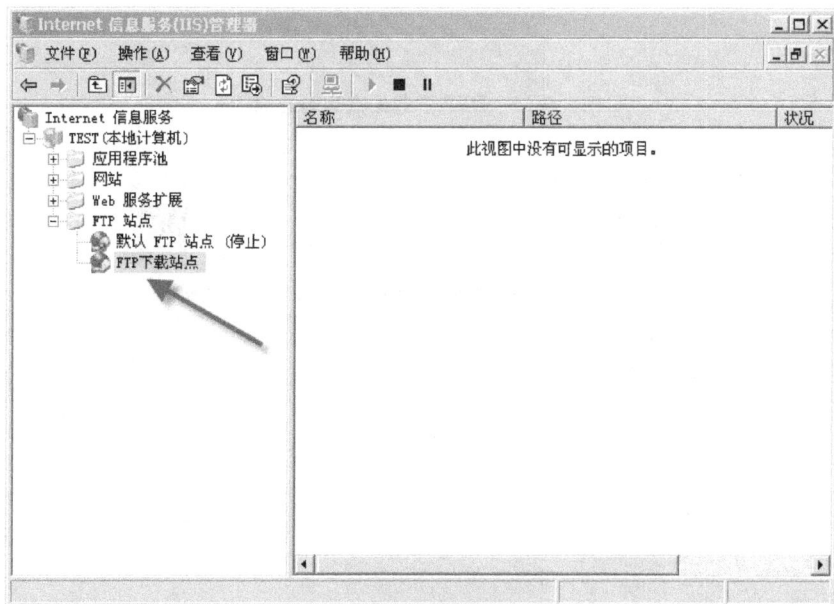

图 3-5-65　成功安装 FTP 组件

### 4. 创建虚拟目录

主目录是存储站点文件的主要位置,虚拟目录以在主目录中映射文件夹的形式存储数据,可以更好地拓展 FTP 服务器的存储能力。具体操作步骤如下:

第一步:右击要建立虚拟目录的 FTP 站点,例如,右击"FTP 下载站点",在弹出的快捷菜单中选择"新建"→"虚拟目录"命令。

第二步:打开虚拟目录创建向导并单击"下一步"按钮,在"虚拟目录别名"对话框中的"别名"文本框中指定虚拟目录别名(如指定为"资料下载"),单击"下一步"按钮,如图 3-5-67 所示。

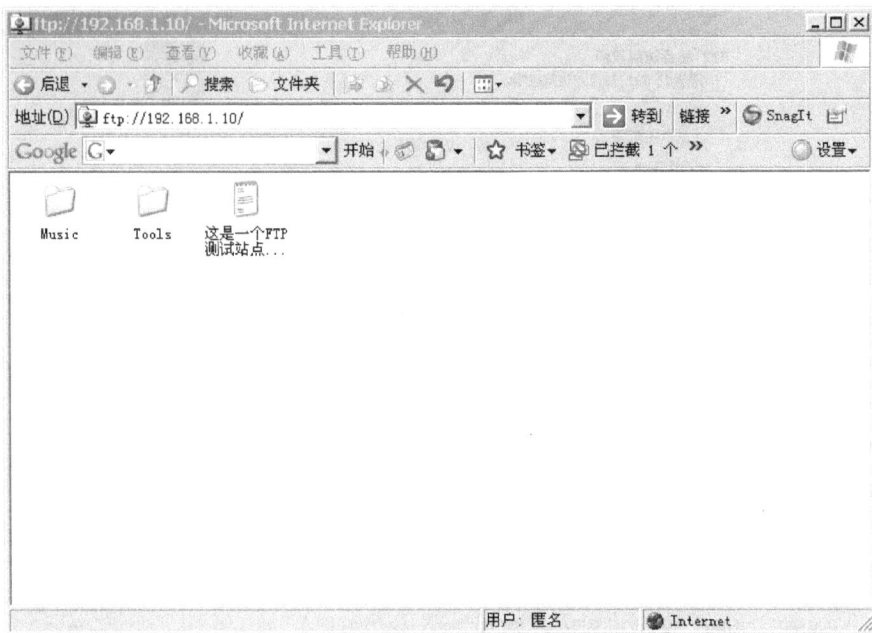

图 3-5-66　FTP下载站点运行正常

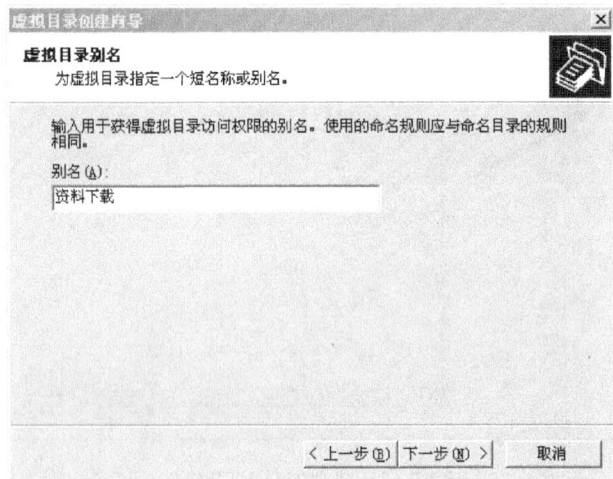

图 3-5-67　虚拟目录别名

第三步：在"FTP站点内容目录"对话框中，单击"浏览"按钮，设定虚拟目录所对应的实际路径，如图 3-5-68 所示。

第四步：在"访问权限"对话框中，设定虚拟目录允许的用户访问权限，可以选择"读取"或者"写入"权限，单击"下一步"按钮，完成虚拟目录的设置，如图 3-5-69 所示。

第五步：测试"FTP下载站点"的"资料下载"虚拟目录是否正常运行。打开 IE 浏览器，在地址栏输入：ftp://192.168.1.10/资料下载/，检查是否能够访问"资料下载"虚拟目录。如图 3-5-70 所示，即表示"FTP下载站点"的"资料下载"虚拟目录运行正常。

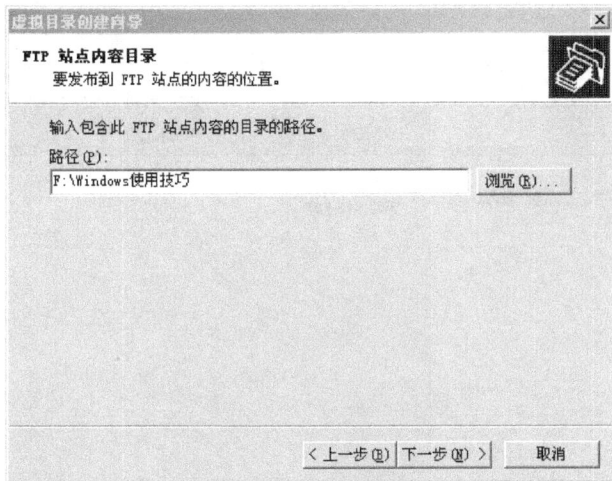

图 3-5-68　FTP 站点内容目录

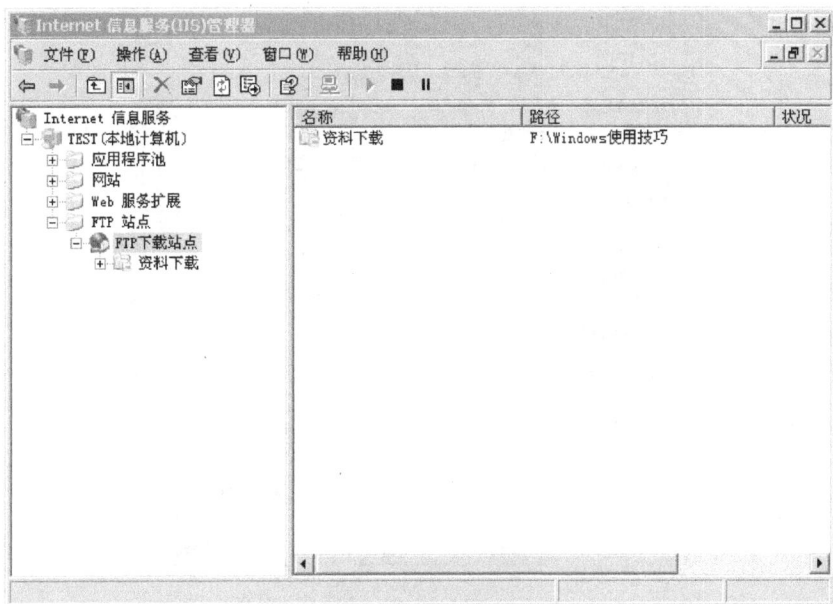

图 3-5-69　成功添加资料下载虚拟目录

**5. 站点的维护与管理**

1）查看连接用户

第一步：右击"FTP 下载站点"选项，从弹出的快捷菜单中选择"属性"命令，打开"FTP 站点"选项卡。在这里可以对站点说明、IP 地址和 TCP 端口号等内容进行配置，在"FTP 站点连接"选项组中可以设定同时连接到该站点的最大并发连接数，如图 3-5-71 所示。

第二步：单击"当前会话"按钮，打开"FTP 用户会话"对话框。在这里可以查看当前连接到 FTP 站点的用户列表。从列表中选择用户，单击"断开"按钮，断开当前用户的连接，如图 3-5-72 所示。

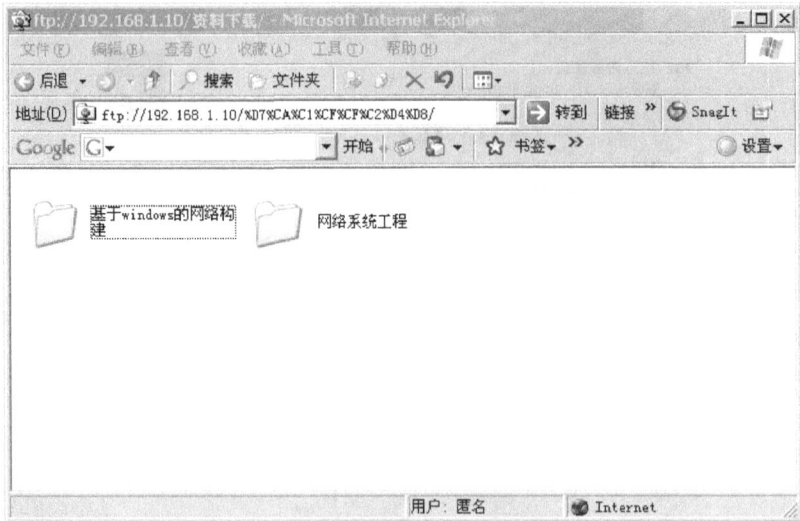

图 3-5-70　资料下载虚拟目录运行正常

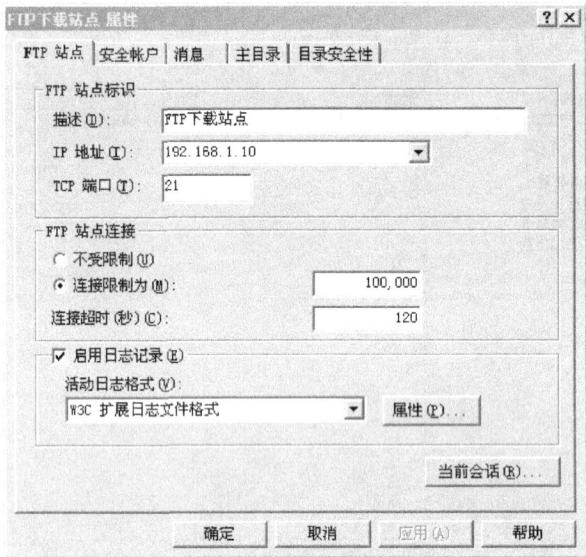

图 3-5-71　FTP 下载站点属性对话框

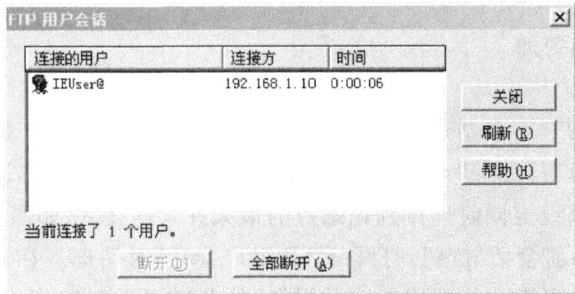

图 3-5-72　FTP 用户会话对话框

2）设定 FTP 站点消息

设置 FTP 站点时,可以向 FTP 客户端发送站点的信息消息。该消息可以是用户登录时欢迎用户到 FTP 站点的问候消息、用户注销时的退出消息、通知用户已达到最大连接数的消息或者标题消息。默认情况下,这些消息是空白的。

FTP 站点消息分为 4 种:标题、欢迎、退出、最大连接数。

在"消息"选项卡可以分别设定:

- "标题消息"在用户登录到站点时出现,当站点中含有敏感信息时,该消息非常有用。
- "欢迎消息"用于向每一个连接到当前站点的访问者介绍本站点的信息。
- "退出消息"用于在客户断开连接时发送给站点访问者的信息。
- "最大连接数消息"用于在系统同时连接数达到上限时,向请求连接站点的新访问者发出的提示消息。

FTP 站点设置完成后,单击"确定"按钮,如图 3-5-73 所示。

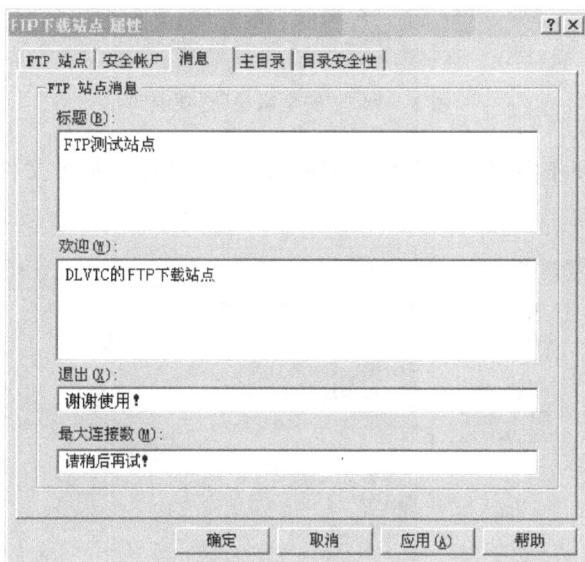

图 3-5-73　消息选项卡

3）配置匿名登录

右击 FTP 站点,从弹出的快捷菜单中选择"属性"命令,单击选择"安全帐户"选项卡。在默认状态下,当前站点是允许匿名访问的。如果选择"允许匿名连接"选项,那么 FTP 服务器将提供匿名登录服务。

如果选择"只允许匿名连接"选项,则可以防止使用有管理权限的帐户进行访问,从而可以加强 FTP 服务器的安全管理,如图 3-5-74 所示。

4）修改主目录文件夹

选择"主目录"选项卡,在这里可以使用"主目录"属性来改变 FTP 站点的主目录并修改其属性。单击"浏览"按钮,改变 FTP 站点的主目录文件夹存储的位置。如果打算改变主目录读写权限,可以选择是否允许"读取"和"写入"权限。

为了进一步保障服务器的安全,建议选择"记录访问"复选框,这样就可以同步记录

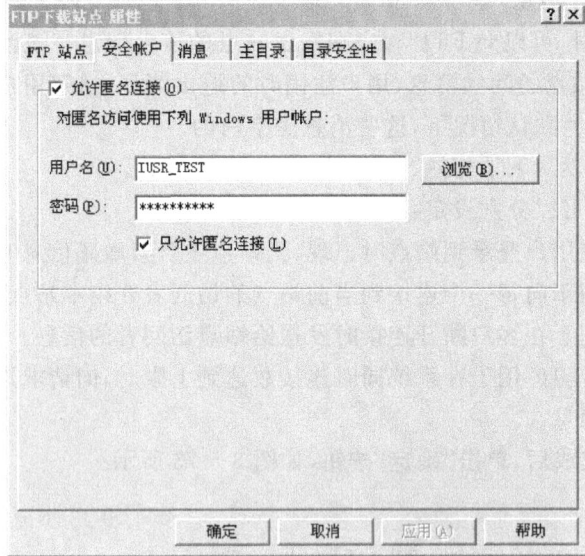

图 3-5-74 "安全帐户"选项卡

FTP 站点上的操作,便于在服务器发生故障的时候,及时打开日志文件检查故障的发生情况,如图 3-5-75 所示。

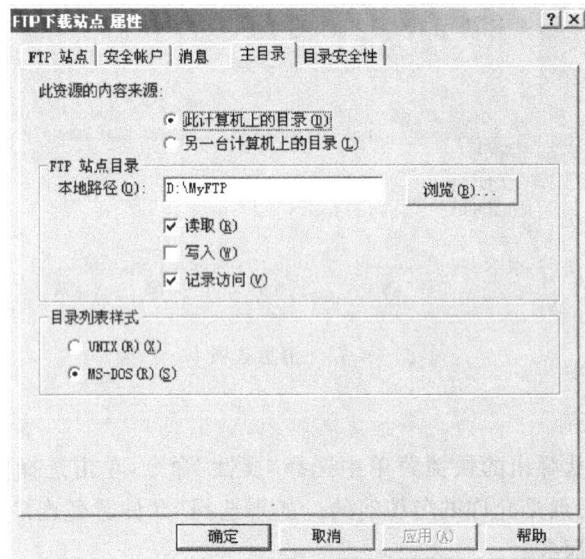

图 3-5-75 "主目录"选项卡

5) 安全访问

单击选择"目录安全性"选项卡,可以通过限制具有某些 IP 地址的 FTP 客户端,控制访问 FTP 服务器的计算机。选择"授权访问"或者"拒绝访问"单选按钮,用来调整如何处理这些 IP 地址。单击"添加"按钮,可以进行 IP 地址的添加操作,从而控制来自安全的 IP 地址的访问,如图 3-5-76 所示。

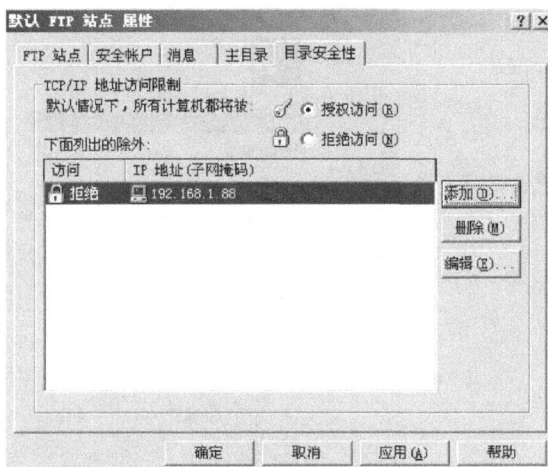

图 3-5-76　"目录安全性"选项卡

### 6. 创建用户隔离的 FTP 站点

在创建 FTP 站点的时候可以选择建立隔离或者不隔离用户的站点。

1）不隔离用户

该模式不启用 FTP 用户隔，最适合于只提供共享内容下载功能的站点或不需要在用户间进行数据访问保护的站点。

2）隔离用户

所有用户的主目录都在单一 FTP 主目录下，每个用户均被安放和限制在自己的主目录中。不允许用户浏览自己主目录外的内容。

FTP 站点主目录在"D:\MyFtp"目录，假设要让用户 test1、test2 等来登录 FTP 站点，首先应在计算机中创建两个与文件夹名相同的用户。然后在主目录下为用户创建子文件夹"D:\MyFtp\localuser\test1"和"D:\MyFtp\localuser\test2"。

做好这些准备工作后，开始创建隔离用户的 FTP 站点，如图 3-5-77 和图 3-5-78 所示。

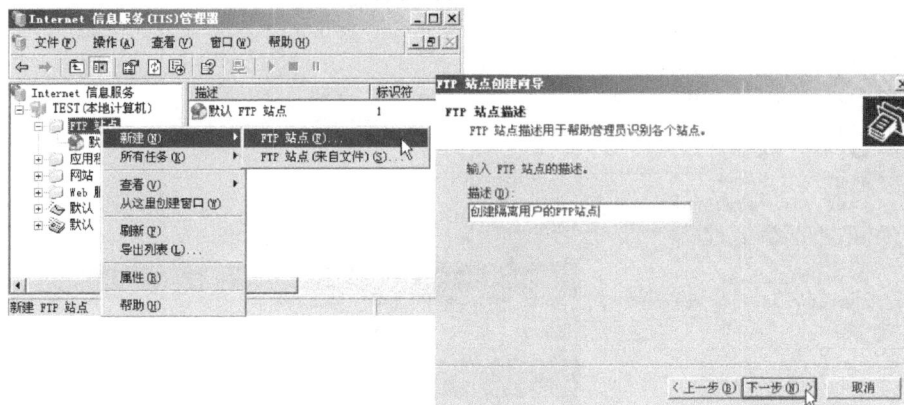

图 3-5-77　建立隔离用户的站点

设置 FTP 站点的主目录和访问权限，如图 3-5-79 所示。

配置完成后，使用刚才建立的用户 test1 来进行验证，如图 3-5-80 所示。

340

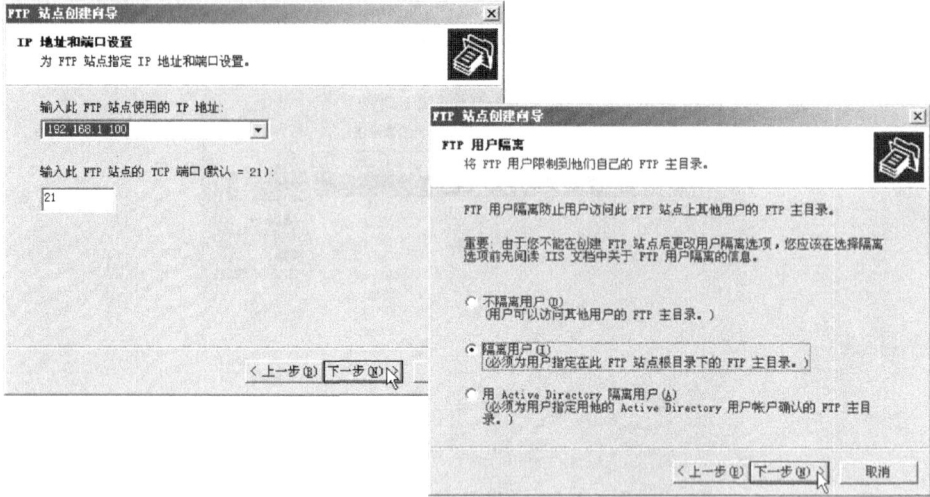

图 3-5-78　分配 IP 地址和选择隔离用户

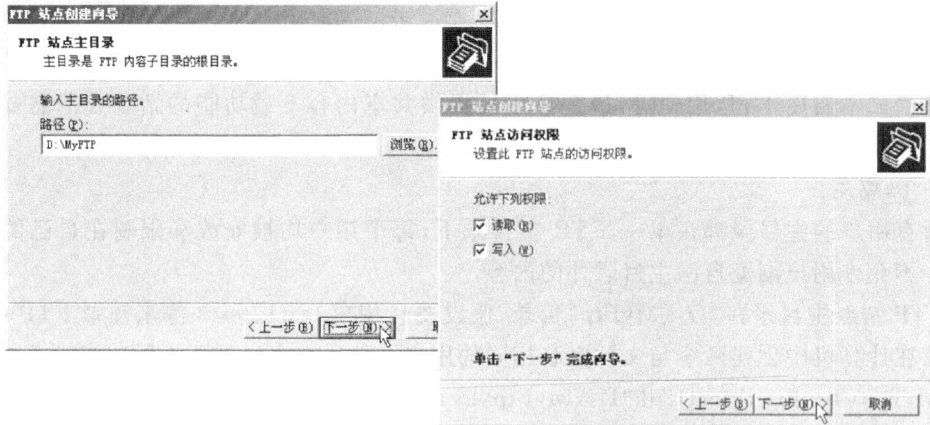

图 3-5-79　选择主目录

图 3-5-80　验证 ftp

## 5.4.4 DNS

5.2 节和 5.3 节介绍了 FTP 和 Web 服务器的搭建与配置,要访问 FTP 和 Web 使用 IP 地址访问是非常麻烦的,也不利用网站的访问,这时可以使用 DNS 服务器将 IP 地址与校园网中的 FTP 和 Web 服务器的名字进行对应与解析。DNS 服务器 IP 地址是 192.168.1.1,其对应 FTP 和 Web 的域名分别是 www.test.edu.cn 和 ftp.test.edu.cn。

网络连接的拓扑图如图 3-5-81 所示。

网络中各服务器和客户机的网络参数如表 3-5-1 所示。

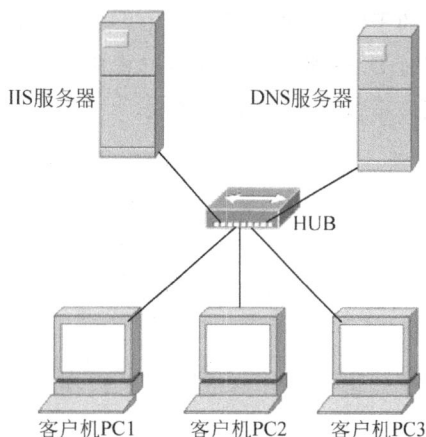

图 3-5-81　DNS 服务器配置拓扑结构图

表 3-5-1　网络连接参数

| 类　　型 | IP 地址 | 子网掩码 | 首选 DNS 服务器 |
|---|---|---|---|
| DNS 服务器 | 192.168.1.1 | 255.255.255.0 | 192.168.1.1 |
| IIS 服务器 | 192.168.1.10 | 255.255.255.0 | 192.168.1.1 |
| 客户机 | 192.168.1.x | 255.255.255.0 | 192.168.1.1 |

### 1. 安装 DNS 服务器

(1)在"控制面板"中打开"添加或删除程序"窗口,并单击"添加/删除 Windows 组件"按钮,打开"Windows 组件安装向导"对话框,如图 3-5-82 所示。

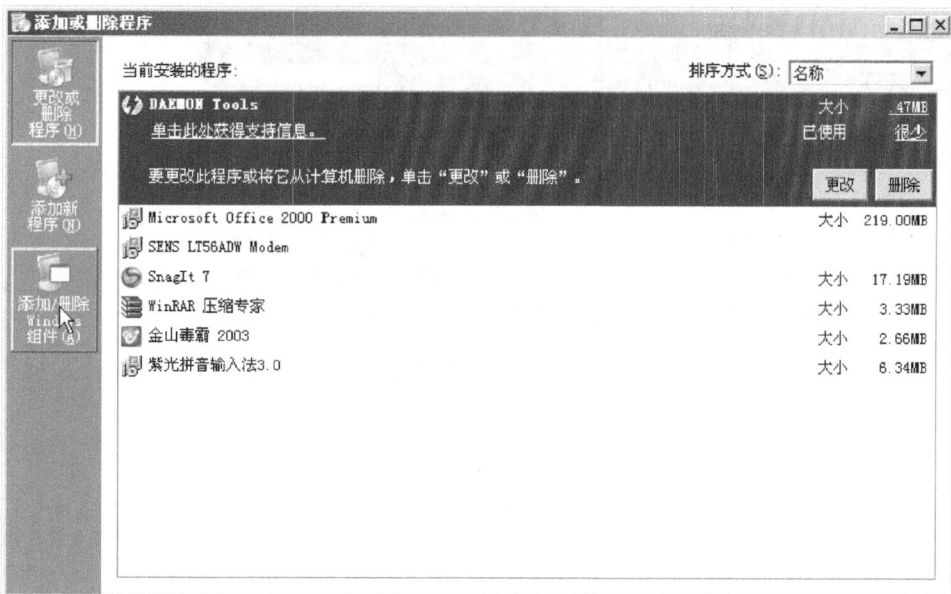

图 3-5-82　安装 DNS 服务器

（2）在"Windows 组件"对话框中双击"网络服务"选项，打开"网络服务"话框。在"网络服务的子组件"列表框中选中"域名系统（DNS）"复选框，并单击"确定"按钮。按照系统提示安装 DNS 组件。在安装过程中需要提供 Windows Server 2003 系统安装光盘或指定安装文件路径，如图 3-5-83 所示。

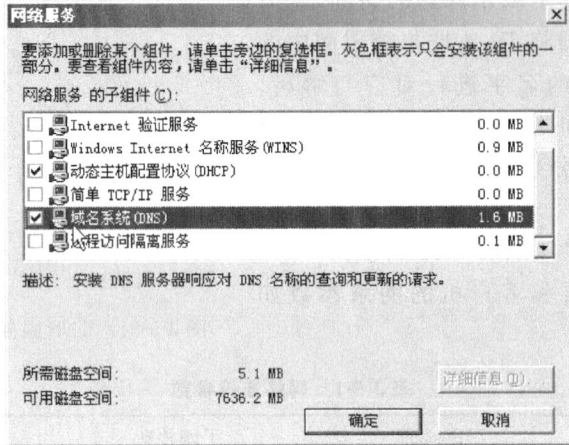

图 3-5-83　选中"域名系统（DNS）"复选框

**注意**：要想使在局域网中搭建的 DNS 服务器能够解析来自 Internet 的域名解析请求，必须向域名申请机构申请正式的域名，并注册 DNS 解析服务。另外，局域网中的 DNS 服务器还必须拥有能够被 Internet 访问的固定 IP 地址。

（3）DNS 服务器也可以使用"配置您的服务器向导"安装，如图 3-5-84 所示，然后单击"下一步"按钮，如图 3-5-85 所示，选择 DNS 服务器，然后单击"下一步"按钮。

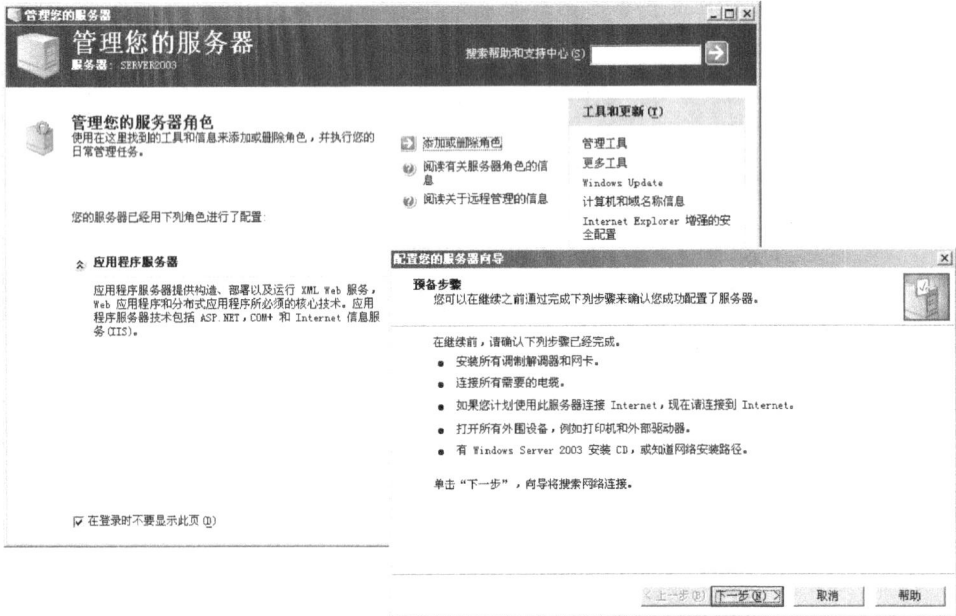

图 3-5-84　开始进行安装

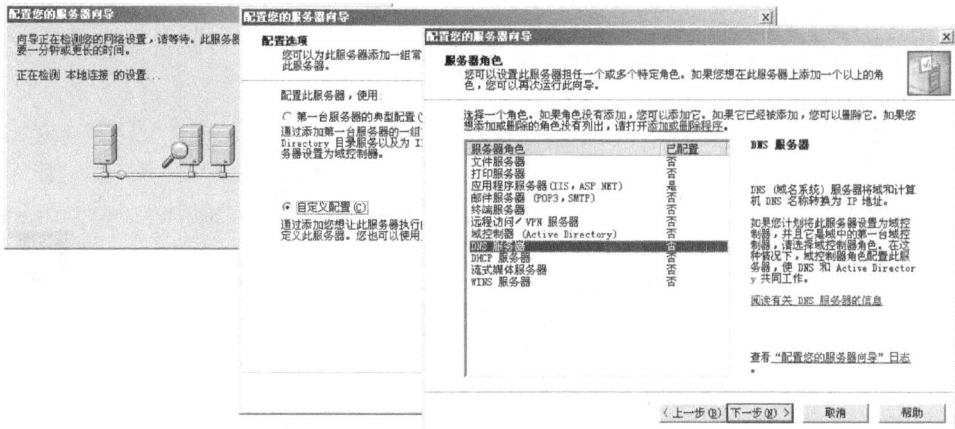

图 3-5-85　选择 DNS 服务

（4）这时系统开始安装 DNS 服务器，依次出现如图 3-5-86 所示的对话框，在"向导"中可以查看 DNS 的配置清单，然后单击"下一步"按钮。

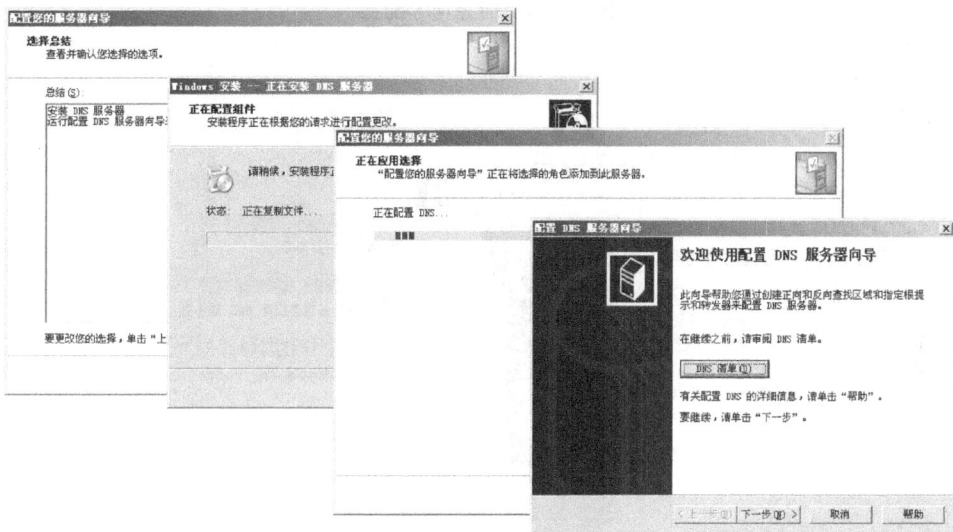

图 3-5-86　安装过程

（5）在"选择配置操作"步骤中，选择"创建正向查找区域"单选按钮，单击"下一步"按钮，在"主服务器配置"步骤中，选择"这台服务器维护该区域"单选按钮，单击"下一步"按钮，在此界面中输入 DNS 的域名 test.edu.cn，如图 3-5-87 所示，单击"下一步"按钮。

（6）在"动态更新"中选择"只允许安全的动态更新"单选按钮，单击"下一步"按钮，配置转发器，单击"下一步"按钮，在对话框中单击"完成"按钮，此时提示 DNS 服务器配置完成，再单击"完成"按钮，如图 3-5-88 所示。

**2. 建立主机**

（1）选择"开始"→"程序"→"管理工具"→DNS 选项，打开 DNS 服务器的控制台，在安装 DNS 服务器的过程中已经建立了正向搜索区域，现在在 test.edu.cn 域中建立主机，右击

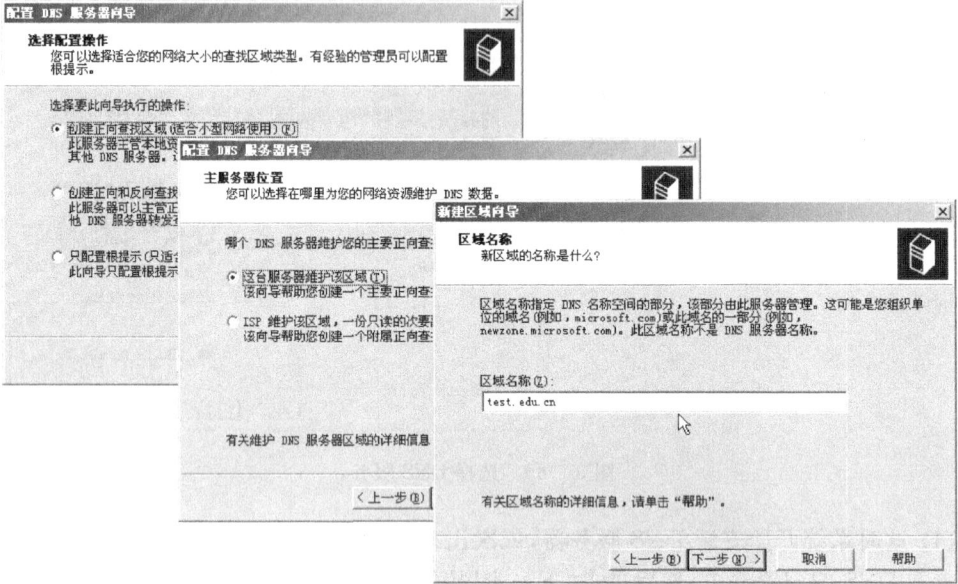

图 3-5-87　通过向导配置

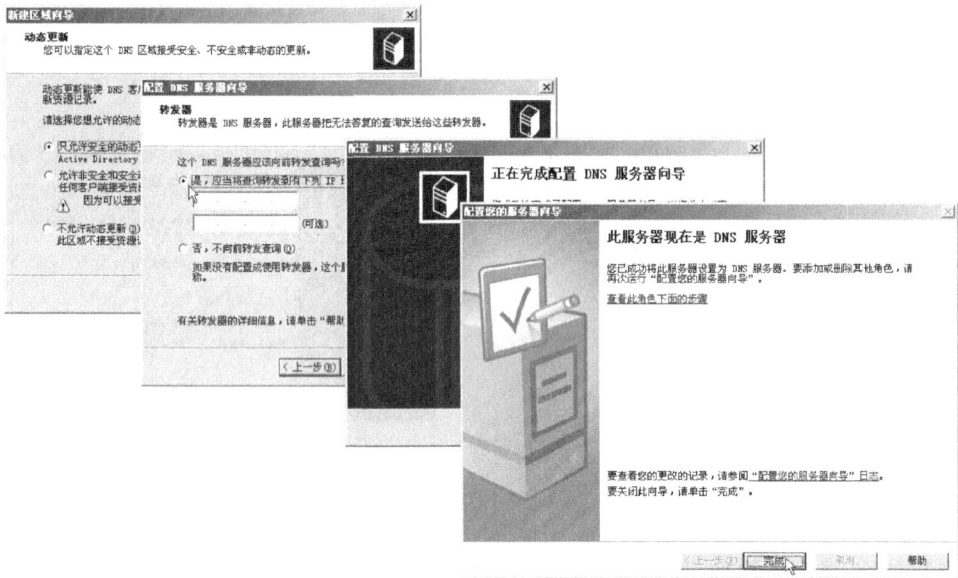

图 3-5-88　安装完成

准备添加主机的区域名称 test. edu. cn,在弹出的快捷菜单中选择"新建主机"命令,如图 3-5-89 所示。

**提示**:主机记录也叫做 A 记录,用于静态地建立主机名与 IP 地址之间的对应关系,以便提供正向查询服务。因此必须为每种服务创建一个 A 记录,如 FTP、WWW、Media、Mail、News、BBS 等。主机记录和 MX 记录都只需在主 DNS 服务器上进行设置。

图 3-5-89　新建主机

　　(2) 打开"新建主机"对话框,在"名称"文本框中输入能够代表目标主机所提供服务的有意义的名称如 WWW,并在"IP 地址"文本框中输入该主机的 IP 地址 192.168.1.10。例如输入名称为 www,IP 地址为 192.168.1.10,则该目标主机对应的域名就是 www.test.edu.cn。当用户在 Web 浏览器中输入 www.test.edu.cn 时,该域名将被解析为 192.168.1.10。设置完毕单击"添加主机"按钮,如图 3-5-90 所示。

　　(3) 接着弹出提示框提示主机创建成功,单击"确定"按钮返回"新建主机"对话框,如图 3-5-91 所示。

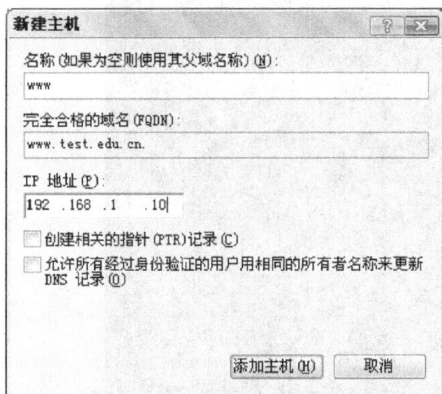

图 3-5-90　添加主机

图 3-5-91　成功建立主机记录

组建校园网

（4）重复上述步骤可以添加多个主机,如 FTP。主机全部添加完成后单击"完成"按钮返回 dnsmgmt 窗口,在右窗格中显示出所有创建成功的主机与 IP 地址的映射记录,如图 3-5-92 所示。

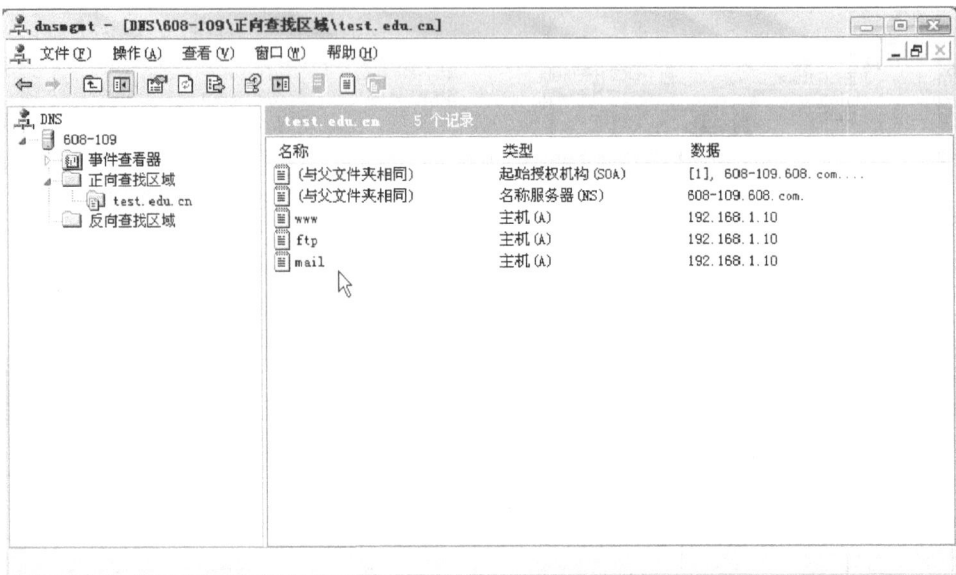

图 3-5-92　主机与 IP 地址映射记录

### 3. DNS 设置后的验证

为了测试所进行的设置是否成功,可以采用 Windows Server 2003 自带的 Ping 命令测试。在"开始"菜单中选择"运行"命令,输入命令 ping www. test. edu. cn。成功的测试如图 3-5-93 所示。

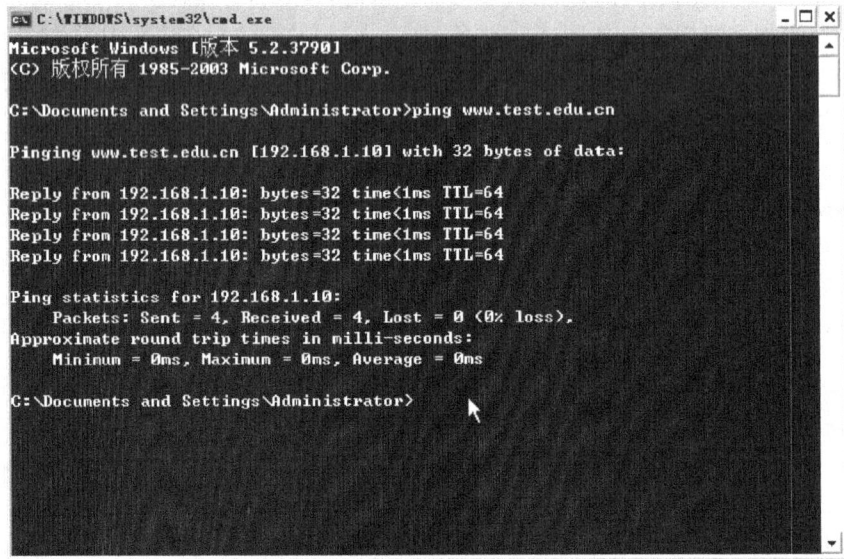

图 3-5-93　Ping 测试

也可以在 IE 浏览器中输入 WWW 网站或 FTP 站点的域名,成功的测试如图 3-5-94 所示。

图 3-5-94　域名访问测试

**注意**：在 WWW 服务器和 FTP 服务器的网络连接设置中,首选 DNS 服务器的地址一定是 DNS 服务器的地址 192.168.1.10。

# 5.5　知 识 扩 展

## 5.5.1　DHCP 中继

**1. DHCP 中继代理的概念**

在大型的网络中,可能存在多个子网。DHCP 客户机通过网络广播消息获得 DHCP 服务器的响应后得到 IP 地址。但广播消息是不能跨越子网的。因此,如果 DHCP 客户机和服务器在不同的子网内,客户机还能不能向服务器申请 IP 地址呢？这就要用到 DHCP 中继代理。DHCP 中继代理实际上是一种软件技术,安装了 DHCP 中继代理的计算机称为 DHCP 中继代理服务器,它承担不同子网间的 DHCP 客户机和服务器的通信任务。

**2. 中继代理的工作原理**

中继代理将它连接的一个物理接口(如网卡)上广播的 DHCP/BOOTP 消息,中转到其他物理接口连至的远程子网。图 3-5-95 显示了子网 2 上的客户端 C 是如何从子网 1 上的 DHCP 服务器 1 获得 DHCP 地址租约的,具体过程如图 3-5-95 所示。

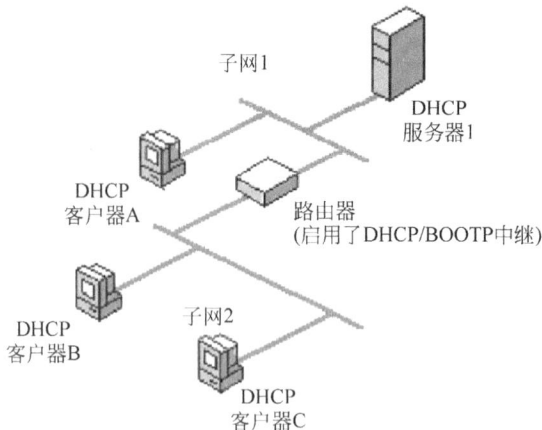

图 3-5-95　中继代理

（1）DHCP 客户端 C 使用 UDP 服务器 67 号端口在子网 2 上，以"用户数据报协议（UDP）"的数据报广播 DHCP/BOOTP 查找消息（DHCPDISCOVER）。67 号 UDP 端口是 BOOTP 和 DHCP 服务器通信所保留和共享的。

（2）中继代理，在 DHCP/BOOTP 允许中继的路由器的情况下，检测 DHCP/BOOTP 消息头中的网关 IP 地址字段。如果该字段有 IP 地址 0.0.0.0，代理文件会在其中填入中继代理或路由器的 IP 地址，然后将消息转发到 DHCP 服务器 1 所在的远程子网 1。

（3）远程子网 1 上的 DHCP 服务器 1 收到此消息时，它会为该 DHCP 服务器可用于提供 IP 地址租约的 DHCP 作用域检查其网关 IP 地址字段。

（4）如果 DHCP 服务器 1 有多个 DHCP 作用域，网关 IP 地址字段（GIADDR）中的地址会标识将从哪个 DHCP 作用域提供 IP 地址租约。例如，如果网关 IP 地址（GIADDR）字段有 10.0.0.2 的 IP 地址，DHCP 服务器会检查其可用的地址作用域集中是否有与包含作为主机的网关地址匹配的地址作用域范围。在这种情况下，DHCP 服务器将对 10.0.0.1~10.0.0.254 之间的地址作用域进行检查。如果存在匹配的作用域，则 DHCP 服务器从匹配的作用域中选择可用地址，以便在对客户端的 IP 地址租约提供响应时使用。

（5）当 DHCP 服务器 1 收到 DHCPDISCOVER 消息时，它会处理 IP 地址租约（DHCPOFFER），并将其直接发送给在网关 IP 地址（GIADDR）字段中标识的中继代理。

（6）然后路由器将地址租约（DHCPOFFER）转发给 DHCP 客户端。此时客户端的 IP 地址仍旧无人知道，所以它必须在本地子网上广播。同样，根据 RFC 1542，DHCPREQUEST 消息从客户端中转发服务器，而 DHCPACK 消息从服务器转发到客户端。

## 5.5.2　FTP 的两种工作模式

FTP 自身有两种工作模式，习惯上称为主动模式和被动模式。

主动模式也称 Port 模式，主动模式 FTP 客户端会向 FTP 服务器发送 PORT 命令。该模式的"数据传输专有连接"是在建立控制连接（用户认证完成）后，首先由服务器使用 20 端口主动向客户机进行连接，建立专有连接用于数据的传输，这种方式在网络管理上比较好控制。21 端口用于用户验证，20 端口用于数据传输，只要将这两个端口开放就可以随心所欲地使用 FTP 功能了。

被动模式也称为 Pasv 模式，被动模式客户端会向 FTP 服务器发送 PASV 命令。FTP 服务器打开一个位于 1024～5000 之间的随机端口并且通知客户端在这个端口上传送数据的请求。该工作模式与主动模式不同，数据传输专有连接是在建立控制连接(用户认证完成)后，由客户机向 FTP 服务器发起的。客户机使用哪个端口以及连接到服务器的哪个端口都是随机产生的。

现在，很多 FTP 服务器的 20 端口被禁用或者被过滤掉了，这时就不能使用主动模式进行数据传输了，相应地，需要客户机采取被动模式建立连接。采用何种工作模式完全取决于客户机上的设置，因此，切换工作模式已经成为最简单的 FTP 故障排除方法。

早期的 FTP 是直接在 DOS 或者命令行模式下输入一条条指令来实现文件的传输，目前随着图形界面软件的增多，用户只要通过简单的鼠标操作就可以轻松实现 FTP 传输功能了。这类软件有 FlashFXP、CuteFTP 等。

# 5.6　问题与思考

1. FTP 站点主要应用在哪些方面？
2. 在企业应用中，如果要随时检查目前连接 FTP 的用户，该如何做？
3. 如何在 DNS 服务器的正向查找区域建立主机记录？
4. 域模式的网络与对等网式的网络有什么区别？
5. 将一台 Windows Server 2003 服务器升级为域控制器，并降级为普通服务器。

组建校园网

# 模块 6 网络安全技术

## 6.1 应 用 场 合

当前高校可以根据自己校园的实际情况,建立不同层次的计算机网络,有条件的学校,可以一次性投入,建设一个比较完善的校园计算机网络;也可以根据实际情况,包括资金、学校规模和计算机使用人员的计算机知识掌握程度,以及计算机专业人员的技术能力的强弱先建设一些小型的局域网络,以后逐步完善校园网络。

## 6.2 模 块 目 标

通过掌握 DOS 和 ARP 攻击防范,对网络系统的硬件、软件及其系统中的数据进行保护,不因偶然的或者恶意的原因而遭受到破坏、更改、泄露,系统连续可靠正常地运行,网络服务不中断。通过加强对 Windows 服务及其密码设置,采用各种技术和管理措施,使网络系统正常运行,从而确保网络数据的可用性、完整性和保密性。

## 6.3 相 关 知 识

本模块将学习防范 DOS 攻击、Windows 服务及其密码安全等知识。

### 6.3.1 网络安全相关知识

**1. 网络安全的概念**

计算机网络的安全是指通过采用各种技术和管理措施,使网络系统正常运行,从而确保网络数据的可用性、完整性和保密性。所以,建立网络安全保护措施的目的是确保经过网络传输和交换的数据不会增加、修改、丢失和泄露等。

**2. 网络安全的概念的发展过程**

在网络发展的早期,人们更多地强调网络的方便性和可用性,而忽略了网络的安全性。当网络仅仅用来传送一般性信息的时候,当网络的覆盖面积仅仅限于一幢大楼、一个校园的时候,安全问题并没有突出地表现出来。但是,当在网络上运行关键性的如银行业务等,当企业的主要业务运行在网络上,当政府部门的活动正日益网络化的时候,计算机网络安全就成为了不容忽视的问题。

## 6.3.2 DDoS 攻击

### 1. DoS 的概念

要想理解 DDoS 的概念,首先了解 DoS(拒绝服务),DoS 的英文全称是 Denial of Service,也就是"拒绝服务"的意思。从网络攻击的各种方法和所产生的破坏情况来看,DoS 算是一种很简单但又很有效的进攻方式。它的目的就是拒绝服务访问,破坏组织的正常运行,最终使部分 Internet 连接和网络系统失效。DoS 的攻击方式有很多种,最基本的 DoS 攻击就是利用合理的服务请求来占用过多的服务资源,从而使合法用户无法得到服务。DoS 攻击的原理如图 3-6-1 所示。

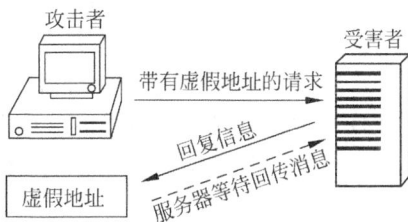

图 3-6-1　DoS 攻击的原理

从图 3-6-1 可以看到 DoS 攻击的基本过程:首先攻击者向服务器发送众多的带有虚假地址的请求,服务器发送回复信息后等待回传信息,由于地址是伪造的,所以服务器一直等不到回传的消息,分配给这次请求的资源就始终没有被释放。当服务器等待一定的时间后,连接会因超时而被切断,攻击者会再度传送新的一批请求,在这种反复发送伪地址请求的情况下,服务器资源最终会被耗尽。

### 2. DDoS 分布式拒绝服务

DDoS(分布式拒绝服务)的英文全称为 Distributed Denial of Service,它是一种基于 DoS 的特殊形式的拒绝服务攻击,是一种分布、协作的大规模攻击方式,主要瞄准比较大的站点,像商业公司、搜索引擎和政府部门的站点。从图 3-6-1 可以看到 DoS 攻击只要一台单机和一个 Modem 就可实现,与之不同的是 DDoS 攻击是利用一批受控制的机器向一台机器发起攻击,这样来势迅猛的攻击令人难以防备,因此具有较大的破坏性。DDoS 的攻击原理如图 3-6-2 所示。

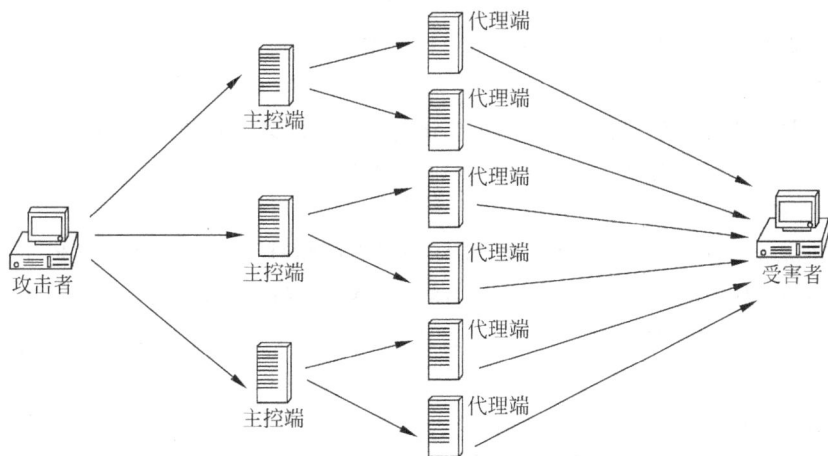

图 3-6-2　DDoS 的攻击原理图

从图 3-6-2 可以看出,DDoS 攻击分为 3 层:攻击者、主控端、代理端,三者在攻击中扮演着不同的角色。

(1) 攻击者:攻击者所用的计算机是攻击主控台,可以是网络上的任何一台主机,甚至可以是一个活动的便携机。攻击者操纵整个攻击过程,它向主控端发送攻击命令。

(2) 主控端:主控端是攻击者非法侵入并控制的一些主机,这些主机还分别控制大量的代理主机。主控端主机的上面安装了特定的程序,因此它们可以接受攻击者发来的特殊指令,并且可以把这些命令发送到代理主机上。

(3) 代理端:代理端同样也是攻击者侵入并控制的一批主机,它们上面运行攻击器程序,接受和运行主控端发来的命令。代理端主机是攻击的执行者,真正向受害者主机发送攻击。

攻击者发起 DDoS 攻击的第一步,就是寻找在 Internet 上有漏洞的主机,进入系统后在其上面安装后门程序,攻击者入侵的主机越多,其攻击队伍就越壮大。第二步在入侵主机上安装攻击程序,其中一部分主机充当攻击的主控端,一部分主机充当攻击的代理端。最后各部分主机各司其职,在攻击者的调遣下对攻击对象发起攻击。由于攻击者在幕后操纵,所以在攻击时不会受到监控系统的跟踪,身份不容易被发现。

**3. DDoS 攻击使用的常用工具**

DDoS 攻击实施起来有一定的难度,它要求攻击者必须具备入侵他人计算机的能力。但是很不幸的是一些傻瓜式的黑客程序的出现,这些程序可以在几秒钟内完成入侵和攻击程序的安装,使发动 DDoS 攻击变成一件轻而易举的事情。下面来分析这些常用的黑客程序。

1) Trinoo

Trinoo 的攻击方法是向被攻击目标主机的随机端口发出全零的 4B 的 UDP 包,在处理这些超出其处理能力的垃圾数据包的过程中,被攻击主机的网络性能不断下降,直到不能提供正常服务,乃至崩溃。它对 IP 地址不做假,采用的通信端口是:

- 攻击者主机到主控端主机——27665/TCP。
- 主控端主机到代理端主机——27444/UDP。
- 代理端主机到主服务器主机——31335/UDP。

2) TFN

TFN 由主控端程序和代理端程序两部分组成,它主要采取的攻击方法有 SYN 风暴、Ping 风暴、UDP 炸弹和 SMURF,具有伪造数据包的能力。

3) TFN2K

TFN2K 是由 TFN 发展而来的,在 TFN 所具有的特性上,TFN2K 又新增了一些特性,它的主控端和代理端的网络通信是经过加密的,中间还可能混杂了许多虚假数据包,而TFN 对 ICMP 的通信没有加密。TFN2K 攻击方法增加了 Mix 和 Targa3。并且可配置代理端进程端口。

4) Stacheldraht

Stacheldraht 也是从 TFN 派生出来的,因此它具有 TFN 的特性。此外,它增加了主控端与代理端的加密通信能力,它对命令源作假,可以防范一些路由器的 RFC 2267 过滤。Stacheldrah 中有一个内嵌的代理升级模块,可以自动下载并安装最新的代理程序。

#### 4. DDoS 的 7 种攻击方式

DDoS 攻击是现在最常见的一种黑客攻击方式,当前的网络攻击中经常遇到 DDoS 的 7 种攻击方式:

1) Synflood

该攻击以多个随机的源主机地址向目的主机发送 SYN 包,而在收到目的主机的 SYN ACK 后并不回应,这样,目的主机就为这些源主机建立了大量的连接队列,而且由于没有收到 ACK 一直维护着这些队列,造成了资源的大量消耗而不能向正常请求提供服务。

2) Smurf

该攻击向一个子网的广播地址发一个带有特定请求(如 ICMP 回应请求)的包,并且将源地址伪装成想要攻击的主机地址。子网上所有主机都回应广播包请求而向被攻击主机发包,使该主机受到攻击。

3) Land-based

攻击者将一个包的源地址和目的地址都设置为目标主机的地址,然后将该包通过 IP 欺骗的方式发送给被攻击主机,这种包可以造成被攻击主机因试图与自己建立连接而陷入死循环,从而很大程度地降低了系统性能。

4) Ping of Death

根据 TCP/IP 的规范,一个包的长度最大为 65 536B。尽管一个包的长度不能超过 65 536B,但是一个包分成的多个片段的叠加却能做到。当一个主机收到了长度大于 65 536B 的包时,就是受到了 Ping of Death 攻击,该攻击会造成主机宕机。

5) Teardrop

IP 数据包在网络传递时,数据包可以分成更小的片段。攻击者可以通过发送两段(或者更多)数据包来实现 TearDrop 攻击。第一个包的偏移量为 0,长度为 $N$,第二个包的偏移量小于 $N$。为了合并这些数据段,TCP/IP 堆栈会分配超乎寻常的巨大资源,从而造成系统资源的缺乏甚至机器的重新启动。

6) PingSweep

使用 ICMP Echo 轮询多个主机。

7) Pingflood

该攻击在短时间内向目的主机发送大量 Ping 包,造成网络堵塞或主机资源耗尽。

#### 5. DDoS 的监测

现在网上采用 DDoS 方式进行攻击的攻击者日益增多,只有及早发现受到攻击才能避免遭受惨重的损失。检测 DDoS 攻击的主要方法有以下几种:

1) 根据异常情况分析

当网络的通信量突然急剧增长,超过平常的极限值时,一定要提高警惕,检测此时的通信;当网站的某一特定服务总是失败时,也要多加注意;当发现有特大型的 ICP 和 UDP 数据包通过或数据包内容可疑时都要留神。总之,当机器出现异常情况时,最好分析这些情况,防患于未然。

2) 使用 DDoS 检测工具

当攻击者想使其攻击阴谋得逞时,首先要扫描系统漏洞,目前市面上的一些网络入侵检测系统,可以杜绝攻击者的扫描行为。另外,一些扫描器工具可以发现攻击者植入系统的代理程序,并可以把它从系统中删除。

**6. DDoS 攻击的防御策略**

由于 DDoS 攻击具有隐蔽性,因此到目前为止,还没有发现对 DDoS 攻击行之有效的解决方法。所以要加强安全防范意识,提高网络系统的安全性。可采取的安全防御措施有以下几种:

1) 采用高性能的网络设备

首先要保证网络设备不能成为瓶颈,因此选择路由器、交换机、硬件防火墙等设备的时候要尽量选用知名度高、口碑好的产品。再就是假如和网络提供商有特殊关系或协议的话就更好了,当大量攻击发生的时候请他们在网络接点处做一下流量限制来对抗某些种类的 DDoS 攻击是非常有效的。

2) 尽量避免 NAT 的使用

无论是路由器还是硬件防护墙设备要尽量避免采用网络地址转换 NAT,因为采用此技术会较大地降低网络通信能力,其实原因很简单,因为 NAT 需要对地址来回转换,转换过程中需要对网络包校验和计算,浪费了很多 CPU 的时间,但有些时候必须使用 NAT。

3) 充足的网络带宽保证

网络带宽直接决定了能抗受攻击的能力,假若仅仅有 10Mbps 带宽的话,无论采取什么措施都很难对抗现在的 SYN Flood 攻击,当前至少要选择 100Mbps 的共享带宽,最好的当然是挂在 1000Mbps 的主干上了。但需要注意的是,主机上的网卡是 1000Mbps 的,并不意味着它的网络带宽就是千兆的,若把它接在 100Mbps 的交换机上,它的实际带宽不会超过 100Mbps,再就是接在 100Mbps 的带宽上也不等于就有了百兆的带宽,因为网络服务商很可能会在交换机上限制实际带宽为 10Mbps。比较好的防御措施就是和网络服务提供商协调工作,让他们帮助你实现路由的访问控制和对带宽总量的限制。

4) 升级主机服务器硬件

在有网络带宽保证的前提下,尽量提升硬件配置,要有效对抗每秒 10 万个 SYN 攻击包,服务器的配置至少应该为 P4 2.4G/DDR512M/SCSI-HD,起关键作用的主要是 CPU 和内存,内存一定要选择 DDR 的高速内存,硬盘要尽量选择 SCSI 的,别只贪 IDE 价格便宜,否则会付出高昂的性能代价,再就是网卡一定要选用 3COM 或 Intel 等名牌产品。

5) 把网站做成静态页面

大量事实证明,把网站尽可能做成静态页面,不仅能大大提高抗攻击能力,而且还给黑客入侵带来不少麻烦,至少到现在为止关于 HTML 的溢出还没出现,看看吧! 新浪、搜狐、网易等门户网站主要都是静态页面,若你非需要动态脚本调用,那就把它弄到另外一台单独主机去,以免遭受攻击时连累主服务器,当然,适当放一些不做数据库调用脚本还是可以的,此外,最好在需要调用数据库的脚本中拒绝使用代理访问,因为经验表明,使用代理访问网站的 80% 属于恶意行为。

6) 增强操作系统的 TCP/IP 栈

Windows 2000 和 Windows 2003 作为服务器操作系统,本身就具备一定的抵抗 DDoS 攻击的能力,只是默认状态下没有开启而已,若开启,可抵挡约 10 000 个 SYN 攻击包;若没有开启,则仅能抵御数百个。

7）安装专业抗 DDOS 防火墙

利用网络安全设备（例如：防火墙）来加固网络的安全性，配置好它们的安全规则，过滤掉所有可能的伪造数据包。当发现正在遭受 DDoS 攻击时，应当启动应付策略，尽可能快地追踪攻击包，并且要及时联系 ISP 和有关应急组织，分析受影响的系统，确定涉及的其他结点，从而阻挡从已知攻击结点的流量。

## 6.3.3 ARP 攻击

### 1. ARP 的概念

ARP 全称 Address Resolution Protocol，中文名为地址解析协议，它工作在数据链路层，在本层和硬件接口联系，同时对上层提供服务。

IP 数据包常通过以太网发送，以太网设备并不识别 32 位 IP 地址，它们是以 48 位以太网地址传输以太网数据包。因此，必须把 IP 目的地址转换成以太网目的地址。在以太网中，一个主机要和另一个主机进行直接通信，必须要知道目标主机的 MAC 地址。但这个目标 MAC 地址是如何获得的呢？它就是通过地址解析协议获得的。ARP 协议用于将网络中的 IP 地址解析为的硬件地址（MAC 地址），以保证通信顺利进行。

### 2. ARP 的工作原理

首先，每台主机都会在自己的 ARP 缓冲区中建立一个 ARP 列表，以表示 IP 地址和 MAC 地址的对应关系。当源主机需要将一个数据包发送到目的主机时，会首先检查自己 ARP 列表中是否存在该 IP 地址对应的 MAC 地址，如果有，就直接将数据包发送到这个 MAC 地址；如果没有，就向本地网段发起一个 ARP 请求的广播包，查询此目的主机对应的 MAC 地址。此 ARP 请求数据包里包括源主机的 IP 地址、硬件地址以及目的主机的 IP 地址。网络中所有的主机收到这个 ARP 请求后，会检查数据包中的目的 IP 是否和自己的 IP 地址一致。如果不相同就忽略此数据包；如果相同，该主机首先将发送端的 MAC 地址和 IP 地址添加到自己的 ARP 列表中，如果 ARP 表中已经存在该 IP 的信息，则将其覆盖，然后给源主机发送一个 ARP 响应数据包，告诉对方自己是它需要查找的 MAC 地址；源主机收到这个 ARP 响应数据包后，将得到的目的主机的 IP 地址和 MAC 地址添加到自己的 ARP 列表中，并利用此信息开始数据的传输。如果源主机一直没有收到 ARP 响应数据包，表示 ARP 查询失败。

例如：

A 的地址为 IP：192.168.10.1   MAC：AA-AA-AA-AA-AA-AA

B 的地址为 IP：192.168.10.2   MAC：BB-BB-BB-BB-BB-BB

根据上面的所讲的原理，简单说明这个过程：A 要和 B 通信，A 就需要知道 B 的以太网地址，于是 A 发送一个 ARP 请求广播（谁是 192.168.10.2，请告诉 192.168.10.1），当 B 收到该广播，就检查自己，结果发现和自己的一致，然后就向 A 发送一个 ARP 单播应答（192.168.10.2 在 BB-BB-BB-BB-BB-BB）。

### 3. 常见 ARP 攻击类型

常见的 ARP 攻击为两种类型：ARP 扫描和 ARP 欺骗。

1）ARP 扫描（ARP 请求风暴）

描述：网络中出现大量 ARP 请求广播包，几乎都是对网段内的所有主机进行扫描。大量的 ARP 请求广播可能会占用网络带宽资源；ARP 扫描一般为 ARP 攻击的前奏。

出现原因(可能)：病毒程序、侦听程序、扫描程序。如果网络分析软件部署正确，可能是只镜像了交换机上的部分端口，所以大量 ARP 请求是来自与非镜像口连接的其他主机发出的；如果部署不正确，那么这些 ARP 请求广播包可能是来自和交换机相连的其他主机。

2) ARP 欺骗

ARP 协议并不只在发送了 ARP 请求才接收 ARP 应答。当计算机接收到 ARP 应答数据包的时候，就会对本地的 ARP 缓存进行更新，将应答中的 IP 和 MAC 地址存储在 ARP 缓存中。所以在网络中，有人发送一个自己伪造的 ARP 应答，网络可能就会出现问题。

# 6.4 案 例 介 绍

## 6.4.1 案例一：IP 与 MAC 绑定的难题

**案例介绍**：校园网中的计算机原来采用公网固定 IP 地址。为了避免被他人盗用，使用"arp -s ip mac"命令对 MAC 地址和 IP 地址进行了绑定。后来，由于某种原因，又使用"arp -d ip mac"命令取消了绑定。然而，奇怪的是，取消绑定后，在其他计算机上仍然不能使用该 IP 地址，而只能在自己的计算机上使用。需要说明的是，校园网中的计算机并不是代理服务器。

**案例分析**：虽然在 TCP/IP 网络中，计算机往往需要设置 IP 地址后才能通信，然而，实际上计算机之间的通信并不是通过 IP 地址，而是借助于网卡的 MAC 地址。IP 地址只是被用于查询欲通信的目的计算机的 MAC 地址。

ARP 协议是用来向对方的计算机、网络设备通知自己 IP 对应的 MAC 地址的。在计算机的 ARP 缓存中包含一个或多个表，用于存储 IP 地址及其经过解析的以太网 MAC 地址。一台计算机与另一台 IP 地址的计算机通信后，在 ARP 缓存中会保留相应的 MAC 地址。所以，下次和同一个 IP 地址的计算机通信，将不再查询 MAC 地址，而是直接引用缓存中的 MAC 地址。另外，需要注意的是，通过"-s"参数添加的项属于静态项，不会造成 ARP 缓存超时。只有终止 TCP/IP 协议后再启动，这些项才会被删除。所以，即使取消了绑定，在短时间内其他计算机将仍然认为你采用的是原有 IP 地址。

**解决方案**：目前对于 ARP 攻击防护问题出现最多的是绑定 IP 与 MAC 和使用 ARP 防护软件，也出现了具有 ARP 防护功能的路由器，可以通过以下 3 种方法加以解决。

**1. 解决方案一：静态绑定**

最常用的方法就是做 IP 加以 MAC 静态绑定，在网内把主机和网关都做 IP 加以 MAC 绑定。欺骗是通过 ARP 的动态实时的规则欺骗内网机器，所以把 ARP 全部设置为静态可以解决对内网 PC 的欺骗，同时在网关也要进行 IP 与 MAC 的静态绑定，这样双向绑定才比较保险，可以通过以下 3 个步骤进行：

步骤 1：首先获得安全网关的内网的 MAC 地址，单击"开始"→"运行"命令，在出现的对话框中，输入 cmd，单击"确定"按钮后将出现命令行窗口，然后输入"arp-a"，可以查看网关的

MAC 地址,发现网关 MAC 地址和 IP 绑定类型是动态的(dynami),如图 3-6-3 所示。

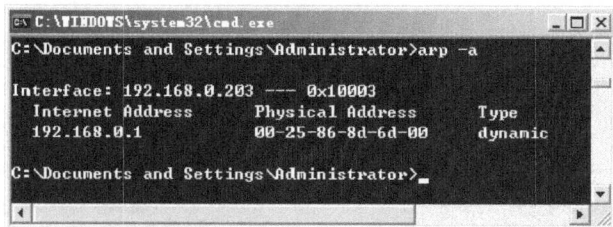

图 3-6-3　查看本机所在网关的 IP 地址和 MAC 地址

步骤 2:在本地主机使用"arp -s"命令来手动绑定网络地址(IP)对应的物理地址(MAC),命令为:

arp －s 192.168.0.1 00－25－86－8d－6d－00

步骤 3:然后,再查询网关的 IP 地址和 MAC 地址,已完成为了静态(static)绑定,如图 3-6-4 所示。

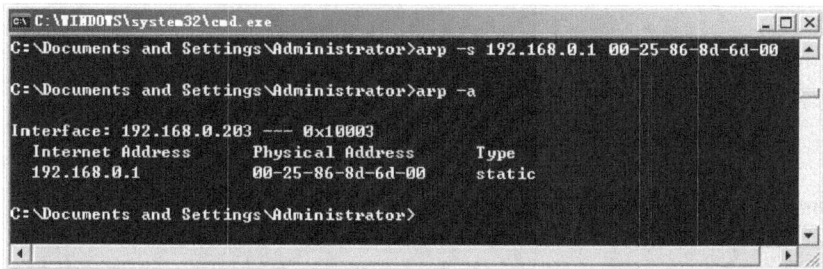

图 3-6-4　使用"arp -s"命令手动绑定网关的 IP 地址与 MAC 地址

对于网络中有很多主机的情况,如果这样每一台都去做静态绑定,工作量是非常大的,这种静态绑定,在计算机每次重启动后,都必须重新绑定,虽然也可以做一个批处理文件,但是还是比较麻烦的!

**2. 解决方案二:使用 ARP 防护软件**

目前关于 ARP 类的防护软件比较多了,常用的 ARP 工具主要是安全卫士 360、欣向 ARP 工具,Antiarp 等。它们除了本身来检测出 ARP 攻击外,防护的工作原理是一定频率向网络广播正确的 ARP 信息。360 安全卫士 ARP 防火墙增加了双向拦截 ARP 攻击,及时查杀本机 ARP 木马,有效解决了局域网内频繁掉线的问题,如图 3-6-5 所示。

360 ARP 防火墙新版中所谓的 ARP 双向拦截指的是拦截来自外部接收或是由本机发出的 ARP 攻击数据包并提醒用户,保障本机及其他 PC 的网络通畅。360 ARP 防火墙属于 360 安全卫士工具包中的一个独立的工具,在开启 ARP 防火墙后可以单独运行。360 ARP 防火墙。在设置界面提供了软件自动获取本机 IP 绑定信息以及手动填写绑定信息两个选项后,就完成了软件的基本设置如图 3-6-6 所示。当出现恶意攻击时,360 ARP 防火墙会自动弹出拦截信息,并在拦截提示框中注明攻击源 MAC、IP 以及机器名等信息,通过这些信息,用户可以在第一时间找到罪魁祸首,清除威胁。

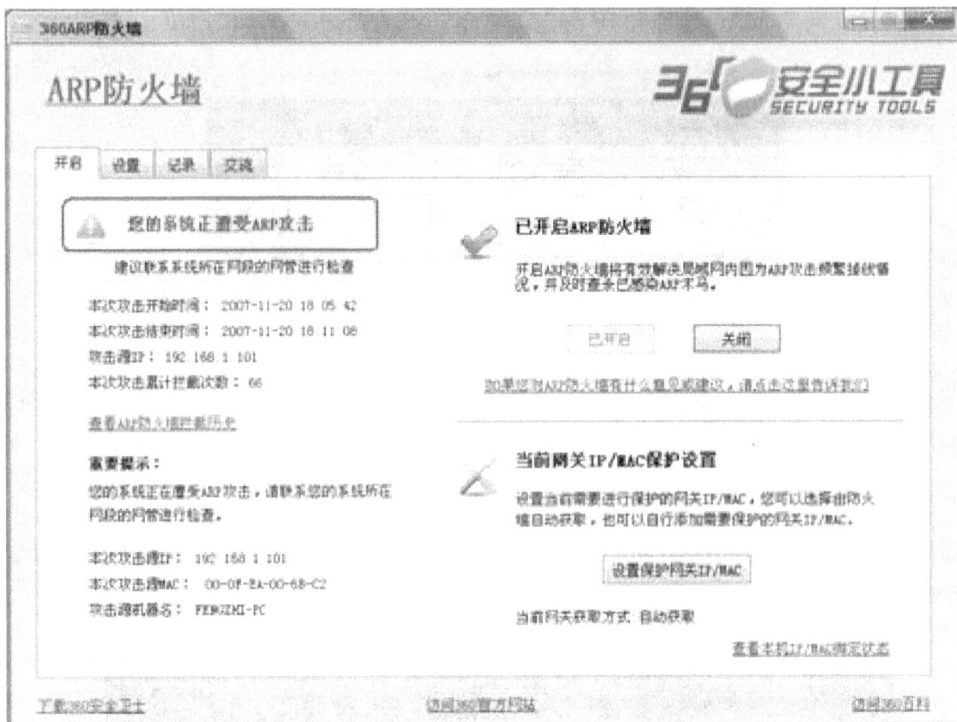

图 3-6-5　360 安全卫士 ARP 防火墙

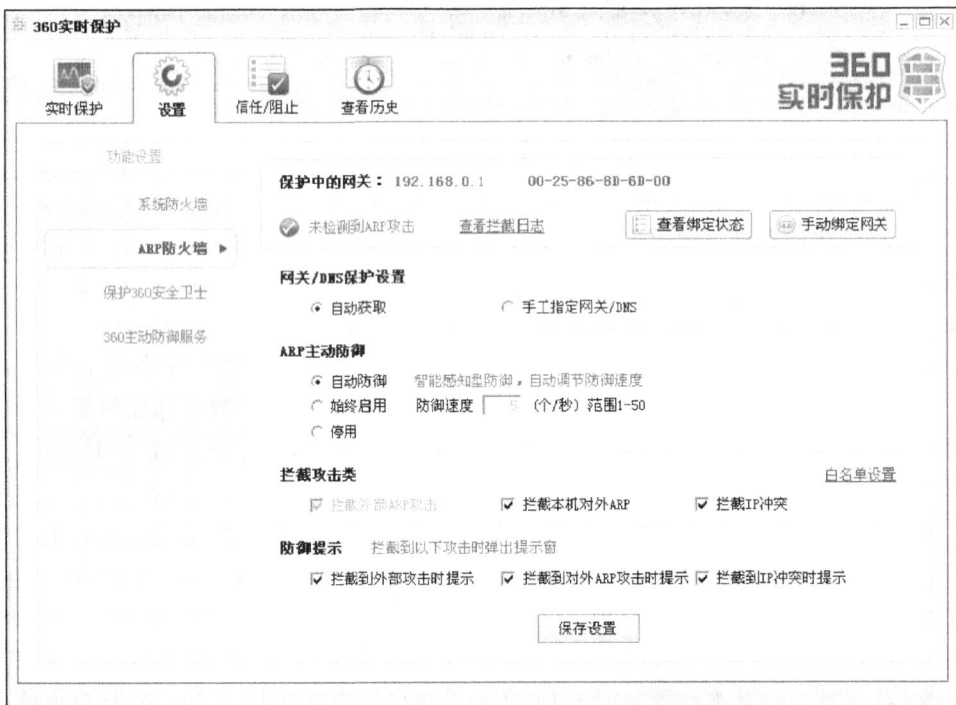

图 3-6-6　360 ARP 防火墙设置

## 6.4.2 案例二：网络为何经常瘫痪

**案例介绍**：校园局域网中有 70 多台计算机，网络每天都会瘫痪 1～3 次。通常情况下，只需将一级交换机的网线全部拔出后再连上，即可恢复正常，而有时则不得不重启交换机。把原来的 10Mbps 的网卡更换为 10/100Mbps 网卡后，有近一个星期的时间网络没有瘫痪。然而，这几天网络又开始不正常了。集线设备采用 16 口和 24 口的 10/100Mbps 交换机，代理服务器采用 Windows 2000 的 ICS(Windows 连接共享)。请问这一现象的原因是什么？

**案例分析**：在排除了病毒向网络疯狂发送数据包的可能后，可以认为这是典型的由广播风暴导致的网络瘫痪。广播风暴爆发后，网络中传输的全部是广播包，计算机处理的也全部都是广播包，正常的数据包无法得到转发和处理。拔掉网线或关掉交换机后，广播风暴得到扼制，从而恢复正常通信。

广播可以理解为一个人对在场的所有人说话。这样做的好处是通话效率高，信息一下子就可以传递到网络中的所有计算机。即使没有用户人为地发送广播帧，网络上也会出现一定数量的广播帧。需要注意的是，广播不仅会占用大量的网络带宽，而且还占用计算机大量的 CPU 处理时间。广播风暴就是网络长时间被大量的广播数据包所占用，使正常的点对点通信无法正常进行，其外在表现为网络速度奇慢无比，甚至导致网络瘫痪。

导致广播风暴的原因有很多，一块故障网卡或者一个故障端口都有可能引发广播风暴。需要注意的是，交换机只能隔离碰撞域，而不能隔离广播域。事实上，当广播包的数量占到通信总量的 30% 时，网络的传输效率就会明显下降。

**解决方案**：通常情况下，在采用多种通信协议的网络中，计算机不应多于 100 台，在采用一种通信协议的网络中，计算机不应多于 150 台。如果计算机的数量较多，应采用划分 VLAN 的方式将网络分隔开来，将大的广播域划分为若干个小的广播域，以减小广播风暴可能造成的危害。

# 6.5 知 识 扩 展

计算机网络安全和故障排除常用命令如下。

(1) 利用 ARP 工具检验 MAC 地址解析，ARP(Address Resolution Protocol)——地址解析协议。

地址解析协议参数如下：

Arp -a——显示本机 arp 缓存内容。

Arp -d——清空本机 arp 缓存内容。

Arp -s——在本机添加一条静态缓存。

(2) 利用 Hostname 工具查看主机名。

Hostname——显示本机的主机名称，如图 3-6-7 所示。

(3) 利用 Ipconfig 工具检测网络配置：

Ipconfig /all——显示本机 TCP/IP 配置的详细信息。

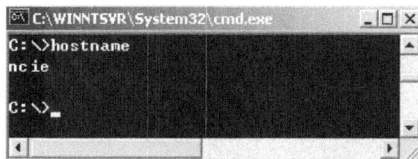

图 3-6-7 通过命令显示主机名

Ipconfig /release——DHCP 客户端手工释放 IP 地址。

Ipconfig /renew——DHCP 客户端手工向服务器刷新请求。

Ipconfig /flushdns——清除本地 DNS 缓存内容。

Ipconfig /displaydns——显示本地 DNS 内容。

Ipconfig /showclassid——显示网络适配器的 DHCP 类别信息。

Ipconfig /setclassid——设置网络适配器的 DHCP 类别。

（4）利用 Nbtstat 工具查看 NetBIOS 使用情况：

Nbtstat -n——查看客户机注册的 NetBIOS 名称。

Nbtstat -c——显示本机 NetBIOS 缓存信息。

Nbtstat -r——显示本机 NetBIOS 统计信息。

Nbtstat -a——远程主机 IP 地址。

（5）利用 Netstat 工具查看协议统计信息。

Netstat——用来查看本机和其他计算机进行通信时所使用的协议信息，如图 3-6-8 所示。

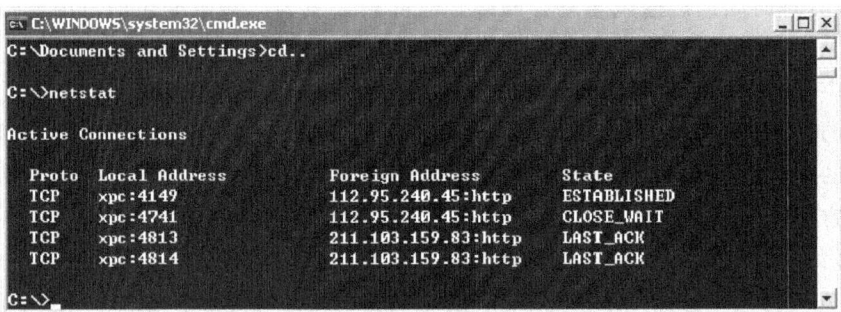

图 3-6-8　Netstat 命令查看协议统计信息

# 6.6　问题与思考

1. ARP 协议是什么？

2. 如何消除局域网络中的 ARP 病毒？

3. 如何使用 Ipconfig、Nbtstat 和 ARP 命令？

# 模块 7 接入 Internet

## 7.1 应用场合

宽带接入互联网服务是指通过光纤、租用电路等传输技术完成用户与 IP 广域网的高带宽、高速度的物理连接。宽带接入互联网提供了可靠、稳定、快速的互联网接入解决方案，使用户能够进行多种的互联网应用，包括语音、视频、数据传输、网络会议、办公自动化等。

## 7.2 模块目标

掌握 Internet 的专线、拨号 PPP 接入方式和接入技术。局域网接入 Internet 的方式主要有拨号上网、光纤专线、DDN、ISDN、xDSL、Cable Modem 等。

## 7.3 相关知识

### 7.3.1 Internet 的接入服务提供商 ISP

Internet 的服务提供商（Internet Services Provider，ISP）是提供 Internet 的接入服务的公司或机构。我国的 ISP 包括两个层次：

（1）互联网络——最早的 4 大互联网公司为 CHINANET、CHINAGBN、CERNET、CSTNET，只有 CHINANET、CHINAGBN 可进行商业运营。

（2）接入网络——通过互联网络再接入 Internet，再向其他用户提供 Internet 的接入服务，成为次级 ISP。

### 7.3.2 接入技术

互联网接入是通过特定的信息采集与共享的传输通道，利用以下传输技术完成用户与 IP 广域网的高带宽、高速度的物理连接。

**1. 电话线拨号（PSTN）**

普遍的窄带接入方式，即通过电话线，利用当地运营商提供的接入号码，拨号接入互联网，速率不超过 56kbps。特点是使用方便，只需有效的电话线及自带 Modem 的 PC 就可完成接入。

运用在一些低速率的网络应用（如网页浏览查询、聊天、E-mail 等），主要适合于临时性接入或无其他宽带接入场所的使用。缺点是速率低，无法实现一些高速率要求的网络服务，其次是费用较高(接入费用由电话通信费和网络使用费组成)。

**2. ISDN**

ISDN 综合业务数字网是数字传输和数字交换综合而成的数字电话网,英文缩写为 ISDN。它能实现用户端的数字信号进网,并且能提供端到端的数字连接,从而可以用同一个网络承载各种话音和非话音业务。ISDN 基本速率接口包括两个能独立工作的 64kbps 的 B 信道和一个 16kbps 的 D 信道,选择 ISDN 2B+D 端口一个 B 信道上网,速度可达 64kbps,比一般电话拨号方式快 2.2 倍(若 Modem 的传输速率为 28.8kbps)。若两个 B 信道通过软件结合在一起使用时,通信速率则可达到 128kbps。

ISDN 俗称"一线通"。它采用数字传输和数字交换技术,将电话、传真、数据、图像等多种业务综合在一个统一的数字网络中进行传输和处理。用户利用一条 ISDN 用户线路,可以在上网的同时拨打电话、收发传真,就像两条电话线一样。ISDN 基本速率接口有两条 64kbps 的信息通路和一条 16kbps 的信令通路,简称 2B+D,当有电话拨入时,它会自动释放一个 B 信道来进行电话接听。主要适合于普通家庭用户使用。缺点是速率仍然较低,无法实现一些高速率要求的网络服务;其次是费用同样较高(接入费用由电话通信费和网络使用费组成)。

**3. xDSL 接入**

主要是以 ADSL/ADSL2+接入方式为主,是目前运用最广泛的铜线接入方式。ADSL 可直接利用现有的电话线路,通过 ADSL Modem 后进行数字信息传输。理论速率可达到 8Mbps 的下行和 1Mbps 的上行,传输距离可达 4~5km。ADSL2+速率可达 24Mbps 下行和 1Mbps 上行。另外,最新的 VDSL2 技术可以达到上下行各 100Mbps 的速率。特点是速率稳定、带宽独享、语音数据不干扰等。适用于家庭、个人等用户的大多数网络应用需求,满足一些宽带业务包括 IPTV、视频点播(VOD)、远程教学、可视电话、多媒体检索、LAN 互联、Internet 接入等。

**4. HFC(CABLEMODEM)**

HFC 是一种基于有线电视网络铜线资源的接入方式。具有专线上网的连接特点,允许用户通过有线电视网实现高速接入互联网。适用于拥有有线电视网的家庭、个人或中小团体。特点是速率较高,接入方式方便(通过有线电缆传输数据,不需要布线),可实现各类视频服务、高速下载等。缺点在于基于有线电视网络的架构是属于网络资源分享型的,当用户激增时,速率就会下降且不稳定,扩展性不够。

**5. 光纤宽带接入**

光纤接入网(OAN)是采用光纤传输技术的接入网,即本地交换局和用户之间全部或部分采用光纤传输的通信系统。光纤具有宽带、远距离传输能力强、保密性好、抗干扰能力强等优点,是未来接入网的主要实现技术。通过光纤接入到小区结点或楼道,再由网线连接到各个共享点上(一般不超过 100m),提供一定区域的高速互联接入。特点是速率高,抗干扰能力强,适用于家庭、个人或各类企事业团体,可以实现各类高速率的互联网应用(视频服务、高速数据传输、远程交互等),缺点是一次性布线成本较高。

**6. FTTX+LAN 接入方式**

这是一种利用光纤加五类网络线方式实现宽带接入方案,实现千兆光纤到小区(大楼)中心交换机,中心交换机和楼道交换机以百兆光纤或五类网络线相连,楼道内采用综合布线,用户上网速率可达 10Mbps,网络可扩展性强,投资规模小。另有光纤到办公室、光纤到户、光纤到桌面等多种接入方式满足不同用户的需求。FTTX+LAN 方式采用星状网络拓扑,用户共享带宽。

**7. 无源光网络(PON)**

PON(无源光网络)技术是一种点对多点的光纤传输和接入技术,局端到用户端最大距离为 20km,接入系统总的传输容量为上行是 155Mbps;下行是 622Mbps～1Gbps,由各用户共享,每个用户使用的带宽可以以 64kbps 步进划分。特点是接入速率高,可以实现各类高速率的互联网应用(视频服务、高速数据传输、远程交互等),缺点是一次性投入较大。

**8. 无线网络**

无线网络是一种有线接入的延伸技术,使用无线射频(RF)技术越空收发数据,减少使用电线连接,因此无线网络系统既可达到建设计算机网络系统的目的,又可让设备自由安排和搬动。在公共开放的场所或者企业内部,无线网络一般会作为已存在有线网络的一个补充方式,装有无线网卡的计算机通过无线手段方便接入互联网。

# 7.3.3 ADSL 接入

ADSL(Asymmetric Digital Subscriber Loop)技术,即非对称数字用户环路技术,是利用现有的一对电话铜线,为用户提供上、下行非对称的传输速率(带宽),上行(从用户到网络)为低速的传输,可达 1Mbps;下行(从网络到用户)为高速传输,可达 8Mbps。ADSL 上网也通过电话线路,但不需要拨号。ADSL 的使用费和维护费用远远低于 DDN,而速度却高于 DDN,是局域网接入 Internet 的理想选择,如图 3-7-1 所示为 ADSL 连接 Internet。

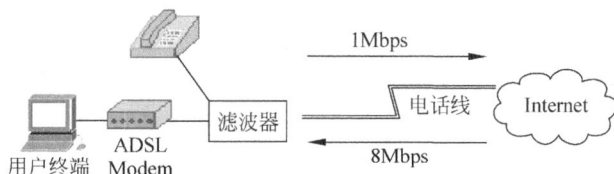

图 3-7-1　ADSL 连接 Internet

由于用户使用互联网的业务特性主要是上传数据少,故所需的速率小;下载次数多而且数据量大,故所需速率大。ADSL 的出现正符合了用户的需求,如图 3-7-2 所示。

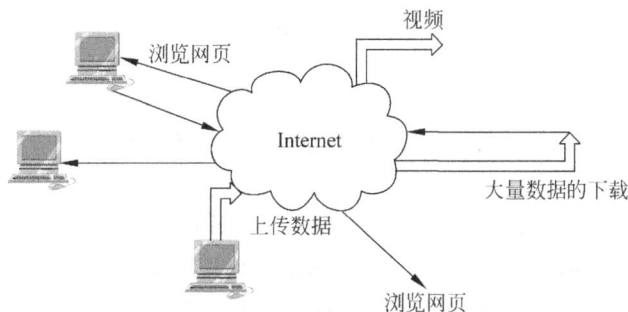

图 3-7-2　ADSL 提供网络服务

**1. 业务特点**

ADSL 只需在普通直线电话两端安装相应的 ADSL 终端设备就可享受宽带技术,原有电话线路无须改造,安装便捷,使用简便,避免用户因线路改造而引起的布线困难和破坏室内装修等诸多问题。因此 ADSL 的渗入能力强,接入快,适合于集中与分散的用户;安装后,便可直接利用现有用户电话线同时进行上网和打电话,两者互不干扰,如图 3-7-3 所示。

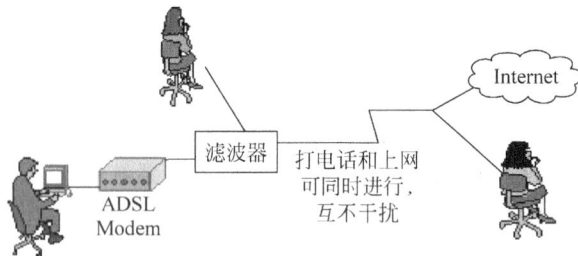

图 3-7-3　ADSL Modem 连接 Internet

**2. 业务种类**

可以利用 ADSL 开展的业务主要有以下几种,如图 3-7-4 所示。

- VPN 虚拟专用网业务。
- 数据业务。
- Internet/Extranet/Intranet 业务。
- ATM 业务。
- 语音业务。
- 帧中继业务。
- 视频业务。

图 3-7-4　ADSL 开展的业务

**3. 技术特点**

- 传输速率上行(可达 1Mbps)、下行(可达 8Mbps)不对称,完全符合用户使用互联网的业务特性——浏览或下载多、上传少。
- 点到点的星形网络结构,保证用户独享自己的线路和带宽。
- 速率高,可广泛用于视频业务及高速 Internet 等数据的接入。
- 频带宽(ADSL 支持的频带宽度是普通电话用户频带的 256 倍以上),可避免造成网络的拥塞,如图 3-7-5 所示。

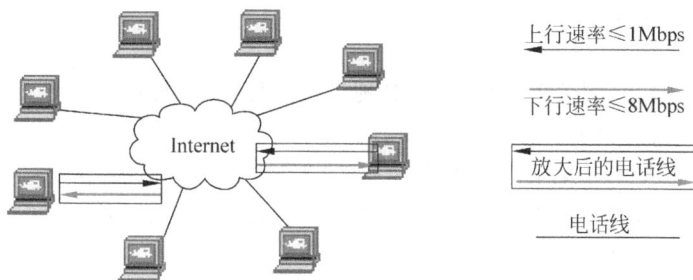

图 3-7-5　ADSL 上行与下行传输

**4. 上网方式**

（1）拨号方式：利用 PPPOE 软件虚拟拨号上网。

（2）专线方式：由官方分配固定 IP 地址连接上网。

**5. 用户群**

ADSL 因其下行速率高、频带宽、性能优等特点深受广大用户的喜爱，具有范围很广的用户群，如家庭办公（SOHO）、远程办公（ROBO）、高速上网、远程教育、远程医疗、VOD 视频点播、视频会议、网间互联等，如图 3-7-6 所示。

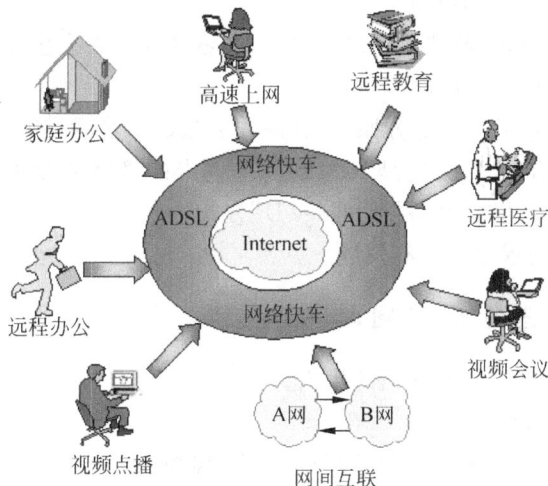

图 3-7-6　用户群连接 Internet

# 7.4　案例介绍

## 7.4.1　案例一：校园网机器认证通过了，但上不了网

**案例介绍**：某同学在校园网中通过客户端上网，认证通过了，但仍然上不了互联网。这种情况意味着网络物理线路是连通的，那么可能出现的故障是什么呢？

**案例分析**：种种迹象表明，故障原因是 IP 地址信息中的 DNS 服务器设置有问题。既然网络内的计算机可以正常访问 Internet，就表明整个网络的 Internet 链路没有问题，宽带路由的设置也没有问题。

**解决方案：**

(1) 网关设置错误(网关前 3 位数与 IP 地址前 3 位一样,最后一位是 254。例如你的 IP 如果是 10.1.40.28,那网关一定是 10.1.40.254)。

(2) DNS 设置错误(学校的 DNS 是 10.50.11.1、10.50.11.10)。

(3) 子网掩码设置错误(全校所有子网掩均是 255.255.255.0)。

(4) 机器网卡有问题。

(5) 用一些软件更改了网卡 MAC 地址,而私自设的 MAC 又不合法,导致无法通信。

## 7.4.2 案例二：校园网中某同学机器上不了网,并且右下角计算机图标出现红叉

**案例介绍**：校园网中某同学机器上不了网,并且右下角计算机图标出现红叉。对此该怎么解决?

**案例分析**：目有以下几种情况:

(1) 网线问题,更换一条确认能上网的网线测试。

(2) 以前能上网,现在突然不能上,并且出现这种提示,附近的计算机也是这种情况。多数情况下是楼层间的弱电间停电。

(3) 网络面板插口问题,换其他网络插口再试,看情况是否发生变化。

(4) 网卡问题,更换网卡再试。

**解决方案**：如果排除了局部地方原因,就应当通过以下步骤进行各项检查。

步骤 1：网线是否有问题,尤其是 RJ-45 头,与网卡的接触是否良好。

步骤 2：ADSL 是否设置为"桥接(bridged)"方式。

步骤 3：网卡及驱动程序是否有问题。

## 7.4.3 案例三：进行校园网接入

可以通过以下步骤进行校园网络的接入。

**1. 下载客户端认证软件**

用户在任何一台已接入校园网的计算机上打开浏览器。

如图 3-7-7 所示,用户可以有两种方式登录自助服务系统:

(1) 系统中已经存在的用户登录。

(2) 系统中不存在的匿名用户登录。

如果用户已经是 RG-SAM 系统的用户,则直接输入用户登录名和用户密码,即可进入注册用户自助服务界面; 如果用户还没有用户 ID,则直接单击"匿名"按钮进入匿名用户自助服务管理系统界面。

**2. 用户登录**

1) 注册用户登录

在 RG-SAM 用户自助服务系统登录页面中,输入用户名和密码,单击"确定"按钮,便可进入 RG-SAM V2.1 用户自助服务系统主页面,如图 3-7-8 所示。

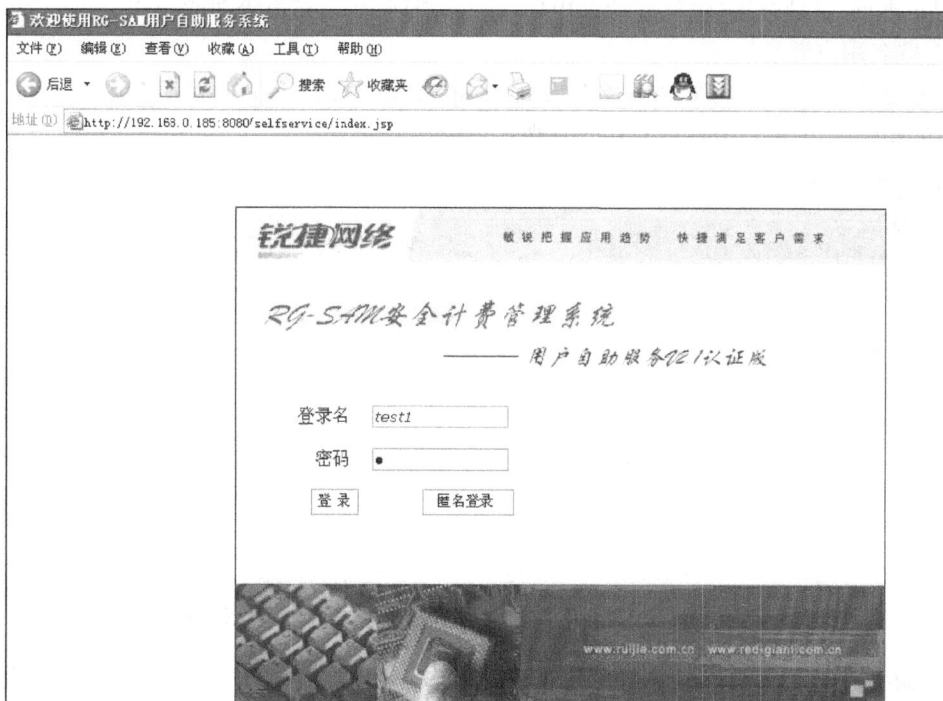

图 3-7-7　RG-SAM V2.1 用户自助服务系统登录页面

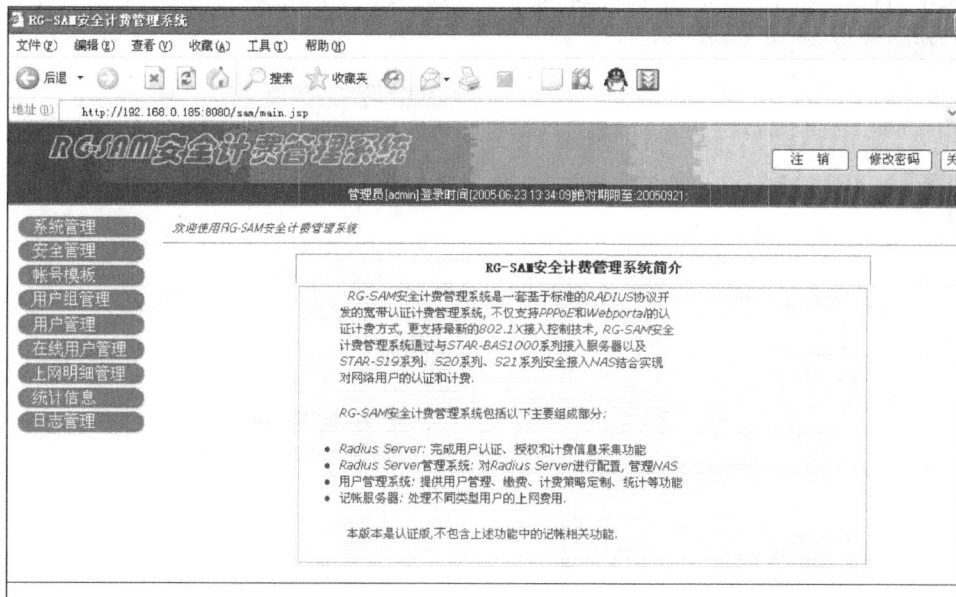

图 3-7-8　RG-SAM V2.1 用户自助服务系统主页面

注册用户可以进行用户注册、审核查询、个人信息查询、修改个人密码、上网明细查询、缴费记录查询、自助开通（包月和计天用户）、余额查询、在线充值等功能操作。

2）匿名用户登录

如果还没有用户名，可以按匿名登录进入 RG-SAM V2.1 用户自助服务系统，主页面如图 3-7-9 所示，匿名用户可以进行用户注册、审核查询等操作。

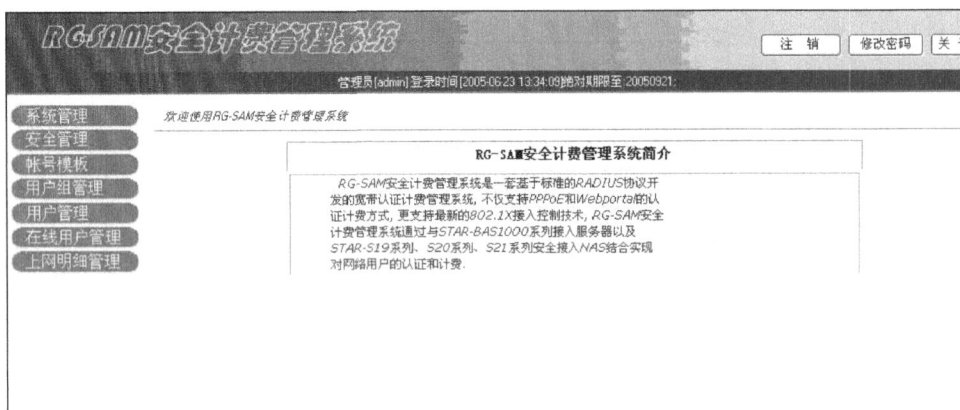

图 3-7-9　RG-SAM V2.1 用户自助服务系统主页面（匿名用户）

### 3. 网卡设置

1）IP 设置

进入控制面板，双击"网络连接"图标，右击"本地连接"图标，在弹出的快捷菜单中选择"属性"命令，双击 Internet 协议，如图 3-7-10 所示。

选中"自动获得 IP 地址"单选按钮，选中"自动获得 DNS 服务器地址"单选按钮，单击"确定"按钮完成，如图 3-7-11 所示。

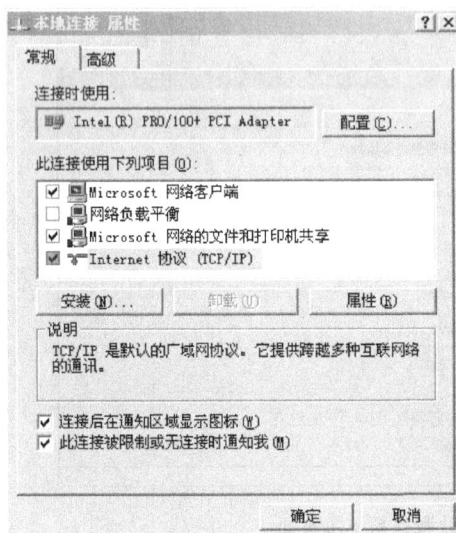

图 3-7-10　设置 Internet 协议

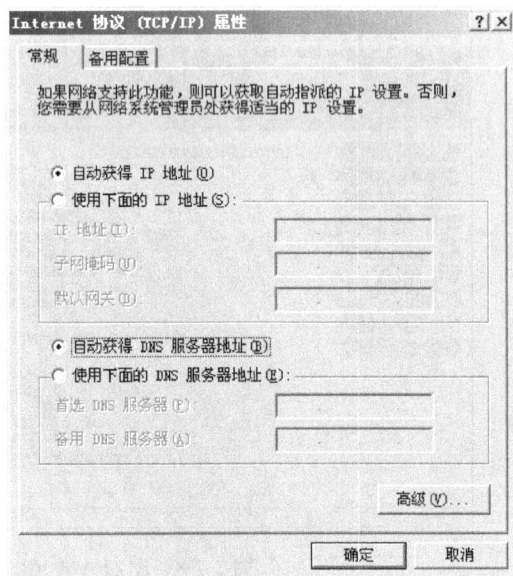

图 3-7-11　IP 地址设置

**注意**：使用静态 IP 的用户此处要填入网络中心分配的 IP 地址、子网掩码、默认网关、DNS。

2) Windows XP 操作系统需要去掉系统自带的 802.1X 验证。

进入控制面板，双击"网络连接"图标，右击"本地连接"图标，在弹出的快捷菜单中选择"属性"命令，如图 3-7-12 所示。

图 3-7-12　设置本地连接

选择"验证"选项卡，不选中"启用使用 IEEE 802.1x 验证"选项（如果系统默认的为选中，则要取消选中标志），单击"确定"按钮，如图 3-7-13 所示。

**4. 认证上网**

运行认证软件，选择"开始"→"程序"→Ruijie Supplicant→Ruijie Supplicant 命令，如图 3-7-14 所示。

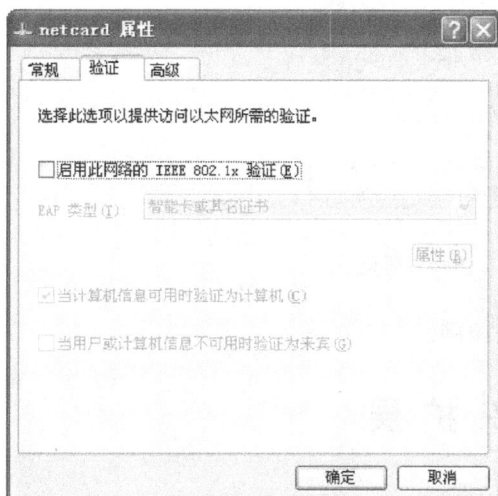

图 3-7-13　取消选中"启用使用 IEEE 802.1x 验证"复选框

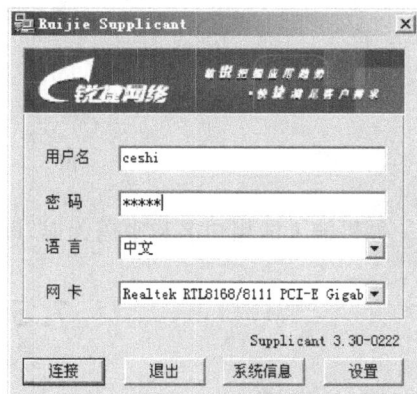

图 3-7-14　测试认证上网

在用户名、密码处输入申请成功的用户名、密码,在"网卡"处对于有多个网卡的用户,选择目前接入网络的网卡适配器,在填写完毕后单击"设置"按钮,如图 3-7-15 所示。

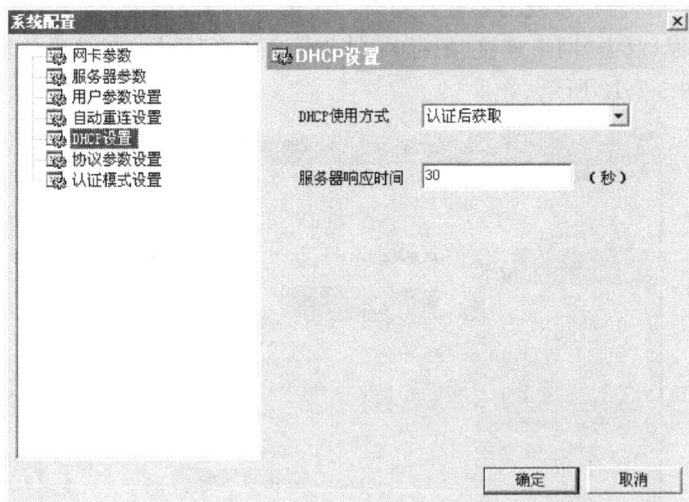

图 3-7-15　DHCP 参数设置

单击左侧的"DHCP 设置"选项,在右侧"DHCP 使用方式"中选择"认证后获取"选项(注意:使用静态 IP 的用户此处要选择"不使用"),单击"确定"按钮,退回到认证软件的主界面,单击连接"按钮",如图 3-7-16 所示。

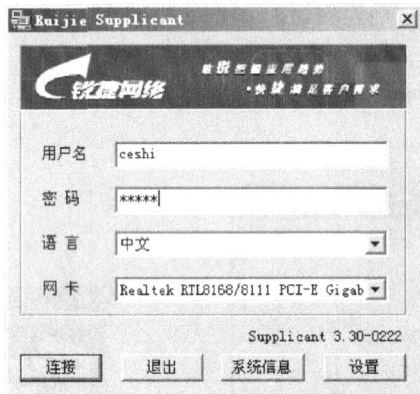

图 3-7-16　密码验证连接校园网

如果输入的用户名和密码无误,即可连上校园网。

# 7.5　知　识　扩　展

## 7.5.1　宽　带

一般是以目前拨号上网速率的上限 56kbps 为分界,将 56Kbps 及其以下的接入称为"窄带",之上的接入则归类于"宽带"。

**1. ADSL**

ADSL 是英文 Asymmetrical Digital Subscriber Loop(非对称数字用户环路)的英文缩写,ADSL 技术是运行在原有普通电话线上的一种新的高速宽带技术,它利用现有的一对电话铜线,为用户提供上、下行非对称的传输速率(带宽)。非对称主要体现在上行速率(最高 640kbps)和下行速率(最高 8Mbps)的非对称性上。上行(从用户到网络)为低速的传输,可达 640kbps;下行(从网络到用户)为高速传输,可达 8Mbps。它最初主要是针对视频点播业务开发的,随着技术的发展,逐步成为一种较方便的宽带接入技术,为电信部门所重视。通过网络电视的机顶盒,可以实现许多以前在低速率下无法实现的网络应用。

**2. DSL**

DSL(Digital Subscriber Line,数字用户环路)技术是基于普通电话线的宽带接入技术,它在同一铜线上分别传送数据和语音信号,数据信号并不通过电话交换机设备,减轻了电话交换机的负载;并且不需要拨号,一直在线,属于专线上网方式。DSL 包括 ADSL、RADSL、HDSL 和 VDSL 等。

**3. VDSL**

VDSL(Very-high-bit-rate Digital Subscriber Loop)是高速数字用户环路。简单地说,VDSL 就是 ADSL 的快速版本。使用 VDSL,短距离内的最大下传速率可达 55Mbps,上传速率可达 19.2Mbps,甚至更高。

## 7.5.2  ADSL

ADSL 是一种异步传输模式(ATM)。通常的 ADSL 终端有一个电话 Line-In、一个以太网口,有些终端集成了 ADSL 信号分离器,还提供一个连接的 Phone 接口,如图 3-7-17 所示。某些 ADSL 调制解调器使用 USB 接口与计算机相连,需要在计算机上安装指定的软件以添加虚拟网卡来进行通信。

ADSL 的主要分类:

现在比较成熟的 ADSL 标准有两种:G.DMT 和 G.Lite。G.DMT 是全速率的 ADSL 标准,支持 8Mbps/1.5Mbps 的高速下行/上行速率,但

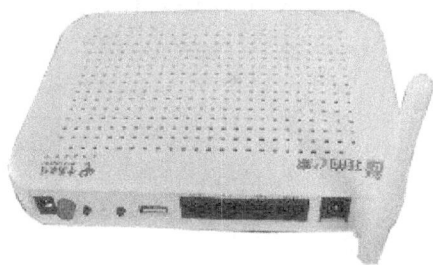

图 3-7-17  ADSL 设备

是,G.DMT 要求用户端安装 POTS 分离器,比较复杂且价格昂贵;G.Lite 标准速率较低,下行/上行速率为 1.5Mbps/512kbps,但省去了复杂的 POTS 分离器,成本较低且便于安装。就适用领域而言,G.DMT 比较适用于小型或家庭办公室(SOHO),而 G.Lite 则更适用于普通家庭用户。

ADSL 是众多 DSL 技术中较为成熟的一种,其带宽较大、连接简单、投资较小,因此发展很快,目前国内广州、深圳、上海、北京、成都等地的宽带运营商部门已先后推出了联通 ADSL 宽带接入服务,而区域性应用更是发展快速,但从技术角度看,ADSL 对宽带业务来说只能作为一种过渡性方法。

ADSL(Asymmetric Digital Subscriber Line,非对称数字用户线)是一种通过现有普通电话线为家庭、办公室提供宽带数据传输服务的技术。ADSL 即非对称数字信号传送,它

项目三

能够在现有的铜双绞线,即普通电话线上提供高达 8Mbps 的高速下行速率(由于 ADSL 对距离和线路情况十分敏感,随着距离的增加和线路的恶化,速率会受到影响),远高于 ISDN 速率;而上行速率有 1Mbps,传输距离达 3~5km。ADSL 技术的主要特点是可以充分利用现有的铜缆网络(电话线网络),在线路两端加装 ADSL 设备即可为用户提供高宽带服务。

ADSL 的另外一个优点在于它可以与普通电话共存于一条电话线上,在一条普通电话线上接听、拨打电话的同时进行 ADSL 传输而互不影响。用户通过 ADSL 接入宽带多媒体信息网与因特网,同时可以收看影视节目,举行一个视频会议,还可以很高的速率下载数据文件,这还不是全部,还可以在这同一条电话线上使用电话而又不影响以上所说的其他活动。安装 ADSL 也极其方便快捷。在现有的电话线上安装 ADSL,除了在用户端安装 ADSL 通信终端外,不用对现有线路做任何改动。使用 ADSL(Asymmetric Digital Subscriber Line,非对称数字用户线)技术,通过一条电话线,以比普通 Modem 快 100 倍的速度浏览因特网,通过网络学习、娱乐、购物,享受到先进的数据服务,如视频会议、视频点播、网上音乐、网上电视、网上 MTV 的乐趣,已经成为现实。

## 7.6　问题与思考

1. 当前接入互联网有哪些方式?
2. ADSL 接入方式有哪些特点?
3. xDSL 和 ADSL 接入方式有哪些区别?
4. ADSL 接入方式有哪些分类?
5. 光纤接入网(OAN)指的是什么?

# 模块 8　常见网络办公设备的设置与使用

## 8.1　应用场合

随着网络的发展，网络已经覆盖到办公区的楼宇，办公区上网计算机数量以及每位教师对网络信息的需求量不断上升，常见校园网络办公设备已经越来越多地在校园网络中使用，如何合理常见网络办公设备网络打印机、扫描仪、传真机的使用和保养，成为当前校园网中必备的知识。

## 8.2　模块目标

通过本模块的学习，学生应该掌握常见网络办公设备网络打印机、扫描仪、传真机的使用和设置，着重介绍这些设备的操作使用方法与技巧、维护保养与简单故障的检修等技能。

## 8.3　相关知识

### 8.3.1　网络打印机

网络打印机是指通过打印服务器（内置或者外置）将打印机作为独立的设备接入局域网或者 Internet，从而使打印机摆脱一直以来作为计算机外设的附属地位，使之成为网络中的独立成员，成为网络结点和信息管理与输出终端，其他成员可以直接访问使用该打印机，如图 3-8-1 所示。

**1. 网络打印共享打印**

从表面上看，网络打印与共享打印的区别是一根线和几根线。网络打印只需要一根网线，而共享打印则是有几个终端就需要几根导线。而从技术上看，网络打印机不再只是 PC 的一个外设，而成为一个独立的网络结点，它通过 EIO 插槽直接连接网络适配卡，能够以网络的速度实现高速打印输出。而共享打印是通过 PC 服务器或者共享器实现简单的网络连接，数据传输仍然必须通过打印机的并口来进行，因此速度很低。

图 3-8-1　网络打印机

**2. 网络打印机的选购**

网络打印机本身应具有高速、高效的特点。因此,除去网络部分的传统打印部分应具有较高的打印速度。网络打印机多为企业、单位办公所采用,因此它还必须具有较好的打印效果。出于环保和打印成本的考虑,它还应具有较低的打印噪声和较低的打印成本。于是这些特性决定了网络打印机的传统打印部分只能是激光打印方式。虽然有极少数喷墨打印方式的机型曾经面世,但占据主流的网络打印机几乎全部是激光打印方式。

网络打印机的硬件构成分为打印部分和网络部分,用户在选购时考虑性能不妨也从这两个方面出发,这两方面的性能共同决定了整机的性能。综合考虑选购时有几个重要指标是值得关注的:打印质量、打印速度、处理能力、其他附属功能。

1) 打印质量

网络打印机的打印质量是一个重要的指标,网络打印机的素质往往通过它来体现。特别是对这个方面有特殊需求的用户,比如广告公司、图形设计师等。不同的用户对打印质量有不同的需求,建议用户根据自己的切身需要来决定打印质量。

网络打印并非只是一味追求打印速度和打印量,随着人们处理数据的类型越来越多,图像、图形、视频、动画、CAD、CAM、GIS 等高精度信息内容的打印也会越来越多,网络打印质量的要求越来越高。

现在 600dpi 的分辨率已是激光打印机的最低标准,推荐用户选购时选择高于 600dpi 的机型。1200dpi 的机型无疑是一般用户的最好选择。

2) 打印速度

网络打印机不应该把重点放在打印质量上,网络打印机一般工作量比较大。如果打印速度较低将影响办公效率,这无疑是用户不希望的结果。因此选购网络打印机考虑打印速度更为重要一些。

网络打印机和普通打印机不同,网络打印机的打印速度还要受到内置处理器速度和内存大小的影响。网络打印机内置的处理器一般采用 RISC 处理器,工作频率为 50MHz～166MHz 或者更高。而内存则是打印机专用的 DIMM 内存,并具有升级功能,以便日后添加更大的内存。有的网络打印机还配有内置硬盘,打印时一次读取打印数据存储到硬盘上。打印的时候就不用再到服务器上重新读取。内置的高主频的处理器、大容量的内存和硬盘对进行多用户打印作业速度的提升有极大的好处,这是选购打印机需要注意的。

3) 处理打印介质的能力

可以说,介质处理能力也是衡量打印机性能的一个重要方面,首先就是打印机可打印的纸张幅面。市面上的中低档网络打印机的幅面有 A4 和 A3 两种,企业可以根据自己日常处理文档的幅面选择。但要说明的是,一般 A3 幅面的机器价格要高出 A4 幅面的机器很多,企业在选购时应本着够用的原则,否则不仅造成资源的浪费,更会造成 TCO 的增加。

网络打印机的打印任务较普通打印机更为繁重,因而它的存储纸张的数量也是一个重要指标。网络打印机都有若干个存纸匣,总容量大都超过千张。而且有多种不同类型的存纸匣以满足不同需要。另外,彩色激光打印也日益普及,不过价格稍高。

4) 网络打印的方式

实现网络打印的方式目前主要有外置打印服务器＋网络打印机方式,称为"外置式"和带内置打印服务器的网络打印机,称为"内置式"的两种方式。两者的区别在于它们实现与网络相连的方式不同,外置式的是通过外置打印服务器来转换从网线上传来的打印任务,然后还是通过打印机并口送到打印上,而内置式是直接与网络接口相连,打印任务是直接从网络接受下来,同样是通过网线直接送到打印机上。这两种不同的连接方式也就决定了这两种网络打印机的档次高低,外置式由于是通过并口进行与网络通信,所以它的打印速度受并口传输速度的限制,不可能太快,同类产品速度方面也不会相差太大,所以选择的余地不大,但这种网络打印方案实现起来比较容易,价格较便宜。内置式的由于直接与网络相连,数据传输速度大大快于并口,随着网络速度的提高,它的传输速度还可能提高,所以内置式的网络打印在档次上拉得比较宽,选择余地相当大。

5)根据实际应用需求来选择

网络打印机最终要接在网络上,也就是说要与网线相连,这就在选择网络打印服务器的网络接口上要与公司实际网络接口类型保持一致,否则所购买的打印服务器乃至打印机都不能在自己的网络上使用,浪费公司资源。一般在一台打印服务器上都会有几种网络连接接口供选择(也有的仅一种,如 J2550B),如 RJ-45 的"以太网接口"和"令牌网"接口,BNC 的同轴电缆接口,DB D 型九针串联通信接口,Mini-Din 8 八芯接口等。选购打印服务器时一定要注意打印服务器所适应的网络接口类型(一般在打印服务器上有所标注),更要注意的是不要仅看接口外观,因为有的接口外观一样,但所连接的网络类型却可能相差很远,例如,RJ-45 以太网和 RJ-45 接口的令牌网接口就是一样。

6)打印服务器要与网络打印机匹配

因为目前生产网络打印机的几个主要生产厂家,如惠普、佳能、利盟等,在打印服务器标准上并没有达成一致,也就是说彼此还不能互相兼容,且多数生产厂家把打印服务器内置在打印机主板上,但也有少许型号的网络打印机的打印服务器是可选配的,所以首先就得看清楚所选购的打印服务器是用在什么型号的网络打印机上。

7)内置打印服务器的外观尺寸要与打印机"输入/输出"一致

因为不同的打印机"输入/输出"模块接口大小可能不一样(其实其接口标准也不一样,但从外观上区分更加直观),这主要是 HP 公司在开发新的打印机时为了升级打印服务器而新设计的接口标准,这些新的接口或许能加快打印服务器与主机之间的通信速度,不仅仅是外观大小不一样,不同版本的打印机服务器也有它适用的打印机范围,不能随便选购,其实在说明书中有明确说明适用打印机的范围,要仔细看!在选购打印服务器时一定要注意这一点,否则虽然网络类型可以满足公司网络类型,却不一定插得上你的网络打印机接口。

8)网络连接的带宽与公司网络带宽一致

网络带宽越宽就能提供更快的网络速度,内置式打印服务器是直接与网线相连,也就相当于一个网络产品,是网络产品也就有带宽的选择,它与其他网络产品一样有 10Mbps 和100Mbps 之分。如果网络只是 10Mbps 的以太网,却选择了 100Mbps 带宽的打印服务器,则浪费了资金(因为 100Mbps 比 10Mbps 的打印服务器要贵很多。

9)网络打印机的管理软件要符合实际需要

网络打印机与其他普通打印机的一个主要区别就在于网络打印机不仅需要打印机的驱动程序,而且还需要一个网络打印机管理软件来在服务器上安装、管理网络打印机。随着网络技术的飞速发展,网络打印机的管理软件在管理方式上也得到了质的飞跃,如专业的打印机制造商 HP 公司就把网络打印机的管理软件从本地计算机搬到了 Web 上了,如果你公司在网络打印机管理方面有这方面的要求的话,那就只能选择 HP 网络打印机了,因为到目前为止,好像也只有 HP 公司才提供这样的管理软件。

## 8.3.2 扫描仪

### 1. 扫描仪的概念

扫描仪(scanner)是一种计算机外部仪器设备,通过捕获图像并将其转换成计算机可以显示、编辑、存储和输出的数字化输入设备。照片、文本页面、图纸、美术图画、照相底片、菲林软片,甚至纺织品、标牌面板、印制板样品等三维对象都可作为扫描对象,提取和将原始的线条、图形、文字、照片、平面实物转换成可以编辑及加入文件中,如图 3-8-2 所示。

扫描仪可分为两大类型:滚筒式扫描仪和平面扫描仪。近几年才有的笔式扫描仪、便携式扫描仪、馈纸式扫描仪、胶片扫描仪、底片扫描仪和名片扫描仪。扫描仪是一种光、机、电一体化的高科技产品,它是将各种形式的图像信息输入计算机的重要工具,是继键盘和鼠标之后的第三代计算机输入设备。扫描仪具有比键盘和鼠标更强的功能,从最原始的图片、照片、胶片到各类文稿资料都可用

图 3-8-2 扫描仪

扫描仪输入到计算机中,进而实现对这些图像形式的信息的处理、管理、使用、存储、输出等,配合光学字符识别软件(Optic Character Recognize,OCR)还能将扫描的文稿转换成计算机的文本形式。

自然界的每一种物体都会吸收特定的光波,而没被吸收的光波就会反射出去。扫描仪就是利用上述原理来完成对稿件的读取的。扫描仪工作时发出的强光照射在稿件上,没有被吸收的光线将被反射到光学感应器上。光感应器接收到这些信号后,将这些信号传送到模数(A/D)转换器,模数转换器再将其转换成计算机能读取的信号,然后通过驱动程序转换成显示器上能看到的正确图像。待扫描的稿件通常可分为反射稿和透射稿。前者泛指一般的不透明文件,如报刊、杂志等,后者包括幻灯片(正片)或底片(负片)。如果经常需要扫描透射稿,就必须选择具有光罩(光板)功能的扫描仪。

### 2. 扫描仪技术指标

1) 分辨率

分辨率是扫描仪最主要的技术指标,它表示扫描仪对图像细节的表现能力,即决定了扫描仪所记录图像的细致度,通常用每英寸长度上扫描图像所含有像素点的个数来表示,其单位为 PPI(Pixels Per Inch)。目前大多数扫描的分辨率在 300~2400PPI 之间。PPI 数值越大,扫描的分辨率越高,扫描图像的品质越好,但这是有限度的。当分辨率大于某一特定值时,只会使图像文件增大而不易处理,并不能对图像质量产生显著的改善。对于丝网印刷应用而言,扫描到 600PPI 就已经足够了。

2) 灰度级

灰度级表示图像的亮度层次范围。级数越多扫描仪图像亮度范围越大、层次越丰富,目前多数扫描仪的灰度为 256 级。256 级灰阶可以真实呈现出比肉眼所能辨识出来的层次还

多的灰阶层次。

3）色彩数

色彩数表示彩色扫描仪所能产生颜色的范围。通常用表示每个像素点颜色的数据位数即比特位（bit）表示。所谓 bit 这是计算机最小的存储单位，以 0 或 1 来表示比特位的值，越多的比特位数可以表现越复杂的图像资讯。例如常说的真彩色图像指的是每个像素点由 3 个 8 比特位的彩色通道所组成，即 24 位二进制数表示，红、绿、蓝通道结合可以产生 $2^{24}=16.67M$（兆）种颜色的组合，色彩数越多，扫描图像越鲜艳真实。

4）扫描速度

扫描速度有多种表示方法，因为扫描速度与分辨率、内存容量、软盘存取速度以及显示时间、图像大小有关，通常用指定的分辨率和图像尺寸下的扫描时间来表示。

5）扫描幅面

表示扫描图稿尺寸的大小，常见的有 A4、A3、A0 幅面等。

## 8.3.3 传真机

传真是利用有线电路或无线电路对各种图文原稿进行远距离真迹传送的通信技术。传真机是应用扫描和光电变换技术，把文件、图表、照片等静止图像转换成电信号，传送到接收端，以记录形式进行复制的通信设备，如图 3-8-3 所示。

**1. 传真机的操作使用方法**

发送时，首先将欲发送原稿放入传真机内，并根据原稿情况选择发送参数（扫描线密度、对比度），然后拨通对方电话，听到回答信号后，表明对方已经开机准备接收，这时便可按启动键（START）开始发送，放下话筒。待发送结束后，传真机自动恢复到待机状态。

图 3-8-3　传真机

接收方接到发送方的电话，通话后便可放下话筒，按启动键（START），开始接收，直到接收完毕。

**2. 使用传真机的注意事项**

在操作时应注意原稿的质量，防止发生堵塞、损坏等事故。纸张太厚或太薄的文件，有皱折、卷曲、潮湿、切边不齐的文件不宜发送；应将文件上的紧固件如曲别针、订书钉、胶带等在发送前全部去掉，以免造成机械故障；机器发出堵纸信号时，应及时将卡住的原稿取出。

# 8.4　案 例 介 绍

## 8.4.1 案例一：安装网络打印机

**案例介绍**：安装网络打印机可以使工作变得方便快捷，在安装使用网络打印机时有哪些技巧呢？

**解决方案：**

**1. 安装网络打印机方法一**

选择"开始"→"控制面板"→"打印机"→"添加打印机"命令，打开"添加打印机向导"，选择"网络打印机或连接到其他计算机的打印机"单选按钮，单击"下一步"按钮，如图 3-8-4 所示。

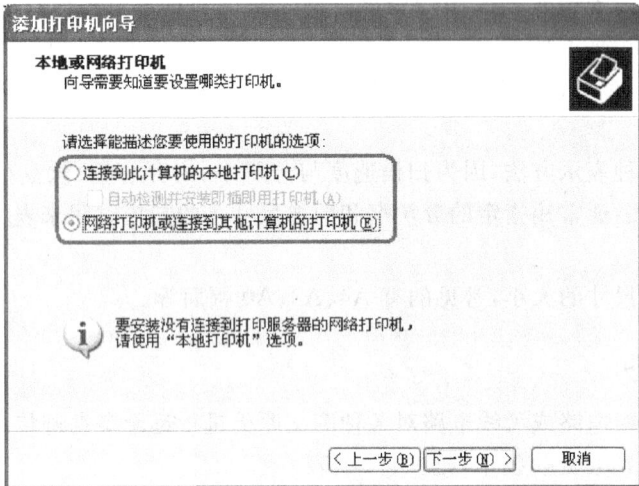

图 3-8-4　通过向导添加网络打印机

输入端口名，按照以下格式输入"\\主机名\打印机共享名"，然后按照提示完成对打印机的安装，如图 3-8-5 所示。

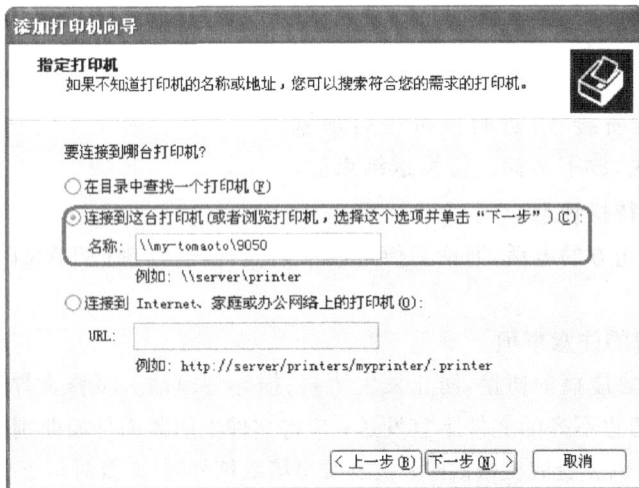

图 3-8-5　填写打印机的位置

**2. 安装网络打印机方法二**

要安装网络打印机，通常都会通过"添加打印机"的方式实现。其实，还有更为快捷方便的方法安装网络打印机。通过"网上邻居"找到网络上共享的打印机，如图 3-8-6 所示。双击服务器中共享的打印机图标，完成对网络共享打印机的添加，如图 3-8-7 所示。

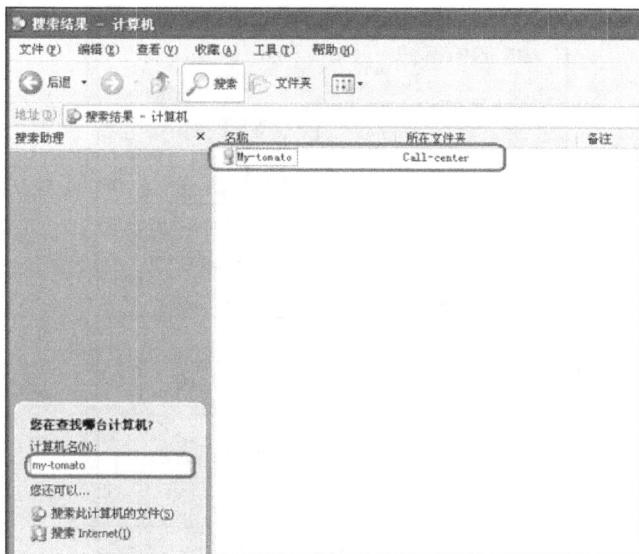

图 3-8-6   通过"网络邻居"添加打印机

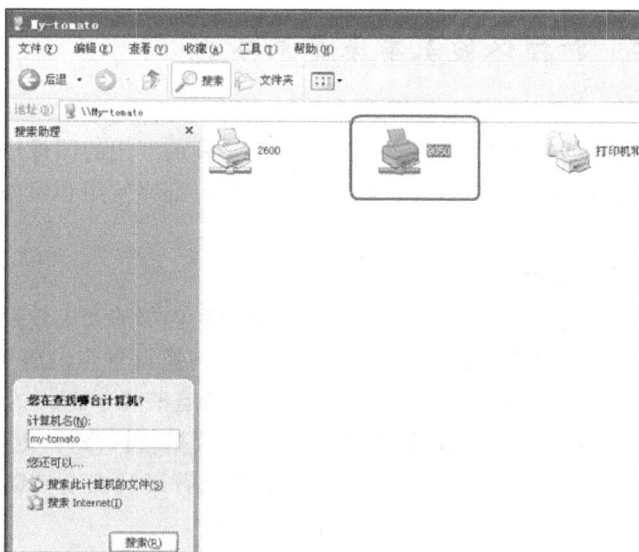

图 3-8-7   添加成功

### 3. 快速更改网络打印机

当网络打印机从局域网中的一台计算机换接到了另一台计算机后,只需要更改打印机端口即可,方法是(以 HP LaserJet 4P 打印机为例):

(1) 在本地计算机的"打印机"文件夹中,右击网络打印机图标,再单击"属性"命令。

(2) 单击"详细资料"选项卡,在"打印到以下端口"下拉列表框中,将原打印机所在的计算机名称改为新计算机名称,如图 3-8-8 所示。

(3) 单击"确定"按钮。

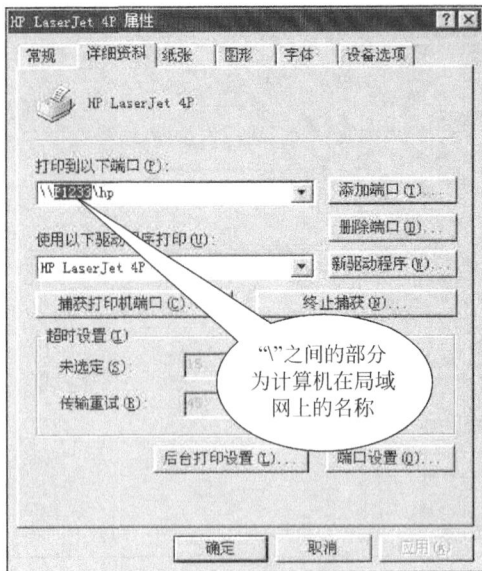

图 3-8-8　更改网络打印机

## 8.4.2　案例二：扫描仪的基本保养策略

**案例介绍：**

扫描仪凭借其低廉的价格以及优良的性能,成为一种最实用的图像输入设备。但是,不可否认的是,扫描仪使用比较娇气,要想有效地使用它,有哪些使用和保养的技巧和策略呢?

**解决方案：**

**1. 不能随意拆卸扫描仪**

扫描仪是一种比较精致的设备,它在工作时需要用到内部的光电转换装置,以便把模拟信号转换成数字信号,然后再送到计算机中。这个光电转换设置中的各个光学部件对位置要求是非常高的,如果擅自拆卸扫描仪,不小心就会改动这些光学部件的位置,从而影响扫描仪的扫描成像工作。因此遇到扫描仪出现故障时,不要擅自拆修,一定要送到厂家或者指定的维修站去;另外,在运送扫描仪时,一定要把扫描仪背面的安全锁锁上,以避免改变光学配件的位置,同时要尽量避免扫描仪的震动或者倾斜。

**2. 保护好光学成像部件**

光学成像部件是扫描仪中的重要组成部分,工作时间长了光学部件上落上一丝灰尘也是很正常的,但是如果长时间使用扫描仪而不注意维护的话,那么光学部件上的灰尘将越聚越多,这样会大大降低扫描仪的工作性能的,例如反光镜片、镜头上的灰尘会严重降低图像质量,出现斑点或减弱图像对比度等。另外,在使用过程中,手碰到玻璃平板在平板上留下指纹,也是不可避免的,这些指纹同样也会使反射光线变弱,从而影响图片的扫描质量。因此应该定期地进行清洁。清洁时,可以先用柔软的细布擦去外壳的灰尘,然后再用清洁剂和水认真地进行清洁。接着再对玻璃平板进行清洗,由于该面板的干净与否直接关系到图像的扫描质量,因此在清洗该面板时,先用玻璃清洁剂擦拭一遍,接着再用软干布将其擦干擦净。用完以后,一定要用防尘罩把扫描仪遮盖起来,以防止更多的灰尘侵袭。

### 3. 正确安装扫描仪

扫描仪并不像普通的计算机外设一样那么容易安装,根据其接口的不同,扫描仪的安装方法是不一样的。如果扫描仪的接口是 USB 类型的,就应该先在计算机的"系统属性"对话框中检查一下 USB 装置是否工作正常,然后再安装扫描仪的驱动程序,之后重新启动计算机,并用 USB 连线把扫描仪接好,随后计算机就会自动检测到新硬件,接着根据屏幕提示来完成其余操作就可以了。如果扫描仪是并口类型的,在安装之前必须先进入 BIOS 设置,在I/O Device configuration 选项中把并口的模式改为 EPP,然后连接好扫描仪,并安装驱动程序就可以了。

### 4. 消除扫描仪的噪音

扫描仪在长期工作后,可能会在工作时出现一些噪音,如果噪音太大,应该拆开机器盖子,找一些缝纫机油滴在卫生纸上将镜组两条轨道上的油垢擦净,再将缝纫机油滴在传动齿轮组及皮带两端的轴承上(注意油量适中),最后适当调整皮带的松紧。

# 8.5 问题与思考

1. 网络打印机在选购时,应该注意什么?
2. 如何保养网络打印机?
3. 如何在 Windows 操作系统中安装网络打印机?
4. 扫描仪在日常使用中是如何进行基本保养的?

# 模块 9 综合练习

## 9.1 实践环境

　　某校园某学院网络教室有 200 台计算机、一个交换机和一个路由器、网线若干、打印机一台。用交换机组成局域网，用路由器通过校园网接入 Internet 网。路由器的 IP 地址是 192.168.1.1，校园网的 IP 地址是 192.168.51.254，设置 200 台计算机的 TCP/IP 协议属性中的默认网关，设置路由器的 WAN 端口的 IP 地址，保证每台计算机均可接入 Internet 网，同时每台计算机可以进行打印。

## 9.2 实践内容

　　(1) 设置 200 台计算机的 IP 地址、子网络掩码和网关。
　　(2) 画出计算机与交换机、路由器组成的局域网星状拓扑图。
　　(3) 计算机的默认网关就是 192.168.1.1。
　　(4) 路由器的 wan 口 IP 地址就是 192.168.51.254。
　　(5) 使用 Ipconfig/all 命令查看 MAC 地址。
　　(6) 使用 Arp -s 绑定计算机的 IP 与 MAC 地址。
　　(7) 使用 Arp -a 命令查看 ARP 缓存表信息。
　　(8) 通过台式计算机连接上路由器，设 WAN 口的 IP 地址配置为 ISP 给你提供的地址。
　　(9) 将交换机、路由器和台式计算机正确连接在一起。
　　(10) 打印机测试打印安装正确。
　　(11) 测试计算机可以 Ping 通网关和外网。

## 9.3 评分细则

　　评分细则如表 3-9-1 所示。

表 3-9-1　评分细则

| 题号 | 考核内容 | 分数 | 备注 |
|---|---|---|---|
| 1 | IP 地址、子网络掩码和网关设置正确 | 10 | 每台正确 2 分 |
| 2 | 计算机与交换组成的局域网星型拓扑简图 | 5 | |
|  | 网线制作并与路由器、交换机连接正确 | 5 | |

| 题号 | 考核内容 | 分数 | 备 注 |
|---|---|---|---|
| 3 | 路由器 WAN 口的 IP 地址配置为 ISP 提供的地址 | 10 | |
| | 使用 Ipconfig/all 命令查看 MAC 地址 | 10 | |
| 4 | 使用 Arp-s 绑定计算机的 IP 与 MAC 地址 | 10 | 按错误酌情扣分 |
| | 使用 Arp-a 命令查看 ARP 缓存表信息 | 10 | 按错误酌情扣分 |
| 5 | 任意计算机可以通过 Ping 通默认网关。 | 10 | |
| | 任意计算机可以通过 Ping 通外网 | 10 | |
| | 拓扑结构图正确,网络布线正确 | 10 | |
| | 测试打印机打印正常 | 10 | |
| 合计 | | 100 | |